A Practical Guide to Rocky Linux & AlmaLinux for IT Professional

impress
top gear

RHELクローンOSの運用・管理ノウハウ

Rocky Linux & AlmaLinux 実践ガイド

［バージョン8対応］

古賀 政純 = 著

インプレス

● 本書の利用について

◆ 本書の内容に基づく実施・運用において発生したいかなる損害も、株式会社インプレスと著者は一切の責任を負いません。

◆ 本書の内容は、2022年5月の執筆時点のものです。本書で紹介した製品／サービスなどの名称や内容は変更される可能性があります。あらかじめご注意ください。

◆ Webサイトの画面、URLなどは、予告なく変更される場合があります。あらかじめご了承ください。

◆ 本書に掲載した操作手順は、実行するハードウェア環境や事前のセットアップ状況によって、本書に掲載したとおりにならない場合もあります。あらかじめご了承ください。

● 商　標

◆ CentOS および CentOS マークは、米国および他の国における Red Hat, Inc の商標です。

◆ Docker は、Docker, Inc. の商標です。

◆ Linux は、Linus Torvalds の米国およびその他の国における商標もしくは登録商標です。

◆ Red Hat および Red Hat をベースとしたすべての商標は、米国およびその他の国における Red Hat, Inc. の商標または登録商標です。

◆ UNIX は、Open Group の米国およびその他の国での商標です。

◆ その他、本書に登場する会社名、製品名、サービス名は、各社の登録商標または商標です。

◆ 本文中では、®、©、^{TM} は、表記しておりません。

はじめに

Rocky Linux と AlmaLinux は、Red Hat 社の商用 Linux ディストリビューション、RHEL（Red Hat Enterprise Linux）と高い互換性を維持したクローン OS です。コミュニティが協力して開発し、無償で利用できるオープンソースの OS として、幅広い用途で使用されています。最近は、スケールアウト型分析基盤や、AI・機械学習、深層学習などの知的情報処理基盤、ソフトウェア定義型分散ストレージ基盤、HPC（High Performance Computing）基盤、そして、日本でも導入が加速しているコンテナ基盤など、ますます利用分野が拡大しています。

しかし、オープンソースソフトウェアの目覚しい発展が見られる一方、それを熟知した熟練技術者や専門のコンサルタントが慢性的に不足していることも事実です。特に、オープン ソースソフトウェアを駆使した IT 基盤導入においては、最適なシステム構成の提案、コンサルティング、インテグレーション、運用・保守サポートなどをトータルに理解した「Linux システムの専門家」が必要です。また、Rocky Linux と AlmaLinux は、日本において、ハードウェアベンダや OS ベンダの保守サポートが受けられない点なども踏まえると、問題解決や安定的な運用に伴うリスクを踏まえた導入を検討しなければなりません。

本書は、2020 年に発行された『CentOS8 実践ガイド［システム管理編］』の内容をベースに、バージョン 8.5 に対応し、Rocky Linux と AlmaLinux ユーザ向けに加筆・修正を行いました。

本書では、Rocky Linux と AlmaLinux 自体のインストールから障害対応まで、システム管理にかかわるテーマを網羅しています。システム管理の初級者でも対応できるように、ポイントとなる基本的な操作方法を押さえた上で、実践的な運用管理手法や最新のトピックを解説しています。Linux サーバのシステム提案、コンサルティング、構築、運用・保守業務にも末長く利用でき、Rocky Linux と AlmaLinux の後継バージョンにも対応できる「バイブルのような本」になればという思いで執筆しました。常日頃から本書を携行して読み返して頂き、実際のシステムの提案、構築、日常の運用業務など、さまざまなシーンで役立てて頂ければ幸いです。

最後に、本書の執筆機会をいただいた方々に厚く御礼を申し上げます。

2022 年 5 月吉日
古賀 政純

3

本書の表記

- 注目すべき要素は、太字で表記しています。

- コマンドラインのプロンプトは、"$""#"およびクライアントやサーバの違いで、異なるプロンプトで示されます。

- 実行例およびコードに関する説明は、"←"の後に付記しています。

- 実行結果の出力を省略している部分は、"..."あるいは（省略）で表記します。

本書で使用した実行環境

◆ ハードウェア

- HPE ProLiant DL325 Gen10

- HPE ProLiant DL160 Gen9

- HPE ProLiant SL2500 Gen8

- HPE ProLiant ML310e Gen8

- HPE ProLiant ML350p Gen8

- HPE ProLiant DL385p Gen8

- HPE ProLiant DL320e Gen8 v2

- KVM 仮想化環境（ホストマシンは、DL325 Gen10 で稼働）

※各プラットフォームに必要なシステム要件に従ってください。

◆ ソフトウェア

- OS：Rocky Linux 8.5、AlmaLinux 8.5
- iso ファイル：Rocky-8.5-x86_64-dvd1.iso、AlmaLinux-8.5-x86_64-dvd.iso

● Rocky Linux と AlmaLinux の iso イメージ提供先

　　Rocky Linux と AlmaLinux の iso イメージを提供しているミラーサイトは、新バージョンがリリースされると、旧バージョンの iso イメージが入手できなくなります。本書で取り上げる OS バージョンが旧バージョンになり、ミラーサイトから入手できない場合は、以下の URL から旧バージョンの iso イメージを入手してください。

○ **Rocky Linux の旧バージョンの iso イメージの入手先：**

https://dl.rockylinux.org/vault/rocky/

○ **AlmaLinux の旧バージョンの iso イメージの入手先：**

https://repo.almalinux.org/vault/

　また、最新の iso イメージは、ミラーサイトの URL 一覧が記載されている以下の Web サイトにアクセスし、入手してください。

○ **RL 8 の iso イメージの入手が可能なミラーサイト一覧：**

https://mirrors.rockylinux.org/mirrormanager/mirrors

○ **AL 8 の iso イメージの入手が可能なミラーサイト一覧：**

https://mirrors.almalinux.org/

　そのほか、必要に応じてインターネットのリポジトリからソフトウェアを取得しています。

はじめに

目 次

第 1 章

Rocky Linux 8 と AlmaLinux 8 の概要

Rocky Linux 8（以下、RL 8）と AlmaLinux 8（以下、AL 8）は、Web サービスや、ビッグデータ・AI（人工知能）分析基盤、解析基盤にも採用されるなど、その用途をますます広げています。こうした用途の広がりとともに、最新の RL 8/AL 8 では、大規模システムへの対応や、これまでなかった新しい機能が数多く盛り込まれています。

　本章では、OS の実際の操作に入る前に、RL 8/AL 8 の導入を図る上で必要となる情報として、RL 8/AL 8 が選定される背景、採用されるサーバ基盤、アーキテクチャなどの基礎的な内容を説明します。

1-1　Rocky Linux 8/AlmaLinux 8 を利用する背景

　Red Hat 社が公開している RHEL 8 を構成するオープンソースソフトウェア（以下 OSS）のソースコードを用いて、Red Hat 社の商標や商用ソフトウェアを取り除き、1 つの Linux ディストリビューションとしてまとめたものを「RHEL クローン OS」と言います。これにはいくつものディストリビューション（配布形態）があり、従来は、CentOS プロジェクトのコミュニティが RHEL クローン OS の代表格として君臨していました。

　しかし、2020 年 12 月 8 日、Red Hat 社は、RHEL のダウンストリーム版として提供されていた CentOS の開発を中止し、サポートも 2021 年 12 月で打ち切る決定を下しました。また、CentOS Stream と呼ばれるオペレーティングシステムの新しいアップストリーム開発方式を採用すると発表しました。

　CentOS Stream は、従来のような、CentOS 7.9 や CentOS 8.5 といった特定の RHEL のバージョン番号に対応した RHEL クローン OS をリリースするのではなく、流動的にアップグレードとリリースが行われる OS です。CentOS Stream は、リリース方式も従来の CentOS プロジェクトと異なり、アップストリーム OS である RHEL に取り込まれる更新アップデートを事前に確認する場を提供するための OS です。開発者によってリリースされるサイクルも従来の CentOS プロジェクトのものに比べて非常に短いのも特徴的です。

　また、通常 CentOS Stream が更新された後に、その更新が RHEL に反映されるため、RHEL、および、RHEL クローン OS よりも脆弱性などの対処が早いという特徴がある一方で、逆に言えば、RHEL に含まれるパッケージと CentOS Stream の間には、パッケージの差異があるため、RHEL クローン OS と比べてやや不安定になることもありえます。そのため、ハードウェアベンダだけでなく、アプリケーションベンダやソフトウェア開発者にとってサポートされるバージョンの範囲が不明瞭になるという理由から、CentOS Stream ではなく、従来の RHEL クローン OS のような、RHEL のバージョン番号に対応したクローン OS の開発とリリースを手掛ける後継プロジェクトの出現が期待されるようになりました。その中でも RL 8/AL 8 は、サーバシステムの利用を想定した OS として国内外問わず注目されています。

1-1-1　Rocky Linux

　RL 8 は、2021 年 4 月に Red Hat Enterprise Linux 8.4（以下 RHEL 8.4）のクローン OS としてリリースされました。RHEL とバグまで含め、完全互換性を持つように設計されたオープンソースのエンタープライズ向けの OS です。

　RL 8 の開発を手掛ける Rocky Linux プロジェクトは、Rocky Enterprise Software Foundation（RESF）に

よって運営されています。RESF は、初期の CentOS プロジェクトの創設者の一人であるグレゴリー・クルツァー（Gregory Kurtzer）氏によって設立されたもので、米国デラウェア州で設立された Public Benefit Corporation（PBC）と呼ばれる公益法人の一つです。現在も同氏が、RESF を所有しており、Rocky Linux コミュニティ内の信頼できる個人開発者やチームリーダの諮問委員会のメンバによって支援されています。

　OS の名前は、CentOS プロジェクトの創設者の一人であったロッキー・マゴー（Rocky McGaugh）氏への敬意から「Rocky Linux」と名付けられました。現在、RESF のメンバとコミュニティによって、従来の CentOS プロジェクトと同様に、RL 8 の開発が続いており、リリースノートや公式ドキュメントなどが Rocky Linux の Web サイトで公開されています。

○ **Rocky Linux の Web サイト：**

```
https://rockylinux.org/ja
```

1-1-2　AlmaLinux

　一方、AL 8 は、2021 年 3 月に RHEL 8.3 のクローン OS としてリリースされました。RL 8 と同様に、RHEL とバイナリレベルで完全な互換性を持つオープンソースのエンタープライズ OS です。AL 8 は、当初、米国 CloudLinux 社とそのコミュニティメンバによって開発が行われていました。現在は、CloudLinux 社から引き継ぐ形で、AlmaLinux OS Foundation のコミュニティメンバが開発を手掛けています。AlmaLinux のプロジェクトは、CloudLinux 社から年間 100 万ドルの支援を受けています。AlmaLinux の名前に含まれる「Alma」は、スペイン語で魂を意味します。Linux の普及に貢献している開発者コミュニティは、Linux の魂であり、これらの Linux コミュニティの努力に対する感謝を込めて、AlmaLinux と名付けられました。RL 8 のプロジェクトと同様に、リリースノートや公式ドキュメントなどが AlmaLinux の Web サイトで公開されています。

○ **AlmaLinux の Web サイト：**

```
https://almalinux.org/
```

1-2　保守サポートとシステム構成の関係

　RL 8/AL 8 は、誰もが無償で入手できる Linux ディストリビューションです。無償であることは、ソフトウェア自体のコストメリットはありますが、システムの運用コストはユーザ自身が負担することになります。システムで障害が発生すれば、問題の切り分け作業が必要になりますし、性能劣化問題が発生した場合、ハードウェアの問題なのか、カーネルパラメータの設定の問題なのか、あるいは、ミドルウェアのチューニング不足なのかといった問題の切り分け作業も、ユーザ自身が行わなければなりません。こういった作業は、膨大な工数が伴う場合が少なくありません。無償で利用できるというだけで、RL 8/AL 8 をどのような用途にも適用するのは、ユーザが多くのリスクを抱えることになります。一般の企業では、大規模な基幹システムであれば、UNIX や NonStop OS が稼働するミッションクリティカルシステムを採用するケースが多く見られます。顧客の預貯金データの保管や、決済処理などの極めて厳密な整合性が要求されるトランザクション処理を行うデータベースシステムでは、障害発生時の問題切り分け作業、原因追及、復旧作業が顧客とベンダ双方にとって非常に重要な意味を持ちます。また、部門のデータベースサーバにおいては、責任範囲の明確化が可能な RHEL などの商用 Linux が採用される傾向にあります。

　現在は、RL 8/AL 8 の技術サポートを行うソフトウェアベンダも登場しており、RHEL クローン OS を取り巻く環境は、活況を呈しています。RL 8 においては、スーパーコンピュータのコンテナ製品やクラスタ配備ソリューションなどを手掛ける米国 Ctrl IQ（CIQ）社が技術サポートを提供しています。一方、AL 8 においては、米国 CloudLinux 社が技術サポートを提供しています。以下に、RL 8/AL 8 のベンダによる技術サポートの URL を掲載しておきます。

○ **Ctrl IQ 社による RL 8 のサポート情報：**

https://ciq.co/rocky-linux/

○ **CloudLinux 社による AL 8 のサポート情報：**

https://tuxcare.com/linux-support-services/

1-2-1　フリー Linux のシステム構成

　RL 8/AL 8 がどのような用途に適しているかと言えば、それは、障害や性能の課題をシステム構成で担保することで、運用コストを軽減できるようなケースです。

　例えば、Web サーバのようなフロントエンド層では、スケールアウト型サーバによって構成され、1 台の Web サーバに障害が発生しても、他の Web サーバに負荷分散することにより、全体に影響が出

ない仕組みになっています。さらに、トラフィックの負荷分散を行うために、通常、Web フロントエンド層は、大量のサーバを配置します。また、フロントエンド層では、負荷分散装置と、ある程度サーバの台数を多めに配置すれば、それほど厳密なチューニングをしなくても、Web サーバとしての性能がスケールするように設計されます（図 1-1）。このため、初期導入、および、導入後のシステム拡張にかかる運用費を削減する観点から、ベンダ保守サポートのない「フリー Linux」を採用する場合が少なくありません。

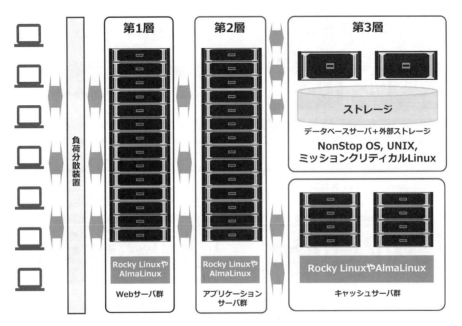

図1-1　RL 8/AL 8 を含む 3 層構成のシステム例 ─ Web サーバ、アプリケーションサーバ、キャッシュサーバで RL 8/AL 8 が検討される

　このように、利用されるシステムやユーザ部門の技術スキル、SLA（Service Level Agreement）などによって、RL 8/AL 8 などのフリー Linux や商用 Linux を適切に配置することを忘れてはなりません。

1-3　スケールアウト型基盤におけるフリー Linux

　現在、米国 HPE をはじめとする主要ハードウェアベンダにおいて、RHEL 8 およびそのクローン OS である RL 8/AL 8 が稼働可能な x86 サーバがリリースされています。x86 サーバの製造を手掛けるベンダが、RHEL 8 の動作認定だけでなく、クローン OS である CentOS や、Rocky Linux、AlmaLinux の動作確認（動作認定ではないことに注意。コラム「**動作確認と動作認定の違いとは**」参照）に取り組

む背景には、先にも述べたように、近年のスケールアウト型システムを導入するホスティング、クラウドサービス、オンラインゲームサービス、そして Hadoop や AI（人工知能）、機械学習などのビッグデータ分析基盤ニーズの高まりがあります。

　スケールアウト型サーバを購入するサービスプロバイダや Hadoop、AI を駆使するビッグデータ基盤のユーザの多くは、最新技術で、かつ、安定した OSS を採用し、数百台、数千台規模のサーバの導入や運用の簡素化を求めています（図 1-2）。

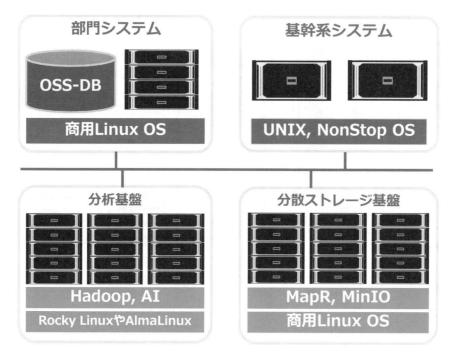

図 1-2　UNIX、商用 Linux、RL 8/AL 8 の利用シーン

　スケールアウト型システムを採用するユーザの場合、サービス開始直後のサーバ台数が少なくても、システムの拡張に伴い、サーバ台数が増えるため、導入コスト削減の観点から Rocky Linux、AlmaLinux が利用される傾向にあります。ただし先にも述べたように、ユーザの一時保管庫に利用されるような分散ストレージ基盤は、顧客の重要なデータを保管しておくというシステムの特性上、商用 Linux や、S3 と NFS 機能を含む MapR ファイルシステムなどのデータストアに特化した分散型の商用ソフトウェアを採用する傾向にあります。

　RL 8/AL 8 上で分散ストレージを実現することは技術的に可能ですが、ベンダの保守サポートが受けられない点などを考慮すると、問題解決や安定的な運用に伴うリスクを踏まえた導入を検討しなけ

ればなりません。そのため導入前には、SLA や障害発生時の問題切り分けの体制、責任範囲を明確に定義しておく必要があります。

コラム　動作確認と動作認定の違いとは

　一般に、「動作確認」とは、その OS の保守サポートの有無に関係なく、ベンダが OS の基本的なインストール可否や、ネットワーク通信などの最低限の機能確認を指します。あくまで簡易的な動作を確認したレベルであり、インストール時、あるいは、インストール後の動作の一部に何らかの不具合があったとしても、ユーザは、ベンダの保守サポートを一切受けられません。一方、「動作認定」とは、ハードウェアや OS ベンダが提供する動作サポート認定表（サポートマトリクスや互換性リストと呼ばれます）に掲載された OS とハードウェアの組み合わせにおいて、ベンダが当該ハードウェアでの OS の対応を正式に認定することを指します。

　動作が認定されている OS のバージョンとハードウェアの組み合わせがベンダによって決められています。ベンダが認定しているバージョンの OS とハードウェアを利用し、ハードウェアベンダによる OEM 版 OS の保守サービスを購入している場合は、ハードウェアベンダの保守サポートが受けられます。たとえ見かけ上 OS が正常に動作したとしても、ベンダが動作認定していない OS のバージョンとハードウェアの組み合わせで利用した場合は、ベンダの保守サポートは受けられません。近年、ハードウェアベンダでは、RHEL クローン OS に関するサポートマトリクスを簡素化する動きが見られます。以前は、ハードウェアベンダが提供している監視エージェント類やサードパーティ製の商用アプリケーションの動作サポートの関係上、RHEL 8 と RHEL クローン OS の動作確認済みバージョンに差異がありましたが、最近は、RHEL 8 とそのクローン OS の動作認定に関するサポートマトリクスを分離させない動きもあります。RHEL 8 として動作認定が行われているサーバ機種は、自動的に RL 8/AL 8 でも動作できるとみなすというものです。アップストリーム OS とクローン OS のサポート状況が異なると利用者側に混乱が生じるため、対象となるサーバ機種が、RHEL 8 で動作するのであれば、RL 8/AL 8 でも同様に技術的には動く（ただし、保守サポートは得られない）と想定してよいでしょう。

1-4　アーキテクチャと利用シーン

　サポートされる論理 CPU 数やメモリ容量、ファイルシステムサイズなどは、カーネルの仕様変更に伴い、OS のバージョンによって最大値が引き上げられる場合があります。以下では、RL 8/AL 8 におけるハードウェア制限値について紹介します。

1-4-1　プロセッサアーキテクチャ

　RL 8/AL 8 では、64 ビットの x86_64 アーキテクチャと ARM アーキテクチャをサポートしています。32 ビット版 x86 アーキテクチャ、System z アーキテクチャには対応していないため、注意が必要です。一方、PowerPC アーキテクチャは、AL 8.5 で対応しており、RL 8 でも対応が予定されています。

表 1-1　RL 8/AL 8 のアーキテクチャ対応表

アーキテクチャ	Rocky Linux	AlmaLinux
最新バージョン ‡	8.6	8.6
32 ビット版 x86	非対応	非対応
x86_64	対応	対応
ARM	対応	対応
PowerPC	対応予定	対応
System z	非対応	非対応

‡：2022 年 5 月 16 日時点

1-4-2　論理 CPU 数

　RL 8/AL 8 でサポートされる最大論理 CPU 数は、アップストリーム OS である RHEL 8 と同じとみなしてよいでしょう。現在では、1 台の巨大マルチコア SMP（Symmetric Multi-Processing）サーバで 890 コア以上を利用することも珍しくありません。こうしたコア数増加の背景には、AI（人工知能）などの知的情報処理基盤や、高集約な仮想化基盤の普及、多人数で利用される巨大クラウド基盤の導入の増加があります（表 1-2）。

表 1-2　RL 8/AL 8 がサポートする最大論理 CPU 数

アーキテクチャ	Rocky Linux	AlmaLinux
x86_64	768	768

1-4-3　最大メモリ容量

x86_64 アーキテクチャの RL 8/AL 8 でサポートされる最大メモリ容量は、24TB です。理論上は、64TB まで可能です（表 1-3）。

表 1-3　RL 8/AL 8 がサポートする最大メモリ容量

アーキテクチャ	Rocky Linux	AlmaLinux
x86_64	24TB	24TB

1-4-4　ファイルシステム

RL 8/AL 8 では、ext2、ext3、ext4、XFS ファイルシステムがサポートされていますが、通常は、XFS が利用されます。XFS の最大ファイルシステムサイズは、表 1-4 のとおりです。RL 8/AL 8 では、/boot パーティション、ルートパーティション、ユーザデータなど、スワップを除くすべてのパーティションを XFS で構成できます。XFS は、ジャーナリングに関する IOPS（I/O Per Second）をできるだけ減らすことで、高性能を実現しているファイルシステムです。データの読み書きにおいて高いスループットを実現できるファイルシステムであることから、分散型のビッグデータ基盤などで利用する OS 領域のファイルシステムで採用されています（表 1-4）。

表 1-4　RL 8/AL 8 がサポートする最大ファイルシステムサイズ

アーキテクチャ	Rocky Linux	AlmaLinux
最大ファイルサイズ（ext4）	16TB	16TB
最大ファイルシステムサイズ（ext4）	50TB	50TB
最大ファイルサイズ（XFS）	8EB	8EB
最大ファイルシステムサイズ（XFS）	1PB	1PB
最大ブート LUN サイズ（BIOS 起動設定時）	2TB 未満	2TB 未満
最大ブート LUN サイズ（UEFI 起動設定時）	8EB	8EB

　最近のビッグデータ用途向けに開発されたサーバには、1 筐体当たり 12TB のハードディスクを 60 本搭載できるモデルも登場しています。このようなビッグデータ向けに開発された x86 サーバでは、1 つの筐体で内蔵ディスクが 700TB を超えることも少なくないため、XFS などの大容量に対応したファイルシステムが利用されます。また、近年は、数ペタバイトを超えるストレージ機器も登場しており、性能がスケールする巨大ファイル共有基盤に対応したファイルシステムとして、XFS が利用されています（図 1-3）。

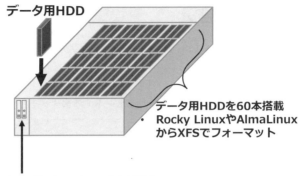

データ用HDD

データ用HDDを60本搭載
・ **Rocky LinuxやAlmaLinux からXFSでフォーマット**

・ **Rocky LinuxやAlmaLinuxのOS領域**
・ **/bootや/パーティションをXFSでフォーマット**

図 1-3　Rocky Linux や AlmaLinux が稼働するビッグデータ専用 x86 サーバ

1-4-5　UEFI 対応

　近年のサーバ機器は、ファームウェアとして、BIOS 以外に UEFI（Unified Extensible Firmware Interface）を搭載しています。UEFI は、従来の BIOS 同様にハードウェアの入り口となるファームウェアのインターフェイスです。UEFI により、ディスクの CHS ジオメトリの変換を行うことなく、GPT ラベルを持つパーティションから Linux システムを起動できます。UEFI での Linux 環境が受ける恩恵は、CHS（Cylinder Head Sector）ジオメトリの変換等の煩雑な手続きを行うことなく、GPT ラベルが付与された 2.2TB を超えるデバイス（LUN）からシステムを起動させることができる点です。そのほかにも、今後 Linux で実装が予定されている新機能や、OS に特化しないハードウェアレベルでの拡張機能による恩恵があります。

　現在の x86 サーバの多くは、BIOS モードと UEFI モードを切り替え可能ですが、RL 8/AL 8 は、BIOS モードと UEFI モードの両方に対応しています。

　UEFI 搭載マシンは、従来のレガシーな BIOS 機と OS のブートの仕組みが異なるため、OS のパーティション設計の際には、若干注意が必要です。また、BIOS モードと UEFI モードの切り替えが可能なサーバにおいて、OS 導入後に BIOS モードから UEFI モードに変更するには、OS の入れ直しが必要です。加えて、PXE（Preboot eXcution Environment）を使ったネットワークインストールでは、BIOS モード用の PXE 起動イメージと UEFI モード用の PXE 起動イメージが異なるなど、ハードウェアの BIOS、UEFI の設定モードの違いによって OS のブートに関する各種設定が異なるため注意が必要です（図 1-4）。

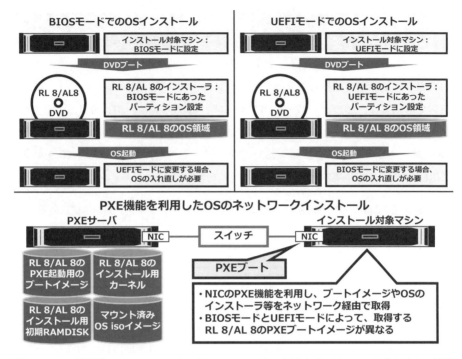

図1-4 OS導入後に BIOS モードから UEFI モードに変更するには、OS の入れ直しが必要
である。また、PXE ブートによる OS のインストールでは、ハードウェアの BIOS、
UEFI 設定のモードの違いによって取得する PXE ブートイメージが異なる

1-4-6　参考になるドキュメント

　RL 8/AL 8 でサポートされる論理 CPU、メモリ容量、ファイルシステムサイズなどの上限は、RL 8/AL 8 のアップストリームに位置付けられる RHEL 8 の制限値が参考になります。詳しく知りたい方は、RHEL のバージョンごとの制限値が掲載されている「Red Hat Enterprise Linux technology capabilities and limits」[1]や、RHEL 8 のリリースノート[2]を参考にしてください。

＊ 1　Red Hat Enterprise Linux technology capabilities and limits
　　　https://access.redhat.com/articles/rhel-limits
＊ 2　RHEL 8.5 のリリースノート
　　　https://access.redhat.com/documentation/en-us/red_hat_enterprise_linux/8/html/8.5_release_notes
　　　/index

1-5　リリースサイクル

RL 8/AL 8 は、コミュニティによるメンテナンスの更新期限が存在します。10 年のライフサイクル
が設定されており、世界中の技術者コミュニティがメンテナンスに携わっています。RL 8 と AL 8 の
メンテナンス更新期限は、2029 年に設定されています。CentOS 8 は、2021 年 12 月にコミュニティに
よるメンテナンスは終了していますが、CentOS 7 は、2024 年までメンテナンスされる予定です。その
ため、CentOS 7 から次の RHEL クローン OS への乗り換え先の選択肢としては、2029 年までメンテナ
ンスされる RL 8 か AL 8 が現実的と言えるでしょう（表 1-5）。

表 1-5　CentOS 7、RL 8/AL 8 のコミュニティが定めるメンテナンス更新期限

	CentOS 7	RL 8/AL 8
メンテナンス更新期限	2024 年 6 月末	2029 年

アプリケーションの都合上、RL 8/AL 8 ではなく、CentOS 7 を導入せざるを得ない場合があります
が、導入を予定しているシステムの更改時期と RL 8/AL 8 のメンテナンス更新期限を照らし合わせて、
RL 8/AL 8 の導入の検討を行います。RL 8/AL 8 のメンテナンス更新期限は、コミュニティの Web サ
イトに記載されているので、導入検討時に確認します。

○ RL 8/AL 8 のメンテナンス更新期限の情報：

https://rockylinux.org/download

https://wiki.almalinux.org/FAQ.html

1-5-1　OS のバージョン番号

RL 8/AL 8 のバージョン番号は、メジャーバージョンとマイナバージョンの組み合わせによって表記
しています。例えば、メジャーバージョンが 8 で、マイナバージョンが 5 の場合は、Rocky Linux 8.5、
AlmaLinux 8.5 と表記します。このメジャーバージョンとマイナバージョンの組み合わせは、アップス
トリーム OS である RHEL のバージョンに対応しています。

1-5-2　CentOS 7 からの変更点

RL 8/AL 8 系は、従来の CentOS 7 系に比べて、カーネル、ファイルシステム、ユーティリティ、各種
サービス、ユーザアプリケーションに至るまで、非常に多くの変更点があります。以下では、CentOS

7系 OS と比べたときの RL 8/AL 8 が提供する特徴的な機能を抜粋して掲載します。

- NVDIMM デバイスへの raw アクセスが可能
- NVDIMM デバイスから OS を起動可能
- OS インストール時にカーネルブートパラメータ「inst.addrepo=」を付与することで、リポジトリを指定可能
- BOOM ブートマネージャにより、LVM スナップショットからの起動が可能
- XFS コピーオンライトデータエクステンツによりファイルの高速なコピーや保存を実現
- インストール元のリポジトリは、BaseOS と AppStream に集約
- 64 ビット ARM アーキテクチャ用の 52 ビット物理アドレス指定が利用可能
- 5 レベルページングにより、最大 4PB の物理メモリをサポート
- Control Group v2 により、ロールに基づいたプロセス分類や、複数階層におけるポリシの競合問題を解消
- DNF 技術をベースにした新しいツール YUM v4 を採用
- KDE が廃止され、GNOME v3 ベースのデスクトップ環境が利用可能
- ディスプレイサーバ Wayland を搭載（従来の X.Org も利用可能）
- 仮想マシンイメージ作成ツール Composer を搭載
- ローカルストレージ管理ツール Stratis を搭載
- ストレージ暗号化フォーマットにおいて、LUKS1 と LUKS2 をサポート
- Cockpit により RL 8/AL 8 の各種 OS 管理（ログ、ストレージ、ネットワーキング、アカウント、サービス、セキュリティ、アプリケーション、カーネルダンプ、パッケージ更新等）が可能
- 標準で、Python3 を搭載し、バージョン番号が付与された python3 コマンドが利用可能
- IPVLAN（同一 MAC アドレスで異なる IP アドレスを持つ仮想 NIC）をサポート
- crypto-policies により、暗号化の設定を簡素化（OpenJDK、OpenSSH、BIND、OpenSSL ライブラリ、GnuTLS、NSS ライブラリ、Libkrb5、Libreswan に対応）
- パケットフィルタリングの nftables を搭載（iptables から移行する支援スクリプトも存在）
- NetworkManager のファイアウォールバックエンドとして nftables をサポート
- tlog パッケージにより、ユーザ端末のセッションの記録と再生が可能
- コンテナ管理ツール Podman を搭載
- KVM 環境において、Ceph ストレージをサポート
- 時刻同期ツールは、ntp から chrony に変更

1-6　まとめ

　本章では、RL 8/AL 8 の概要、特徴などを簡単に紹介しました。RL 8/AL 8 は、コミュニティの活動も非常に活発になってきており、多くのユーザによってさまざまな情報が提供されています。また、アップストリーム OS である RHEL 8 は、新バージョンが出るたびに、新機能や変更点がリリースノートに記載されているため、RL 8/AL 8 の新バージョンの導入を計画する際の方針の決定に有用です。RHEL 8 の商用のサブスクリプションに関連する機能以外のものは、RL 8/AL 8 でも利用可能なため、RHEL 8 のリリースノートは、一読されることをお勧めします。

 コラム　RL 8/AL 8 の新機能

　RL 8/AL 8 では、CentOS 7 に比べて、運用管理上の新しいコンポーネントが数多く搭載されています。CentOS 7 系と比べて RL 8/AL 8 で大きく変更のあったものと本書で解説している章は、以下のとおりです。

- パッケージ管理（第 4 章）
- GUI 環境の設定（第 7 章）
- コンテナ管理（第 9 章）
- セキュリティ管理（第 14 章）
- バックアップ／リストア（第 15 章）
- OS のアップグレード（第 2 章）

　いずれのコンポーネントも、効率化や利便性の向上を目指したツールです。使いこなせばさまざまなメリットが享受できます。ただし、新しいツールを導入し、安定的に運用するには、ある程度のハードルを越える必要があり、それを避けては通れません。ハードルを越える近道は、最低限の基本的なシステム要件を満たす設定手順を実践することです。まずは、本書の第 1 章から順番に学習することをお勧めします。

第2章

OS のインストールと起動

RL 8/AL 8 のインストーラは、Linux をインストールしたことがない初心者でも理解できる非常にわかりやすいインターフェイスを備えています。また、それだけでなく、さまざまなハードウェア環境や状況に柔軟に対応できるように、複数のモードが用意されています。本章では、RL 8/AL 8 のインストール時の注意点、インストーラの新機能など、Linux 管理者が押さえておくべき機能を紹介します。

2-1 インストール前段階での注意点

OS を x86 サーバにインストールする場合、目的の業務に応じたハードウェアの設定を整えておく必要があります。近年、サーバに搭載できるメモリやディスクの容量が急激に増加しており、これに伴い、ハードウェア側の事前準備を適切に行わないと、購入したハードウェアの機能や性能を十分に発揮できないといった事態に陥る可能性があります。特に、データベースサーバやインメモリ分析基盤などで巨大なメモリ空間を利用する場合に注意が必要です。

近年、BIOS モードと UEFI モードを両方搭載している x86 サーバが現役で利用されていますが、利用する x86 サーバに外付けストレージなどを組み合わせる場合、RL 8/AL 8 での動作確認以外に、BIOS、または、UEFI のどちらをサポートするかなど、サポート要件の調査が必要です。例えば、ファイバチャネル（FC）ストレージをサーバに接続する場合、サーバ側で BIOS か UEFI モードのどちらをサポートするか、ベンダによって決められています。

2-2 インストールメディアタイプ

サーバの内蔵ハードディスクや SSD に RL 8/AL 8 をインストールする場合、インストール用の iso イメージをブート可能な形で記録した DVD メディアを使ってブートします。iso イメージには、通常のサーバ用途やワークステーション用途などで利用される DVD iso のほかにも、コミュニティのリポジトリにインターネット経由でアクセスしてパッケージをダウンロードし、OS のインストールを行う boot iso も存在します。インストール iso イメージの入手先は、本家サイト以外のミラーサイトを適宜利用するとよいでしょう。サーバ構築で主に利用されるのは、以下に示すように、DVD iso イメージとブート iso イメージです。

○ **RL 8：**
- DVD iso イメージ：`Rocky-8.5-x86_64-dvd1.iso`
- ブート iso イメージ：`Rocky-8.5-x86_64-boot.iso`

○ **AL 8：**
- DVD iso イメージ：`AlmaLinux-8.5-x86_64-dvd.iso`
- ブート iso イメージ：`AlmaLinux-8.5-x86_64-boot.iso`

　通常は、DVD iso イメージを利用すればよいでしょう。一方、ブート iso イメージは、ネットワーク経由で OS をインストールするための iso イメージです。ミラーサーバや NFS サーバを指定でき、RPM パッケージをダウンロードしながら OS をインストールできます。

注意　Rocky Linux と AlmaLinux の iso イメージの入手先

　Rocky Linux と AlmaLinux の iso イメージを提供しているミラーサイトは、新バージョンがリリースされると、旧バージョンの iso イメージが入手できなくなります。本書で取り上げる OS バージョンが旧バージョンになり、ミラーサイトから入手できない場合は、以下の URL から旧バージョンの iso イメージを入手してください。

○ Rocky Linux の旧バージョンの iso イメージの入手先：

`https://dl.rockylinux.org/vault/rocky/`

○ AlmaLinux の旧バージョンの iso イメージの入手先：

`https://repo.almalinux.org/vault/`

　また、最新の iso イメージは、ミラーサイトの URL 一覧が記載されている以下の Web サイトにアクセスし、入手してください。

○ RL 8 の iso イメージの入手が可能なミラーサイト一覧：
`https://mirrors.rockylinux.org/mirrormanager/mirrors`
○ AL 8 の iso イメージの入手が可能なミラーサイト一覧：
`https://mirrors.almalinux.org/`

2-3　RL 8/AL 8 のインストーラ

　本節では、先に紹介したサーバ構築で通常利用される DVD iso イメージを使い、インストーラの機能を解説します。RL 8 と AL 8 では、インストール画面のレイアウトや設定項目はまったく同じですので、以下では、紙面の都合上、RL 8 のインストール画面で説明します。

2-3-1　GUI モードとテキストモード

　RL 8/AL 8 のインストーラは、従来の CentOS 7 や CentOS 8 と同様、GUI モードでのインストールとテキストモードでのインストールの両方を兼ね備えています。RL 8/AL 8 のインストール画面の最初のステップには、以下の 3 項目が表示されます（図 2-1、図 2-2）。

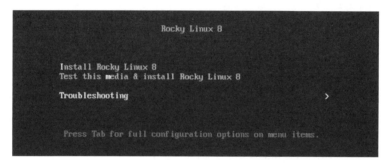

図 2-1　インストールの画面

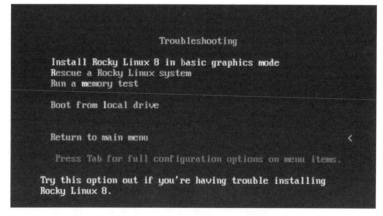

図 2-2　Troubleshooting の画面

○ **RL 8 の場合：**

- Install Rocky Linux 8：RL 8/AL 8 のインストール

- Test this media & install Rocky Linux 8：DVD メディアのテストを行った上でのインストール

- Troubleshoooting：VESA でのインストール、レスキューモード、メモリテストなど

○ **AL 8 の場合：**

- Install AlmaLinux 8.5：RL 8/AL 8 のインストール

- Test this media & install AlmaLinux 8.5：DVD メディアのテストを行った上でのインストール

- Troubleshoooting：VESA でのインストール、レスキューモード、メモリテストなど

メニュー画面において、上下矢印（↑ ↓）キーでカーソルを合わせた状態で、 TAB キーを押すことで画面の最下行にブートパラメータが表示されます。ブートパラメータが表示されているコマンドラインにキーボード入力で独自のブートパラメータを付与できます（図 2-3）。

```
> vmlinuz initrd=initrd.img inst.stage2=hd:LABEL=Rocky-8-5-x86_64-dvd inst.res
olution=1024x768_
```

図 2-3　ブートパラメータを入力している様子

2-3-2　インストーラ起動時のオプション

RL 8/AL 8 では、インストーラの起動後にさまざまなオプションを付与することで以下に挙げるようなトラブルを回避できます。

- 画面がブラックアウトし、キーボード入力を受け付けない

　　対策としては、解像度のミスマッチの可能性があるため、ブートオプションに `inst.resolution` パラメータを付与し、強制的に解像度を変更するなどの対策が考えられます。

- カーネルパニックを起こしてインストーラが進まない

　　カーネルパニックについては、さまざまな原因が考えられますが、例えば、ファイルシステムをマウントできないようなトラブルの場合は、起動時のオプションからレスキューモードに移行

し、破損部分を修正し、カーネルのダウングレードやアップグレードを実施できます。

● インストーラが、ローカルのハードディスクを認識しない

　ハードディスクを認識しない原因の一つとしては、RAID コントローラのドライバのロードをインストーラ起動時のオプションに付与していない可能性があります。

このように、インストーラ起動時のオプションは、トラブルシューティングに利用できますが、オプションの数が多いことと、対処方法が物理サーバの機種や構成、OS のバージョンや種類によって組み合わせが無数に存在するため、過去の経験から導き出されるパラメータを付与する場合が少なくありません。以下では、その中でも典型的なトラブルとしてモニタ出力不良の対処を取り上げます。

2-3-3　モニタ出力のトラブル対応

RL 8/AL 8 のインストーラが、起動途中でモニタに何も出力されない場合、モニタの出力範囲外に自動的に設定されている可能性があります。この場合、**Troubleshooting** を選択して対処することになりますが、それでもモニタに何も出力されず、インストールが続行できない場合は、RL 8/AL 8 のインストーラのブートプロンプトでいくつかのパラメータを試します。モニタ出力範囲外が原因でインストーラの画面が表示されない問題を回避する代表的なパラメータを**表 2-1** に示します。

表 2-1　モニタ出力のトラブル対処法

対処法	パラメータ
解像度を明示的に指定する	inst.resolution=1280x1024
テキストモードを利用する	inst.text
遠隔から VNC 接続する	inst.vnc

物理ディスプレイの仕様などにより、特定の解像度表示によるインストールで不具合がある場合には、解像度を明示的に指定して OS をインストールします。具体的には、ブートパラメータに `inst.resolution` パラメータを指定します。例えば、`inst.resolution=800x600` を指定すると、800 × 600 の解像度でインストーラの画面が表示されます。

2-3-4　NIC のデバイス名の変更

NIC のデバイス名（パーティション名とも呼ばれます）は、物理サーバの機種や NIC の種類によって、enoX や ensX、enpXXX などさまざまな名前に設定されます。この命名規則は、「一貫性のあるデバイス命名規則」と呼ばれます。RL 8/AL 8 では、一貫性のあるデバイス命名規則を使用することが

推奨されています。

　一貫性のあるデバイス命名規則ではなく、従来の CentOS 6 系で利用されていた eth0 や eth1 など（本書では、旧式の命名規則と呼ぶことにします）に変更したい場合は、RL 8/AL 8 のブートプロンプトで、ブートパラメータ net.ifnames=0 biosdevname=0 を指定します。すると、インストーラの NIC の設定画面において、旧式の命名規則で NIC を設定できます。ただし、RL 8/AL 8 において、旧式の命名規則を利用することは推奨されていません。旧式の命名規則を利用すると、NIC を複数持つサーバ機器では、NIC を交換した際に、デバイス名が別のものに挿げ替わる可能性があるためです。

2-4　GUI モードのインストール

　以下では、インストーラの GUI モードを使った OS のインストール手順について解説します。

2-4-1　言語の設定

　GUI モードのインストールでは、インストーラで利用する言語を選択できます。インストールで利用する言語は、インストール後の言語設定に影響しません。ここでは、特に断りがない限り、日本語を選択して説明します（図 2-4）。

図 2-4　OS のインストーラで利用する言語の選択

2-4-2　インストールの概要画面

　インストールの概要画面では、大きく分けて、地域設定、ソフトウェア、システム、ユーザの設定を行います（図2-5）。

図2-5　インストールの概要では、地域設定、ソフトウェア、システム、ユーザの設定を行う

　地域設定では、キーボード、言語、時刻と日付を設定します。**キーボード**設定では、システムで使用するキーボードレイアウトを選択します。通常使うキーボードレイアウトを一覧の先頭に移動させます。遠隔管理を行う場合は、適宜、クライアントPCのキーボード配列に設定を変更する場合もありますが、データセンタに設置されたサーバに物理的に接続されたキーボードの種類に一致させるのが一般的です。日本国内では、日本語キーボードが納品される場合が少なくありませんが、外国人の管理者や開発者が利用する環境では、日本語以外の設定も使用されます。そうした場合は、画面左下の［＋］ボタンをクリックし、適宜、キーボードレイアウトを追加します（図2-6）。

　［レイアウト設定をテストする］の白枠内をクリックし、実際にキーボードを入力して、複数の物理的なキーボードを使って、切り替わっているかどうかを確認できます。インストール画面内で、特殊記号を入力しなければならない場合に、キーボードを選択できるようにしておくと、キーボードレイアウトの不一致による入力のトラブルを回避できます。

図 2-6　キーボードレイアウトの設定

ここでは、日本語以外に、英語（US）キーボードを追加します（図 2-7）。

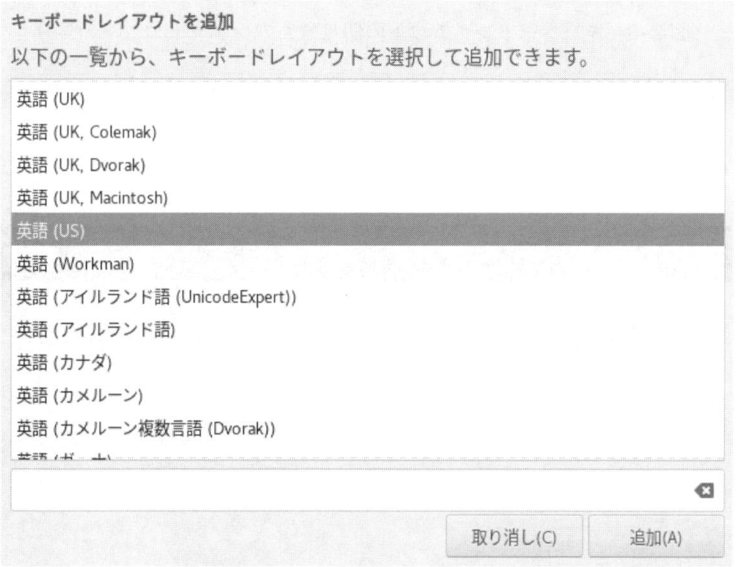

図 2-7　キーボードレイアウトの追加画面

また、日本語配列以外に英語（US）配列など、キーボードのレイアウトを複数登録した場合、レイア

ウトの切り替えのショートカットを登録できます。レイアウト切り替えのショートカットは、図2-6
で［オプション］をクリックし、キーボードレイアウトの切り替え用のショートカットキーを選択しま
す（図2-8）。キーボードの入力が正しく行えることが確認できたら、画面左上の［完了］をクリッ
クし、インストール概要の画面に戻ります。

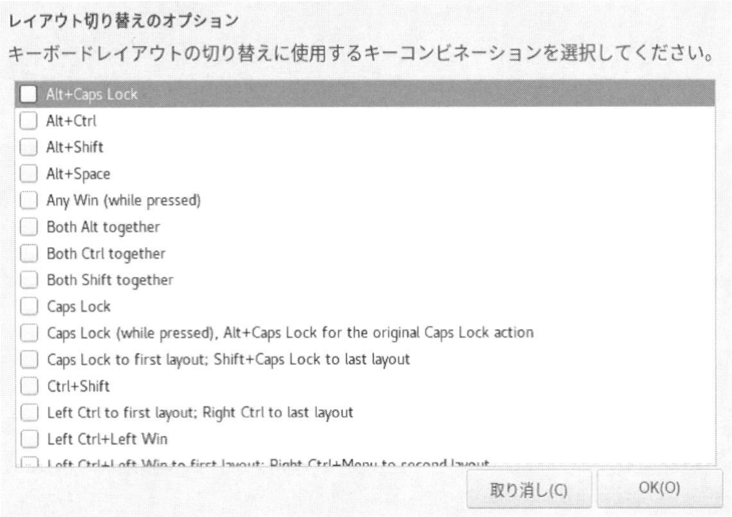

図2-8　キーボードレイアウトの切り替えのショートカットの登録

2-4-3　言語サポート

言語サポートの画面では、インストールしたい言語を選択します（図2-9）。

図2-9　言語サポート

　日本語が選択されているかを確認します。また、英語圏の場合は、English を選択し、国別の言語を選択します。例えば、米国であれば、English（United States）を選択します。必要な言語を選択したら、画面左上の［完了］をクリックし、インストール概要の画面に戻ります。

2-4-4　日付と時刻

　日付と時刻の画面では、地域および都市を選択します（図 2-10）。日本の場合は、「**日本列島**」の部分をクリックすると、**地域**がアジアで、**都市**が東京に切り替わります。地域と都市を確認したら、画面左下の**時刻**と、画面右下の**年月日**を調整します。

　画面右上のネットワーク時刻は、chrony による時刻同期を有効にする設定ですが、これは OS をインストールした後に設定しても構いません。もしこの段階で時刻同期をオンにする場合は、後のネットワーク設定で、外部の時刻同期サーバと通信ができるように設定が必要です。地域、都市、時刻、年月日を設定したら、画面左上の［完了］をクリックし、インストール概要の画面に戻ります。

図 2-10　時刻と日付の設定

2-4-5　インストールソースの設定

インストールソースでは、どこから OS をインストールするかを選択します（図 2-11）。サーバに接続された物理的な DVD ドライブのデバイス名の sr0 などが表示されているはずです。

図 2-11　インストールソースの設定

　もし、DVD メディアでインストールする場合は、そのまま画面左上の［完了］をクリックし、インストール概要の画面に戻ります。また、［検証する］をクリックすると、OS の DVD メディアに書き込まれたイメージが適切かどうかをチェックできますので、DVD メディアのデータの破損や改ざん有無を確認する環境がない場合は、この時点でチェックしておきます。

　必要に応じて、社内に設置した独自のカスタムリポジトリをこの段階で登録できます。カスタムリポジトリには、わかりやすい名前を付けます。また、リポジトリのパッケージの入手に利用するプロトコル（HTTP、HTTPS、FTP、NFS）を選択し、カスタムリポジトリがインストール対象に提供する URL を入力します。必要に応じて、プロキシの URL やプロキシ経由の接続で必要なユーザ名、パスワードもこの時点で登録できます。

　カスタムリポジトリがまだ準備できていない場合でも、情報をこの時点で入力しておき、画面内の追加のリポジトリにあるチェックボックスを外しておけば、リポジトリ自体は無効の状態で登録できるため、必ずしも、カスタムリポジトリを完成させた後に、ここで登録しなければならないというわけではありません。ただし、無効にしたカスタムリポジトリは、OS インストール後に有効に設定することで、初めて利用できるようになります。

　すべての入力が終えたら、画面左上の［完了］をクリックし、インストール概要の画面に戻ります。

2-4-6　ソフトウェアの選択

ソフトウェアの選択画面では、ベース環境と、それに関連するアドオンソフトウェアを選択できます。ベース環境には、表 2-2 に示す 6 種類が用意されています。

表 2-2　ベース環境の選択項目

ベース環境の選択項目	説明
サーバ（GUI 使用）	各種サーバ用途で、かつ、GUI デスクトップ環境が利用可能
サーバ	各種サーバ用途で、GUI デスクトップ環境は含まない
最小限のインストール	必要最低限のパッケージで構成
ワークステーション	サーバ用途ではなく、個人 PC やワークステーションでの利用を想定
カスタムオペレーティングシステム	カスタムの基本ビルディングブロック
仮想化ホスト	KVM による仮想化基盤のホスト OS を想定

ソフトウェアの選択画面（図 2-12）において、各ベース環境に対して、表 2-3 に示す選択可能なアドオンが存在します。ベース環境の種類によって選択できるアドオンが異なります。

図 2-12　ソフトウェアの選択画面において、サーバ（GUI 使用）のベース環境における選択可能なアドオンを表示

37

表 2-3　ソフトウェアの選択画面で表示されるベース環境に対するアドオンの種類とその意味

アドオンの種類	説明
バックアップクライアント	データのバックアップを行うバックアップ管理サーバに接続し、実際にバックアップ処理を実行するクライアントソフトウェア
ハードウェアモニタリングユーティリティ	サーバ機器のハードウェアの監視ツール類
Windows ファイルサーバ	Linux と Windows 間におけるファイル共有
デバッグツール	アプリケーションのデバッグ、性能問題の分析ツール
ファイルとストレージサーバ	Samba（CIFS/SMB）サーバ、NFS サーバ、iSCSI サーバ、iSER（iSCSI Extensions for RDMA）サーバ、iSNS（Internet Storage Name Service）サーバ
FTP サーバ	File Transfer Protocol（FTP）サービスを稼働させるサーバ
GNOME	GNOME プロジェクトが提供するデスクトップ環境一式
GNOME アプリケーション	利用頻度が高いとされる GNOME アプリケーションソフトウェア一式
ゲストエージェント	仮想化環境で使用されるゲスト OS 用のエージェント
標準	RL 8/AL 8 の標準インストールを行う場合に選択
Infiniband のサポート	RDMA（Remote Direct Memory Access）技術を採用した Infiniband インターコネクト、iWARP（Internet Wide Area RDMA Protocol）、RoCE（RDMA over Converged Ethernet）、Intel OPA（Omni-Path Architecture）ファブリックの使用に必要なソフトウェア
メールサーバ	メールサーバから電子メールを取得するのに利用される IMAP（Internet Message Access Protocol）、メール送信サーバの SMTP（Simple Mail Transfer Protocol）
ネットワークファイルシステムクライアント	ネットワーク経由でストレージに接続するために必要なクライアントソフトウェア
ネットワークサーバ	IP アドレスを動的に付与する DHCP（Dynamic Host Configuration Protocol）サーバ、Kerberos による認証機構などのネットワークサービス
パフォーマンスツール	システムやアプリケーションの性能問題の分析ツール
インターネットアプリケーション	電子メール、チャット、ビデオ会議用のソフトウェア
オフィススイートと生産性	文書作成、表計算、プレゼンテーションなどに利用されるオープンソースのオフィススイート
リモートデスクトップ接続クライアント	リモートデスクトップ接続に必要なクライアントソフトウェア
Linux 向けリモート管理	RL 8/AL 8 を遠隔地から管理する際に必要となるインターフェイス
仮想化クライアント	仮想マシンへの OS のインストール、管理などを行うためのクライアントソフト
仮想化ハイパーバイザ	ハイパーバイザ型の仮想化ソフトウェア
仮想化ツール	仮想マシンのディスクイメージファイルを操作するツール類
仮想化プラットフォーム	ゲスト OS やコンテナへの接続や制御などを行うインターフェイスを提供
ベーシック Web サーバ	3 層構成（Web 層、アプリケーション層、データベース層）の Web 層で稼働する Web サービス

レガシーな UNIX 互換性	レガシーな UNIX 基盤との共存に必要なツール類や、UNIX から移行するのに必要な互換プログラム
コンテナ管理	Linux コンテナの管理ソフトウェア
開発ツール	開発者向けのプログラミング環境やツール類
.NET Core 開発	.NET アプリケーションの開発ツール
グラフィカル管理ツール	GUI ベースの管理ツール
ヘッドレス管理	GUI が存在しないコマンドラインベースの環境における管理ツール
RPM 開発ツール	カスタムの RPM パッケージ作成などの開発者向けビルドツール
科学的サポート	並列計算などを含む一連の科学技術計算向けツール
セキュリティツール	セキュリティ面での整合性などを検証するツール
スマートカードサポート	スマートカードを使った認証に利用
システムツール	Samba サービスが提供する共有フォルダへの接続や、ネットワーク通信量の監視を行うツールなどシステム管理に必要な一連のツール類

　サーバを構築する場合、ソフトウェアの選択項目をどれにするかは、その目的に依存しますが、ローカルで GUI ツールによるサーバ管理を行う場合は、GNOME デスクトップを含んだ「**サーバ（GUI 使用）**」を選択し、追加のアドオンを選択するとよいでしょう。ただし、キーボード、マウス、ディスプレイを接続せず、コマンドラインを駆使した運用や、X Window を含まない Web フロントエンドサーバ、仮想環境やクラウド環境における仮想マシンのテンプレートとなるゲスト OS イメージファイルといった利用では、ソフトウェア選択として「最小限のインストール」を選択する場合もあります。実際のシステムにインストールするパッケージは、システム要件に大きく依存するため、インストーラで選択するベース環境とアドオンパッケージだけで完結することはあまりありません。

　システム要件が曖昧な場合もありますが、セキュリティの観点から、不必要なパッケージをインストールしたくない場合は、最小限のインストールを行い、OS インストール後に、必要なものだけを追加でインストールするのがよいでしょう。セキュリティ上の懸念すべき点があまりない環境で、かつ、グラフィックデザインやソフトウェア開発者による開発環境を整備したい場合は、ワークステーションを選択するとよいでしょう。

　すべての入力が終えたら、画面左上の［完了］をクリックし、インストール概要の画面に戻ります。

2-4-7　インストール先の設定

　インストール先の設定画面では、OS をインストールする内蔵ディスクの選択とパーティション設定を行います。通常は、サーバの内蔵ディスクにインストールするため、正常に内蔵ディスクが認識された場合は、ローカルの標準ディスクが見えるはずです（図 2-13）。

図 2-13　インストール先となるデバイスの選択

　この時点で、ローカルの標準ディスクにデバイスが見えない場合は、サーバの RAID コントローラ側で作成した論理デバイス（RAID コントローラ配下の論理的なデバイス）の再確認が必要です。また、RAID コントローラ側で作成した論理デバイスに問題がない場合は、RAID コントローラ自体の認識が正常にできているかどうか、OS のインストール時のブートオプションの調査も必要です。

　OS のインストールを行う内蔵ディスクをクリックすると、チェックマークが付きます。チェックマークが付けば、そのローカルディスクのパーティション設定が可能とみなされます。インストールを行いたくないデバイスに対しては、再度クリックを行い、チェックマークを外します。画面下の「ストレージの設定」で「自動構成」か「カスタム」を選択し、パーティションを設定します。一般に、システム要件によってディスクパーティション構成がある程度決まっているので、そのシステム要件に合わせるために、「カスタム」を選択します。

　RL 8/AL 8 では、インストール途中でディスクの追加や削除が行われた場合、ディスク構成の変更をインストーラに反映させることが可能です。ディスク構成の変更を反映するには、デバイスの選択画面右下の［更新］をクリックします。すると、ディスクの変更を反映させる画面が表示されるので、［ディスクの再スキャン］をクリックします。すると、デバイスの選択画面にディスク構成が反映されます（図 2-14）。

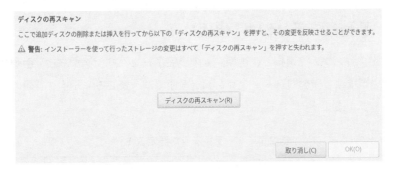

図 2-14　ディスクの再スキャン

　画面左下（図 2-13）の［完全なディスク要約とブートローダ］をクリックすると、チェックマーク
が入っているディスク一覧が表示されます。複数のディスクが存在し、明示的にブートデバイスを指
定する場合は、この設定画面で、ブートデバイスとして設定したいディスクを選択し、［ブートデバ
イスとして設定］をクリックします（図 2-15）。

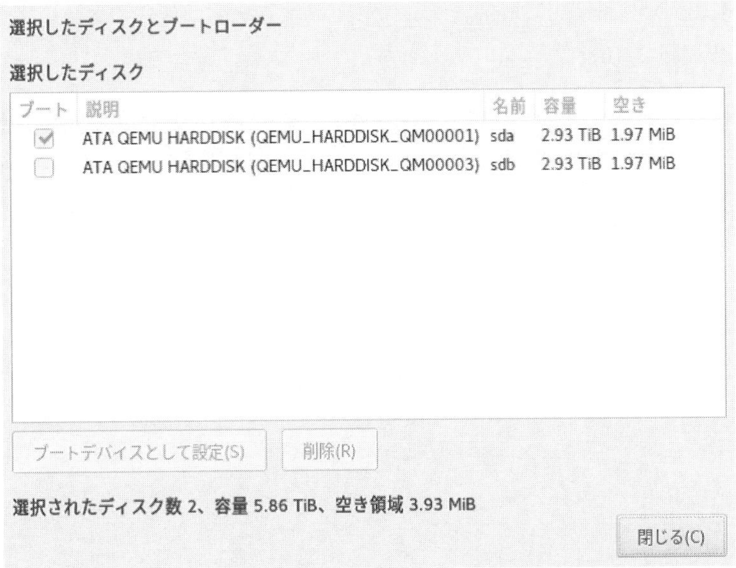

図 2-15　ブートデバイスの選択

　インストール対象となる OS 用のディスク以外に、外付けのファイバチャネル SAN ストレージや
iSCSI ストレージなどの複数の LUN が RL 8/AL 8 のインストーラから認識されている場合や、USB メ
モリなどが装着されている場合には、必ずブートローダのインストール先を確認してください。

2-4-8　手動パーティション設定

　ストレージ設定でカスタムを選択し、画面左上の［完了］をクリックすると、**手動パーティション設定**画面が表示されます。手動パーティション設定画面では、**表2-5**に示す 3 種類のパーティション設定スキームを選択できます。

表2-4　パーティション設定スキーム

スキームの種類	説明
標準パーティション	Linux パーティションを設定。パーティションサイズは固定
LVM	LVM パーティションを設定。パーティションサイズは可変
シンプロビジョニング	LVM パーティションを設定。仮想的なストレージに対して、あらかじめ用意したプールからブロックを割り当てることが可能

　RL 8/AL 8 では、LVM シンプロビジョニングがサポートされており、柔軟性の高い OS の運用管理ができます。具体的には、スナップショットと呼ばれるその時点での OS の状態を記録した情報を複数取得し、OS 側で書き込みを常に検知し、変更されている分だけ、実際のデータブロックを割り当てる動作が可能です（**図2-16**）。

図 2-16　手動パーティション設定において LVM シンプロビジョニングを選択している様子

　この仕組みにより、複数世代のスナップショットを保存でき、そのスナップショットを取得した時

点に戻すことができるため、データが消失しても、取得しておいたスナップショットからデータの復活が可能です。LVM シンプロビジョニング登場以前も、LVM でスナップショットを取得できましたが、複数世代のスナップショットを取得した際に、非常に多くのデータの複製が生成され、非効率でした。LVM シンプロビジョニングが登場したことにより、大量のスナップショットを取得することが可能です。

> /boot パーティションは、LVM、および、LVM シンプロビジョニングのスキームが適用できないため、標準パーティションに設定する必要があります。

ストレージ設定スキームに LVM シンプロビジョニングを選択したら、ディスクにパーティションを作成します。稼働させる業務システムによってパーティション設定は異なりますが、以下では、RL 8/AL 8 において 64GB のメモリを搭載した x86 サーバ（BIOS モード）の 3TB の内蔵ディスク（ハードウェア RAID1 構成）に作成するパーティション割り当て例と用途を**表 2-5** に示します。

まずは、BIOS Boot パーティションを作成します。BIOS Boot パーティションは、BIOS 搭載マシンにおいて、3TB を超えるような GPT パーティションから OS をブートする場合に必要です。パーティション作成は、**図 2-16** の画面左下の［＋］をクリックします。すると、マウントポイントの追加の設定画面が表示されます。

表 2-5 64GB の物理メモリを搭載した x86 サーバ（BIOS モード）の 3TB の内蔵ディスク（ハードウェア RAID1 構成）に作成するパーティション割り当て例

パーティション	容量	デバイスタイプ	F/S	暗号化	用途
BIOS Boot	1MiB	標準パーティション	-	なし	UEFI ではなく BIOS モードで起動するマシンにおいて、3TB を超えるなどの GPT パーティションから OS を起動する場合に必要
/boot	2GiB	標準パーティション	XFS	設定不可	カーネルと初期 RAM ディスクを格納
swap	16GiB	LVM シンプロビジョニング	swap	luks2	メモリ容量の不足時にスワップファイルシステムを利用
/	100GiB	LVM シンプロビジョニング	XFS	luks2	OS の基本的なコマンド類や設定ファイルなどを格納
/home	1TiB	LVM シンプロビジョニング	XFS	luks2	ユーザデータを格納
未割り当て	残り全部	未設定	未フォーマット	未設定	予備の空き領域

BIOS Boot パーティションは、マウントポイントとして biosboot を選択します。BIOS Boot パーティションの容量は、1MiB にします。値を入力したら、［マウントポイントの追加］をクリックします。（図 2-17）。

新規マウントポイントの追加

以下にマウントポイントを作成した後に、
他のカスタマイズオプションが利用できます。

マウントポイント(P): biosboot

要求される容量: 1MiB

取り消し(C)　　マウントポイントの追加(A)

図 2-17　BIOS Boot パーティションの作成

次に、/boot パーティションを作成します。パーティション作成は、先ほどと同様に、画面左下の［＋］をクリックします。/boot パーティションは、マウントポイントとして/boot を入力します。/boot の容量を入力したら、［マウントポイントの追加］をクリックします（図 2-18）。

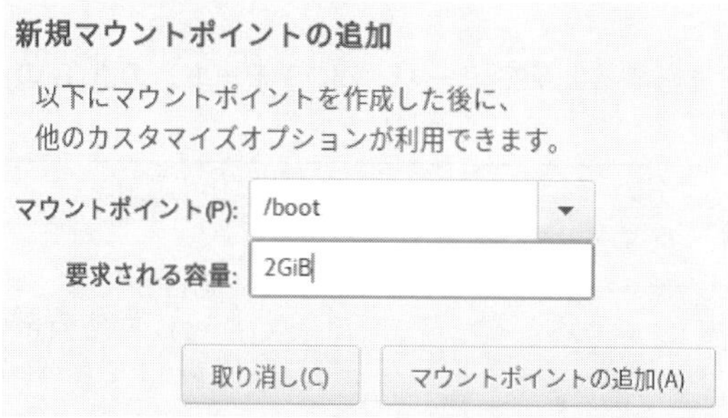

新規マウントポイントの追加

以下にマウントポイントを作成した後に、
他のカスタマイズオプションが利用できます。

マウントポイント(P): /boot

要求される容量: 2GiB

取り消し(C)　　マウントポイントの追加(A)

図 2-18　/boot のマウントポイントとその容量を入力

図 2-19 のデバイスタイプは、/boot の場合、標準パーティションに設定しますが、/パーティション、/home パーティションは、LVM シンプロビジョニングに設定できます。また、/boot、/、/home は、今回、XFS ファイルシステムを選択しています。デバイスタイプのプルダウンメニューからデバイスタイプ（標準パーティションや LVM シンプロビジョニングなど）を変更した場合は、画面右下の［設定の更新］をクリックします。また、暗号化したい場合は、選択したデバイスタイプの右横にある暗号化のチックボックスにチェックを入れます。さらに、画面右側の LUKS バージョンでは、luks2 を選択します。

ファイルシステム（F/S）は、XFS 以外にも、BIOS Boot、ext2、ext3、ext4、vfat が選択可能ですが、

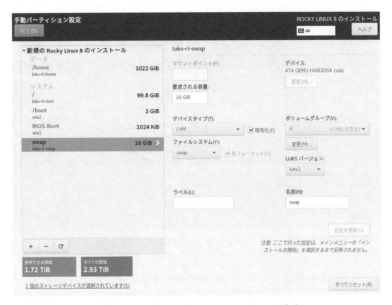

図 2-19　ディスクのパーティション設定

BIOS Boot パーティションとスワップパーティション以外は、ファイルシステムとして XFS を選択します。ファイルシステムのプルダウンメニューから XFS を選択したら、画面右下の［設定を更新］をクリックします。この作業をすべてのパーティションに対して繰り返します。スワップパーティションは、マウントポイントに swap を選択し、ファイルシステムは、XFS ではなく、swap を選択します。

　すべての入力が終えたら、画面左上の［完了］をクリックします。もし、暗号化を有効にしている場合は、ディスク暗号化用パスフレーズの画面が表示されるので、パスフレーズを入力し、［パスフレーズの保存］をクリックします（図 2-20）。

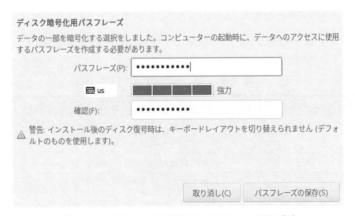

図 2-20　ディスク暗号化用パスフレーズの設定

ディスクのフォーマットに関する「変更の概要」の画面が表示されます（図 2-21）。

図 2-21　ディスクのフォーマットの概要

　フォーマット処理の概要を確認したら、［変更を許可する］をクリックします。すると、「インストールの概要」の画面に戻ります。もしこの時点で、インストール先にエラーが表示されている場合は、パーティション設定に何らかの誤りがあるので、再度、［インストール先］をクリックし、設定ミスを修正します。

コラム　スワップパーティションの設計

　前世紀から存在する多くの UNIX サーバや Linux サーバでは、スワップパーティションの設計がしばしば議論になりました。非常に古いサーバでは、物理メモリ容量が潤沢ではなかったため、スワップサイズの設計が慎重に行われました。メモリ容量が大容量になった現在でも、メモリとスワップの容量の関係は、OS によってそのガイドラインが定められています。RL 8/AL 8 の場合は、搭載メモリ容量によって表 2-6 に示すようにスワップサイズを決定できます。

表 2-6　スワップサイズの設定

サーバに搭載されている物理メモリ容量	推奨されるスワップ容量
2GB 未満	メモリ容量の 2 倍
2GB 〜 8GB	メモリ容量と同じサイズ
8GB 〜 64GB	メモリ容量の半分
64GB 以上	稼働させるアプリケーションに依存。ただし、最低 4GB 以上を確保

2-4-9　カーネルダンプ

　稼働中の OS に何らかの障害が発生し、OS がクラッシュした場合に、メモリ内の情報をディスクにダンプする機能があります。これは、**カーネルクラッシュダンプ**、通称、kdump と呼ばれ、ダンプされた情報をもとに、OS クラッシュの原因を解析します。高可用性クラスタ（HA クラスタ）ソフトウェアが稼働するデータベースサーバなどのミッションクリティカルシステムでは、BCP（Business Continuous Plan：事業継続計画）に基づく障害発生時の問題切り分けや原因追及が非常に厳格に決められている場合が多く、その原因追及の手法として kdump が利用されています。

　RL 8/AL 8 において、kdump を有効にする場合は、**KDUMP** の設定画面の「kdump を有効にする」のチェックボックスにチェックを入れます。また、kdump では、サーバの物理メモリ上にダンプ専用の領域を確保します。この確保する容量も明示的、あるいは、自動的に設定できます。kdump を無効にする場合は、「kdump を有効にする」のチェックボックスのチェックを外し、画面右上の［完了］をクリックします（図 2-22）。

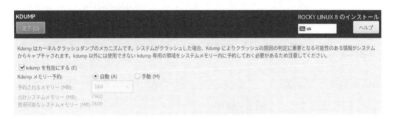

図 2-22　KDUMP の設定画面

2-4-10 ネットワークとホスト名の設定

　ネットワークとホスト名の設定画面では、NIC に付与する IP アドレスやゲートウェイアドレス、参照する DNS の IP アドレス、そして、ホスト名などを設定します。画面左下のホスト名の入力欄にドメイン名を含む形でホスト名を入力し、［適用］をクリックします。画面では、認識されている NIC が表示されているはずです。認識されている NIC を選択し、画面右下の［設定］をクリックします（図 2-23）。

　認識されている NIC の各パラメータを編集する画面が表示されます。編集画面は、タブで構成されており、ブート時における NIC の有効化や IP アドレス、デフォルトゲートウェイ、DNS サーバの IP アドレスの設定などが行えます。以下では、主に、サーバ環境で見られる固定 IP アドレスを割り当てる場合の要点を設定画面のタブごとに述べます。

図 2-23　ネットワークとホスト名の設定画面

2-4-11 NIC の自動有効化の設定

［全般］タブ内の「全ユーザーがこのネットワークに接続可能とする」のチェックボックスにチェックが入っていることを確認します。（図 2-24）。

図 2-24　全般タブ

2-4-12 Ethernet の通信パケットの設定

[Ethernet] タブをクリックします。デバイス欄に示されるデバイス名を確認します。また、一部のサーバ環境では、MTU（Maximum Transmission Unit）と呼ばれる通信時の IP パケットのサイズを明示的に指定する場合があります。アプリケーションによって MTU の推奨値が決められている場合は、この時点で設定しておきますが、通常は、自動に設定します（図 2-25）。

図 2-25　Ethernet タブ

2-4-13　802.1x セキュリティの設定

有線 LAN、無線 LAN の種類にかかわらず、ネットワーク接続時の認証を有効にできます。非常に機密性の高いシステムに接続を許可する場合、802.1x によるユーザ認証（通称、802.1x 認証）を利用する場合があります。セキュリティ要件に基づいて、802.1x 認証におけるユーザ名とパスワードを設定できます（図 2-26）。

enp1s0 の編集　　　　　　　　　　×

接続名(N)　enp1s0

全般　　Ethernet　　802.1X セキュリティー　　DCB　　プロキシー　　IPv4 設定　　IPv6 設定

☐ この接続に 802.1X セキュリティーを使用する(X)

認証(T)　MD5　　　　　　　　　　　　　　　　　▼

ユーザー名(U)

パスワード(P)

☐ パスワードを表示(W)

秘密鍵のパスフレーズ(R)

☐ パスフレーズの表示(O)

キャンセル(C)　　保存(S)

図 2-26　802.1x セキュリティ

2-4-14 DCB（Data Center Bridging）の設定

DCB は、IEEE で標準化されている 10GbE の拡張規格で、イーサネット上でファイバチャネル（FC）や SCSI などのプロトコルを使ったデータ転送を可能にします。イーサネット上での FC プロトコルの通信は、FCoE と呼ばれ、SCSI プロトコルの通信は、iSCSI と呼ばれます。これらの FCoE や iSCSI を取り扱える NIC は、通称、DCB 対応 NIC と呼ばれ、米国 HPE をはじめとするハードウェアベンダから提供されています。また、DCB 対応 NIC による FCoE や iSCSI を使ったデータ通信では、DCB に正式対応したネットワークスイッチも必要です。FCoE や iSCSI を利用する場合は、DCB の設定画面でプロトコルごとに有効化、無効化を設定できます。FCoE や iSCSI を利用しない場合は、「この接続にData Center Bridging (DCB) を使用する」のチェックボックスのチェックを外します（図 2-27）。

注意　FCoE や iSCSI 接続でのデータ通信

DCB を使った FCoE や iSCSI 接続によるデータ通信は、非常に高負荷になる場合が多く、対応するハードウェア機器の耐性を検討する必要があります。FCoE や iSCSI 接続で安定したデータ通信が行えるかどうかの負荷試験（エージング試験）を十分に行う必要があるため、本番導入前には、事前に十分なテストが必要です。

図 2-27　DCB の設定

2-4-15 プロキシの設定

　企業システムでは、プロキシサーバを経由したネットワーク通信が行われることが少なくありませんが、プロキシサーバ側で、PAC ファイルと呼ばれるスクリプトをクライアントに提供し、その PAC ファイルを使ってプロキシ接続を行う環境もあります。RL 8/AL 8 においても、PAC ファイルを使ったプロキシ接続をサポートしており、接続時の PAC ファイルのダウンロード先 URL を指定できます。また、設定用のローカル PC などに保管した PAC ファイルをインポートして登録することもできます（図 2-28）。

2-4-16 IPv4 の設定

　サーバ基盤では、固定 IP アドレスを割り当てることが少なくありません。固定 IP アドレスを割り当てるには、IPv4 設定画面で、「メソッド」のプルダウンメニューから［手動］をクリックします。NIC の編集画面で［追加］ボタンをクリックし、IP アドレスの値を入力します。IP アドレス、ネットマスク、デフォルトゲートウェイの IP アドレス、名前解決を行う DNS サーバの IP アドレス、そして、ホスト名を短縮形で問い合わせた場合に検索されるドメイン名を入力します。静的ルートを追加する場合は、［ルート］ボタンをクリックして、ルートを追加します（図 2-29）。

図 2-28　プロキシの設定

図 2-29　IPv4 の設定

2-4-17 IPv6 の設定

サーバ環境では、名前解決やアプリケーションの仕様の関係上、IPv6 を無効にする設定がよく見ら

れます。IPv6 を無効にするには、「メソッド」のプルダウンメニューで［無視する］をクリックします（図 2-30）。

図 2-30　IPv6 の設定

> 海外の Web サービスプロバイダでは、すでに IPv6 が標準で利用されています。日本でも IPv6 への移行を検討されている事業者もありますが、IPv4 ネットワークとの共存設定や、アプリケーション側の対応などが必要であるため、導入には十分検討が必要です。

各タブのパラメータを入力し終えたら、右下の［保存］をクリックし、ネットワークとホスト名の画面の左上にある［完了］ボタンをクリックし、概要の画面に戻ります。

2-4-18 セキュリティポリシの設定

セキュリティポリシーの設定画面では、セキュリティポリシのプロファイルを選択できます。例えば、米国における医療データのプライバシーに関する法律である HIPAA 法への準拠や、オーストラリアのサイバーセキュリティセンター (ACSC) の成熟度モデルに沿ったセキュリティチェック、フランスの国家情報システムセキュリティ庁（ANSSI）で定められたセキュリティ基準への対応など、さまざまなプロファイルが用意されています。IT 製品の政府調達では、その国の法規制やセキュリティ基準への準拠の検討が必要になる場合があります。セキュリティポリシを適用しない場合は、設定画面上部の［セキュリティポリシーの適用］をオフにします。設定を適用したら、画面左上の［完了］を

クリックします（図 2-31）。

図 2-31　セキュリティポリシの設定

2-4-19 ユーザの設定

　「ユーザーの設定」では、画面上の［root パスワード］をクリックして、root ユーザのパスワードを設定します。このとき、入力に使用しているキーボードと、インストール画面上の上部に記載されているキーボードレイアウトが一致していることを確認してください。パスワードは、英文字、数字、記号などを混ぜた複雑なものが推奨されます。パスワードの暗号強度が弱いもの、すなわち、推測されやすいパスワードは、絶対に避けなければなりません。ただし、テスト利用や構築の都合上、単純なパスワードを入力する場合もあります。推測されやすい単純なパスワードを入力した場合は、画面左上の［完了］を 2 回クリックする必要があります（図 2-32）。

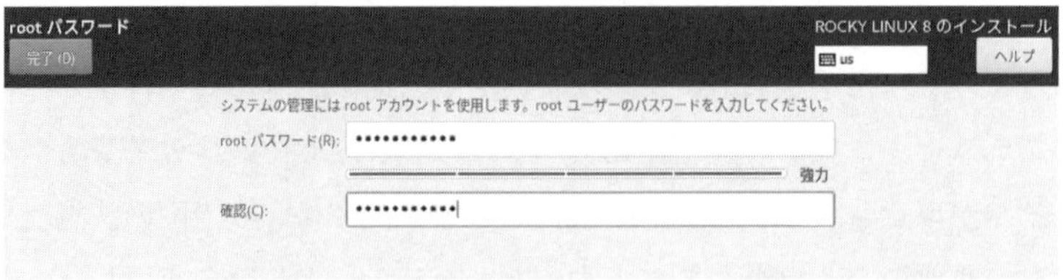

図 2-32　root ユーザのパスワード設定

　さらに、［ユーザーの作成］をクリックすると一般ユーザも作成可能です。フルネーム、ユーザ名、パスワードを入力します。一般ユーザを管理者にする場合は、「このユーザーを管理者にする」のチェックボックスにチェックを入れます。逆に、作成する一般ユーザに管理者権限を付与しない場合は、チェックボックスにチェックを入れない状態にします（図2-33）。

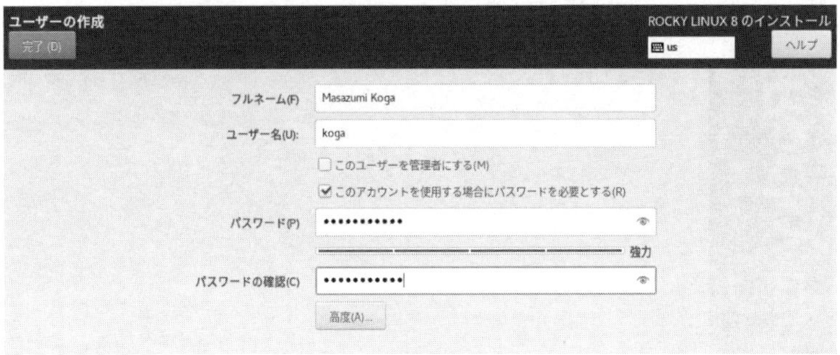

図2-33　一般ユーザの作成

　［高度］をクリックすると、ユーザのホームディレクトリ、ユーザID（UID）、グループID（GID）、ユーザのグループへの追加が可能です（図2-34）。

　「高度なユーザー設定」を完了するには、［変更を保存］をクリックします。ユーザの作成画面で、すべての項目を入力したら、画面左上の［完了］をクリックし、インストール概要の画面に戻ります。

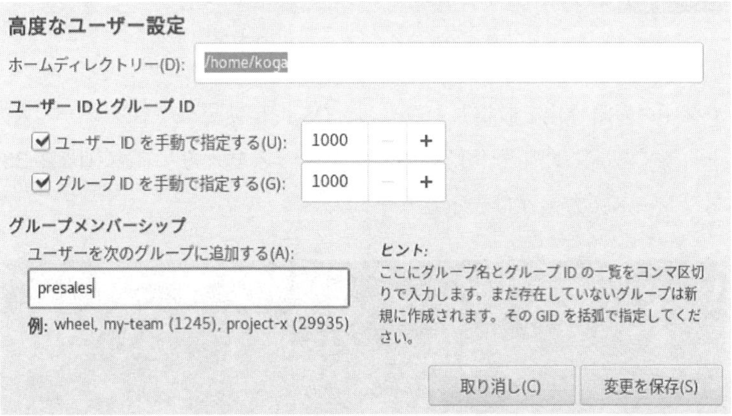

図2-34　高度なユーザー設定

　以上で「インストール概要」（図2-5）の全項目について設定が完了したので、［インストールの開始］をクリックすると、OSのインストールが開始されます。

2-4-20 インストールの完了

エラーなくパッケージがすべて正しくインストールされたら、「インストールが完了しました!」が表示されるので、画面右下の［システムの再起動］をクリックします（図2-35）。すると、OSのインストール画面が終了し、サーバが再起動します。

図2-35　インストールの完了

もし、パーティションの暗号化を設定した場合は、OS再起動後にパスフレーズ入力画面が表示されるので、インストーラで設定した暗号化解除のパスフレーズを入力します（図2-36）。暗号化していない場合は、パスフレーズ入力画面は表示されません。

図2-36　暗号化されたパーティションのパスフレーズの入力

■ ライセンス同意

ライセンス同意の画面が表示されるので、［ライセンス情報］をクリックします（図2-37）。

図 2-37　ライセンス情報の表示

すると、ライセンス契約に関する情報が表示されるので、［ライセンス契約に同意します］のラジオボタンにチェックを入れ、［完了］をクリックます（図2-38）。

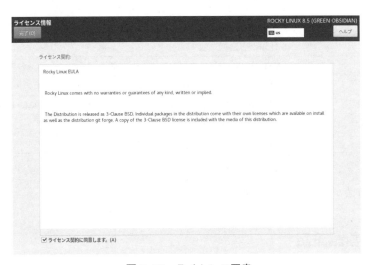

図 2-38　ライセンス同意

再び、図 2-37 の画面が表示されるので、画面右下の［設定の完了］をクリックします。GUI をインストールした場合は、X Window によるグラフィカルなログイン画面が表示されます。最小インストールの場合、OS が起動したらログインプロンプトが表示されるので、root ユーザでログインできるかどうかを確認してください。

2-5　テキストモードのインストール

本節では、テキストモードでの設定手順を紹介します。インストーラのブート画面において、TAB キーを押し、ブートオプションの quiet の後にスペースを入力し、さらに、inst.text を追記することで、テキストモードのインストーラの大項目の選択画面に移ります。

> ブートオプションを inst.text nomodeset にすると、カーネルによる解像度変更を抑制してテキスト文字を出力できます。インストーラによる解像度変更の段階で表示が乱れる場合や、高解像度によって、テキスト文字が小さすぎるなどの問題がある場合は、inst.text nomodeset を試してみてください。

テキストモードでのインストーラの大項目選択画面で用意されている主な設定項目と主な機能は表 2-7 に示すとおりです。

表 2-7　テキストモードのインストーラの初期画面の設定項目

項目	説明
言語設定	地域と言語の設定
タイムゾーン	各国の都市でタイムゾーンを設定可能
インストール元	CD/DVD、ISO イメージ、HTTP、HTTPS、FTP、NFS から選択
ソフトウェアの選択	6 種類から選択可能
インストール先	LVM、LVM シンプロビジョニング、標準パーティションの 3 種類から選択
Kdump	障害発生時のメモリ内容を取得するカーネルクラッシュダンプの設定
ネットワーク	ホスト名、DHCP、固定 IP アドレス、ゲートウェイ（IPv4、IPv6）
root ユーザのパスワード	root アカウントのパスワード付与、パスワード強度確認
ユーザの作成	一般ユーザ作成、管理者権限付与、パスワード付与、グループ作成

テキストモードインストールは、キーボード操作による対話型操作で行えるため、初心者でも簡単にインストール作業ができるように設計されています（図 2-39）。

2-5-1　言語設定

テキストモードのインストール画面では、管理者がキーボードのみで作業します。インストーラの大項目選択画面が表示されている状態で、1 キーを押した後に、ENTER キーを押します。テキスト

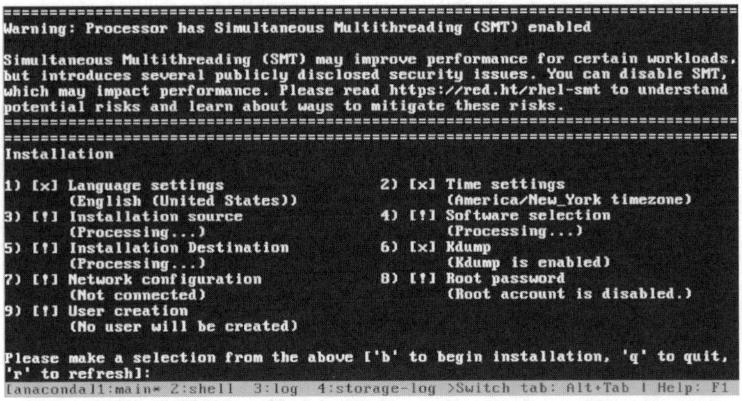

```
===================================================================
Warning: Processor has Simultaneous Multithreading (SMT) enabled

Simultaneous Multithreading (SMT) may improve performance for certain workloads,
but introduces several publicly disclosed security issues. You can disable SMT,
which may impact performance. Please read https://red.ht/rhel-smt to understand
potential risks and learn about ways to mitigate these risks.
===================================================================
Installation

1) [x] Language settings              2) [x] Time settings
       (English (United States))             (America/New_York timezone)
3) [!] Installation source            4) [!] Software selection
       (Processing...)                       (Processing...)
5) [!] Installation Destination       6) [x] Kdump
       (Processing...)                       (Kdump is enabled)
7) [!] Network configuration          8) [!] Root password
       (Not connected)                       (Root account is disabled.)
9) [!] User creation
       (No user will be created)

Please make a selection from the above ['b' to begin installation, 'q' to quit,
'r' to refresh]:
[anaconda]1:main* 2:shell  3:log  4:storage-log  >Switch tab: Alt+Tab | Help: F1
```

図 2-39　テキストモードのインストーラの初期画面（大項目選択画面）

モードインストーラでは、数字や記号を選択して項目を選び、ENTER キーを押して作業を進めます。

利用可能な言語一覧が表示されますので、さらに ENTER キーを押します（図 2-40）。

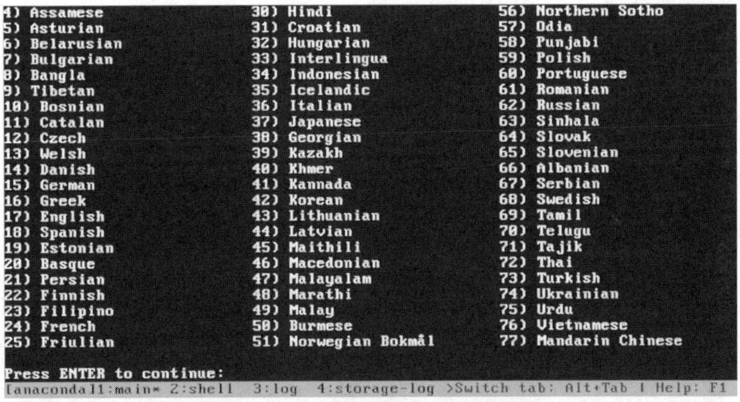

```
4) Assamese             30) Hindi                56) Northern Sotho
5) Asturian             31) Croatian             57) Odia
6) Belarusian           32) Hungarian            58) Punjabi
7) Bulgarian            33) Interlingua          59) Polish
8) Bangla               34) Indonesian           60) Portuguese
9) Tibetan              35) Icelandic            61) Romanian
10) Bosnian             36) Italian              62) Russian
11) Catalan             37) Japanese             63) Sinhala
12) Czech               38) Georgian             64) Slovak
13) Welsh               39) Kazakh               65) Slovenian
14) Danish              40) Khmer                66) Albanian
15) German              41) Kannada              67) Serbian
16) Greek               42) Korean               68) Swedish
17) English             43) Lithuanian           69) Tamil
18) Spanish             44) Latvian              70) Telugu
19) Estonian            45) Maithili             71) Tajik
20) Basque              46) Macedonian           72) Thai
21) Persian             47) Malayalam            73) Turkish
22) Finnish             48) Marathi              74) Ukrainian
23) Filipino            49) Malay                75) Urdu
24) French              50) Burmese              76) Vietnamese
25) Friulian            51) Norwegian Bokmål     77) Mandarin Chinese

Press ENTER to continue:
[anaconda]1:main* 2:shell  3:log  4:storage-log  >Switch tab: Alt+Tab | Help: F1
```

図 2-40　利用可能な言語一覧

　言語一覧は数字で選択します。日本語は 37 番なので、キーボードから 37 を入力します。すると、画面下の **Available locales** に 1) Japanese (Japan) と表示されます。左端の番号が、選択番号になっているので、日本語を選択する場合は、1 を選択します。ここで、B キーを押すと言語一覧を再び表示し、Q キーを押すと終了、R キーを押すと画面をリフレッシュします（図 2-41）。

　日本語が選択されると、インストール初期画面で Language settings の 1 行下に (Japanese (Japan)) が表示されます。これで、言語設定は日本語になりました。

```
25) Frisian                  51) Norwegian Bokmal         77) Mandarin Chinese

Press ENTER to continue:
26) Irish                    52) Low German               78) Zulu

Please select language support to install ['b' to return to language list, 'c'
to continue, 'q' to quit, 'r' to refresh]: 37
==============================================================================
Language settings

Available locales
1) Japanese (Japan)

Please select language support to install ['b' to return to language list, 'c'
to continue, 'q' to quit, 'r' to refresh]: 1_
[anaconda]1:main* 2:shell  3:log  4:storage-log >Switch tab: Alt+Tab | Help: F1
```

図 2-41　日本語を選択

 　注意　アプリケーションの表示やログの出力結果と言語設定の関係

　企業向けのアプリケーションによっては、サポートされている言語が、英語のみのものも存在します。サポートされていない言語設定でアプリケーションを利用すると、ログやアプリケーションの出力結果が判読できない場合もあります。アプリケーションやユーザの利用環境のシステム要件を確認してから言語を設定してください。

2-5-2　タイムゾーンの設定

　インストーラの大項目選択画面で、2 を選択（ ② キーを押して、 ENTER キーで決定） すると、タイムゾーンの設定画面に移ります（図 2-42）。

```
Time settings

Timezone: America/New_York

NTP servers:not configured

1) Change timezone
2) Configure NTP servers

Please make a selection from the above ['c' to continue, 'q' to quit, 'r' to
refresh]: 1
==============================================================================
Timezone settings

Available regions
1) Europe              5) Antarctica          9) Indian
2) Asia                6) Pacific             10) Arctic
3) America             7) Australia           11) US
4) Africa              8) Atlantic            12) Etc

Please select the timezone. Use numbers or type names directly ['b' back to
region list, 'c' to continue, 'q' to quit, 'r' to refresh]: 2_
[anaconda]1:main* 2:shell  3:log  4:storage-log >Switch tab: Alt+Tab | Help: F1
```

図 2-42　タイムゾーンの設定の選択、地域の選択

　ここでは、タイムゾーンの設定と NTP サーバの設定が可能です。タイムゾーンを設定するため、1 を選択します。すると、利用可能な地域が表示されます。日本は、アジアですので、2 を選択します。

次に、アジアに所属する国が表示されます。続けて (ENTER) キーを押して、アジアに所属するすべての国を表示します。東京は、73 番ですので、73 を入力し、(ENTER) キーを入力して決定します（図2-43）。

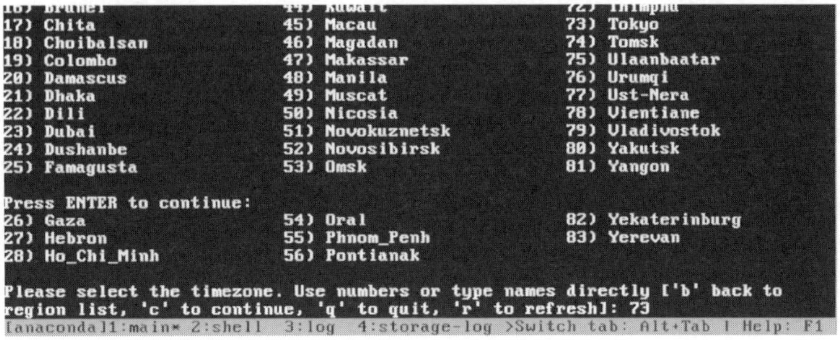

図2-43　都市を選択

インストール初期画面の **Time settings** の 1 行下に (Asia/Tokyo timezone) が表示されれば、日本の時刻で設定されます。

2-5-3　インストール方法の設定

インストーラの大項目選択画面で、3 を選択すると、インストール方法の設定画面に移ります（図2-44）。

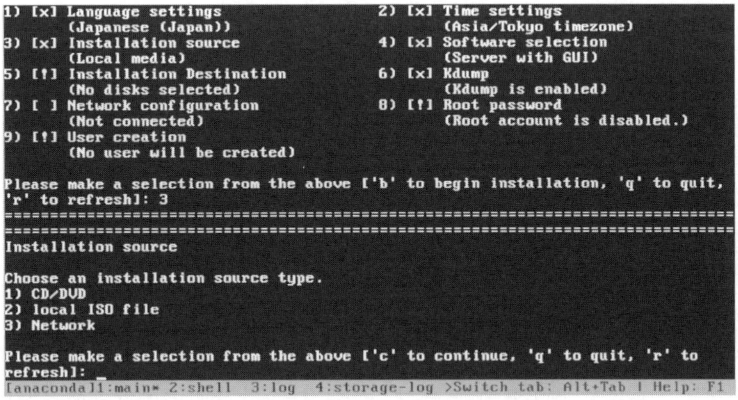

図2-44　インストール方法の選択

インストール方法としては、CD/DVD、ローカル接続の iso ファイル、ネットワーク経由のインストールの 3 種類を選択可能です。ただし、ネットワークインストールを行う場合は、ネットワークの

接続設定が必要です。

■ DVD メディアによるインストール

サーバの筐体に接続された物理的な DVD ドライブに装着したインストール DVD メディア経由でインストールするには、1 の **CD/DVD** を選択します。

■ ネットワーク経由でのインストール

ネットワーク経由でインストールを行う場合は、3 の **Network** を選択します。ネットワークプロトコルとしては、HTTP、HTTPS、FTP、NFS がサポートされています。プロトコルは、番号で選択します（図 2-45）。すると、インストール元の URL を入力する画面になるので、例えば、HTTP 経由であれば、http:// に続くインストール元の URL を慎重に入力します（図 2-46）。

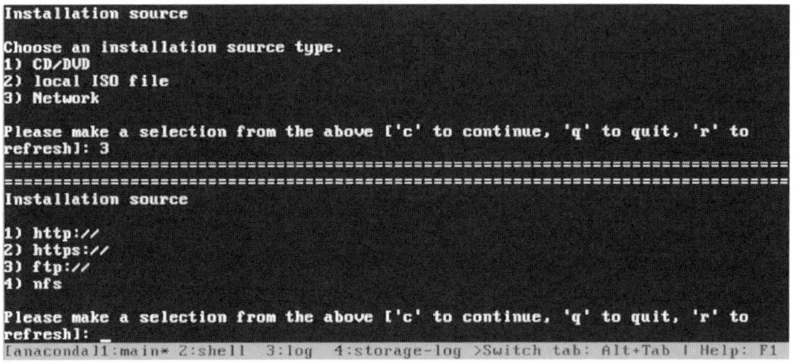

図 2-45　ネットワークインストールのプロトコル選択

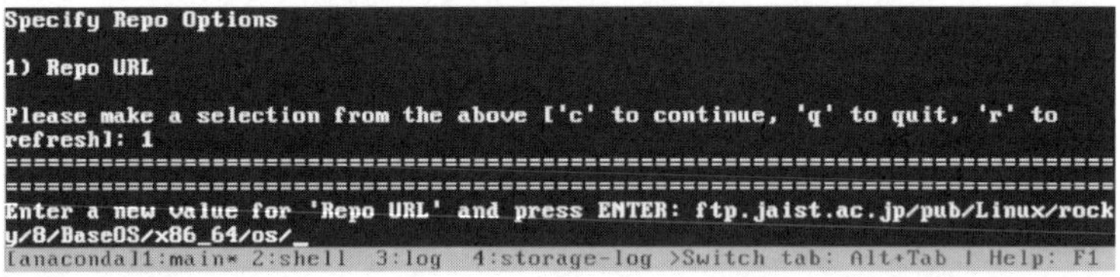

図 2-46　ネットワークインストールの URL の入力

URL を入力後、URL が正しいかを再度、目視で確認し、[ENTER] キーを押したら、作業の継続を意味する [C] キーと押し、続けて [ENTER] キーを押すと、インストーラの大項目選択画面に戻ります（図 2-47）。

図 2-47　ネットワークインストールの URL を入力し、作業を継続

■ ISO イメージでのインストール

USB メモリや外付けディスクなどに保管されている OS の iso イメージでインストールも可能です。データセンタに設置されたサーバ環境では、インストール対象のサーバ筐体に DVD-ROM ドライブを装着しておらず、かつ、ネットワークインストールが許可されていない場合もあります。そのような場合は、サーバに接続した USB メモリに保管した iso イメージでインストールすることもあります。

2-5-4　ソフトウェアの選択

インストーラの大項目選択画面で、4 を選択すると、ソフトウェアの設定画面に移ります。ソフトウェアの選択画面を表示するには、事前にインストール方法（DVD やネットワークインストールなど）の設定が完了していることが前提です。もし、インストール方法の設定ができていない場合は、大項目選択画面に戻り、インストール方法の設定を済ませておきます。

テキストモードインストールでは、GUI インストールの場合と同様に、ベース環境とアドオンの両方の選択が可能です。例えば、最小構成でインストールする場合は、ベース環境の選択画面で 3 を選択すると、**Minimal Install** の左側に選択済みを意味する×が付与されます。×が付与されたことを確認したら、作業を継続するため C キーを押し、続けて ENTER キーを押します（図 2-48）。

図 2-48　ソフトウェアの選択画面でのベース環境の選択

　アドオンの環境でも同様に、インストールしたいコンポーネントを数字で選んで選択できます。ア
ドオンをインストールしたくない場合は、そのまま C キーと ENTER キーを押してインストーラの大
項目選択画面に戻ります（図 2-49）

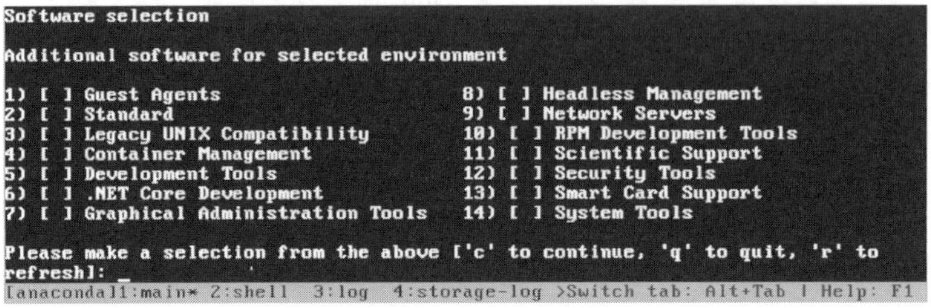

```
Software selection

Additional software for selected environment

1) [ ] Guest Agents                    8) [ ] Headless Management
2) [ ] Standard                        9) [ ] Network Servers
3) [ ] Legacy UNIX Compatibility      10) [ ] RPM Development Tools
4) [ ] Container Management            11) [ ] Scientific Support
5) [ ] Development Tools               12) [ ] Security Tools
6) [ ] .NET Core Development           13) [ ] Smart Card Support
7) [ ] Graphical Administration Tools  14) [ ] System Tools

Please make a selection from the above ['c' to continue, 'q' to quit, 'r' to
refresh]:
[anaconda]1:main* 2:shell  3:log  4:storage-log >Switch tab: Alt+Tab | Help: F1
```

図 2-49　アドオンの選択画面

2-5-5　インストール先の設定

　インストーラの大項目選択画面で、5 を選択すると、インストール先となるディスクパーティション
設定画面に移ります。現在認識されているディスクを選択します。再び、同じ数値を入力すれば、選
択済み状態を解除できます（図 2-50）。

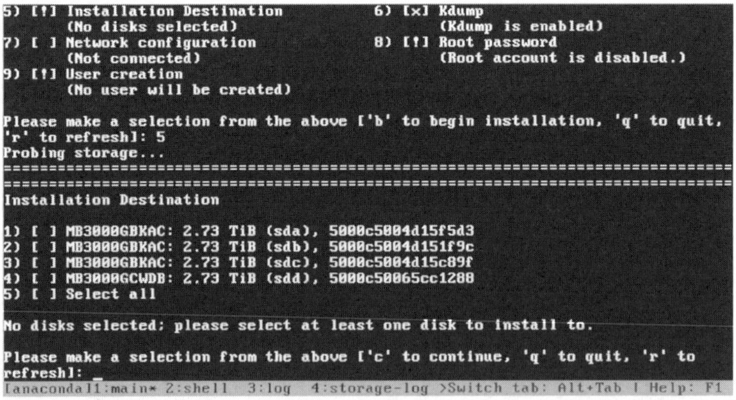

```
5) [↑] Installation Destination        6) [x] Kdump
       (No disks selected)                    (Kdump is enabled)
7) [ ] Network configuration           8) [↑] Root password
       (Not connected)                        (Root account is disabled.)
9) [↑] User creation
       (No user will be created)

Please make a selection from the above ['b' to begin installation, 'q' to quit,
'r' to refresh]: 5
Probing storage...
================================================================================
================================================================================
Installation Destination

1) [ ] MB3000GBKAC: 2.73 TiB (sda), 5000c5004d15f5d3
2) [ ] MB3000GBKAC: 2.73 TiB (sdb), 5000c5004d151f9c
3) [ ] MB3000GBKAC: 2.73 TiB (sdc), 5000c5004d15c89f
4) [ ] MB3000GCWDB: 2.73 TiB (sdd), 5000c50065cc1288
5) [ ] Select all

No disks selected; please select at least one disk to install to.

Please make a selection from the above ['c' to continue, 'q' to quit, 'r' to
refresh]:
[anaconda]1:main* 2:shell  3:log  4:storage-log >Switch tab: Alt+Tab | Help: F1
```

図 2-50　インストール先となるディスクの選択画面

　インストール対象となるディスクを選択したら、C キーを押し、ENTER キーを押します。すると、
ディスクパーティションの設定画面が表示されます（図 2-51）。

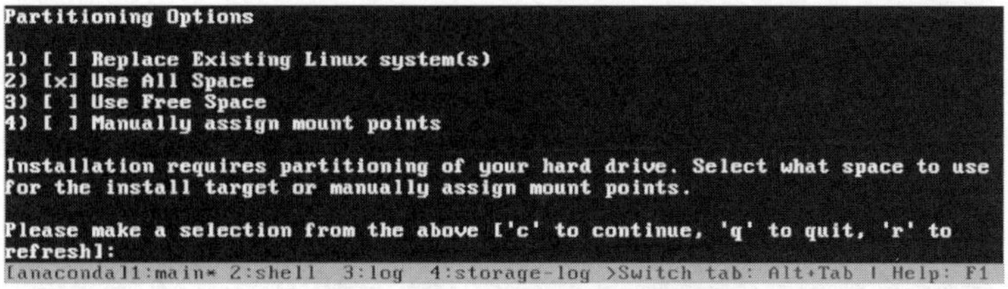

図 2-51　パーティショニングの選択画面

ディスクパーティションの設定画面では、表 2-8 に示す 4 項目を選択できます。

表 2-8　設定内容

項目	説明
Replace Existing Linux system(s)	既存の Linux システムのパーティション情報を置き換えて再設定する
Use All Space	ディスク全体を使ってパーティショニングを行う
Use Free Space	ディスクの空いている領域を使ってパーティショニングを行う
Manually assigning mount points	マウントポイントを手動で設定する

　以下では、ディスク全体を使ったパーティショニングの設定を例に説明します。まず、パーティショニングの設定画面で、2 を選択し、続けて、©キーを押して続行します。すると、パーティションスキームの選択画面が表示されます。GUI インストーラと同様に、標準パーティション、LVM、および、LVM シンプロビジョニングの 3 種類を選択できます。今回は、3 番の **LVM Thin Provisioning** を選択します。続けて、作業継続の©キーを押し、ENTER キーを押します（図 2-52）。

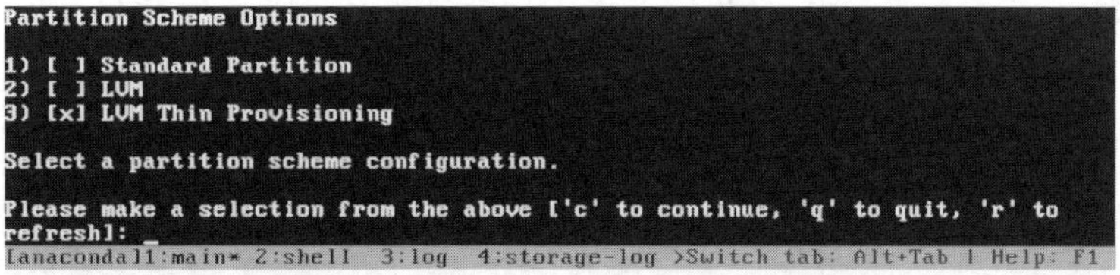

図 2-52　パーティションスキームの選択

2-5-6　Kdump の設定

　インストーラの大項目選択画面で、6 を選択すると、カーネルクラッシュダンプの設定画面に移ります。標準では、kdump を有効にする設定になっているため、**Enable kdump** の左側に選択済みを意味する×が表示されています。もし kdump を無効にするには、再び 1 キーを押し、ENTER キーを押すと、選択済みを意味する×が消えます。2 を選択すると、kdump に利用するメモリサイズを入力で

きます。

　必要なメモリサイズを入力したら、(ENTER) キーで確定します。すべて入力したら、作業の継続を意味する (C) キーを押して、続けて (ENTER) キーを押し、インストーラの大項目選択画面に戻ります（図2-53）。

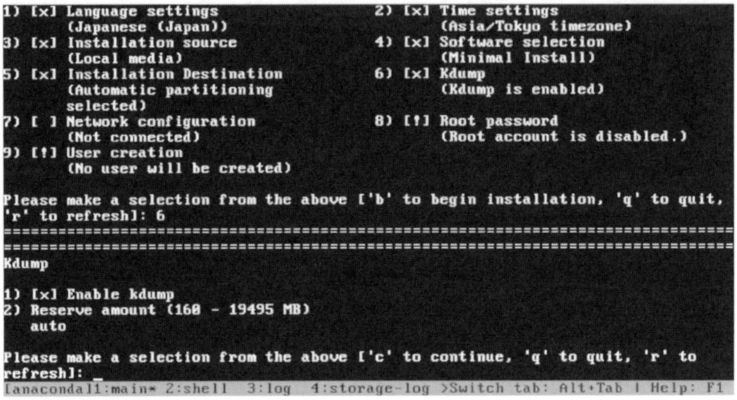

図 2-53　Kdump の設定

2-5-7　ネットワーク設定

　インストーラの大項目選択画面で、7 を選択すると、ネットワークの設定画面に移ります。GUI モードと同様に、ホスト名の設定と NIC の IP アドレスなどの設定が可能です（図 2-54）。

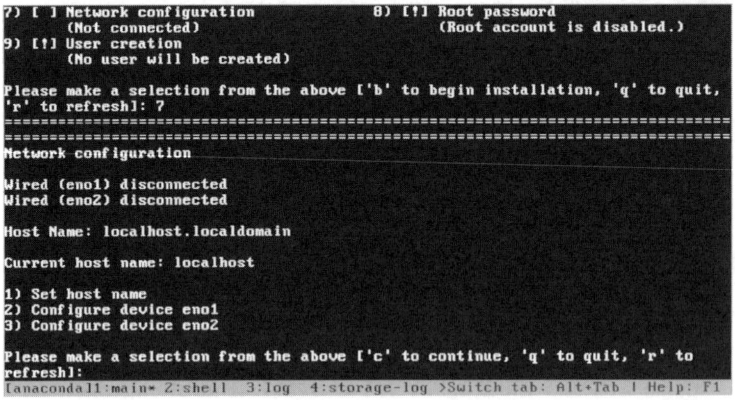

図 2-54　ネットワークの設定画面（ホスト名の設定と NIC の設定の選択）

　ホスト名の設定は、1 を選択し、その後に、ドメイン名を含む形でホスト名を入力し、(ENTER) キー

を押して確定します。再び、ネットワーク設定の初期画面に戻り、NIC の IP アドレスを設定するため、2 を選択します。GUI モードと同様に、DHCP による IP アドレスの動的割り当て、固定 IP アドレス、ネットマスク、デフォルトゲートウェイ、DNS サーバなどを設定します（図 2-55）。

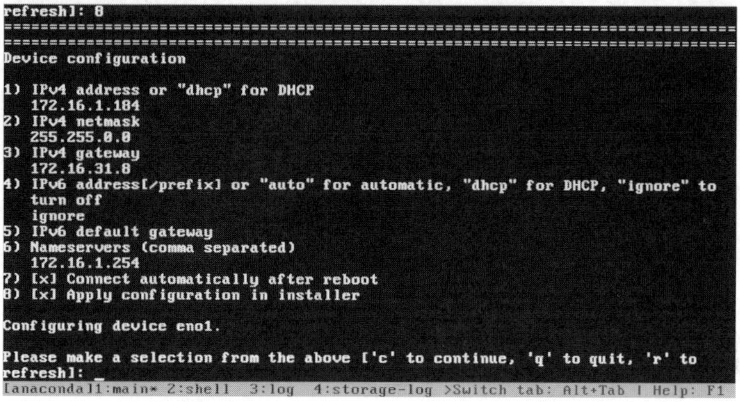

```
refresh]: 8
=========================================================
=========================================================
Device configuration

1) IPv4 address or "dhcp" for DHCP
   172.16.1.184
2) IPv4 netmask
   255.255.0.0
3) IPv4 gateway
   172.16.31.8
4) IPv6 address[/prefix] or "auto" for automatic, "dhcp" for DHCP, "ignore" to
   turn off
   ignore
5) IPv6 default gateway
6) Nameservers (comma separated)
   172.16.1.254
7) [x] Connect automatically after reboot
8) [x] Apply configuration in installer

Configuring device eno1.

Please make a selection from the above ['c' to continue, 'q' to quit, 'r' to
refresh]: _
[anaconda]1:main* 2:shell  3:log  4:storage-log >Switch tab: Alt+Tab | Help: F1
```

図 2-55　NIC の設定画面（IP アドレス、ネットマスク、ゲートウェイ、DNS サーバなどを設定）

IPv4 の IP アドレスを設定するには、以下の手順で行います。

- 1 を選択し、IP アドレスを入力します。
- 2 を選択し、ネットマスクを入力します。
- 3 を選択し、デフォルトゲートウェイの IP アドレスを入力します。
- 6 を選択し、DNS サーバの IP アドレスも入力しておきます。
- 7 を選択し、OS 起動時に NIC の接続が自動的に有効になるように設定しておきます。

　インストーラの時点でも当該 NIC によるネットワーク通信が必要な場合は、8 を選択し、ここで設定した値を使って外部との通信も可能です。

　すべて入力したら、C キーを押して、ENTER キーを押すと、ネットワークの設定の初期画面に戻ります。再度、C キーと ENTER キーを押して、インストーラの大項目選択画面に戻ります。

2-5-8　root ユーザのパスワードとユーザの作成

　インストーラの大項目選択画面で、8 を選択し、root ユーザのパスワードを入力します（図 2-56）。9 を選択し、一般ユーザを作成します。Create user を選択するため、1 キーを押して、続けて、ENTER キーを押します。ユーザの作成では、フルネーム、ユーザ名、パスワード、管理者権限の付与、

グループを設定できます（図 2-57）。

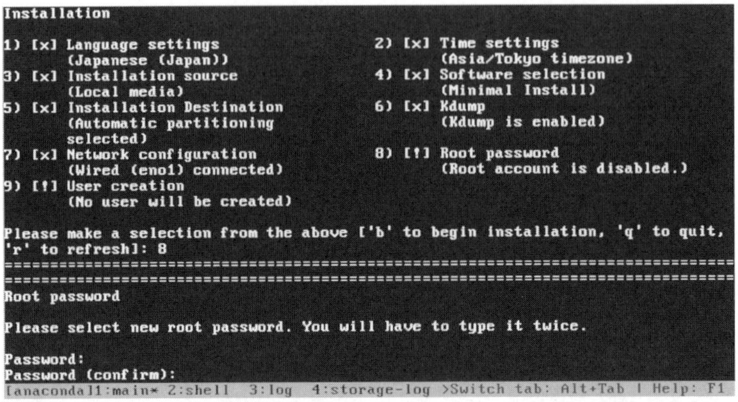

図 2-56　root ユーザのパスワードを入力

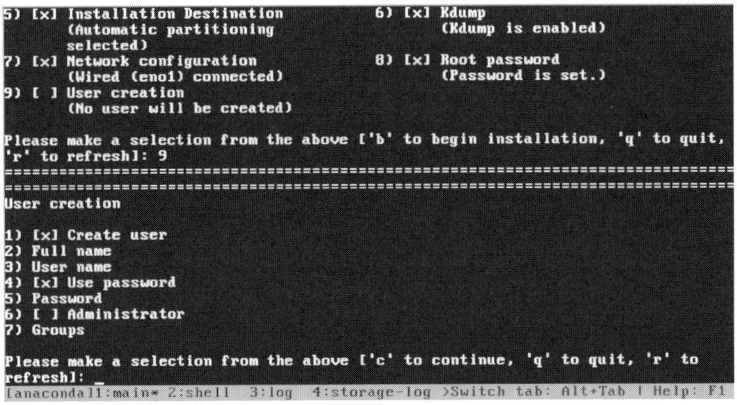

図 2-57　一般ユーザの作成

すべて入力したら C キーを押し、続けて ENTER キーを押してインストーラの大項目選択画面に戻ります。

2-5-9　インストールの開始

インストーラの大項目選択画面において、すべての入力が完了したら、いったん、画面のリフレッシュを行うため、R キーを押します。その後、OS のインストールを開始します。OS のインストールは、B キーを押します（図 2-58）。

```
5) [x] Installation Destination      6) [x] Kdump
       (Automatic partitioning              (Kdump is enabled)
       selected)
7) [x] Network configuration         8) [x] Root password
       (Wired (eno1) connected)              (Password is set.)
9) [x] User creation
       (User koga will be created)

Please make a selection from the above ['b' to begin installation, 'q' to quit,
'r' to refresh]: b
================================================================================
================================================================================
Progress
.
Setting up the installation environment
Setting up com_redhat_kdump addon
Setting up org_fedora_oscap addon
..
Configuring storage
Creating disklabel on /dev/sda
Creating xfs on /dev/sda2
Creating lvmpv on /dev/sda3

[anaconda]1:main* 2:shell  3:log  4:storage-log >Switch tab: Alt+Tab | Help: F1
```

図 2-58　テキストモードで OS がインストールされている様子

インストールが完了したら、(ENTER) キーを押します（図 2-59）。

```
Running post-installation scripts
.
Installation complete

Use of this product is subject to the license agreement found at:
/usr/share/rocky-release/EULA

Installation complete. Press ENTER to quit:
[anaconda]1:main* 2:shell  3:log  4:storage-log >Switch tab: Alt+Tab | Help: F1
```

図 2-59　インストールの完了

　すると、インストーラが終了します。再び、サーバの電源を投入し、OS が正常に起動し、root ユーザでログインできるかどうかを確認してください。

 注意　インストールが開始できない原因

　B キーを押してもインストールが開始しない原因としては、項目に感嘆符（! マーク）が付いていることが考えられます。感嘆符は、インストールに必要な設定が未完了であることを意味します。例えば、3のインストールソースを変更した場合、4のソフトウェアの選択画面で感嘆符が付きます。その場合は、ソフトウェアの選択の再確認が必要なので、再び4を選択して、ソフトウェアの選択作業を行います。その後、インストーラの大項目選択画面に戻り、画面のリフレッシュを行うため、R キーを押して、感嘆符が×マークに変わっているかを確認してください。

2-6　OS のアップグレード

OS のアップグレードは、IT 部門にとって、非常に頭の痛い問題です。アップグレードの理由は、多種多様ですが、特に多いのが、最新のアプリケーションの動作環境への対応です。最近のクラウドネイティブ型のアプリケーションや AI（人工知能）のアプリケーションは、最新バージョンのプログラミング言語（Python など）の新機能を駆使して開発されることも多く、そのような最新の開発言語は、新しい OS のバージョンでしか対応していない場合があります。また、業務アプリケーションのライフサイクルの終了により、新しいバージョンのアプリケーションに更新しなければならない場合にも、OS のアップグレードを余儀なくされることがよくあります。

2-7　旧システムからのアップグレード

OS のマイナーバージョンをアップグレードする方法としては、`dnf update` コマンドが有名です。バグ修正済みのパッケージの適用や、セキュリティ対策、カーネルのアップグレードといった運用でしばしば利用されます。しかし、OS のマイナーバージョンのアップグレードに比べ、メジャーバージョンアップは、非常に難易度が高く、アップグレード後に現在稼働しているアプリケーションが正常に稼働するかどうかは、まったく保証できません。そのため、OS のメジャーバージョンアップは、その成否の確率以前に、アプリケーションに関連する周辺ソフトウェアなどを含めた更新作業が、OS アップグレード後に滞りなく実施できるかどうかを事前に確認し、アプリケーションのアップグレードをテストしておく必要があります。これらの事前確認を経て、OS とアプリケーションのアップグレードの目処が立った状態で、はじめて OS のアップグレード作業に取り掛かります。

RL 8/AL 8 におけるアップグレードは、大きく分けて、表 2-9 に示す 6 つのケースに分けられます。現在稼働中の OS の種類と、アップグレード後の OS の種類によって、利用するアップグレードツールも異なる点に注意してください。

表 2-9　現在稼働中の OS とアップグレード後の OS とアップグレードツール

現在稼働中の OS	アップグレード後の OS	アップグレードツール
CentOS 7	RL 8	Leapp
CentOS 7	AL 8	Leapp
CentOS 8	RL 8	migrate2rocky.sh
CentOS 8	AL 8	almalinux-deploy.sh
RL 8	RL 8	dnf update
AL 8	AL 8	dnf update

注意　アップグレードが成功するとは限らない

　よくあるパターンとしては、CentOS 7 から RL 8/AL 8 へのアップグレードですが、アプリケーションレベルまで考慮すると、必ずしも成功するとは限りません。OS をアップグレードすると、ライブラリや実行ファイルなどのバージョンが上がります。これにより、現在稼働しているミドルウェア、開発環境、アプリケーションにも影響が及びます。あまり業務に影響がない個人 PC で利用する開発環境であれば、影響は軽微で済みますが、企業向けの本番環境で利用されているシステムにおいて、OS のバージョンアップを行うと、今までのミドルウェアや業務アプリケーションが動かず、障害対応に終始追われるといった事態に陥る可能性があります。結局、OS のアップグレードを諦め、旧システムに戻すことを余儀なくされるといったケースも少なくありません。

　RL 8/AL 8 へのアップグレードにおいても、このような懸念が付きまといます。そのため、業務継続の観点で、正常に稼働している現行システムにいつでも戻すことができるように、システム全体をバックアップした上でアップグレード作業に取り掛かってください。

　また、OS のアップグレード処理に伴い、OS に設定済みのネットワークの設定が変更され、通信が断絶する可能性もゼロとは言えません。万が一、OS に設定されているネットワークが断絶した場合でも、作業が継続できるように、サーバに搭載された遠隔管理チップが提供する仮想端末機能やローカル接続のディスプレイとキーボードなどの環境を事前に整えてください。

2-8　CentOS 7 から RL 8/AL 8 へのアップグレード

以下では、CentOS 7 から RL 8/AL 8 へのアップグレード手順を紹介します。

■ リポジトリ設定ファイルのバックアップ

念のため、現在のリポジトリ設定ファイルをバックアップしておきます。

```
# cp -a /etc/yum.repos.d /root/
```

■ サードパーティ製のリポジトリの無効化

　Leapp を使ったアップグレードでは、EPEL などのサードパーティ製のリポジトリを事前にすべてアンインストールしておく必要があります。CentOS 7 標準のリポジトリのみの状態にするため、/etc/yum.repos.d ディレクトリ以下に配置されているサードパーティ製リポジトリをアンインストールします。

```
# cat /etc/redhat-release
CentOS Linux release 7.8.2003
# yum remove -y epel-release
# yum remove -y remi-release
# yum remove -y ...
```

■ CentOS 7 の更新

CentOS 7 を最新にアップデートします。

```
# yum update -y
```

CentOS 7 がインストールされているサーバを再起動します。

```
# reboot
```

OS 再起動後、CentOS 7 が最新になっているかを確認します。

```
# cat /etc/redhat-release
CentOS Linux release 7.9.2009 (Core)
```

■ リポジトリの設定

アップグレードツールである Leapp を入手するためのリポジトリを設定します。

```
# yum install -y \
http://repo.almalinux.org/elevate/elevate-release-latest-el7.noarch.rpm
```

■ Leapp のインストール

Leapp を入手します。RL 8 にアップグレードするのか、AL 8 にアップグレードにするのかによって入手するパッケージが異なります。

○ RL 8 の場合：

```
# yum install -y leapp-upgrade leapp-data-rocky
```

○ AL 8 の場合：

```
# yum install -y leapp-upgrade leapp-data-almalinux
```

■ プロキシの設定

Leapp は、dnf コマンドを使ってパッケージの入手を試みるため、プロキシサーバ経由でインターネットに接続する環境では、dnf.conf ファイルにプロキシサーバの設定を追記する必要があります。

```
# vi /etc/dnf/dnf.conf
...
proxy=http://proxy.your.site.com:8080
```

■ sshd の設定

Leapp によるアップグレードを行う前に、sshd の設定を追記し、サービスを再起動します。

```
# echo "PermitRootLogin yes" | tee -a /etc/ssh/sshd_config
# grep "^PermitRootLogin yes" /etc/ssh/sshd_config
PermitRootLogin yes
# systemctl restart sshd
```

■ カーネルドライバの削除

KVM の仮想マシン上で動作している CentOS 7 では、カーネルモジュールの pata_acpi や floppy がロードされている場合があります。pata_acpi や floppy がロードされていると、アップグレード処理に失敗します。そのため、modprobe コマンドで、事前にカーネルモジュールを削除しておきます。

```
# lsmod | grep -E "pata_acpi|floppy"
pata_acpi              13053  0
libata                243094  5 ahci,pata_acpi,libahci,ata_generic,ata_piix
floppy                 69424  0
# modprobe -r pata_acpi floppy
# lsmod |grep -E "pata_acpi|floppy"
```

■ pam_pkcs11 モジュールのチェックの無効化

PAM における暗号化の機能である pam_pkcs11 は、RL 8/AL 8 において SSSD に置き換わっているため、設定の引き継ぎを抑制する必要があります。以下のコマンドを入力して、pam_pkcs11 モジュールのチェックを無効にします。

```
# leapp answer --section remove_pam_pkcs11_module_check.confirm=True --add
```

■ 設定ファイルの編集

dnf.conf ファイルを参照するように、以下のファイルを編集します。

```
# vi /usr/share/leapp-repository/repositories/system_upgrade/common/libraries/mounting.py
...
ALWAYS_BIND = ['/etc/dnf/dnf.conf:/etc/dnf/dnf.conf']
...
```

■ アップグレード前のチェック処理

　実際にアップグレードを行う前に、leapp preupgrade により、チェック処理を実行し、レポートを作成します。現在インストールされている OS の各種設定をスキャンするため、しばらく時間がかかります。

> 　実行中のログは、/var/log/leapp/leapp-preupgrade.log ファイルに記録されます。

```
# leapp preupgrade
...
Check completed.
====> * tmp_actor_to_satisfy_sanity_checks
        The actor does NOTHING but satisfy static sanity checks
====> * check_initramfs_tasks
        Inhibit the upgrade if conflicting "initramfs" tasks are detected
==> Processing phase 'Reports'
====> * verify_check_results
        Check all dialogs and notify that user needs to make some choices.
====> * verify_check_results
        Check all generated results messages and notify user about them.

Debug output written to /var/log/leapp/leapp-preupgrade.log

============================================================
                         REPORT
============================================================

A report has been generated at /var/log/leapp/leapp-report.json
A report has been generated at /var/log/leapp/leapp-report.txt

============================================================
                      END OF REPORT
============================================================
```

```
Answerfile has been generated at /var/log/leapp/answerfile
```

　レポートが出力された旨のメッセージが確認でき、かつ、エラーがないことを確認します。何かしら
のエラーがある場合は、アップグレード処理が成功しないため、プロキシサーバの設定や pam_pkcs11
モジュールのチェックを無効にしているかなどを再確認してください。

■ アップグレードの実行

　アップグレードを実行します。RL 8/AL 8 対応の大量の RPM パッケージをダウンロードするため、
しばらく時間がかかります。

```
# leapp upgrade
...
==> Processing phase 'InterimPreparation'
====> * efi_interim_fix
        Adjust EFI boot entry for first reboot
====> * upgrade_initramfs_generator
        Creates the upgrade initramfs
====> * add_upgrade_boot_entry
        Add new boot entry for Leapp provided initramfs.
A reboot is required to continue. Please reboot your system.


Debug output written to /var/log/leapp/leapp-upgrade.log

============================================================
                         REPORT
============================================================

A report has been generated at /var/log/leapp/leapp-report.json
A report has been generated at /var/log/leapp/leapp-report.txt

============================================================
                     END OF REPORT
============================================================

Answerfile has been generated at /var/log/leapp/answerfile
```

　エラーがなく終了すると、アップグレード用の初期 RAMDISK が生成され、アップグレード専用の
GRUB2 ブートエントリが追加されます。

■ OS の再起動

アップグレード用の初期 RAMDISK で起動するため、CentOS 7 を再起動します。この時点で、アップグレードは、まだ完了していません。

```
# reboot
```

■ アップグレード用の初期 RAMDISK の起動

ローカルのディスプレイやサーバに搭載された遠隔管理チップの仮想コンソール機能、あるいは、アップグレード対象が KVM の仮想マシンの場合は、Virt-manager の仮想コンソールなどから、OS 起動時の GRUB2 のブートメニューを確認します。ブートメニューに「**ELevate-Upgrade-Initramfs**」というエントリが選択されていることを確認します (図 2-60)。

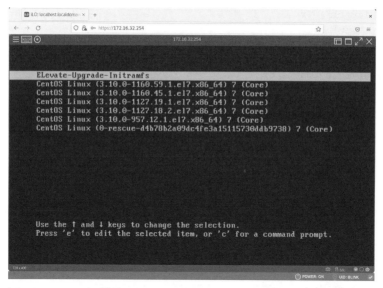

図 2-60　サーバに搭載されている遠隔管理チップが提供する仮想コンソール機能で GRUB2 のブートメニューを Web ブラウザ経由で確認している様子

ブートメニューの **ELevate-Upgrade-Initramfs** が起動すると、CentOS 7 の RPM パッケージの削除、RL 8/AL 8 の RPM パッケージのインストール、RL 8/AL 8 の初期 RAMDISK の生成などの各種アップグレード処理が行われます。すべての処理が完了すると、自動的に再起動します。

■ RL 8/AL 8 で起動しているかの確認

再びローカルのディスプレイや仮想コンソールなどから OS 起動時の GRUB2 のブートメニューを確認し、RL 8/AL 8 のカーネルで起動するブートメニューが登録されていることを確認します (図 2-61)。

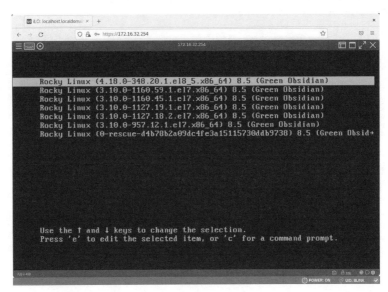

図 2-61　GRUB2 のブートメニューで、アップグレードした OS のメニュー
エントリが登録されているかを確認

■ アップグレード後の確認

OS が起動したら、OS のバージョンとカーネルバージョンを確認します。

```
# cat /etc/redhat-release
Rocky Linux release 8.5 (Green Obsidian)
```

RL 8/AL 8 の RPM パッケージを検索できるかも確認してください。

```
# dnf search net-tools
```

以上で、CentOS 7 から RL 8/AL 8 へのアップグレードができました。

■ CentOS 7 系の RPM パッケージの削除

CentOS 7 系のサードパーティ製のパッケージなどは、削除されずにインストールされたままなので、必要に応じて、dnf コマンドで個別に削除が必要です。まず、アップグレードした RL 8/AL 8 に残っ

77

ている CentOS 7 系の RPM パッケージを確認します。

```
# rpm -qa |grep el7
kernel-3.10.0-1160.45.1.el7.x86_64
htop-2.2.0-3.el7.x86_64
centos-indexhtml-7-9.el7.centos.noarch
...
```

必要に応じて、パッケージを削除します。パッケージを削除してよいかどうかを確認しながら行うため、あえて、dnf remove コマンドに-y オプションを付与せずに実行します。削除してよい場合は、Y キーを押し、続けて ENTER キーを押して、パッケージを削除してください。

```
# for i in `rpm -qa |grep el7`; do dnf remove $i; done
...
======================================= ...
 パッケージ              アーキテクチャー   ...
======================================= ...
削除中:
 kernel                 x86_64           ...
...
これでよろしいですか? [y/N]: y
...
```

2-9　CentOS 8 から RL 8 へのアップグレード

CentOS 8 から RL 8 へのアップグレードは、migrate2rocky.sh スクリプトを使います。

■ リポジトリ設定ファイルのバックアップ

念のため、現在のリポジトリ設定ファイルをバックアップしておきます。

```
# cp -a /etc/yum.repos.d /root/
```

■ CentOS 8 の更新

CentOS 8 は、2021 年 12 月 31 日に保守終了（EOL）に到達しました。2021 年 12 月 31 日以降、CentOS 8 を更新するには、RPM パッケージの入手先のリポジトリの設定をミラーサイトである vault.centos.org に変更します。

```
# cd /etc/yum.repos.d/
```

```
# sed -i 's/mirrorlist/#mirrorlist/g' /etc/yum.repos.d/CentOS-*
# sed -i 's|#baseurl=http://mirror.centos.org|baseurl=http://vault.centos.org|g' \
/etc/yum.repos.d/CentOS-*
```

CentOS 8 を最新にします。

```
# cd
# dnf update -y
```

CentOS 8 を再起動します。

```
# reboot
```

■ migrate2rocky.sh スクリプトの入手と実行

アップグレードツール migrate2rocky.sh を入手します。

```
# export https_proxy=http://proxy.your.site.com:8080
# curl -O \
https://raw.githubusercontent.com/rocky-linux/rocky-tools/main/migrate2rocky/migrate2rocky.sh
```

アップグレードツールに実行権限を付与します。

```
# chmod u+x ./migrate2rocky.sh
```

プロキシサーバの環境変数を再度確認し、アップグレードツールを実行します。

```
# printenv https_proxy
http://proxy.your.site.com:8080
# ./migrate2rocky.sh -r
migrate2rocky - Begin logging at ...


Removing dnf cache
Preparing to migrate CentOS Linux 8 to Rocky Linux 8.
...
```

エラーが表示されなければ、アップグレードは成功です。

■ OS の再起動

OS を再起動します。

```
# reboot
```

■ アップグレード後の確認

OS が起動したら、OS のバージョン、カーネルバージョン、RPM パッケージの検索ができるかを確認してください。

```
# cat /etc/redhat-release
Rocky Linux release 8.5 (Green Obsidian)
# dnf search net-tools
```

2-10 CentOS 8 から AL 8 へのアップグレード

CentOS 8 から AL 8 へのアップグレードは、almalinux-deploy.sh スクリプトを使います。

■ リポジトリ設定ファイルのバックアップ

念のため、現在のリポジトリ設定ファイルをバックアップしておきます。

```
# cp -a /etc/yum.repos.d /root/
```

■ CentOS 8 の更新

RPM パッケージの入手先のリポジトリの設定をミラーサイトである vault.centos.org に変更し、CentOS 8 を最新にします。

```
# cd /etc/yum.repos.d/
# sed -i 's/mirrorlist/#mirrorlist/g' /etc/yum.repos.d/CentOS-*
# sed -i 's|#baseurl=http://mirror.centos.org|baseurl=http://vault.centos.org|g' \
/etc/yum.repos.d/CentOS-*
# cd
# dnf update -y
```

CentOS 8 を再起動します。

```
# reboot
```

■ almalinux-deploy.sh スクリプトの入手と実行

アップグレードツール almalinux-deploy.sh を入手します。

```
# export https_proxy=http://proxy.your.site.com:8080
# curl -O \
https://raw.githubusercontent.com/AlmaLinux/almalinux-deploy/master/almalinux-deploy.sh
```

アップグレードツールに実行権限を付与します。

```
# chmod u+x ./almalinux-deploy.sh
```

プロキシサーバの環境変数を再度確認し、アップグレードツールを実行します。

```
# printenv https_proxy
http://proxy.your.site.com:8080
# ./almalinux-deploy.sh
Check root privileges                                       OK
Check centos-8.x86_64 is supported                          OK
Download RPM-GPG-KEY-AlmaLinux                              OK
Import RPM-GPG-KEY-AlmaLinux to RPM DB                      OK
Download almalinux-release package                          OK
Verify almalinux-release package                            OK
...
Complete!
Run dnf distro-sync -y                                      OK
```

エラーが表示されなければ、アップグレードは成功です。

■ パッケージの構成

パッケージを最新にします。

```
# dnf distro-sync -y
```

■ OS の再起動

OS を再起動します。

```
# reboot
```

■ アップグレード後の確認

OS が起動したら、OS のバージョン、カーネルバージョン、RPM パッケージの検索ができるかを確認してください。

```
# cat /etc/redhat-release
AlmaLinux release 8.5 (Arctic Sphynx)
# dnf search net-tools
```

2-11 まとめ

本章では、GUI モード、および、テキストモードのインストール手順とアップグレード手順について解説しました。

OS のインストール自体は、非常に簡単ですが、対応ハードウェアの調査やシステム要件の確認といったインストール前の情報収集は欠かせません。Linux のインストールにおいては、物理サーバの BIOS モードや UEFI モードの選択、ハードウェア構成や機種によって、必要なブートパラメータも異なります。また、搭載されているディスクの容量や状態によって、パーティション設定を適切に行う必要があり、注意を要します。可能な限り、本番導入予定のハードウェア構成で、あらゆる状況を想定しながら、OS のインストールを練習することをお勧めします。

本番環境での OS のアップグレードでは、サードパーティ製のリポジトリや追加のセキュリティ設定などが施されていることが多いため、複数の要因が絡み合い、OS のアップグレードツールの実行が失敗する場合も少なくありません。また、OS のアップグレード後は、アップグレード前に稼働していたミドルウェアやアプリケーションの動作に大きく影響を与えるため、注意が必要です。

本番環境における OS のアップグレードは、外部ストレージ接続、ネットワーキング、セキュリティなどの OS 自体の設定に加え、ミドルウェアやアプリケーションまで含めたトラブルシューティングに見舞われることを覚悟の上で、慎重に検討してください。また、OS をアップグレードしたら、今後のアップグレードの手間を考慮し、現行のアプリケーションをコンテナで稼働させるといった、OS のバージョンに依存しないアプリケーション実行環境を整備することも併せて検討してください。

第3章

OS の基本操作と設定

Linux サーバ環境の構築や日常管理の作業では、コマンドラインによる命令の入力操作が頻繁に行われます。基本コマンドや各種ツールを使用して、設定ファイルの編集、データの加工、スクリプトの作成、実行、結果の出力など、さまざまな操作が行われます。Windows に慣れたユーザからすると直観的ではないように思えるかもしれませんが、Linux のコマンドラインは、慣れると非常に合理的で洗練された操作で管理を素早く行えるようになります。

本章では、コマンドラインの基本操作に加え、使用する言語、キーボード設定、日付、時間、タイムゾーンのなどの基本設定、OS のブート管理の基本について紹介します。

3-1　シェル（コマンドラインインターフェイス）

Linux に限らず、多くの OS は、コマンドの入力、解釈、実行する環境となる**コマンドラインインター
フェイス**（Command Line Interface、CLI）をユーザに提供します。Linux では、このインターフェイス
を**シェル**（Shell）と呼びます。ハードウェアを制御する Linux カーネルやドライバを包み込む殻とい
う位置付けであり、UNIX OS から受け継がれているインターフェイスのアーキテクチャです。シェル
を通じてさまざまな管理コマンドやアプリケーションを実行できます。シェルは、Linux で動作する
プログラムの一つであり、種類も複数存在しますが、RL 8/AL 8 では、bash がよく利用されます（図
3-1）。

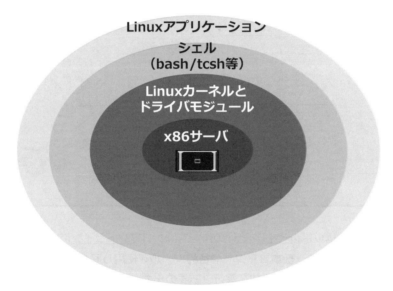

図 3-1　ハードウェア、Linux カーエルとドライバ、シェル、アプリケーショ
　　　　ンの関係

3-1-1　bash における変数

Linux のシェル環境は、さまざまな**変数**で構成されています。変数は、ユーザごとに設定し、OS の
コマンド実行環境、スクリプト、アプリケーションの挙動に影響を与えます。例えば、変数 LANG は、
シェルの言語設定に関する値を保持します。変数 LANG に設定されている値を確認するには、echo コ
マンドを使用して echo $LANG のように変数の名前を指定します。

```
# echo $LANG
ja_JP.UTF-8
```

　上記の設定は、このユーザのシェルでは、言語が ja_JP.UTF-8、すなわち、文字コードが UTF-8 の日本語環境であることを意味しています。したがって、コマンドのメッセージなどが日本語で利用できます。

> UTF-8 は、文字コードの国際標準である ISO/IEC 10646 と文字コードの業界規格である Unicode で利用可能な文字符号化形式の一つで、現在の Linux OS で広く利用される文字コードです。

　変数の値を変更するには、コマンドライン上で、変数の名前と代入する値をイコール（=）で繋いで入力します。以下は、変数 LANG に en_US.UTF-8 という値を設定する例です。

```
# LANG=en_US.UTF-8
# echo $LANG
en_US.UTF-8
```

　ls コマンドや date コマンドの出力は、この LANG によって出力の言語を切り替えられます。

```
# LANG=en_US.UTF-8
# ls -l /
total 28
lrwxrwxrwx.   1 root root    7 Oct  9 17:49 bin -> usr/bin
dr-xr-xr-x.   5 root root 4096 Dec 27 03:11 boot
drwxr-xr-x   19 root root 3240 Dec 27 04:45 dev
...

# date
Wed Dec 29 12:50:06 JST 2021
# LANG=ja_JP.UTF-8
# ls -l /
合計28
lrwxrwxrwx. 1 root root 7 8月12 2018 bin -> usr/bin
...
```

> 　LANG を指定して、日本語表示するには、事前に langpacks-ja パッケージをインストールしておく必要があります。
>
> ```
> # dnf install -y langpacks-ja
> ```

シェル環境で定義されている現在の変数の一覧を表示するには、printenv コマンドを入力します。

```
# printenv
LS_COLORS=rs=0:di=01;34:ln=01;36:mh=00...
...
LANG=en_US.UTF-8
HISTCONTROL=ignoredups
HOSTNAME=n0181.jpn.linux.hpe.com
XDG_SESSION_ID=12
USER=root
...
```

3-1-2　シェル変数と環境変数

Linux のシェル環境では、シェル変数と環境変数の 2 種類が利用されます。

■ シェル変数

シェル変数は、現在利用しているシェルで設定されている変数です。例えば、シェル変数 TEAMNAME に sales1 という値をセットします。この TEAMNAME は、この値をセットしたシェル上でのみ有効な値となり、このシェルから新たに起動したシェルでは、値が引き継がれません。

```
# TEAMNAME=sales1
# echo $TEAMNAME
sales1
# bash
# echo $TEAMNAME
#
```

上記より、新たに起動した bash では、TEAMNAME の値が空になっており、値が引き継がれていないことがわかります。

■ 環境変数

一方、環境変数は、現在のシェルから、新しいシェルを起動した場合にもその値が引き継がれます。シェル変数を環境変数にするには、export コマンドを使用します。環境変数は、echo コマンドで確認できます。

```
# TEAMNAME=devops1
# export TEAMNAME
# bash
```

```
# echo $TEAMNAME
devosp1
# exit
# echo $TEAMNAME
devosp1
```

上記より export TEAMNAME で環境変数にした後、新たに起動した bash シェルでも、変数 TEAMNAME に値が保持されていることがわかります。

Linux において利用される主な環境変数を表 3-1 に掲載します。

表 3-1　Linux における bash シェルで利用される主な環境変数

変数	意味
LANG	使用する言語
PATH	コマンドの絶対パスのリスト
HOME	ユーザのホームディレクトリ
PS1	シェルのプロンプト
PWD	カレントディレクトリ

RL 8/AL 8 では、ユーザがログインすると、指定されたシェル（このシェルを**ログインシェル**と呼びます）に基づき、そのユーザのシェル環境が自動的にロードされます。bash は、シェル変数や環境変数の設定に**表 3-2** に示すファイルを使います。

表 3-2　環境変数の設定ファイル

ファイル	説明
/etc/profile	ログイン時にすべてのユーザによって処理される汎用的なファイル
/etc/bashrc	サブシェルを開始するときに処理される
~/.bash_profile	ユーザ固有のログインシェル変数を定義する
~/.bashrc	ユーザ固有のファイルであり、サブシェル変数を定義する

表 3-2 の説明にある**サブシェル**とは、ログインシェル（親のシェル）から新たに実行されるシェルのことです。

3-1-3　.bash_profile、$HOME/.bashrc の内容

ここで、.bash_profile の内容を確認してみましょう。以下の grep コマンドの実行例は、空行とコメント行を省略した .bash_profile を出力する例です（以降、root ユーザ権限で操作する際のコマンドプロンプトを「#」で表し、一般ユーザのコマンドプロンプトを「$」で表します）。

```
# grep -Ev "^#|^$" $HOME/.bash_profile
if [ -f ~/.bashrc ]; then
        . ~/.bashrc
fi
PATH=$PATH:$HOME/bin
export PATH
```

コマンドの出力結果から、ホームディレクトリの .bashrc ファイルが存在すれば、それをロードし、コマンドのパスを設定する変数 $PATH を設定していることがわかります。

同様に、$HOME/.bashrc ファイルの中身も確認します。

```
# grep -Ev "^#|^$" $HOME/.bashrc
alias rm='rm -i'
alias cp='cp -i'
alias mv='mv -i'
if [ -f /etc/bashrc ]; then
        . /etc/bashrc
fi
```

$HOME/.bashrc ファイル内では、alias によってコマンドの別名を定義していることがわかります。

■ 環境変数の変更

上で見たように、環境変数はユーザごとに保持する .bash_profile や .bashrc ファイル内で値を設定できます。例えば、環境変数の PS1 を .bash_profile や .bashrc に設定することで、カスタマイズしたコマンドプロンプトを利用できます。bash のデフォルトのコマンドプロンプトは、root ユーザの場合、以下の形式ですが、PS1 の値を変更することで、コマンドプロントを変更できます。

```
[ユーザ名@ホスト名カレントディレクトリ]#
```

以下は、ホスト名が n0181 のマシンで稼働する RL 8/AL 8 の root アカウントのデフォルトコマンドプロンプトを「#」に変更する例です。

```
[root@n0181 ~]# echo $PS1
[\u@\h \W]\$
[root@n0181 ~]# echo 'PS1="# "' >> $HOME/.bashrc
[root@n0181 ~]# . $HOME/.bashrc
# pwd
/root
#
```

3-1-4　コマンドの実行

一般に、シェルに対して人間が与えるコマンドには、以下の3種類が存在します。

- エイリアス
- 内部コマンド（組み込みコマンド）
- 外部コマンド

■ エイリアス

エイリアスは、ユーザが必要に応じて定義できるコマンドです。RL 8/AL 8 では、いくつかのエイリアスが標準で提供されています。bash シェルにおいて、エイリアスの概要を確認するには、alias コマンドを入力します。また、エイリアスは、以下の書式で定義できます。

```
alias newcommand = 'oldcommand'
```

以下は、ls コマンドにオプションを付与したものを ll コマンドとして別名定義する例です。

```
# alias ll='ls -l --color=auto'
```

■ 内部コマンド

内部コマンド（または組み込みコマンド）は、シェル自体の一部であるコマンドです。これは、シェルがロードされ、ディスクからルックアップなしでメモリから実行できるときに使用できます。外部コマンドは、コンピュータのディスク上に実行可能ファイルとして存在するコマンドです。ディスクから読み込む必要があるため、少し遅くなります。

ユーザがコマンドを実行すると、シェルはまずそれが内部コマンドかどうかを調べます。内部コマンドでない場合は、ディスク上のコマンドと一致する名前の実行可能ファイルを探します。

コマンドが bash 内部か、ディスク上の実行可能ファイルかを調べるには、type コマンドを使用します。例えば、ホームディレクトリの隠しファイルである .bash_profile に設定された環境変数を読み込む source コマンドが、bash に用意されている内部コマンドかどうかを確認するには、以下のように入力します。

```
# type source
source はシェル組み込み関数です
```

上記より、source コマンドは、bash シェルの組み込み関数、すなわち、内部コマンドであることが

わかります。

■ 外部コマンド

環境変数の$PATH の値を確認することで、外部コマンドを調べられます。変数 PATH には、コマンド
が格納されているディレクトリパス一覧を定義します。変数 PATH は、ユーザのホームディレクトリ
の.bash_profile ファイルや.bashrc ファイルに定義します。これらのファイルに記述した$PATH の
値を有効化するには、source コマンド、あるいは、ドット 1 文字（.）を用います。

```
# vi $HOME/.bash_profile
...
export PATH=/usr/local/bin:/usr/local/games/bin:$PATH
...
# source $HOME/.bash_profile
# echo $PATH
/usr/local/bin:/usr/local/games/bin:/usr/local/sbin:/usr/local/bin:/usr/sbin:/usr/b
in:/root/bin:/root/bin
```

この$PATH に定義されたディレクトリ一覧をもとに、which コマンドを使用して、コマンドの絶対
パスを確認できます。例えば、cat コマンドの絶対パスを調べるには、以下のように入力します。

```
# which cat
/usr/bin/cat
```

上記より、cat コマンドは、/usr/bin ディレクトリに格納されていることがわかります。

3-1-5 コマンド実行時に含めるパス

Linux のシェルにおいて、$PATH 変数に定義されていないディレクトリに存在するコマンドについて
は、絶対パスでコマンドを入力するか、コマンドの前に./を含める必要があります。ドット（.）はカ
レントディレクトリを表し、./を付与して実行することで、bash は、カレントディレクトリのコマン
ドを探します。

以下は、/opt/bin ディレクトリに作成した date.sh スクリプトをコマンドとして実行する例です。
$PATH に/opt/bin が含まれていないため、絶対パスを含めた形の/opt/bin/date.sh を入力するか、
/opt/bin ディレクトリに移動し、./を付与した./date.sh を入力することで date.sh スクリプト
を実行できます。

```
# mkdir /opt/bin
```

```
# echo 'date +%Y%m%d%H%M%S' > /opt/bin/date.sh
# chmod +x /opt/bin/date.sh
# date.sh
bash: date.sh: コマンドが見つかりませんでした...

# /opt/bin/date.sh
20211229145616

# cd /opt/bin
# ./date.sh
20211229145632
```

3-1-6　リダイレクション

　UNIX や Linux の世界では、さまざまな入出力方法が用意されています。キーボードやファイルからの入力は、**標準入力**であり、STDIN（Standard Input）と呼ばれます。コマンドの実行結果は、ディスプレイ装置のコンソール画面、あるいは、X Window 上で稼働する gnome-terminal や xterm などのコマンドライン操作を行うための端末エミュレータ（仮想端末とも呼ばれます）の画面に表示されます。

　ディスプレイ装置や端末エミュレータの画面は、いわゆる**標準出力**であり、STDOUT（Standard Out）とも呼ばれます。コマンドがエラーになると、**標準エラー出力**に結果が送られます。エラー出力は、STDERR（Standard Error）とも呼ばれます。標準エラー出力の出力先は、通常、ログなどのファイルに書き出されます。ファイルからの標準入力や標準出力と標準エラー出力をファイルに書き出すには、リダイレクションを使用します。**表 3-3** に標準入力、標準出力、標準エラー出力の概要を示します。

表 3-3　標準入力、標準出力、標準エラー出力

名前	入力元 あるいは 出力先	リダイレクションの使用	ファイル記述子
STDIN	キーボード、ファイル	< あるいは 0<	0
STDOUT	ディスプレイ装置の画面、 端末エミュレータ画面、ファイル	> あるいは 1>	1
STDERR	ディスプレイ装置の画面、 端末エミュレータ画面、ファイル	2>	2

　ファイル記述子は、標準入力、標準出力、標準エラー出力を区別するための数値です。コマンドを標準入力から読み込む場合、通常、コマンドにリダイレクション記号の < を付与しますが、厳密には、ファイル記述子が 0 であるため、0<と記述できます。標準入力のファイル記述子は省力可能です。以下は、/var/log/messages ファイルの内容を標準入力で cat コマンドに入力する例です。

```
# cat 0< /var/log/messages
```

　同様に、標準出力は、コマンドの出力結果が書き出されます。ファイル記述子は、1であるため、ファイルを書き出す際の厳密な記述方法は、ファイル記述子とリダイレクション記号を組み合わせた1>です。標準入力同様に、標準出力のファイル記述子は、省力可能です。以下は、/var/log/messages ファイルの内容を標準入力で cat コマンドに入力し、その結果を/tmp/result.txt に標準出力として書き出し、さらに、/tmp/result.txt の内容を標準入力で cat コマンドに入力し、端末エミュレータの画面の標準出力に結果を出力する例です。

```
# cat 0< /var/log/messages 1> /tmp/result.txt
# cat 0< /tmp/result.txt
```

　コマンドの結果がエラーになる場合のエラーメッセージなどを標準エラー出力に書き出します。ファイル識別子は、2なので、標準エラー出力に結果を書き出す場合2>を指定します。以下は、存在しない/noexist ディレクトリの内容を ls コマンドでリストアップし、その結果を標準エラー出力として、/tmp/err.txt に書き出す例です。

```
# ls /noexist 2> /tmp/err.txt
# cat /tmp/err.txt
ls: '/noexist' にアクセスできません: そのような ファイルや ディレクトリはありません
```

　以下の例では、標準エラー出力が、端末エミュレータの画面上に表示されています。標準出力として/tmp/err.txt にリダイレクションしていますが、標準出力の結果は、標準エラー出力に書き出されないため、標準出力の内容は空になります。

```
# ls /noexist > /tmp/err.txt
ls: '/noexist' にアクセスできません: そのような ファイルや ディレクトリはありません
# cat /tmp/err.txt
```

　標準出力は、ファイル記述子の「番号1」に、出力するエラーメッセージがあればファイル記述子の「番号2」で標準エラー出力に書き込みますが、ファイル記述子が1の出力先をファイル記述子が2の出力先と同じに設定できますし、その逆も設定できます。

　ファイル記述子が x の出力先をファイル記述子の y と同じに設定する場合は、x>&y を指定します。以下は、標準エラー出力の出力先を標準出力に設定する 2>&1 を付与し、存在しないディレクトリ/noexist を ls コマンドでリストアップした際の標準エラー出力を標準出力として/tmp/list.txt ファイルに書き出す例です。

```
# rm -rf /tmp/list.txt
# ls /noexist 1> /tmp/list.txt 2>&1
# cat /tmp/list.txt
ls: '/noexist' にアクセスできません: そのようなファイルやディレクトリはありません
```

表 3-4 は、bash シェルで使用される一般的なリダイレクタとファイル記述子の組み合わせの例です。

表 3-4　bash におけるリダイレクタ

リダイレクタ	説明
> または 1>	STDOUT をリダイレクトする。リダイレクトがファイルに対して行われている場合、そのファイルの現在の内容が上書きされる
>> または 1>>	STDOUT をリダイレクトする。リダイレクトがファイルに対して行われている場合、そのファイルの現在の内容を保持し、追記される
2>	STDERR をリダイレクトする
2>&1	STDERR を STDOUT と同じ書き出し先にリダイレクトする
< または 0<	STDIN をリダイレクトする

3-1-7　I/O リダイレクション

STDIN、STDOUT、STDERR を、物理サーバに搭載された機器のデバイスファイルにリダイレクトすることもできます。Linux におけるデバイスファイルは、特定のハードウェアにアクセスするために使用されるファイルです。例えば、物理サーバの内蔵ハードディスクは、通常、/dev/sda や /dev/sdb として表されます。サーバのコンソールは /dev/console、または、/dev/tty1 として表されます。また、出力先を /dev/null と呼ばれるデバイスファイルに指定すると、コマンド出力を破棄できます。

以下は、/ディレクトリ配下のディレクトリやファイルをすべてリストアップした結果を /dev/null にリダイレクトし、出力結果をすべて破棄する例です。

```
# ls -R > /dev/null
```

3-1-8　パイプ

パイプ「|」を使うことで、コマンドの出力を、別のコマンドの入力として使用できます。例えば、ユーザがコマンド ls -R /を実行すると、コマンドの出力が画面に表示されますが、出力結果の量が膨大なため、すべての結果を確認できません。そこで、ls -R /の出力結果をページャの less コマンドの入力にするようにパイプで繋ぐことで、膨大な出力結果全体をページャで確認できるようになり

ます。パイプにより、`ls -R /`の標準出力は `less` の標準入力に接続されます。

```
# ls -R / | less
```

3-1-9　vim エディタ

Linux でのファイル操作は、標準入力や標準出力などを駆使して行われますが、それ以外にも、テキストエディタでファイルの編集作業を行うことが少なくありません。Linux では、多種多様なテキストエディタが存在しますが、その中でも特によく利用されるのが、vim エディタです。最近では、Windows OS のメモ帳とまったく同じ操作感覚のテキストエディタが Linux でも利用可能ですが、通常、Linux 系の OS で作業する場合は、vim エディタが多用されるため、管理者は、その独特の操作方法を知っておいたほうがよいでしょう。

■ vim エディタの起動

vim エディタは、`vi` コマンドで起動します。

vi コマンドは、vim-minimal パッケージに含まれています。

`vi` コマンドの後にファイル名を指定します。

```
# vi file.txt
```

vim エディタには、モードと呼ばれる概念があります。vim エディタで特に多用されるのは、コマンドモードと入力モードです。テキストファイルの内容を編集するには、vim エディタ上で、入力モードに切り替える必要があります。また、テキストファイルを編集後、その編集した内容を保管する、あるいは、破棄するといった作業は、コマンドモードに切り替えます。vim エディタには、膨大な数のコマンドが用意されていますが、カーソルの移動方法、編集した内容の保存、取り消し、文字の削除、文字の挿入、追記、1 行削除、エディタの終了など、非常に基本的な最小限のコマンドさえ覚えておけばよいでしょう。表 3-5 に、vim エディタの基本コマンドを掲載しておきます。

表 3-5　vim エディタの基本コマンド

vim のコマンド	説明
Esc	入力モードからコマンドモードに切り替える
i,a	現在のカーソル位置（i）または、その後ろ（a）でコマンドモードから入力モードに切り替える
o	現在のカーソル位置の下に新しい行を挿入し、入力モードに移行する

:wq	ファイルに書き込み、エディタを終了する
SHIFT + zz	ファイルに書き込み、エディタを終了する
:q!	ファイルへの変更を適用することなくエディタを終了する
:w *filename*	*filename* で指定した新しいファイル名で書き込む
dd	現在カーソルがある行を削除する
yy	現在カーソルがある行をコピーする
p	選択されたコピーを貼り付ける
v	テキスト選択のための視覚モードに入る。矢印キーを使用し、テキストを複数行にわたって選択できる。d を押すと、選択した複数行のテキストを削除する。y を押すと、選択した複数行のテキストをコピーする。コピーした複数行のテキストは、p を押して貼り付けられる
u	最後に入力したコマンドを取り消す
CTRL + r	最後の取り消しをやり直します
gg	編集中のテキストファイルの 1 行目に移動する
G	編集中のテキストファイルの最下行に移動する
/*text*	現在のカーソル位置からテキストファイル内を前方一致検索する
?*text*	現在のカーソル位置からテキストファイル内を後方一致検索する
^	現在カーソルが存在する行の最初の 1 文字目に移動する
$	現在カーソルが存在する行の最後の 1 文字目に移動する
:%s/*old*/*new*/g	編集中のテキストファイル内のすべての文字列（*old*）を新たな文字列（*new*）に置き換える

3-2　マニュアル

3-2-1　man コマンドによるマニュアル閲覧

　Linux のコマンドラインの使用法を参照するには、コマンドのマニュアルを表示します。Linux において、コマンドのマニュアルを参照するには、man コマンドを使用します。以下は、uname コマンドのマニュアルを表示する例です。

```
# man uname
```

　上記を入力すると、less ページャが開き、矢印キー、あるいは、Ｊ キーと Ｋ キーで上下にスクロールさせて長文のマニュアルを読むことができます。man コマンドのデフォルトのページャは、less ですが、-P オプションに less 以外のページャを付与できます。以下は、uname コマンドのマニュアルを less ページャで閲覧するのではなく、cat コマンドで表示する例です。これにより、less ペー

ジャが開くことなく、標準出力に結果が表示され、コマンドプロントに戻るため、スクリプトでの実行などに有用です。

```
# man -P cat uname
UNAME(1)                                              User Commands UNAME(1)
NAME
        uname - print system information
...
#
```

一般に、man コマンドで参照できるマニュアルでは、使用例や、参考となるほかのコマンドなどが関連項目として掲載されています。man コマンドで-P オプションを付与しない場合、デフォルトで less ページャが選択されるため、マニュアルは、less コマンドの操作で閲覧します。例えば、man ページの最下行付近を参照するには、 SHIFT + G キーを押し、逆に最初の行に移動するには、 SHIFT + P キーを押します。また、less ページャでマニュアルを閲覧している状態で、 / を入力し、それに続けてキーワードを入力すると、マニュアルページ内の任意の文字列検索が可能です。

3-2-2　pinfo コマンドによるマニュアル閲覧

RL 8/AL 8 で用意されている膨大なコマンドのマニュアルは、通常、man コマンドで閲覧しますが、コマンドによっては、man コマンド以外で閲覧するものも存在します。

コマンドラインで動作する man コマンド以外のマニュアルとしては、pinfo コマンドがあります。pinfo コマンドは、テキストベースでありながら、詳細情報がリンク表示されます。そのため、Web ブラウザのリンクをクリックするような操作感覚でマニュアルを閲覧できます。

pinfo コマンドで提供されているマニュアルは、階層構造になっており、階層を降りる（リンクを辿る）ことで、より詳細な情報を入手できます。pinfo コマンドは、less ページャとは異なり、次のページに移動するには、 N キーを、逆に、前のページに戻るには、 P キーを押します。また、 U キーを押せば、階層構造の上位に戻れます。pinfo コマンドは、端末エミュレータ上で表示している状態でも、マウスクリックでリンク先の情報を閲覧できる機能も提供しています。

表 3-6 に、pinfo で利用される主な操作のキー入力を示します。

表 3-6　pinfo で利用される主なキー操作

キー操作	説明
j	マニュアルページの 1 行下にスクロール
k	マニュアルページの 1 行上にスクロール

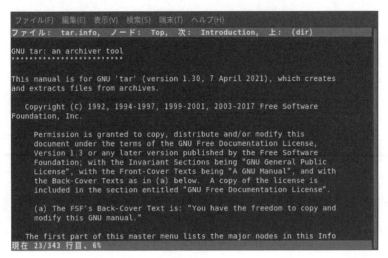

図 3-2　pinfo で `tar` コマンドに関するドキュメントを閲覧。マウス操作で
　　　　リンクを辿ることが可能

n	次のマニュアルページ（ノードという）に移動
p	前のマニュアルページに移動
ENTER	リンクであれば、そのリンク先のマニュアルページに移動
SPACE	マニュアルページ内で下にスクロールし、末尾に来たら、次ページに移動
/	入力した文字で文字列検索
q あるいは CTRL ＋ C	pinfo の終了

　`man` や `pinfo` は、管理者やユーザにとって、マニュアルページを読むために不可欠なコマンドです。基本的なマニュアル閲覧のコマンドのみを紹介しましたが、ほかにもマニュアル類を読むためのツールが用意されています。表 3-7 に RL 8/AL 8 で用意されているマニュアル閲覧ツールをまとめておきます。是非、一度は実行し、どのような情報が得られるのかを確認しておいてください。

表 3-7　主なマニュアル閲覧コマンド

コマンド	説明	使用例
whatis	マニュアルページ名を検索し、指定した文字列に一致する全マニュアルページの要約文を表示	# whatis -w cat*
apropos	マニュアルページの名前と要約文を検索	# apropos cat
help	bash 組み込みコマンドを表示	# help wait
whereis	パスを含めてコマンドのマニュアルやバイナリの位置を表示	# whereis -bm dmidecode tar

注意　マニュアルのデータベースの作成

whatis コマンドや apropos コマンドの実行時に「適切なものはありませんでした。」のエラーメッセージが出る場合は、以下のコマンドで、マニュアルのデータベースを作成してください。

```
# mandb
```

3-3　ロケール、キーボード設定、日付・時間・タイムゾーン設定

RL 8/AL 8 は、ロケール、キーボード設定、日付・時間・タイムゾーンなどの設定が行えます。従来の CentOS 7 や CentOS 8 と同様のコマンドで設定できます。RL 8/AL 8 では、ロケール、キーボードを設定する localectl コマンド、日付・時間・タイムゾーンを設定する timedatectl コマンドが用意されています。

3-3-1　ロケールの変更

RL 8/AL 8 のインストール時の言語設定を変更したい場合があります。インストール時に誤って間違った言語を選択した場合などは、OS インストール後に再設定します。また、ソフトウェアのインストーラの仕様上、一時的に英語モードに切り替えたい場合も、言語の設定を変更します。

RL 8/AL 8 のシステム全体の言語設定を変更する場合、調整すべき設定項目は、システムのロケール情報とキーボード設定です。システムのロケールの変更は、localectl コマンドで行います。localectl コマンドは、ロケールの設定ファイルの/etc/locale.conf ファイルを書き換えます。

■ ロケールの状態

現在のロケールの状態を確認します。

```
# localectl
   System Locale: LANG=ja_JP.utf8
       VC Keymap: us
      X11 Layout: n/a

# cat /etc/locale.conf
LANG=ja_JP.utf8
```

■ ロケールの設定

ロケールを英語（米国）に設定し、現在のシェルで有効化します。

```
# localectl set-locale LANG=en_US.utf8
# localectl
   System Locale: LANG=en_US.utf8
       VC Keymap: us
      X11 Layout: n/a

# cat /etc/locale.conf
LANG=en_US.utf8

# . /etc/locale.conf
# echo $LANG
en_US.utf8
```

ロケールを日本語に戻し、変更されているかを確認します。

```
# localectl set-locale LANG=ja_JP.utf8
# localectl
   System Locale: LANG=ja_JP.utf8
       VC Keymap: us
      X11 Layout: n/a

# cat /etc/locale.conf
LANG=ja_JP.utf8

# . /etc/locale.conf
# echo $LANG
ja_JP.utf8
```

3-3-2　キーボード設定

　キーボード設定も、localectl コマンドで行います。SSH や VNC などの遠隔からの接続や X Window によるデスクトップ利用ではなく、ローカルに直接ログインした後のコマンドライン画面におけるキーボード入力を変更します。

■ キーマップの表示

　利用可能なキーマップを表示します。

```
# localectl list-keymaps
...
jp106
...
us
us-acentos
...
```

■ キーボードの設定

日本語のキーマップは jp106 として利用可能です。現在のキーボード設定を日本語 106 キーボード
に設定します。キーマップの設定ファイルは、/etc/vconsole.conf ファイルです。

```
# localectl set-keymap jp106
# cat /etc/vconsole.conf
KEYMAP=jp106
FONT=eurlatgr
```

3-3-3　日付、時刻、タイムゾーンの設定

RL 8/AL 8 では、日付、時刻の設定コマンド timedatectl コマンドが用意されています。

■ 日付、時間、タイムゾーンの表示

timedatectl コマンドをオプションなしで実行すると、現在の日付、時刻、タイムゾーン、NTP の
同期設定の有無などを表示します。

```
# timedatectl
               Local time: 金 2022-04-01 15:37:12 JST
          Universal time: 金 2022-04-01 06:37:12 UTC
                RTC time: 金 2022-04-01 06:37:12
               Time zone: Asia/Tokyo (JST, +0900)
System clock synchronized: no
             NTP service: active
         RTC in local TZ: no
```

■ 日付の設定

日付を設定する場合は、timedatectl コマンドに set-time オプションを指定します。次の例で
は、2022 年 12 月 11 日に強制的に設定します。日付を強制的に設定する場合、事前に時刻同期を行う
chronyd サービスを停止します。

```
# systemctl stop chronyd.service
# timedatectl set-time 2022-12-11
# timedatectl
                Local time: 日 2022-12-11 00:00:04 JST
...
```

■ 時刻の設定

時刻を設定する場合も、timedatectl コマンドに set-time オプションを指定します。次の例では、19 時 51 分 00 秒に設定しています。

```
# timedatectl set-time 19:51:00
# timedatectl
                Local time: 日 2022-12-11 19:51:06 JST
...
```

■ 日付と時刻の同時設定

日付と時刻を同時に設定する場合は、次のように設定します。

```
# timedatectl set-time "2022-12-11 19:55:00"
# timedatectl
                Local time: 日 2022-12-11 19:55:02 JST
...
```

■ タイムゾーンの表示

タイムゾーンの表示は、timedatectl コマンドに list-timezones オプションを付与して実行します。

```
# timedatectl list-timezones | grep Tokyo
Asia/Tokyo
```

■ タイムゾーンの変更

タイムゾーンを変更するには、timedatectl コマンドに set-timezone オプションを付与します。次の例では、タイムゾーンとして Asia/Tokyo を設定する例です。

```
# timedatectl set-timezone Asia/Tokyo
# timedatectl | grep zone
                Time zone: Asia/Tokyo (JST, +0900)
```

コラム　ハードウェの日付、時刻の設定

　本番環境では、サーバ本体が持つハードウェア時刻を正確に設定しておく必要があります。OS 上では、日付と時間を date コマンド等により設定しますが、ハードウェアが持つ時計を設定する場合は、hwclock コマンドで設定します。ただし、サーバが持つ時刻は狂いやすいため、通常はネットワーク上に時刻同期用の NTP サーバを構築します。

　HA クラスタや Hadoop クラスタ、ソフトウェア定義型ストレージなど、複数のマシンで協調動作する環境では、NTP サーバを稼働させて時刻を同期させます。クラスタノードの設定時刻に大きな差があると、ソフトウェアが正常に稼働しなくなり、システム障害を引き起こします。date コマンドと hwclock コマンドによる時刻設定は、現在時刻と大きなズレが生じた場合などに、強制的に時刻を修正する場合に有用ですが、常用するものではなく、時刻は、NTP サーバと同期させて自動的に調整するようにシステムを構築してください。

　ロケール、キーボード設定、日付・時間・タイムゾーン設定を紹介しました。CentOS 7 や CentOS 8 に慣れている管理者は、同様の管理手法で RL 8/AL 8 のロケールや日付、時間、タイムゾーンを設定できます。

3-4　GRUB2 による OS のブート管理

　サーバの電源を入れて、最初に起動するプログラムがブートローダです。RL 8/AL 8 では、CentOS 7 や CentOS 8 と同様、ブートローダに GRUB2 が採用されていますが、RL 8/AL 8 における GRUB2 は、従来の CentOS 7 系までの GRUB2 と比べて、仕様が変更されています。また、サーバのハードウェア設定が BIOS モードか UEFI モードかによって、パーティション構成とブートローダの設定ファイルのパスが異なります。そのため、基本的な最低限の物理サーバの設定と GRUB2 による OS のブート管理手法の関係を知っておく必要があります。本節では、管理者が、最低限知っておくべき GRUB2 の管理手法について簡単に紹介します。

3-4-1　GRUB2 の設定

　一般に、BIOS モードの物理マシンで OS をブートするには、OS が起動するディスクにマスタブートレーコード（Master Boot Record, MBR）が必要です。MBR は、ディスクの先頭に 512 バイトの容量で格納されているブートローダです。MBR の設定は、OS のインストール時に行いますが、OS 起動後にも設定可能です。

GRUB2 の設定の基本は、/etc/default/grub ファイルの編集と、grub2-mkconfig コマンドによる設定ファイルの生成です。GRUB2 の設定ファイル/etc/default/grub にパラメータを設定し、grub2-mkconfig によって、その設定を含んだ grub.cfg ファイルを生成します。grub.cfg ファイルには、主な項目として以下のものが含まれます。

- 起動するディスク
- ロードさせたいカーネルの種類とカーネルパラメータ
- カーネルが読み込む初期 RAMDISK 名

一般に、x86 サーバにおいて、ローカルディスクから OS を起動させる場合、MBR は、/dev/sda にインストールします。サーバの MBR に障害が発生した場合、grub2-install コマンドでブートローダを再インストールできます。

```
# grub2-install /dev/sda
```

コラム　MBR と GPT パーティションの消去

dd コマンドを使えば、MBR を消去することが可能です。

```
# dd if=/dev/zero of=/dev/sda bs=512 count=1
```

　MBR を消去する状況としては、BIOS モードに設定された x86 サーバ等に PXE ブートと Kickstart による全自動ネットワークインストールを行う場合などが挙げられます。PXE ブートと Kickstart による全自動ネットワークインストールを行う場合、インストール対象となるサーバの電源投入後、BIOS で設定されているブート順序に従って起動します。起動順序は一般に NIC よりもディスクが先に読み込まれるように設定するため、MBR にブートローダがインストールされている場合は、PXE ブートせず、ディスクから起動しようとします。したがって、MBR を消去しておけば、強制的に PXE ブートさせることが可能です。ただし、MBR を消去した場合、インストール済みの OS は起動しなくなるため、注意が必要です。

　最近の x86 サーバでは、MBR を消去しなくても、サーバに搭載された遠隔管理機能等によって、ブートデバイスの順序の変更や、再起動後に 1 回だけ PXE ブートさせるなどの設定が可能になっており、MBR を削除するような危険な作業をしなくても PXE ブートによるネットワークインストールができるように設計されています。

　近年は、ハードディスクの大容量化に伴い、OS のブートディスクを GPT パーティションで作成することが増えています。GPT パーティションで設定されたディスクでは、MBR の消去だけでな

く、GPT パーティション情報の消去も必要です。GPT パーティションの削除は、sgdisk コマンド
で行います。

```
# sgdisk -Z /dev/sda
```

3-4-2　ブートローダのカスタマイズ

ここでは、GRUB2 ブートローダをカスタマイズする方法として、メニュー表示の待ち時間（GRUB2
メニューが表示される時間）を 60 秒に変更し、かつ、OS 起動時のブートログを画面に表示させる設
定例を取り上げます。OS 起動時にブートログを表示させるには、ブートパラメータの rhgb quiet を
削除します。また今回は、ブートログの高解像度表示を抑制する nomodeset も併せて指定します。現
在のブートパラメータは、grub2-editenv list で確認できます。

```
# grub2-editenv list
saved_entry=72ea92747ee948239ff89d12e057978f-4.18.0-348.el8.0.2.x86_64
kernelopts=root=UUID=9c1a26a1-7421-47f9-b46a-90b934b317e0 ro crashkernel=auto resum
e=UUID=fbf46ae5-6677-4a48-83b7-1226b658656c biosdevname=0 net.ifnames=0 rhgb quiet
console=tty0
boot_success=0
```

上記より、rhgb quiet が指定されているため、OS 起動時にブートログが画面に表示される設定に
なっています。ブートパラメータは、/etc/default/grub ファイルの GRUB_CMDLINE_LINUX=行にある
rhgb quiet を削除します。また、低解像度でログを表示するために、nomodeset を追記します。さら
に、このファイルでは、ブートパラメータだけでなく、GRUB2 におけるタイムアウト値も設定できま
す。GRUB2 におけるタイムアウト値は、/etc/default/grub ファイルの GRUB_TIMEOUT=に設定しま
す。今回は、60 秒に設定しますので、GRUB_TIMEOUT=の後に 60 を記述します。

```
# vi /etc/default/grub
GRUB_TIMEOUT=60
GRUB_DISTRIBUTOR="$(sed 's, release .*$,,g' /etc/system-release)"
GRUB_DEFAULT=saved
GRUB_DISABLE_SUBMENU=true
GRUB_TERMINAL_OUTPUT="console"
GRUB_CMDLINE_LINUX="resume=/dev/mapper/rl-swap rd.lvm.lv=rl/root rd.lvm.lv=rl/swap
nomodeset"
GRUB_DISABLE_RECOVERY="true"
```

```
GRUB_ENABLE_BLSCFG=true
```

/etc/default/grub ファイルの変更を有効にするには、grub.cfg を再作成する必要があります。grub2-mkconfig を使って、grub.cfg ファイルを作成する場合、grub2-editenv コマンドで、kernelopts パラメータの値を事前にクリアしておきます。この kernelopts は、GRUB2 のブートエントリのカーネルパラメータです。kernelopts パラメータの値をクリアするには、次のコマンドを実行します。

```
# grub2-editenv - unset kernelopts
```

kernelopts の内容がクリアされたかどうかを確認します。grub2-editenv list で kernelopts が表示されなければ、kernelopts がクリアされています。

```
# grub2-editenv list | grep kernelopts
#
```

3-4-3　grub.cfg ファイルの生成

grub2-mkconfig コマンドで grub.cfg ファイルを生成する前に、オリジナルの grub.cfg ファイルをバックアップしておきます。grub.cfg ファイルのパスは、BIOS モードのマシンと UEFI モードのマシンでパスが異なります。また、UEFI モードでは、RL 8 と AL 8 でパスが異なるため、注意が必要です。

○ **BIOS モードの RL 8/AL 8 の場合：**

```
# cp -a /boot/grub2/grub.cfg{,.org}
# grub2-mkconfig -o /boot/grub2/grub.cfg
Generating grub configuration file ...
done
```

○ **UEFI モードの RL 8 の場合：**

```
# cp -a /boot/efi/EFI/rocky/grub.cfg{,.org}
# grub2-mkconfig -o /boot/efi/EFI/rocky/grub.cfg
Generating grub configuration file ...
Adding boot menu entry for EFI firmware configuration
done
```

○ **UEFI モードの AL 8 の場合：**

```
# cp -a /boot/efi/EFI/almalinux/grub.cfg{,.org}
# grub2-mkconfig -o /boot/efi/EFI/almalinux/grub.cfg
Generating grub configuration file ...
Adding boot menu entry for EFI firmware configuration
done
```

再び、grub2-editenv list で kernelopts の内容を確認します。

```
# grub2-editenv list | grep kernelopts
kernelopts=root=UUID=9c1a26a1-7421-47f9-b46a-90b934b317e0 ro crashkernel=auto resum
e=UUID=fbf46ae5-6677-4a48-83b7-1226b658656c nomodeset console=tty0
```

kernelopts パラメータに rhgb quiet が含まれておらず、かつ、nomodeset が含まれていることが確認できましたので、OS を再起動します。

```
# reboot
```

OS のブートメニューが表示されたら、メニュー画面が 60 秒間表示されているかを確認してください。また、ブートログが低解像度で表示されているかも確認してください。

3-4-4 grub2-editenv によるブートパラメータの変更

ブートパラメータは、/etc/default/grub ファイルに記述できますが、/etc/default/grub ファイルを使用せずに、ブートパラメータを変更することもできます。/etc/default/grub ファイルを使用せずに、ブートパラメータを変更するには、grub2-editenv コマンドを使用します。以下では、/etc/default/grub ファイルを使わずに、grub2-editenv コマンドを使って、ブートパラメータの rhgb quiet を追加し、OS 起動時のブートログの表示を抑制する設定手順を示します。まず、grub2-editenv コマンドで、現在のブートパラメータである kernelopts を表示します。

```
# grub2-editenv list | grep kernelopts
kernelopts=root=UUID=9c1a26a1-7421-47f9-b46a-90b934b317e0 ro crashkernel=auto resum
e=UUID=fbf46ae5-6677-4a48-83b7-1226b658656c nomodeset
```

ブートパラメータ情報は、/boot/grub2/grubenv ファイルに格納されています。

```
# grep kernelopts /boot/grub2/grubenv
kernelopts=root=UUID=9c1a26a1-7421-47f9-b46a-90b934b317e0 ro crashkernel=auto resum
e=UUID=fbf46ae5-6677-4a48-83b7-1226b658656c nomodeset
```

ブートパラメータを設定します。grub2-editenv - set にブートパラメータを付与して実行します。ここでは、rhgb quiet を追記したブートパラメータを指定します。

```
# grub2-editenv - set "kernelopts=root=UUID=9c1a26a1-7421-47f9-b46a-90b934b317e0 ro
 crashkernel=auto resume=UUID=fbf46ae5-6677-4a48-83b7-1226b658656c nomodeset rhgb q
uiet"
```

ブートパラメータを表示します。

```
# grub2-editenv list | grep kernelopts
kernelopts=root=UUID=9c1a26a1-7421-47f9-b46a-90b934b317e0 ro crashkernel=auto resum
e=UUID=fbf46ae5-6677-4a48-83b7-1226b658656c nomodeset rhgb quiet

# grep kernelopts /boot/grub2/grubenv
kernelopts=root=UUID=9c1a26a1-7421-47f9-b46a-90b934b317e0 ro crashkernel=auto resum
e=UUID=fbf46ae5-6677-4a48-83b7-1226b658656c nomodeset rhgb quiet
```

OS を再起動します。

```
# reboot
```

OS の再起動前に grub2-mkconfig コマンドを実行しなくてもよい点に注意してください。

3-4-5　ブートメニューのエントリを追加する方法

OS 起動時に表示されるカーネルの選択画面は、ブートメニューと呼ばれ、そのブートメニューで選択可能なカーネルとそのタイトルは、一般に、メニューエントリと呼ばれます。独自のブートパラメータを含んだカスタムのメニューエントリを追加したい場合、grub.cfg ファイルを直接編集するのではなく、/boot/loader/entries ディレクトリに設定ファイルの雛形を生成し、その雛形に含まれるブートオプションをカスタマイズします。以下では、現在稼働中のカーネルと同じバージョンのカーネルと初期 RAMDISK で、カスタムのブートオプションを付与したメニューエントリの追加方法を示します。

まず、/boot/loader/entries ディレクトリの内容を表示します。

```
# cd /boot/loader/entries/
# ls -1
72ea92747ee948239ff89d12e057978f-0-rescue.conf
72ea92747ee948239ff89d12e057978f-4.18.0-348.el8.0.2.x86_64.conf
```

上記は、GRUB2 ブートローダが、OS を起動するブートメニューで表示されるメニューエントリの

設定ファイルです。現時点では、通常起動するメニューエントリと、レスキューモードで起動するメニューエントリの 2 種類が登録されています。通常起動するメニューエントリの設定ファイルの中身を RL 8 で確認します。

```
# cat 72ea92747ee948239ff89d12e057978f-4.18.0-348.el8.0.2.x86_64.conf
title Rocky Linux (4.18.0-348.el8.0.2.x86_64) 8.5 (Green Obsidian)
version 4.18.0-348.el8.0.2.x86_64
linux /vmlinuz-4.18.0-348.el8.0.2.x86_64
initrd /initramfs-4.18.0-348.el8.0.2.x86_64.img $tuned_initrd
options $kernelopts $tuned_params
id rocky-20211114010422-4.18.0-348.el8.0.2.x86_64
grub_users $grub_users
grub_arg --unrestricted
grub_class kernel
```

RL 8 の場合、1 行目の title に Rocky Linux の文字列とカーネルバージョンが出力されます。また、id 行には、rocky-で始まる文字列（rocky-日時-カーネルバージョン）が出力されています。

AL 8 でも同様に出力を確認します。

```
# cd /boot/loader/entries/
# ls -1
e9d5518bbd0f40c194f35662104c393b-0-rescue.conf
e9d5518bbd0f40c194f35662104c393b-4.18.0-348.el8.x86_64.conf

# cat e9d5518bbd0f40c194f35662104c393b-4.18.0-348.el8.x86_64.conf
title AlmaLinux (4.18.0-348.el8.x86_64) 8.5 (Arctic Sphynx)
version 4.18.0-348.el8.x86_64
linux /vmlinuz-4.18.0-348.el8.x86_64
initrd /initramfs-4.18.0-348.el8.x86_64.img $tuned_initrd
options $kernelopts $tuned_params
id almalinux-20211109114919-4.18.0-348.el8.x86_64
grub_users $grub_users
grub_arg --unrestricted
grub_class kernel
```

AL 8 の場合、1 行目の title に AlmaLinux の文字列とカーネルバージョンが出力されます。id 行には、almalinux-で始まる文字列が出力されています。

ブートパラメータは、options 行の$kernelopts と$tuned_params で与えられています。ブートパラメータを確認するため、grubby コマンドで、すべてのメニューエントリの設定情報を表示します。grubby コマンドは、/boot/loader/entries ディレクトリに含まれるすべての設定ファイルを読み込み、パラメータを表示します。以下は、RL 8 での実行例です。

```
# grubby --info=ALL
index=0
kernel="/boot/vmlinuz-4.18.0-348.el8.0.2.x86_64"
args="ro crashkernel=auto resume=UUID=fbf46ae5-6677-4a48-83b7-1226b658656c nomodese
t rhgb quiet $tuned_params"
root="UUID=9c1a26a1-7421-47f9-b46a-90b934b317e0"
initrd="/boot/initramfs-4.18.0-348.el8.0.2.x86_64.img $tuned_initrd"
title="Rocky Linux (4.18.0-348.el8.0.2.x86_64) 8.5 (Green Obsidian)"
id="72ea92747ee948239ff89d12e057978f-4.18.0-348.el8.0.2.x86_64"
index=1
kernel="/boot/vmlinuz-0-rescue-72ea92747ee948239ff89d12e057978f"
args="ro crashkernel=auto resume=UUID=fbf46ae5-6677-4a48-83b7-1226b658656c nomodese
t rhgb quiet"
root="UUID=9c1a26a1-7421-47f9-b46a-90b934b317e0"
initrd="/boot/initramfs-0-rescue-72ea92747ee948239ff89d12e057978f.img"
title="Rocky Linux (0-rescue-72ea92747ee948239ff89d12e057978f) 8.5 (Green Obsidian)"
id="72ea92747ee948239ff89d12e057978f-0-rescue"
```

上記において、通常起動するカーネルは、index=0 以下、レスキューモードは、index=1 以下のパラメータです。index=0 以下のメニューエントリの args 行に、ブートパラメータが表示されているので、この値をカスタマイズしたものを options 行に記述すれば、カスタムのブートオプションで OS を起動できます。

現在の設定ファイルから新たにカスタムのブートオプションを含んだ設定ファイルの雛形を作成する前に、まず、現在起動しているカーネルのバージョンとマシン ID を調べます。

```
# cat /etc/machine-id
72ea92747ee948239ff89d12e057978f

# uname -r
4.18.0-348.el8.0.2.x86_64
```

/boot/loader/entries ディレクトリにある設定ファイル 72ea92747ee948239ff89d12e057978f-4.18.0-348.el8.x86_64.conf は、ファイル名が、マシン ID とカーネルバージョンの組み合わせで構成されており、現在起動中のカーネルの設定ファイルであることがわかります。bash シェルでは、$(cat /etc/machine-id)-$(uname -r).conf でファイル名を取得できます。この設定ファイルから、カスタムのエントリを追加するための雛形を作成します。

```
# pwd
/boot/loader/entries
# MID=$(cat /etc/machine-id)
```

```
# echo $MID
72ea92747ee948239ff89d12e057978f
# KER=$(uname -r)
# echo $KER
4.18.0-348.el8.0.2.x86_64
# cp ${MID}-${KER}.conf ${MID}-${KER}-custom.conf
# ls -1
72ea92747ee948239ff89d12e057978f-0-rescue.conf
72ea92747ee948239ff89d12e057978f-4.18.0-348.el8.0.2.x86_64.conf
72ea92747ee948239ff89d12e057978f-4.18.0-348.el8.0.2.x86_64-custom.conf
```

カスタムのエントリを追加するための雛形の設定ファイルの中身を確認します。

```
# cat ${MID}-${KER}-custom.conf
title Rocky Linux (4.18.0-348.el8.0.2.x86_64) 8.5 (Green Obsidian)
version 4.18.0-348.el8.0.2.x86_64
linux /vmlinuz-4.18.0-348.el8.0.2.x86_64
initrd /initramfs-4.18.0-348.el8.0.2.x86_64.img $tuned_initrd
options $kernelopts $tuned_params
id rocky-20211114010422-4.18.0-348.el8.0.2.x86_64
grub_users $grub_users
grub_arg --unrestricted
grub_class kernel
```

また、上記ファイル内の options 行の$kenrelopts の内容を確認します。$kernelopts は、/boot/grub2/grubenv ファイルに記述されています。

```
# grep kernelopts /boot/grub2/grubenv
kernelopts=root=UUID=9c1a26a1-7421-47f9-b46a-90b934b317e0 ro crashkernel=auto resum
e=UUID=fbf46ae5-6677-4a48-83b7-1226b658656c nomodeset rhgb quiet
```

また、grub2-editenv コマンドでも$kernelopts の情報を表示できます。

```
# grub2-editenv list
saved_entry=72ea92747ee948239ff89d12e057978f-4.18.0-348.el8.0.2.x86_64
boot_success=0
kernelopts=root=UUID=9c1a26a1-7421-47f9-b46a-90b934b317e0 ro crashkernel=auto resum
e=UUID=fbf46ae5-6677-4a48-83b7-1226b658656c nomodeset rhgb quiet
```

カスタムのブートオプションを含む設定ファイルの雛形を編集します。カスタムのブートパラメータを指定するには、先述の雛形の設定ファイル${MID}-${KER}-custom.conf の options 行を編集します。先述の grubby --info=ALL の出力の args 行と root 行を参考に記述します。今回は、options

行に rhgb quiet nomodeset を省いたものを記述しました。

```
# vi ${MID}-${KER}-custom.conf
...
options root=UUID=9c1a26a1-7421-47f9-b46a-90b934b317e0 ro crashkernel=auto resume=U
UID=fbf46ae5-6677-4a48-83b7-1226b658656c
...
```

上記設定ファイルに記述した options 行のパラメータが、grubby コマンドで得られる出力の args と root に割り当てられているかどうかを確認します。

```
# grubby --info=ALL
index=0
kernel="/boot/vmlinuz-4.18.0-348.el8.0.2.x86_64"
args="ro crashkernel=auto resume=UUID=fbf46ae5-6677-4a48-83b7-1226b658656c"
root="UUID=9c1a26a1-7421-47f9-b46a-90b934b317e0"
...
```

以上で、カスタムのブートパラメータを持つメニューエントリが追加できました。

3-4-6　起動するメニューエントリの変更

カスタムのブートパラメータを持つメニューエントリは、grubby --info=ALL の出力から、index=0 であるため、OS 起動時に 0 番を自動的に選択するように設定します。OS 起動時に自動的に選択されるメニューエントリは、grubby コマンドで設定します。

```
# grubby --set-default-index=0
The default is /boot/loader/entries/72ea92747ee948239ff89d12e057978f-4.18.0-348.el8
.0.2.x86_64-custom.conf with index 0 and kernel /boot/vmlinuz-4.18.0-348.el8.0.2.x8
6_64
```

以上で、新しく追加したカスタムのエントリで起動する準備が整いましたので、OS を再起動します。

```
# reboot
```

OS 再起動後に、自動的にカスタムのメニューエントリが選択され、正常に起動するかを確認してください。

注意　GRUB2 の設定

　ブートメニュー画面では、複数のエントリが表示されていますが、デフォルトで起動してほしいエントリは、/etc/default/grub ファイル内で、数字で指定することも可能です。例えば、先述の grubby --info=ALL の出力の index=0 以下で表示されるカーネルのパラメータを持つメニューエントリをデフォルトで起動させたい場合は、次のように/etc/default/grub ファイル内で、GRUB_DEFAULT=0 を指定します。

```
# vi /etc/default/grub
...
GRUB_DEFAULT=0
...
```

　/etc/default/grub ファイルを更新したら、必ず、/boot/grub2/grub.cfg ファイルを生成してから OS を再起動してください。

○BIOS モードの RL 8/AL 8 の場合：

```
# grub2-mkconfig -o /boot/grub2/grub.cfg && reboot
```

○UEFI モードの RL 8 の場合：

```
# grub2-mkconfig -o /boot/efi/EFI/rocky/grub.cfg && reboot
```

○UEFI モードの AL 8 の場合：

```
# grub2-mkconfig -o /boot/efi/EFI/almalinux/grub.cfg && reboot
```

　CentOS 6 系に慣れた管理者は、grub2-mkconfig コマンドを実行することを忘れてしまうミスを犯しがちです。GRUB2 の設定は慎重に行うようにしてください。

3-5　まとめ

　本章では、bash シェルでの基本操作、言語、キーボード、時刻、タイムゾーン設定、そして、GRUB2 によるブート管理の基礎について紹介しました。シェルの環境変数、言語、キーボード、時刻、タイムゾーンなどは、OS が稼働した状態で設定を自由に変更できますが、GRUB2 によるブート管理は、OS 起動時の挙動を大きく左右するため、慎重に設定してください。

第4章

ユーザ管理、ファイル管理、パッケージ管理

Linux システムでは、通常、さまざまなプログラムがプロセスとして稼働しています
が、これらのプロセスは、Linux システム上の特定の資源にアクセスする必要がありま
す。資源へのアクセス方法としては、管理者権限で実行されるプロセス以外に、特定の
一般ユーザによる権限や、特定のグループに与えられた権限で実行されるものがありま
す。これらのプロセスの実行には、ユーザやグループ権限の適切な管理が必要です。ま
た、しかるべき権限を持つユーザに対して、ソフトウェアパッケージを適切に利用でき
るように設定しなければなりません。

本章では、ユーザ管理、グループ管理、そして、ファイルのアクセス権限の管理手法
の基本を紹介します。また、dnf によるパッケージの管理方法についても説明します。

4-1　ユーザ管理

4-1-1　Linux におけるユーザ管理

　Linux OS では、**特権ユーザ**と特権のない**一般ユーザ**（**非特権ユーザ**）がいます。通常、特権ユーザは、システムに登録されるアカウント名が root です。このアカウントは、ローカルにある RL 8/AL 8 をインストールした物理サーバ上のすべてのファイルやデバイスにアクセスできます。例えば、ソフトウェアのインストール、ユーザやグループの作成、削除、情報の変更、ディスク デバイス上のパーティション作成などが挙げられます。root アカウントは、システム管理者権限のさまざまなタスクを実行するためのものであり、一般ユーザ用のアプリケーションを実行するアカウントではありません。一方、一般ユーザ用のアプリケーションやタスクは、非特権ユーザで動作させる必要があります（図 4-1）。

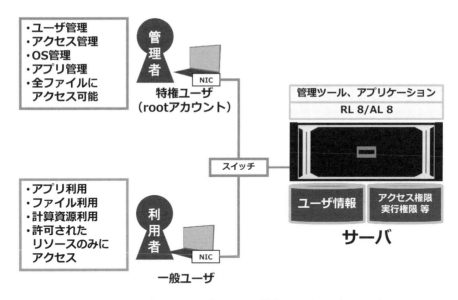

図 4-1　Linux サーバ環境における特権ユーザと一般ユーザ

■ ユーザアカウント情報の取得

　ユーザアカウント情報の取得には、id コマンドを使用します。id コマンドは、現在のユーザの詳細や、他のユーザアカウントの詳細を取得できます。以下は、root と一般ユーザ koga の情報を id コマンドで表示する例です。

```
# id root
uid=0(root) gid=0(root) groups=0(root)

# id koga
uid=1000(koga) gid=1000(koga) groups=1000(koga)
```

id コマンドでユーザ ID（UID）とユーザ名、所属するグループ ID（GID）とグループ名、サブグループ ID とサブグループ名が表示されます。グループは、1 人もしくは複数ユーザで構成された単位です。

4-1-2　ユーザとグループの管理

RL 8/AL 8 における最も基本的なユーザ管理コマンドの一部とその利用例を示します。

- OS 上のユーザ追加コマンド：useradd コマンドと adduser コマンド
- OS 上のユーザ削除コマンド：userdel コマンド
- 作成したローカルユーザのパスワード変更：passwd コマンド
- ユーザ情報の変更：chage コマンド、usermod コマンド

サーバにインストールされた各種アプリケーションを利用するのは、管理者アカウントではなく一般ユーザです。一般ユーザには管理権限はありませんが、アプリケーションを利用するユーザであり、サーバのハードウェア、アプリケーション資源を使うことができます。ここでは、最も基本的な一般ユーザの追加手順を述べます。

■ ユーザの追加

ユーザの追加は、useradd コマンドで行います。一般ユーザの多くはホームディレクトリを持ちます。ホームディレクトリを作成する場合は、useradd コマンドに-m オプションを付加します。以下は、一般ユーザ testuser をホームディレクトリを付けて作成する例です。

```
# useradd -m testuser
```

これで一般ユーザ testuser が作成されます。

■ ユーザへのパスワード付与

ユーザがサーバを利用するには、ログインという手続きが必要ですが、ログインするには、パスワードが必要です。ユーザにパスワードを作成するには、passwd コマンドを使います。以下は、一般ユーザ testuser にパスワードを付与する例です。

```
# passwd testuser
ユーザー testuserのパスワードを変更。
新しいパスワード:
新しいパスワードを再入力してください:
passwd: すべての認証トークンが正しく更新できました。
#
```

パスワードは 2 回入力します。一致していない場合はパスワードの付与に失敗するので、同じもの
を入力してください。パスワードを付与すると、そのパスワードを使ってログインできます。testuser
アカウントが作成されているかどうかは、/etc/passwd ファイルを確認します。

```
# grep testuser /etc/passwd
testuser:x:1001:1001::/home/testuser:/bin/bash
```

testuser という文字列で始まる行が作成されているので、testuser アカウントが作成されていること
がわかります。このとき、ユーザ ID とグループ ID、ホームディレクトリを注意深く確認します。RL
8/AL 8 では、ユーザの識別、グループの識別を ID によって行います。

■ ユーザがログインできるかの確認

作成した testuser アカウントでサーバにログインできるかを確認します。リモートに存在する PC な
どから ssh でログインできる環境があればそれでよいですが、サーバが 1 台しかない場合でも、ssh コ
マンドで確認できます。ssh を使ってサーバ上に作成した一般ユーザ testuser のログイン可否を確認す
るには、以下のようにします。

```
# ssh -l testuser localhost
```

これは、testuser アカウントでローカルホストであるサーバに ssh ログインを試みます。これにより、
先ほど設定したパスワードでログインできるかどうかをテストできます。ログインできたら、本当に
testuser でログインしているのかを whoami コマンドで確認します。

whoami コマンドは、自分がどのアカウントなのかを示します。さらに、ログイン直後のカレント
ディレクトリが testuser アカウントのホームディレクトリ/home/testuser になっているかを確認しま
す。ログイン直後に pwd コマンドを入力するか、あるいは、$HOME の内容を echo コマンドで確認し
ます。

```
$ pwd
/home/testuser
$ echo $HOME
```

```
/home/testuser
$
```

さらに testuser アカウントのホームディレクトリにドット（.）で始まるファイル名を持った.bashrc ファイルと.bash_profile ファイル等が存在しているかを確認します。そのほか、whoami コマンドや id コマンドにより、アカウント情報を確認しておくことをお勧めします。

```
$ ls -1 ~/.bash*
/home/testuser/.bash_history
/home/testuser/.bash_logout
/home/testuser/.bash_profile
/home/testuser/.bashrc
```

4-1-3　passwd コマンド

ユーザを useradd コマンドで作成した場合は、passwd コマンドでパスワード設定が必須です。パスワードを設定しないと、ユーザはロックされた状態のままであり、ログインができません。

passwd コマンドは管理者がパスワードを一般ユーザに付与したり、一般ユーザがパスワードを変更したりするものとして広く知られていますが、ユーザのパスワード期限やパスワード期限切れのアカウントのログイン拒否設定、パスワード有効期限通知などの機能もあります。これらは実システムでのユーザ管理において必須の項目であり、非常に重要です。表 4-1 に、passwd コマンドの主なオプションと使用例を示します。

表 4-1　passwd コマンドの主なオプションとその例：

オプション	説明	使用例
-n	パスワードが変更可能となるまでの最短日数を設定する	passwd -n 10 testuser
-x	パスワードが有効な最長日数を設定する。指定した日が過ぎるとパスワードを変更するように求められる	passwd -x 90 testuser
-w	パスワードの使用期限が来る前に何日間警告を与えるかを設定する。パスワード使用期限までの残日数が、設定した日数を下回ると、パスワードが期限切れになるまでの日数がログイン時に示される	passwd -w 7 testuser
-i	パスワードの期限が切れてから何日間経過したら、そのアカウントを使用不能の状態にするかを設定する。指定した日の間、ユーザがパスワード期限切れ状態のままにすると、ユーザはログインできなくなる	passwd -i 15 testuser
-l	ユーザアカウントをロックする。正しいパスワードを入力しても指定したユーザは、ログインできない	passwd -l testuser
-u	ユーザアカウントのロックを解除する	passwd -u testuser

4-1-4　アカウントポリシ

パスワード変更日数、強制変更、期限切れ警告、ログイン拒否を設定する例として、以下では、アカウントポリシをユーザ testuser に設定する例を示します。今回設定するポリシは、以下のとおりです。

- パスワードは、password1234 に設定する
- 10 日を超えないとパスワード変更不可能
- 90 日を超えるとパスワード変更が必要
- 7 日前からパスワード期限切れを警告
- パスワード期限切れから 15 日間経過したら、ログインを不可能にする

■ ユーザアカウントの作成

以下では、ユーザアカウントを作成し、パスワードを設定します。パスワードは、echo コマンドと標準入力、passwd コマンドの--stdin オプションを使って、コマンドラインから、非対話形式で設定できます。

```
# whoami
root
# useradd -m testuser
# echo "password1234" | passwd testuser --stdin
ユーザー testuser のパスワードを変更 。
passwd: すべての認証トークンが正しく更新できました 。
```

上記アカウントポリシがユーザ testuser に設定されていないことを確認します。testuser 行の末尾が:::になっているため、ポリシが設定されていないことがわかります。

```
# grep testuser /etc/shadow
testuser:$6$pK37yltJokNjDpLs$mpcHXLCPqhanexj3.d/oAZQveWmc5CIG5JCx1qpivmmdYLCSITDQBZ
830swUOFk6r/vsgjo2DXnLi6GFpfUQd.:19338:0:99999:7:::
```

■ アカウントポリシの設定

アカウントポリシをユーザ testuser に設定します。

```
# passwd -n 10 -x 90 -w 7 -i 15 testuser
ユーザー testuser のエージングデータを調節 。
passwd: 成功
```

上記アカウントポリシがユーザ testuser に適用されているかを確認します。

```
# grep testuser /etc/shadow
testuser:$6$pK37yltJokNjDpLs$mpcHXLCPqhanexj3.d/oAZQveWmc5CIG5JCx1qpivmmdYLCSITDQBZ
830swUOFk6r/vsgjo2DXnLi6GFpfUQd.:19338:10:90:7:15::
```

今日のシステム時間（日付）を date コマンドで確認します。

```
# date
2022年 12月 12日 月曜日 13:54:40 JST
```

■ アカウントポリシの確認

設定されたポリシを確認します。ユーザに設定されたポリシは、chage コマンドで確認できます。

```
# chage -l testuser
最終パスワード変更日                      : 12月 12, 2022
パスワード期限:                          :  3月 12, 2023
パスワード無効化中                        :  3月 27, 2023
アカウント期限切れ                        : なし
パスワードが変更できるまでの最短日数        : 10
パスワードを変更しなくてよい最長日数        : 90
パスワード期限が切れる前に警告される日数     : 7
```

一時的に英語（米国）モードで表示する場合は、コマンドの前に LANG=en_US.utf8 を付与します。

```
# LANG=en_US.utf8 chage -l testuser
Last password change                            : Dec 12, 2022
Password expires                                : Mar 12, 2023
Password inactive                               : Mar 27, 2023
Account expires                                 : never
Minimum number of days between password change  : 10
Maximum number of days between password change  : 90
Number of days of warning before password expires : 7
```

■ ユーザの削除

ユーザ削除は、userdel コマンドで可能ですが、ユーザが持つホームディレクトリごと消去するには、-r オプションを付与します。

```
# userdel -r tanaka
```

オプションを付加しない場合は、ユーザは削除されますが、ホームディレクトリは残ります。

■ パスワード期限の設定

chage コマンドは、ユーザの有効期限を変更するためによく利用されます。例えばユーザ tom について、30 日でパスワード変更を必要とするように設定するには、-M オプションを付与します。

```
# chage -M 30 tom
```

以下では、ユーザ testuser2 のパスワード期限を設定し、期限を越えると、新しいパスワードの入力が必要であることを確認します。また、ユーザのパスワードを直ちに失効させる方法も示します。まず、ユーザ testuser2 を作成し、パスワードの有効期限を 100 日後に設定します。

```
# useradd -m testuser2
# echo "password1234" | passwd testuser2 --stdin
ユーザー testuser2 のパスワードを変更 。
passwd: すべての認証トークンが正しく更新できました 。

# passwd -x 100 testuser2
ユーザー testuser2 のエージングデータを調節 。
passwd: 成功

# chage -l testuser2
最終パスワード変更日                        :12月 11, 2022
パスワード期限:                             : 3月 21, 2023
パスワード無効化中                          : なし
アカウント期限切れ                          : なし
パスワードが変更できるまでの最短日数        : 0
パスワードを変更しなくてよい最長日数        : 100
パスワード期限が切れる前に警告される日数    : 7
```

ユーザ testuser2 のパスワード期限切れまでの日数は、100 日であるため、パスワード期限の 2023 年 3 月 21 日の次の日まで（期限切れ日数が残り 0 日）に設定されており、2023 年 3 月 22 日を過ぎると、ログインできなくなります。まずは、日付を 2023 年 3 月 22 日に設定し、testuser2 が設定したパスワードでログインできることを確認します。

```
# date 032200002023
2023年  3月 22日 水曜日 00:00:00 JST

# ssh -l testuser2 localhost
testuser2@localhost's password:
Warning: your password will expire in 0 days
...
```

ユーザ testuser2 でログインできました。exit コマンドでログアウトし、root アカウントで OS の日

付を 2023 年 3 月 23 日に設定します。

```
$ exit
# whoami
root
# date 032300002023
2023年  3月 23日 木曜日 00:00:00 JST
```

　この状態で、再び、testuser2 でログインします。すると、パスワードの有効期限切れにより、新し
いパスワードの入力を促されます。

```
#  ssh -l testuser2 localhost
testuser2@localhost's password:
You are required to change your password immediately (password expired)
...
WARNING: Your password has expired.
You must change your password now and login again!
Changing password for user testuser2.
Current password:
New password:
Retype new password:
passwd: all authentication tokens updated successfully.
Connection to localhost closed.
#
```

　exit コマンドで抜けて、再度、testuser2 で SSH 接続し、古いパスワードではログインできず、新し
いパスワードでログインできるかを確認します。

```
$ exit
# ssh -l testuser2 localhost
testuser2@localhost 's password:
Permission denied, please try again.    ←古いパスワードでログインできないことを確認
testuser2@localhost 's password:         ←新しいパスワードでログインできることを確認
...
$ exit
#
```

　新しいパスワードで ログインできました。再び、ユーザ testuser2 のパスワード期限に関する情報を
確認します。

```
# chage -l testuser2
最終 パスワード変更日                         : 3月 22, 2023
パスワード期限:                              : 6月 30, 2023
...
```

次に、現在のパスワードを直ちに無効にし、ログイン時にパスワード変更を求められるようにします。
現在のパスワードを失効させるには、passwd コマンドに-e オプションを付与します。

```
# passwd -e testuser2
ユーザー testuser2 のパスワードを失効 。
passwd: 成功

# chage -l testuser2
最終パスワード変更日                        : パスワードは変更しなければなりません
パスワード期限:                          : パスワードは変更しなければなりません
パスワード無効化中                        : パスワードは変更しなければなりません
アカウント期限切れ                        : なし
パスワードが変更できるまでの最短日数          : 0
パスワードを変更しなくてよい最長日数          : 100
パスワード期限が切れる前に警告される日数       : 7
```

再び、testuser2 でログインします。

```
# ssh -l testuser2 localhost
testuser2@localhost's password:
You are required to change your password immediately (administrator enforced)
Activate the web console with: systemctl enable --now cockpit.socket

This system is not registered to Red Hat Insights. See https://cloud.redhat.com/
To register this system, run: insights-client --register

Last login: Thu Mar 23 13:47:18 2023 from ::1
WARNING: Your password has expired.
You must change your password now and login again!
Changing password for user testuser2.
Current password:
New password:
Retype new password:
passwd: all authentication tokens updated successfully.
Connection to localhost closed.
#
```

現在のパスワードが失効したため、新しいパスワード入力が表示されました。

4-1-5　アクセス権限の管理

管理者は、システム資源の管理を担うため、ファイルとディレクトリの**所有権**の役割について知っておく必要があります。ファイルとディレクトリの所有権は、アクセス許可の操作に不可欠です。Linux では、すべてのファイルとディレクトリに 2 つの所有者が付与されています。1 つは、ユーザであり、

もう 1 つは、グループ所有者です。これらの所有者は、ファイルまたはディレクトリの作成時に自動的に設定されます。例えば、ユーザ koga がテキストファイル testfile.txt を作成すると、そのファイルの所有者は、ユーザ koga になり、ユーザ koga のプライマリグループが sales の場合は、グループ sales がグループ所有者になります。

　シェルは、ユーザがファイルやディレクトリへアクセスできるかどうかを判断するために、ファイルやディレクトリに付与された所有権を確認します。ls コマンドに-l オプションを使用すると、特定ディレクトリ内のファイルの所有権を表示できます。

```
# ls -l
合計28
-rwxrwxr-x. 1 koga koga        5 3月23 05:02 date.sh
lrwxrwxrwx. 1 koga koga        9 3月23 05:55 noshare -> secretdir
-rwxrwxr-x. 1 koga koga        5 3月23 05:17 sample2.sh
lrwxrwxrwx. 1 root root       10 3月23 06:05 script -> script1.sh
-rwx------. 1 koga koga        5 3月23 05:17 script1.sh
----rwx---. 1 koga presales    5 3月23 05:17 script2.sh
--w----r-x. 1 koga koga       15 3月23 06:02 script3.sh
-rwxr-xr--. 1 koga koga        0 3月23 05:39 script4.sh
-rwxr-xr--. 1 koga koga       10 3月23 05:46 script5.sh
drwx------. 2 koga koga        6 3月23 05:27 secretdir
drwxrwxr-x. 2 koga koga        6 3月23 05:02 testdir
-rw-rw-r--. 1 koga koga        5 3月23 01:06 testfile
lrwxrwxrwx. 1 koga koga        8 3月23 05:08 testfile1 -> testfile

$ ls -l /dev/sda1
brw-rw----. 1 root disk 8, 1 8月15 2019 /dev/sda1
```

■ 所有権、実行権限（1 列目）

　Linux では、ファイルの読み取り、書き込み、および、実行の 3 のアクセス権を持ちます。これらのアクセス権は、ファイルまたはディレクトリによって意味が異なります。ファイルに適用した場合、読み取り権限によってファイルを開いて読み取ることができます。例えば、/usr/lib64 ディレクトリに保管されているライブラリを利用するアプリケーションは、そのライブラリへの読み取りアクセスが必要です。一方、ディレクトリに適用すると、そのディレクトリの内容を一覧表示できます。ただし、ディレクトリへのアクセス許可があっても、ディレクトリ内のファイルを読み取ることはできません。逆に、ファイルを開くには、そのディレクトリに対して、読み取り権限が必要です。

　ファイルに書き込み権限が適用されている場合、ユーザは、ファイルの内容を変更（書き込み）できます。ただし、新しいファイルを作成または削除するには、ファイルのアクセス権ではなく、ファイルを作成するディレクトリに書き込み権限が必要です。この権限があれば、新しいサブディレクト

リを作成、削除できます。

実行権限は、ファイルの実行に必要です。ファイルに対する実行許可は、スクリプトやコンパイル済みのバイナリで構成されたアプリケーションのプログラムファイルを実行することが許可されていることを意味します。RL 8/AL 8 では、新規にファイルを作成した場合、デフォルトで設定されない仕様になっています。

実行権限をファイルに適用できるのは、そのファイルが存在するディレクトリに対する管理者権限を持つユーザのみです。通常、この管理者権限は、root ユーザですが、一般ユーザでも、そのディレクトリの所有者であれば、そのディレクトリ内ファイルの実行権限のアクセス許可を変更する権限があります。ディレクトリに実行権限が適用された場合、ユーザは、cd コマンドを使用してそのディレクトリに移動できます。基本的なアクセス許可の概要を表 4-2 に示します。

表 4-2　読み取り、書き込み、実行のアクセス許可

パーミッション	ファイルへ適用した場合の意味	ディレクトリへ適用した場合の意味
読み取り	ファイルを開く	ディレクトリの内容を一覧表示する
書き込み	ファイルの内容を変更する	ファイルの作成と削除、およびファイルのアクセス許可の変更
実行	プログラムファイルを実行する	ディレクトリに移動する

先述の ls -l の出力は、左から 1 列目が、ユーザ、グループ、その他のユーザに関する所有権、実行権限を表します。1 列目の最初の 1 文字が - の場合はファイル、d の場合はディレクトリを意味します。その後ろの 3 文字、例えば、-rwxr-x-r-- であれば、- の後ろの rwx の箇所は、ユーザの権限を意味し、r が読み取り、w が書き込み、x が実行を意味します。

ディレクトリの場合、x は、ディレクトリの移動を意味します。その後ろの 3 文字の r-x の箇所は、グループの権限を意味します。最後の 3 文字の r-- の箇所は、その他のユーザの権限を意味します。すなわち、ファイルに対して、-rwxr-xr-- が設定されている場合は、所有しているユーザに読み取り、書き込み、実行権限が付与され、設定されているグループ全員に、書き込みは禁止で、読み取りと実行権限が付与され、その他のユーザには、読み取りは許可するが、書き込みと実行は禁止するという意味になります。

ファイルに -rwxr-xr-- の権限を付与するには、以下のように chmod コマンドで設定します。

```
$ chmod u=rwx,g=rx,o=r script4.sh
$ ls -l script4.sh
-rwxr-xr--. 1 koga koga 0   3 月23 05:39 script4.sh
```

また、rwx は、r に 4、w に 2、x に 1 が割り当てられており、chmod コマンドにおいて、rwx を設定し

たい場合は、r と w と x を足した数値でも設定できます。例えば、ファイルに-rwxr-xr--の権限を付与したい場合は、所有しているユーザは、rwx が 7、グループは、r-x が 5、その他のユーザは、r--が4 となるため、chmod コマンドで以下のように 3 桁の数字を使用して基本的な権限を設定します。

```
$ chmod 754 script5.sh
$ ls -l script5.sh
-rwxr-xr--. 1 koga koga 10   3 月23 05:46 script5.sh
```

3 桁の数値で表される権限の設定は、一般に、**絶対モード**と呼ばれます。**表 4-3** に絶対モードでの権限の数値表現を示します。

表 4-3　絶対モードにおける権限の数値表現

パーミッション	数値表現
読み込み	4
書き込み	2
実行	1

表 4-4 に権限の設定例と意味を示します。

表 4-4　権限の設定例と意味

1 列目の例	意味
-rwxrwxr-x.	一番左が-の場合は、ファイル
drwxrwxr-x.	一番左が d の場合は、ディレクトリ
brw-rw----.	一番左が b の場合は、ブロックデバイス
lrwxrwxrwx.	一番左が l の場合は、リンク
rwx	r：読み取り
	w：書き込み
	x：ファイルの実行、または、ディレクトリの移動
	例）r--：r のみ許可
	例）rw-：r と w を許可し、x は禁止
	例）rwx：r と w と x を許可
	例）-w-：r と x は禁止し、w のみ許可
	例）r-x：r と x を許可し、w は禁止
	例）---：r と w と x のすべてを禁止
	例）--x：r と w を禁止し、x のみ許可
-rwx------.	所有者のユーザに r と w と x の権限が付与されている
-r-x------.	所有者のユーザに r と x の権限が付与されている
----rwx---.	グループに r と w と x の権限が付与されている

-------rwx.	その他のユーザに r と w と x の権限が付与されている
lrwxrwxrwx.	シンボリックリンクは、ファイルやディレクトリの実体の権限と同じになる。
	例）ファイル script1.sh の権限は、シンボリックリンク script でそのまま利用できる
	$ chmod 700 script1.sh
	$ ln -s script1.sh script
	$ ./script

■ ハードリンクの数（2 列目）

`ls -l` の出力の 2 列目に表示されている数値は、ハードリンクの数を意味し、ファイルの場合は、ファイルの実体の数、ディレクトリの場合は、そのディレクトリ自体（. で表されるディレクトリ）と、ディレクトリから見た親ディレクトリ（.. で表されるディレクトリ）とサブディレクトリの総数を足したものです。以下は、ディレクトリ . と .. とサブディレクトリ subdir1、subdir2 の 4 つのハードリンクを持つディレクトリ secretdir の例です。

```
$ ls -la secretdir
合計4
drwx------. 4 koga koga 36 3月23 06:15 .
drwx------. 5 koga koga 4096 3月23 06:06 ..
drwxrwxr-x. 2 koga koga 6 3月23 06:11 subdir1
drwxrwxr-x. 2 koga koga 6 3月23 06:11 subdir2

$ ls -ld secretdir
drwx------. 4 koga koga 36 3月23 06:15 secretdir
```

■ 所有ユーザ名と所有グループ名（3 列目と 4 列目）

3 列目は、ユーザ名、4 列目はグループ名を意味します（表 4-5）。

表 4-5　ユーザ名とグループ名

3 列目と 4 列目の例	意味
koga koga	グループ koga に所属する一般ユーザ koga
root root	グループ root に所属する特権ユーザ root
koga presales	グループ presales に所属する一般ユーザ koga

■ サイズ（5 列目）

`ls -l` の 5 列目の表示は、ファイルサイズを意味します。ディレクトリの場合は、ディレクトリの容量ではなく、ディレクトリ内のファイルのサイズ、ファイル名、タイムスタンプなどの情報であるディ

レクトリエントリのサイズです。ファイルサイズは、ls コマンドに-lh オプションを付与することで、人間にとってわかりやすいメガバイト単位、ギガバイト単位などで表示できます。以下は、AlmaLinux のインストール DVD の iso イメージファイルのファイルサイズをユーザが読みやすい単位で表示した例です。

```
# ls -lh AlmaLinux-8.5-x86_64-dvd.iso
-rw-r--r--. 1 qemu qemu 9.9G 11月 12  2021 AlmaLinux-8.5-x86_64-dvd.iso
```

■ タイムスタンプ（6〜8列目）

ls -l の6〜8列目には、そのファイルやディレクトリのタイムスタンプが表示されます。以下に日本語表示と英語表示を掲載します。6列目に月、7列目に日、8列目に時間が表示されます。

```
# ls -l date.sh
-rwxrwxr-x. 1 koga koga 5 3月23 05:02 date.sh
# LANG=en_US.utf8 ls -l date.sh
-rwxrwxr-x. 1 koga koga 5 Mar 23 05:02 date.sh
```

■ ファイル名やディレクトリ名（9列目）

ls -l の9列目に、ファイル名やディレクトリ名が表示されます。ls -l に-F オプションを付与すると、実行権限の付いたファイルには、ファイル名の末尾に * が付与され、ディレクトリ名末尾には、/ が付与されます。

```
# ls -lF
合計28
-rwxrwxr-x. 1 koga koga 5 3月23 05:02 date.sh*
lrwxrwxrwx. 1 koga koga 9 3月23 05:55 noshare -> secretdir/
...
drwx------. 4 koga koga 36 3月23 06:15 secretdir/
...
```

4-1-6　所有ユーザの変更

ファイルやディレクトリを適切に取り扱うには、読み取り、書き込み、実行（移動）以外に適切な所有権を付与する必要があります。所有権の付与は、chown コマンドで行います。例えば、次のコマンドは、ファイル testfile の所有権をユーザ koga に変更します。

```
# chown koga testfile
```

chown コマンドにはいくつかのオプションがありますが、その中でも、-R オプションは、サブディレクトリを含めて、所有権を再帰的に設定できます。これにより、現在のディレクトリと、それ以下のすべてのファイルやディレクトリの所有権を設定できます。以下は、ディレクトリ/home とその下のすべての所有者をユーザ koga に変更する例です。

```
# chown -R koga /home/koga
```

4-1-7　所有グループの変更

グループの所有権を変更するには、chown コマンドと chgrp コマンドの 2 種類が存在します。chown コマンドでは、ユーザ名:グループ名を指定します。以下は、presales グループを追加し、/home/koga ディレクトリのグループ所有者を presales グループに変更する例です。

```
# groupadd presales
# chown :presales /home/koga
# ls -ld /home/koga
drwx------. 5 koga presales 4096 3月23 06:34 /home/koga
```

ユーザの所有権の変更（あるいはユーザ、グループの所有権を同時に変更する場合）にも、chown コマンドを使用します。以下に、いくつかの使用例を示します。

■ testfile の所有ユーザを koga に設定

```
# chown koga testfile
```

■ testfile の所有ユーザを koga、所有グループを sales に設定

```
# chown koga:sales testfile
```

> sales グループは、groupadd コマンドで事前に作成しておく必要があります、

■ testfile の所有ユーザを変更せずに、所有グループを sales に変更

```
# chown .sales testfile
```

あるいは、

```
# chown :sales testfile
```

あるいは、

```
# chgrp sales testfile
```

4-1-8　デフォルト所有権

　ユーザがファイルやディレクトリを作成すると、あらかじめ決められたデフォルトの所有権が適用されます。作成したファイルやディレクトリは、作成したユーザがその所有ユーザとなり、作成したユーザのプライマリグループが自動的に所有グループになります。このプライマリグループは、/etc/passwd ファイルでユーザに設定されたものです。ユーザが複数のグループに所属している場合、プライマリグループを変更できます。プライマリグループを表示するには、groups コマンドを使用します。

```
# groups koga
koga : koga presales

# groups tanaka
tanaka : tanaka marketing
```

4-1-9　SUID と SGID とスティッキービット

　エンタープライズ向けの大規模 Linux システムでは、ファイルのアクセス権限を厳しく設定し、部署内に閉じてファイル共有を行うこともあれば、部署間でファイルを共有し、誰もがファイルの書き込みやアップロードができるものの、削除はできないファイル共有の仕組みを提供するといった複雑な権限設定が必要になる場合が少なくありません。以下では、高度なアクセス権限の設定の代表例として、SUID（セット UID）、SGID（セット GID）、スティッキービットの 3 種類を紹介します。

■ SUID

　セットユーザ ID（通称、SUID）は、実行ファイルに適用できます。SUID が設定されていない通常の実行ファイルは、その実行ファイルの所有者が誰であるかにかかわらず、実行したユーザ権限で実行されますが、SUID が適用された実行ファイルは、実行したユーザが誰かにかかわらず、その実行ファイルに設定された所有者権限で実行されます。

　通常、実行権限が付与されたファイル（スクリプトやアプリケーションなどの実行ファイル）を実行する場合、一般ユーザでは、そのプログラムの機能の使用が制限される場合があります。例えば、管 理者権限が必要な周辺機器のデバイスファイルを操作するケースや、管理者権限のみに利用が許されている管理画面の GUI を表示するといったケースなどです。このようなケースでは、一般ユーザがそれらの管理者権限が必要なデバイスの使用や管理画面の操作はできません。

　しかし場合によっては、それらの特殊なタスクを実行するために、一般ユーザに特権を与えて、アプリケーションを実行させたい場合もあります。例えば、ユーザがパスワードを変更するシーンを想定します。ユーザは、新しいパスワードを/etc/shadow ファイルに書き込む必要があります。しかし、この/etc/shadow ファイルは、root ユーザの権限（一般に、root 権限と言います）を持たないユーザに対しては、書き込みが許可されていません。

```
# ls -l /etc/shadow
----------. 1 root root 1376 3月23 05:01 /etc/shadow
```

　この/etc/shadow ファイルを一般ユーザで書き込むためには、一時的に、/etc/shadow ファイルを書き込む root 権限が必要です。この一時的に root 権限を与えるためには、/etc/shadow ファイルに書き込む passwd コマンドの実行ユーザが一時的に root 権限を持てばよいことになります。passwd コマンドの実行ユーザが一時的に root 権限になるために、passwd コマンドには、SUID 権限が付与されています。SUID 権限は、ユーザの実行権限の箇所が s と表示されます。

```
# ls -l /usr/bin/passwd
-rwsr-xr-x. 1 root root 33544  3月 15  2021 /usr/bin/passwd
```

　この SUID が設定された passwd コマンドにより、一般ユーザは、パスワードを変更すると、一時的に一般ユーザに root 権限が与えられ、/etc/shadow ファイルに情報を書き込むことができます。

注意　SUID 権限の付与には、細心の注意が必要

　SUID 権限は、root 権限が必要なファイルに一般ユーザが書き込めるようになるため、一見便利そうに見えますが、場合によっては、アクセス権を変更するようなコマンドに SUID 権限が付与されている場合は、悪意がなくても、root 権限を一般ユーザに譲ることがありえます。

■ SGID

　SUID よりも、エンタープライズ系の Linux システムでよく利用されるのが、セットグループ ID（通称、SGID）です。SGID は、主に 2 つの機能が利用されます。1 つは、SGID 権限が付与された実行ファイルを実行するユーザには、その実行ファイルの所有グループのアクセス許可が付与されます。すなわち、SGID を設定された実行ファイルは、SUID とほぼ同じ意味になるため、実行ファイルへの SGID 権限の適用には、細心の注意が必要です。

　もう 1 つは、ディレクトリへの SGID 権限の適用です。ディレクトリに SGID を適用すると、そのディレクトリに作成されたファイルとサブディレクトリは、SGID が設定されたディレクトリの所有グループが設定されます。SGID が設定されたディレクトリ内に作成したファイルは、ユーザが所属するグループではなく、ディレクトリの所有グループが割り当てられます。

　SGID が設定されていないディレクトリに対して、ユーザがファイルを作成すると、そのユーザのプライマリグループがそのファイルの所有グループとして設定されます。この挙動を理解するには、SGID 権限が付与されていない環境と比べてみるとよいでしょう。まずは、SGID 権限がない通常の/home/koga ディレクトリを考えます。ユーザ koga、あるいは、ユーザ tanaka のいずれかがファイルを作成すると、そのファイルの所有グループは、プライマリグループになります。

```
# su - koga
$ whoami
koga
$ touch /home/koga/newfile
$ ls -l /home/koga/newfile
-rw-rw-r--. 1 koga koga 0 3月24 07:10 newfile
```

　上記の場合、ユーザ koga が作成した newfile にユーザ tanaka はアクセスできません。プライマリグループが異なり、グループへのアクセス権限がないためです。したがって、SGID が付与されていない/home/koga ディレクトリには、ユーザ koga が作成したファイルにユーザ tanaka がアクセスできず、その逆もできません。

```
$ exit
# su - tanaka
$ whoami
tanaka
$ cat /home/koga/newfile
cat: /home/koga/newfile:許可がありません
```

次に、SGID が設定された、/home/sales ディレクトリを考えます。まず、ユーザ koga と tanaka を sales グループに所属させます。

```
# groupadd sales
# usermod -G sales koga
# usermod -G sales tanaka
# grep sales /etc/group
sales:x:1007:koga,tanaka
```

ユーザ koga は、プライベートグループの koga のメンバであり、ユーザ tanaka は、プライベートグループ tanaka のメンバです。これは、/home ディレクトリ以下の所有グループを見ても明らかです。

```
# ls -ld /home/koga
drwx------. 3 koga koga 78 3月24 07:05 /home/koga
# ls -ld /home/tanaka
drwx------. 3 tanaka tanaka 78 3月24 07:05 /home/tanaka
```

また、/etc/group ファイルを見ると、プライベートグループ koga と tanaka が作成され、かつグループ sales に koga と tanaka が所属していることがわかります。

```
# cat /etc/group
...
sales:x:1007:koga,tanaka
koga:x:1002:
tanaka:x:1003:
```

ここで、グループ sales が所有する共有グループディレクトリ /home/sales を作成し、そのディレクトリに SGID 権限を付与します。

```
# mkdir /home/sales
# chown root:sales /home/sales
# ls -ld /home/sales
drwxr-xr-x. 2 root sales 6 3月24 07:21 /home/sales
# chmod g+s /home/sales
# ls -ld /home/sales
```

```
drwxr-sr-x. 2 root sales 6 3月24 07:21 /home/sales
```

SGID が付与されたディレクトリは、グループの実行権限のところが s と表示されます。これで、グループ sales が所有し、SGID 権限が付与された/home/sales ディレクトリが用意できました。このディレクトリに sales グループ用のファイル messageboard.txt を用意し、グループに書き込み権限を与えておきます。

```
# cd /home/sales
# touch messageboard.txt
# chmod g+w messageboard.txt
# ls -l
合計0
-rw-rw-r--. 1 root sales 0 3月24 07:49 messageboard.txt
```

デフォルトのグループ所有者が、sales グループになっています。ユーザ koga でファイルにテキストを書き込んでみます。

```
# su - koga
$ whoami
koga
$ echo "Good morning!" > /home/sales/messageboard.txt
$ ls -l /home/sales/messageboard.txt
-rw-rw-r--. 1 root sales 14 3月24 09:55 /home/sales/messageboard.txt
```

同様に、ユーザ tanaka でもファイルを書き込んでみます。

```
$ exit
# su - tanaka
$ whoami
tanaka
$ echo "Good evening!" >> /home/sales/messageboard.txt
$ cat /home/sales/messageboard.txt
Good morning!
Good evening!
$ ls -l /home/sales/messageboard.txt
-rw-rw-r--. 1 root sales 28 3月24 09:57 /home/sales/messageboard.txt
```

ユーザ tanaka もファイルに書き込みましたが、ファイルの所有グループは、sales のままです。このように、共有のグループディレクトリを設け、グループに所属する複数のユーザで共有ファイルに書き込む場合に SGID が有用です。

■ ファイル削除の確認

ユーザ tanaka、あるいは、koga で、この共有ファイル messageboard.txt を削除できるかどうかを確認します。

```
$ whoami
tanaka
$ rm -rf /home/sales/messageboard.txt
rm: '/home/sales/messageboard.txt' を削除できません:許可がありません
```

/home/sales ディレクトリは、SGID がセットされていますが、グループで書き込み権限は与えられていないため、ファイルの削除はできません。また、/home/sales ディレクトリでファイルを削除するには、所有グループに書き込み権限を付与します。

```
$ exit
# chmod g+w /home/sales
# ls -ld /home/sales
drwxrwsr-x. 2 root sales 30 3月24 07:49 /home/sales/
```

sales グループに書き込み権限があり、さらに SGID がセットされているため、/home/sales ディレクトリに書き込んだファイルは、sales グループの所属になります。

```
# su - koga
$ whoami
koga
$ echo "Hello Rocky Linux/AlmaLinux." > /home/sales/file1.txt
$ ls -l /home/sales/file1.txt
-rw-rw-r--. 1 koga sales 29  3月 24 15:18 /home/sales/file1.txt
```

このファイルに、ユーザ tanaka で追記や削除ができるかを確認します。

```
$ exit
# su - tanaka
$ whoami
tanaka
$ echo "Hello Linux." >> /home/sales/file1.txt
$ cat /home/sales/file1.txt
Hello Rocky Linux/AlmaLinux.
Hello Linux.
$ ls -l /home/sales/file1.txt
-rw-rw-r--. 1 koga sales 42  3月 24 15:20 /home/sales/file1.txt
```

グループ sales で、ユーザ koga が所有するファイルに書き込むことができました。ファイルの削除

も確認します。

```
$ rm -rf /home/sales/file1.txt
```

 注意　SGID をセットしたディレクトリ内のファイルの破損

　SGID をセットしたディレクトリでは、共有のグループディレクトリ（上記の場合、/home/sales）
でそのグループに所属した複数ユーザが共有ファイル（上記の場合/home/sales/messageboard.txt）
を同時に書き込む可能性があるため、ファイルの書き込みについて、同時にファイルに書き込んだ
場合はファイルが破損する恐れがあるため、排他的利用を考慮する必要があります。

4-1-10 スティッキービット

　複数のユーザでファイルを書き込む環境では、SUID や SGID だけでなく、スティッキービットも利
用されます。スティッキービットが設定されたディレクトリ内に存在するファイルは、そのファイル
の所有者、ディレクトリの所有者、特権ユーザのみが削除できます。このため、複数のユーザが利用
する単一のディレクトリに対して、ファイルの作成や削除が可能な状態において、ファイルを誤って
削除しないように保護する目的で利用されます。例えば、/tmp ディレクトリは、スティッキービット
が適用されており、誰もが書き込みできますが、ファイルの所有者のみが削除できます。

　スティッキービットを理解するために、スティッキービットが設定されていないディレクトリを考
えます。まず、sales グループに所属するユーザ koga とユーザ tanaka は、スティッキービットがない
ディレクトリにおいて、ファイルの作成、削除のどちらも可能です。sales グループに所属するユー
ザ koga と tanaka は、お互いのユーザのディレクトリやファイルへの書き込み権限を持っているため、
koga は、tanaka が作成したファイルを削除でき、その逆も可能です。

　以下は、スティッキービットを付与しない場合と、スティッキービットを付与した場合の違いを確
認する例です。まず、スティッキービットを付与しない sales グループが書き込み可能な共有ディレク
トリ/home/tempdir を作成します。ユーザ koga とユーザ tanaka は sales グループに所属しているとし
ます。

```
# whoami
root
# mkdir -p /home/tempdir
```

```
# chown root:sales /home/tempdir
# chmod g+w /home/tempdir
# ls -ld /home/tempdir
drwxrwxr-x. 2 root sales 6 3月24 10:23 /home/tempdir
```

ユーザ koga でファイル file1.txt を作成し、ユーザ tanaka で削除できることを確認します。

```
# su - koga
$ whoami
koga
$ echo "Hello World." > /home/tempdir/file1.txt
$ ls -ld /home/tempdir/file1.txt
-rw-rw-r--. 1 koga koga 13 3月24 10:26 /home/tempdir/file1.txt
$ exit
# su - tanaka
$ whoami
tanaka
$ rm -rf /home/tempdir/file1.txt
```

sales グループに所属しているユーザは誰もがこのファイルを削除できてしまいます。これを防ぐために、/home/tempdir にスティッキービットを付与します。

```
$ exit
# whoami
root
# chmod +t /home/tempdir
# ls -ld /home/tempdir
drwxrwxr-t. 2 root sales 6 3月24 10:26 /home/tempdir
```

スティッキービットが設定された状態の/home/tempdir にユーザ koga がファイル file2.txt を作成し、ユーザ tanaka がそのファイルを削除も追記もできないことを確認します。

```
# su - koga
$ whoami
koga
$ echo "Hello Rocky Linux/AlmaLinux." > /home/tempdir/file2.txt
$ ls -l /home/tempdir/file2.txt
-rw-rw-r--. 1 koga koga 16 3月24 10:30 /home/tempdir/file2.txt
$ exit
# su - tanaka
$ whoami
tanaka
$ rm -rf /home/tempdir/file2.txt
```

```
rm: '/home/tempdir/file2.txt' を削除できません:許可されていない操作です
$ echo "Hello World." >> /home/tempdir/file2.txt
-bash: /home/tempdir/file2.txt:許可がありません
```

再び、ユーザ koga でファイルへの追記、削除ができるかどうかを確認します。

```
$ exit
# su - koga
$ whoami
koga
$ echo "Hello Linux." >> /home/tempdir/file2.txt
$ cat /home/tempdir/file2.txt
Hello Rocky Linux/AlmaLinux.
Hello Linux.
$ rm -rf /home/tempdir/file2.txt
```

以上より、ディレクトリにスティッキービットを付与することで、そのディレクトリ内のファイルの所有者のみがファイルの作成、追記、削除できることがわかります。

4-1-11 絶対モードでの指定

SUID、SGID、スティッキービットは、chmod において、数値を使った絶対モードでも設定が可能です。SUID には、4、SGID には 2、スティッキービットには 1 が割り当てられており、chmod コマンドの引数にそれらの値を追加し、4 桁で設定できます。例えば、ディレクトリ/home/sales に SGID アクセス権を追加し、所有ユーザに rwx、グループとその他のユーザに rx を設定するには、以下のように入力できます。表 4-6 に、SUID、SGID、スティッキービットについてまとめておきます。

```
# chmod 2755 /home/sales
```

表 4-6　SUID、SGID、スティッキービット

権限	値	chmodの引数	ファイルへの適用の意味	ディレクトリへの適用の意味
SUID	4	u+s	ユーザは、ファイルの所有者権限でファイルを実行	-
SGID	2	g+s	ユーザは、グループ所有者権限でファイルを実行	ディレクトリに作成されたファイルは、同じグループ所有者になる
スティッキービット	1	+t	-	他のユーザから自分が所有するファイルを削除できないようにする

4-2　ファイルシステムとディレクトリ構造

　管理者は、システムの用途に応じて、Linux OS 上でのファイルシステムやファイルの管理を行う必要があります。Linux ファイルシステムがどのように編成され、どのようにファイルやディレクトリで作業できるか、この節では、非常に基本的な RL 8/AL 8 におけるファイルシステム管理とディレクトリ構造について説明します。

4-2-1　ファイルシステム階層の操作

　Linux システムを管理するには、ディレクトリ構造と、マウントの仕組み、ファイルシステムの階層構造を知っておく必要があります。Linux ファイルシステムの構成を理解するためには、マウントという概念が重要です。**マウント**とは、ディスクパーティションとディレクトリ（**マウントポイント**）を関連付けることです。

　Linux ファイルシステムは、ルートディレクトリ（/）を開始点とした単一の階層構造です。この階層構造には、周辺機器にアクセスするためのデバイスファイルや、ホームディレクトリ、実行ファイルが格納されたディレクトリなどが含まれます。通常、ディスクパーティションや論理ボリュームなど、さまざまなデバイスに Linux ファイルシステムを構成し、これらのデバイスをファイルシステムにマウントして利用します。RL 8/AL 8 では、OS が格納される内蔵ストレージやユーザデータを格納する外部ストレージにファイルシステムを作成し、ディレクトリをマウントします（図 4-2）。

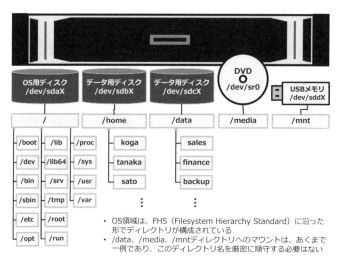

図 4-2　ファイルシステムとディレクトリ構造とマウント例

ファイルシステムをマウントしたディレクトリは、木構造で表現されることが多く、ほとんどの Linux では、ファイルシステムのレイアウトが FHS（Filesystem Hierarchy Standard）と呼ばれる規格に沿って構成されています（表 4-7）。

表 4-7　FHS で定義されているディレクトリ

ディレクトリ	説明
/	ファイルシステムツリーの開始場所であり、ルートディレクトリと呼ばれる。論理ボリュームマネージャ（LVM）の論理ボリュームとして構成可能である。カーネルや関連ファイルを格納する/boot ディレクトリとは別に構成されることが多い
/bin	各種コマンド類の実行ファイルが格納される。OS 起動時には必須のディレクトリである。また、トラブルシューティングを行うレスキューモードでシステムを修復するために必要なコマンド類も収められている
/boot	Linux カーネルの起動に必要なファイルとディレクトリが含まれる。OS が起動するために必要な情報が格納されるため、一般に、パーティションを分ける
/dev	物理デバイスへのアクセスに必要なデバイスファイルが格納される
/etc	各種サービス（デーモン）や管理プログラムなどの設定ファイルやスクリプトが含まれる
/home	主にローカルに作成されたユーザのホームディレクトリに利用される。セキュリティ上の理由により、外部ストレージに配置されることもある。セキュリティ強化のためのオプションを使用してマウントすることも少なくない。また、OS 障害に備え、別のファイルシステムに置くことも多い
/lib, /lib64	/bin、/sbin ディレクトリ配下の実行ファイルが実行時にロードする共有ライブラリ類が格納される
/media, /mnt	ファイルシステムにデバイスをマウントするために使用される
/opt	ミドルウェア、アプリケーションなどに汎用的に使用される
/proc	カーネル情報にアクセスするファイルシステム構造であり、proc ファイルシステムと呼ばれる
/root	管理者権限を持つ root ユーザのホームディレクトリ
/run	前回の起動後に作成されたプロセスやユーザ固有の情報が含まれる
/sbin	主に管理者権限を持つ root ユーザが使用するシステム管理コマンドが格納される
/srv	FTP、HTTP、NFS などの各種ネットワークサービスがクライアントに提供するディレクトリ
/sys	ハードウェアデバイスへのインターフェイスとして使用される
/tmp	サービスやアプリケーションなどが実行時に生成する一時ファイルやソケットファイルが格納される
/usr	多くのサブディレクトリが存在し、アプリケーションの実行ファイル、ライブラリ、ドキュメント類などが格納される。OS が提供するファイルのみが含まれるため、通常、ユーザの書き込み権限は不要である。読み込み専用の別パーティションとしてマウントすることもある
/var	ユーザのメール、パッケージ情報、ログファイル、印刷関連のスプールファイル、仮想マシンやコンテナエンジンが管理するイメージファイルなどが格納される。サービスやアプリケーションの実行中に動的にサイズが拡大するファイル（データベースなど）を格納するため、外部ストレージに構成する場合が多い

管理者は、FHS に沿った形でパーティションやディレクトリを管理します。

4-2-2　ファイルシステムやマウント情報を得るコマンド

ファイルシステムを管理するコマンドとしては、マウントされているファイルシステムやディレクトリ構成などを知るコマンドが用意されています。以下では、管理者が知っておくべきいくつかの管理コマンドを紹介します。

■ df コマンド

マウントされたデバイスの空きディスク容量を表示するには、df コマンドを実行します。

```
# df -hT
ファイルシス     タイプ      サイズ    使用    残り  使用%  マウント位置
devtmpfs        devtmpfs    8.6G       0    8.6G    0%  /dev
tmpfs           tmpfs       8.7G       0    8.7G    0%  /dev/shm
tmpfs           tmpfs       8.7G     21M    8.6G    1%  /run
tmpfs           tmpfs       8.7G       0    8.7G    0%  /sys/fs/cgroup
/dev/sda4       xfs         3.3T     31G    3.2T    1%  /
/dev/sda2       xfs         2.2G    272M    1.9G   13%  /boot
tmpfs           tmpfs       1.8G     21k    1.8G    1%  /run/user/0
```

上記のように、df コマンドの出力は、7 列で構成されます。各列の意味を表 4-8 に示します。

表 4-8　df コマンド出力の各列の意味

列名 （日本語モード）	列名 （英語モード）	意味
ファイルシステム‡	Filesystem	使用されているデバイスファイル。ディスクは、/dev/sda などで表記される。また、tmpfs デバイスは、メモリ上で作成される一時ファイルシステムに使用されるカーネルデバイス
タイプ	Type	ファイルシステムのタイプを表す。XFS は、xfs で表される
サイズ	Size	マウントされたデバイスのサイズ
使用	Used	デバイスが消費しているディスク容量
残り	Avail	デバイスの空き容量
使用%	Use%	デバイスの使用率
マウント位置	Mounted on	デバイスがマウントされているディレクトリパス

‡ 日本語環境では、ファイルシステムの末尾 2 文字が欠けた「ファイルシス」が表示されます。

上記の df コマンドのオプションの意味は、表4-9 のとおりです。

表 4-9　df コマンドのオプション（抜粋）

オプション	意味
-h	人間が読みやすい形式で出力
-T	ファイルシステムの種類（タイプ）を表示

■ マウントされているデバイスの確認

マウントされているデバイスの概要を表示するには、mount コマンドを使用します。mount コマンドにより、/proc/mounts ファイルが読み込まれます。現在のマウント情報はカーネルが保持しています。

```
# mount
sysfs on /sys type sysfs (rw,nosuid,nodev,noexec,relatime)
proc on /proc type proc (rw,nosuid,nodev,noexec,relatime)
...
```

■ ディレクトリを木構造で表示する

tree コマンドは、ディレクトリを木構造で表示します。

```
# tree /home
/home
|-- koga
'-- testuser

2 directories, 0 files
```

■ tree コマンドのオプション

以下に、tree コマンドの主なオプションを示します。隠しファイルも含めて、すべてのファイル（すべての隠しファイルを含む）を表示するには、次のように-a オプションを使用します。

```
# tree -a /home
```

フォルダ名のみを表示するには、次のように-d オプションを使用します。

```
# tree -d /home
```

-H オプションで、HTML コードで出力できます。

```
# tree -H /home
```

4-3　パッケージ管理

RL 8/AL 8 では、従来の yum に取って代わるパッケージ管理システム dnf が採用されています。本章では、dnf ユーティリティによるソフトウェアパッケージの管理手法を紹介します。

4-3-1　dnf によるソフトウェアパッケージの管理

dnf は、RL 8/AL 8 におけるソフトウェアパッケージ管理ユーティリティです。ソフトウェアパッケージのリポジトリ（配布場所）をベースに、パッケージの入手、現在のインストール状況、パッケージの情報の表示や、削除など、非常に高度なパッケージ管理の仕組みを提供します。

dnf は、インターネットに接続した状態で、コミュニティが提供するパッケージを入手し、インストールできるだけでなく、ローカルマシンに保管したパッケージ群をリポジトリとして登録することにより、インターネットにアクセスできない環境でも、インターネットからパッケージを入手するかのように、パッケージの導入が可能です。

4-3-2　dnf コマンドの設定ファイル

dnf コマンドの設定ファイルは、/etc/dnf/dnf.conf です。以下のようにプロキシサーバの設定（proxy 行）もこのファイル内に記述できます。

```
# cat /etc/dnf/dnf.conf
[main]
gpgcheck=1
installonly_limit=3
clean_requirements_on_remove=True
best=True
skip_if_unavailable=False
proxy=http://proxy.your.site.com:8080
```

4-3-3　リポジトリの役割

　RL 8/AL 8 のソフトウェアは、RPM（Red Hat Package Manager）形式で提供されています。RPM 形式のパッケージは、リポジトリによってリモート、ローカル問わず、非常に柔軟な管理が可能です（図 4-3）。

　パッケージの構成を最新に保つには、リポジトリが有用です。通常、リポジトリの管理者は、新しいパッケージをリポジトリ上にアップデートし、公開します。利用者は、dnf コマンドで、最新パッケージを簡単に入手し、インストールできます。

　dnf によるパッケージ管理の大きな利点として、パッケージの依存関係の解決が挙げられます。RPM パッケージには、依存関係があります。リポジトリを使用すれば、依存関係を自動的に解決し、必要なパッケージをインストールできます。

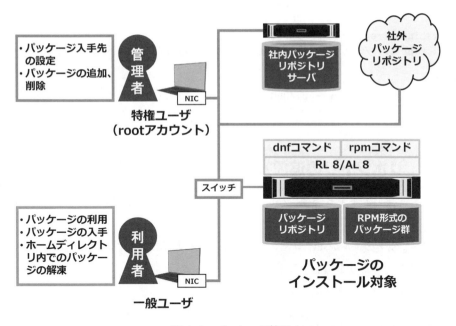

図 4-3　パッケージ管理

4-3-4　リポジトリの指定

　RL 8/AL 8 では、リポジトリファイルがデフォルトで提供されており、コミュニティが提供する Web サイトからパッケージを入手できる状態になっています。RL 8 と AL 8 でファイル名が異なるため、

注意が必要です。

○ **RL 8 の場合：**

```
# grep -vE "^#|^$" /etc/yum.repos.d/Rocky-BaseOS.repo
[baseos]
name=Rocky Linux $releasever - BaseOS
mirrorlist=https://mirrors.rockylinux.org/mirrorlist?arch=$basearch&repo=BaseOS-$re
leasever
gpgcheck=1
enabled=1
gpgkey=file:///etc/pki/rpm-gpg/RPM-GPG-KEY-rockyofficial
```

○ **AL 8 の場合：**

```
# grep -vE "^#|^$" /etc/yum.repos.d/almalinux.repo
[baseos]
name=AlmaLinux $releasever - BaseOS
mirrorlist=https://mirrors.almalinux.org/mirrorlist/$releasever/baseos
enabled=1
gpgcheck=1
gpgkey=file:///etc/pki/rpm-gpg/RPM-GPG-KEY-AlmaLinux
...
```

4-3-5　リポジトリの追加方法

　新しいリポジトリを定義するには、/etc/yum.repos.d ディレクトリ内の repo ファイル（拡張子が .repo になっているファイル）にセクションを追加します。このディレクトリ内では、.repo の拡張子を持つすべてのファイルが dnf コマンドによってロードされます。以下の例は、ローカル接続のDVD ドライブのリポジトリを追加する手順です。

　まず、dvd.repo ファイルを作成します。

```
# vi /etc/yum.repos.d/dvd.repo
[local_dvd]
name=local_dvd
baseurl=file:///dvd/BaseOS
enabled=1
gpgcheck=1
gpgkey=file:///etc/pki/rpm-gpg/RPM-GPG-KEY-redhat-release
```

```
[local_appstream]
name=local_appstream
baseurl=file:///dvd/AppStream
enabled=1
gpgcheck=1
gpgkey=file:///etc/pki/rpm-gpg/RPM-GPG-KEY-redhat-release
```

repo ファイルでは、`baseurl` パラメータでインストール元のファイルの場所を指定します。この場所は、URL を指定でき、HTTP、FTP、ローカルのディレクトリを指定可能です。

URL を使用する場合、最初に `http://`、`ftp://`、`file:///`などのプロトコルを識別します。URL には、その URL 上の正確な場所を記述する必要があります。HTTP や FTP の場合は、ファイルが保管されているサブディレクトリを含む Web サーバや FTP サーバの正確な名前を指定する必要があります。当然、DNS による名前解決が必要であり、もし名前解決ができない場合は、IP アドレスを明示的に指定します。

HTTP や FTP ではなく、ローカルのディレクトリを直接指定する場合は、`file:///`を指定します。例えば、`file:///dvd/AppStream` と指定すると、ローカルのファイルシステム上の`/dvd/AppStream`ディレクトリ以下のパッケージを参照します。表 4-10 に repo ファイルのオプションをまとめておきます。

表 4-10　repo ファイルに記述されるオプション

オプション	説明
[label]	リポジトリファイルの識別子として使用されるラベル
name=	リポジトリ名を記述する
mirrorlist=	ミラーサーバの URL を記述する
baseurl=	RPM 形式のパッケージが格納されているディレクトリの場所を記述する
gpgcheck=	パッケージに対して GPG 整合性チェックを実行する必要がある場合は 1 に設定する。1 に設定した場合は、gpgkey 行の記述が必要
gpgkey=	パッケージの整合性をチェックするために使用される GPG キーの場所を指定する

`.repo` ファイルに記述した `baseurl` 行と矛盾がないように、RL 8/AL 8 の DVD メディアを`/dvd` ディレクトリにマウントします。

```
# mkdir /dvd
# mount /dev/sr0 /dvd
```

リポジトリをリストアップします。

145

```
# dnf repolist --all
repo id              repo の名前                         状態
...
local_appstream      local_appstream                    有効化
local_dvd            local_dvd                          有効化
```

これで、ローカルの/dvd ディレクトリにマウントした RL 8/AL 8 の DVD メディアが利用可能になりました。試しに、ローカルの RPM パッケージを検索してみます。

```
# dnf search gcc-gfortran
...
===================================== ... ===== 名前 完全一致: gcc-gfortran ===...
gcc-gfortran.x86_64 : Fortran support
...
```

4-3-6　リポジトリの追加

リポジトリ管理は、dnf config-manager で行います。dnf config-manager に--add-repo オプションを指定し、repo ファイルを指定すると、リポジトリが追加されます。

```
# dnf config-manager --add-repo http://www.example.com/example.repo
```

4-3-7　リポジトリの無効化と有効化

リポジトリを無効にするには、dnf config-manager に--set-disabled オプションを指定します。以下は、baseos リポジトリを無効にする例です。

○ RL 8 の場合：

```
# dnf config-manager --set-disabled baseos
# grep -vE "^#|^$" /etc/yum.repos.d/Rocky-BaseOS.repo
[baseos]
name=Rocky Linux $releasever - BaseOS
mirrorlist=https://mirrors.rockylinux.org/mirrorlist?arch=$basearch&repo=BaseOS-$re
leasever
gpgcheck=1
enabled=0
gpgkey=file:///etc/pki/rpm-gpg/RPM-GPG-KEY-rockyofficial
```

○ **AL 8 の場合：**

```
# dnf config-manager --set-disabled baseos
# grep -vE "^#|^$" /etc/yum.repos.d/almalinux.repo
[baseos]
name=AlmaLinux $releasever - BaseOS
mirrorlist=https://mirrors.almalinux.org/mirrorlist/$releasever/baseos
enabled=0
gpgcheck=1
gpgkey=file:///etc/pki/rpm-gpg/RPM-GPG-KEY-AlmaLinux
...
```

上記のように、enabled=0 に変更されていることがわかります。逆にリポジトリを有効化するには、--set-enabled オプションを付与します。

○ **RL 8 の場合：**

```
# dnf config-manager --set-enabled baseos
# grep -vE "^#|^$" /etc/yum.repos.d/Rocky-BaseOS.repo
[baseos]
...
enabled=1
...
```

○ **AL 8 の場合：**

```
# dnf config-manager --set-enabled baseos
# grep -vE "^#|^$" /etc/yum.repos.d/almalinux.repo
[baseos]
...
enabled=1
...
```

4-3-8　基本的なパッケージの管理

dnf コマンドを使ってパッケージをインストールするには、パッケージの正確な名前を知る必要があります。パッケージ名は、dnf search コマンドで検索できます。

■ パッケージの検索

以下は、apache という文字列を含むパッケージを検索する例です。

```
# dnf search apache
===================================================名前&概要一致: apache =======
apache-commons-logging.noarch : Apache Commons Logging
pcp-pmda-apache.x86_64 : Performance Co-Pilot (PCP) metrics for the Apache webserver
===================================================名前一致: apache ===========
apache-commons-cli.noarch : Command Line Interface Library for Java
apache-commons-codec.noarch : Implementations of common encoders and decoders
...
===================================================概要一致: apache ===========
...
httpd.x86_64 : Apache HTTP Server
...
```

　上の実行例では、名前で一致したものと、概要の説明文中の文字列で一致したものが表示されています。今回は、HTTP サーバの httpd.x86_64 をインストールしますが、インストールする前に httpd.x86_64 の情報を確認します。

■ パッケージ情報の確認

　パッケージ情報の確認は、dnf info コマンドを実行します。

```
# dnf info httpd
...
利用可能なパッケージ
名前        : httpd
バージョン   : 2.4.37
リリース     : 43.module+el8.5.0+714+5ec56ee8
Arch        : x86_64
サイズ       : 1.4 M
ソース       : httpd-2.4.37-43.module+el8.5.0+714+5ec56ee8.src.rpm
リポジトリー  : appstream
概要        : Apache HTTP Server
URL         : https://httpd.apache.org/
ライセンス   : ASL 2.0
説明        : The Apache HTTP Server is a powerful, efficient, and extensible
            : web server.
```

パッケージ情報が得られました。

■ パッケージのインストールと確認

httpd.x86_64 パッケージをインストールします。

```
# dnf install -y httpd
```

インストール済みのパッケージ一覧に httpd.x86_64 がリストアップされるかを確認します。dnf list installed にパッケージ名を指定します。

```
# dnf list installed httpd
インストール済みパッケージ
httpd.x86_64                    2.4.37-43.module+el8.5.0+714+5ec56ee8          @appstream
```

httpd.x86_64 パッケージがインストール済みであることがわかります。

■ パッケージの削除

次に、httpd.x86_64 を削除し、別の HTTP サーバである nginx をインストールします。パッケージの削除は、dnf remove を実行します。

```
# dnf remove -y httpd
```

■ パッケージのダウンロード

nginx が利用可能かどうかを確認します。

```
# dnf list available nginx
利用可能なパッケージ
nginx.x86_64                    1:1.14.1-9.module+el8.4.0+542+81547229          appstream
```

nginx パッケージをダウンロードしてみます。

```
# cd
# pwd
/root
# dnf download nginx
# ls -1 nginx*
nginx-1.14.1-9.module+el8.4.0+542+81547229.x86_64.rpm
```

ダウンロードした nginx のパッケージファイルを直接指定してインストールします。

```
# dnf install -y ./nginx-1.14.1-9.module+el8.4.0+542+81547229.x86_64.rpm
# dnf list installed nginx
インストール済みパッケージ
nginx.x86_64       1:1.14.1-9.module+el8.4.0+542+81547229          @@commandline
```

上記より、dnf コマンドで、RPM パッケージを直接指定する形でインストールした場合は、dnf list installed によるインストール済みのパッケージのインストール形態が @@commandline と表示され

ます。

■ パッケージの更新

利用可能な更新パッケージの一覧は、dnf check-update で確認できます。

```
# dnf check-update
...
binutils.x86_64        2.30-108.el8_5.1                baseos
flatpak.x86_64         1.8.5-5.el8_5                   appstream
...
```

パッケージの更新は、dnf upgrade を実行します。

```
# dnf upgrade -y
```

4-3-9　パッケージグループ管理

dnf コマンドは、パッケージグループを使って、利用目的に応じた関連パッケージを一括インストールできます。

■ パッケージグループ名の取得

利用可能なパッケージグループ名は、dnf group list コマンドで取得できます。

```
# dnf group list
利用可能な環境グループ:
   サーバ
   最小限のインストール
   ワークステーション
   仮想化ホスト
   カスタムオペレーティングシステム
インストール済みの環境グループ:
   サーバ (GUI 使用)
インストール済みのグループ:
   コンテナー管理
   ヘッドレス管理
利用可能なグループ:
   .NET Core 開発
   RPM 開発ツール
   開発ツール
   グラフィカル管理ツール
   レガシーな UNIX 互換性
```

```
    ネットワークサーバ
    科学的サポート
    セキュリティツール
    スマートカードサポート
    システムツール
#
```

■ パッケージの一括インストール

上記の日本語のパッケージグループ名を指定して、一括インストールが可能です。例えば、パッケージグループ開発ツールを指定すると、主要な開発ツール類一式が一括インストールされます。

```
# dnf group install -y "開発ツール"
```

パッケージグループを英語で表示し、英語で指定しても構いません。以下は、仮想化ホストに関するパッケージグループを英語で表示し、英語のパッケージグループ名である Virtualization Host を指定して、一括インストールする例です。

```
# LANG=en_US.utf8 dnf group list
Available Environment Groups:
    Server
    Minimal Install
    Workstation
    KDE Plasma Workspaces
    Custom Operating System
    Virtualization Host
Installed Environment Groups:
    Server with GUI
Installed Groups:
    Container Management
    Headless Management
Available Groups:
    Legacy UNIX Compatibility
    Development Tools
    .NET Core Development
    Graphical Administration Tools
    Network Servers
    RPM Development Tools
    Scientific Support
    Security Tools
    Smart Card Support
    System Tools
```

```
   Fedora Packager
   Xfce
#
# dnf group install -y "Virtualization Host"
```

4-3-10 パッケージ管理の履歴

dnf コマンドによるパッケージ管理の作業履歴は/var/log/dnf.log ファイルに記録されていますが、dnf history コマンドを使用すると、過去のトランザクションを確認し、取り消しなどが可能です。

■ dnf コマンドの履歴確認

dnf コマンドの過去作業内容は、dnf history で確認します。

```
# dnf history
...
  17 | install -y httpd             | 2021-12-31 22:25 | Install  |    9
  16 | install -y langpacks-ja      | 2021-12-28 15:03 | Install  |    2
...
   5 | install -y tigervnc-server   | 2021-12-23 11:17 | Install  |    2
   4 | groupinstall -y Server with GUI | 2021-12-23 11:14 | I, U  |   68
   3 | install -y htop              | 2021-12-23 11:11 | Install  |    1
   2 | install -y epel-release      | 2021-12-23 11:10 | Install  |    1
   1 |                              | 2021-12-23 03:02 | Install  | 1368 EE
```

上記履歴ファイルの 1 列目の番号が作業 ID を示し、2 列目が実際の作業内容です。

■ 履歴から過去の特定のパッケージ管理作業を取り消す

この作業 ID を使って、過去の作業を取り消すことも可能です。dnf history コマンドで得られた作業 ID 一覧をもとに、dnf history undo の後に取り消したい特定の作業 ID 番号を指定します。例えば、上記の出力結果の ID が 17 番の作業（httpd のインストール）を取り消すには、以下のように指定します。

```
# dnf history undo 17 -y
```

ID が 17 番の作業は、パッケージのインストールであるため、これを取り消す作業である httpd のアンインストールが実行されます。

4-3-11 yum コマンドと dnf コマンドの比較

表 4-11 に、従来の yum コマンドと RL 8/AL 8 で利用される dnf コマンドでよく利用されるものをまとめておきます。

表 4-11　yum コマンドと dnf コマンドの比較

RPM パッケージの操作	従来の yum コマンド	dnf コマンド
インストール	yum install	dnf install
再インストール	yum reinstall	dnf reinstall
アンインストール	yum remove	dnf remove
アップデート	yum update	dnf update
アップデートのチェック	yum check-update	dnf check-update
検索	yum search	dnf search
インストール済みのパッケージの表示	yum list installed	dnf list installed
利用可能なパッケージの表示	yum list available	dnf list available
依存関係の表示	yum deplist	dnf deplist
パッケージ情報の表示	yum info	dnf info
更新アドバイザリ情報の表示	yum updateinfo	dnf updateinfo
キャッシュの更新	yum makecache	dnf makecache
一時ファイルの削除	yum clean	dnf clean
指定したコマンドが所属するパッケージ名の表示	yum provides	dnf provides
ダウンロード	yumdownloader	dnf download
パッケージグループの一覧表示	yum group list	dnf group list
パッケージグループを使ったインストール	yum group install	dnf group install
パッケージグループを使った削除	yum group remove	dnf group remove

4-3-12 モジュラリティ

従来の CentOS 7 のパッケージ管理システムは、OS とアプリケーションのバージョンに強い依存関係がありました。例えば、OS をアップグレードするたびに、アプリケーションもアップグレードしなければならず、旧バージョンのアプリケーションを使い続けることが困難になるケースも少なくありませんでした（図 4-4）。

RL 8/AL 8 では、リポジトリのパッケージ管理のモジュラリティ（Modularity）という概念が導入されています。パッケージを配布するリポジトリ（AppStream）は、モジュールという単位（小さな RPM リポジトリの集まり）で、それぞれの名前に関連した RPM パッケージ群で構成されます。個々のアプ

リケーションパッケージをモジュール化することで、アプリケーションソフトウェアのライフサイクルを管理できます。

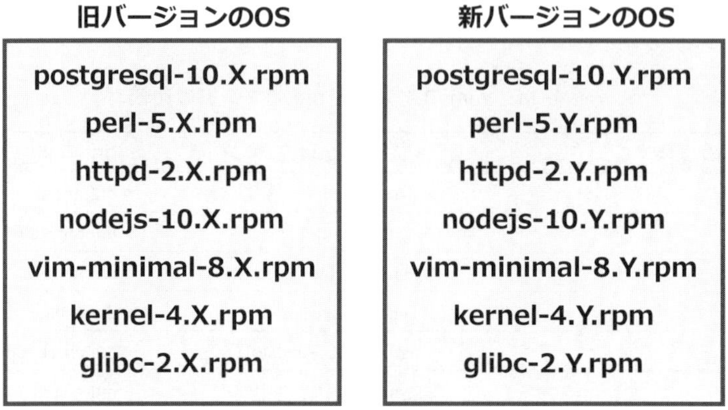

旧バージョンのOS	新バージョンのOS
postgresql-10.X.rpm	postgresql-10.Y.rpm
perl-5.X.rpm	perl-5.Y.rpm
httpd-2.X.rpm	httpd-2.Y.rpm
nodejs-10.X.rpm	nodejs-10.Y.rpm
vim-minimal-8.X.rpm	vim-minimal-8.Y.rpm
kernel-4.X.rpm	kernel-4.Y.rpm
glibc-2.X.rpm	glibc-2.Y.rpm

図 4-4　モジュラリティがない従来のパッケージ管理

　RL 8/AL 8 における主なリポジトリは、BaseOS と AppStream です。BaseOS は、従来の CentOS 7 までのベースリポジトリに相当し、OS を構成する基本パッケージを提供するリポジトリです。一方、AppStream は、従来の CentOS における Software Collections リポジトリなどで提供していたアプリケーションなどが含まれており、具体的には、Web サーバ、データベースエンジン、プログラミング言語などが含まれます。

　図 4-5 の BaseOS リポジトリは、OS のリリースバージョンごとに RPM パッケージが提供されます。従来どおりの OS のバージョンに関連したパッケージの管理が必要です。一方、AppStream という名前のリポジトリは、例えば、postgresql、perl、httpd、nodejs と名付けられたモジュールを提供しています。

　これらのモジュールは、一種のミニリポジトリであり、それぞれ、名前に関連したパッケージで構成されます。

　また、nodejs-10.{X,Y}、httpd-2.{X,Y} などのバージョン情報で、複数のモジュールを同時に管理できます。これは、ストリームと呼ばれます。OS のバージョンが異なる場合でも、ストリームを単位として利用できるようにモジュールが作られています。

　モジュラリティの仕組みによって、OS のリリースバージョンとある程度独立した形で、アプリケーションが利用できるようになります。例えば、約半年ごとにリリースされるような短期間で次のバージョンがリリースされる場合でも、OS のリリース間隔より長期サポートが必要なアプリケーションを長期間利用することが可能になり、OS のリリースサイクルと独立して、自分で作成した独自のサポート期間で最新のアプリケーションの利用が可能になります。

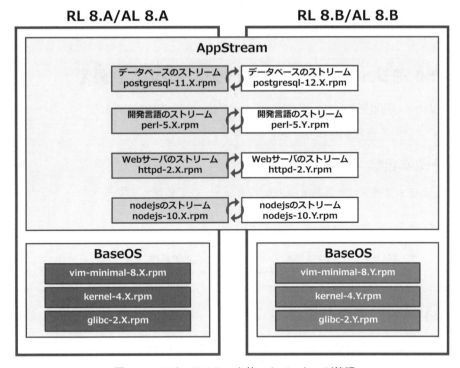

図 4-5　モジュラリティを使ったパッケージ管理

4-3-13 モジュラリティの利用シーン

モジュラリティの利用シーンとしては、以下のようなシナリオが考えられます。

■ シナリオ 1

アプリケーションで利用可能なデータベースの特定のバージョンを使用するシーンを考えます。モジュラリティにより、RL 8/AL 8 の各バージョンにおいて、データベースソフトウェアのバージョンを切り替えて使用できます。

■ シナリオ 2

アプリケーションのアップグレードに伴い、新しいバージョンのランタイムライブラリが必要でも、さまざまな事情により、新しい RL 8/AL 8 のバージョンにアップグレードできない場合があります。しかしモジュールを使えば、現行の RL 8/AL 8 のバージョンと新しい RL 8/AL 8 のバージョンで、同じバージョンのランタイムライブラリを提供できます。これにより、システムをアップグレードしても、ユーザは、特定のランタイムライブラリのストリームを使うことで、アプリケーションの実行環

境を維持できます。また、アプリケーションが新しいランタイムライブ有りのバージョンに対応できるようになったら、別のストリームに切り替えることで、OS から独立してアップグレードできます。

4-3-14 モジュラリティによるパッケージの入れ替え

モジュラリティの利用例として、パッケージの入れ替えを行います。例として、リレーショナルデータベースソフトウェアの PostgreSQL を取り上げます。

■ モジュールの確認

まず、RL 8/AL 8 で利用可能な PostgreSQL のモジュールを確認します。

```
# dnf module list postgresql
...
Name           Stream     Profiles               Summary
postgresql     9.6        client, server [d]     PostgreSQL server and client module
postgresql     10 [d]     client, server [d]     PostgreSQL server and client module
postgresql     12         client, server [d]     PostgreSQL server and client module
postgresql     13         client, server [d]     PostgreSQL server and client module

ヒント: [d]efault, [e]nabled, [x]disabled, [i]nstalled
```

上記の例では、postgresql パッケージのバージョン 9.6、10、12、13 が利用可能です。出力結果の最下行には、ヒントが示されており、モジュールの状態として、default、enabled、disabled、installed が存在します。ヒントの意味は表 4-12 のとおりです。

表 4-12　モジュールの状態と意味

ヒントの項目	説明
[d]efault	モジュールのインストール時に標準で使用されるプロファイルとストリーム
[e]nabled	モジュールのストリームに存在する RPM パッケージの依存関係が確認でき、dnf コマンドでインストールできる状態を意味する
[x]disabled	モジュールのストリームに存在する RPM パッケージの依存関係が確認できず、dnf コマンドでインストールできない状態を意味する
[i]nstalled	モジュールがインストール済みであることを意味する

■ モジュールのインストール

上記の出力結果から、バージョンが 10 の postgresql パッケージのモジュールをインストールします。

```
# dnf module install -y postgresql:10/server
```

```
# dnf module list postgresql
...
local_appstream
Name            Stream        Profiles                  ...
postgresql      9.6           client, server [d]        ...
postgresql      10 [d][e]     client, server [d] [i]    ...
...
```

postgresql のストリームを確認すると、バージョン 10 に [e] が付与されています。また、プロファイルを見ると、server に [i] が付与されており、postgresql 10 の server プロファイルに定義された RPM パッケージがインストール済みであることがわかります。

■ バージョンの切り替え

この状態で、バージョン 9.6 に切り替えてみます。モジュラリティの機能により、古いバージョンのストリームへのダウングレードを行い、バージョン 9.6 に切り替えることができます。切り替えは、dnf module reset を行った後、dnf module install を行います。

```
# dnf module reset -y postgresql
# dnf module install -y postgresql:9.6/server
# rpm -qa | grep postgresql
postgresql-9.6.22-1.module+el8.5.0+687+7cd82e08.x86_64
postgresql-server-9.6.22-1.module+el8.5.0+687+7cd82e08.x86_64
```

再び、バージョン 10 にしてみます。

```
# dnf module reset -y postgresql
# dnf module install -y postgresql:10/server
# rpm -qa | grep postgresql
postgresql-server-10.17-2.module+el8.5.0+685+b03fcc47.x86_64
postgresql-10.17-2.module+el8.5.0+685+b03fcc47.x86_64
#
```

以上で、モジュラリティを使った RPM パッケージの新旧バージョンの切り替えが実現できました。

4-3-15 rpm コマンドを使ったパッケージ管理

RL 8/AL 8 では、従来の CentOS 7 と同様に、RPM パッケージの管理を行う rpm コマンドが用意されています。rpm コマンドを使用すると、パッケージに関する多くの情報が得られます。以下では、代表的な rpm コマンドによるパッケージ情報の問い合わせ例を示します。

■ リスト表示

インストール済みの全ソフトウェアのリストを表示するには、`rpm -qa` を実行します。

```
# rpm -qa | sort | less
GConf2-3.2.6-22.el8.x86_64
ModemManager-1.10.8-4.el8.x86_64
ModemManager-glib-1.10.8-4.el8.x86_64
...
```

■ パッケージの詳細情報の表示

RPM パッケージには、パッケージ名、バージョン、リリース番号、動作可能なマシンアーキテクチャ、ライセンスなどさまざまな情報が記録されています。インストール済みの RPM パッケージに関するこれらの各種詳細情報を表示するには、`rpm -qi` にパッケージ名を指定します。

```
# rpm -qi curl
Name       : curl
Version    : 7.61.1
Release    : 22.el8
Architecture: x86_64
Install Date: 2021年12月23日　03時04分39秒
Group      : Unspecified
Size       : 701013
License    : MIT
...
```

インストールされていない状態でも、パッケージの実体である RPM ファイル（拡張子が.rpm のファイル）を指定し、同様の詳細情報を表示できます。RPM ファイルを指定する場合は、`rpm` コマンドのオプション`-qi` に`-p` オプションを付与し、RPM ファイルを指定します。

```
# rpm -qi -p ./curl-7.61.1-22.el8.x86_64.rpm
```

> `-qi -p` オプションは、`-qip` と指定できます。

■ パッケージ内のファイル構成の表示

RPM パッケージ内のファイル構成を表示するには、`rpm -ql` にパッケージ名を指定します。

```
# rpm -ql curl
/usr/bin/curl
/usr/lib/.build-id
/usr/lib/.build-id/fc
/usr/lib/.build-id/fc/a97b93a8b333f96672cc3496ecf3d687cd663a
/usr/share/doc/curl
/usr/share/doc/curl/BUGS
...
```

RPM ファイルを指定する場合は、-qlp オプションが利用可能です。

```
# rpm -qlp ./curl-7.61.1-22.el8.x86_64.rpm
```

■ パッケージ内のドキュメントのリストを表示

パッケージ内の全ドキュメントのリストを表示するには、rpm -qd にパッケージ名を指定します。

```
# rpm -qd curl
/usr/share/doc/curl/BUGS
/usr/share/doc/curl/CHANGES
/usr/share/doc/curl/FAQ
/usr/share/doc/curl/FEATURES
...
```

RPM ファイルを指定する場合は、-qdp オプションが利用可能です。

```
# rpm -qdp ./curl-7.61.1-22.el8.x86_64.rpm
```

■ パッケージ内の設定ファイルのリストを表示

パッケージ内の全設定ファイルを表示するには、rpm -qc にパッケージ名を指定します。

```
# rpm -qc glibc
/etc/gai.conf
/etc/ld.so.cache
/etc/ld.so.conf
...
```

RPM ファイルを指定する場合は、-qcp オプションが利用可能です。

```
# rpm -qcp ./glibc-2.28-164.el8_5.3.x86_64.rpm
```

■ 所属するパッケージ名の表示

特定のファイルやディレクトリがどの RPM パッケージに所属しているのかを知るには、rpm -qf にファイル名、または、ディレクトリ名を指定します。

```
# rpm -qf /usr/lib64/xorg
xorg-x11-server-Xorg-1.20.11-2.el8.x86_64

# rpm -qf /usr/sbin/ip
iproute-5.12.0-4.el8.x86_64
```

■ パッケージに含まれるスクリプトの表示

RPM パッケージには、あらかじめ定義されたスクリプトが内蔵されているものがあり、インストール時に自動的にスクリプトが実行されます。パッケージ管理や独自のパッケージ開発を行うために、RPM パッケージに含まれるスクリプトを知りたい場合があります。インストール済みの RPM パッケージに含まれるスクリプトを知るには、rpm -q --scripts にパッケージ名を指定します。

```
# rpm -q --scripts openssh-server
preinstall scriptlet (using /bin/sh):
getent group sshd >/dev/null || groupadd -g 74 -r sshd || :
getent passwd sshd >/dev/null || \
  useradd -c "Privilege-separated SSH" -u 74 -g sshd \
  -s /sbin/nologin -r -d /var/empty/sshd sshd 2> /dev/null || :
postinstall scriptlet (using /bin/sh):
...
```

RPM ファイルを指定する場合は、rpm -qp --scripts オプションが利用可能です。

```
# rpm -qp --scripts ./openssh-server-8.0p1-10.el8.x86_64.rpm
```

■ パッケージの依存関係の表示

RPM パッケージの依存関係を表示するには、rpm -qR にパッケージ名を指定します。

```
# rpm -qR openssh
/bin/sh
/sbin/nologin
audit-libs >= 1.0.8
config(openssh) = 8.0p1-10.el8
libc.so.6()(64bit)
libc.so.6(GLIBC_2.14)(64bit)
```

```
...
```

RPM ファイルを指定する場合は、-qRp オプションが利用可能です。

```
# rpm -qRp ./openssh-server-8.0p1-10.el8.x86_64.rpm
```

■ パッケージの変更箇所の特定

RPM パッケージをインストールした後に、パッケージのどの部分が変更されたかを検査したい場合があります。パッケージの検査では、パッケージ内のインストールされたファイルに関する情報と、RPM データベースに格納されているパッケージのメタデータから得られたファイルに関する情報を比較します。具体的には、ファイルサイズ、MD5 チェックサム値、許可属性、タイプ、所有者、グループが比較項目です。検査を行うには、`rpm -V` にパッケージ名を指定します。以下は、rootfiles パッケージの変更箇所を特定する例です。rootfiles パッケージに含まれる/root/.bashrc ファイルに echo コマンドで追記を行い、`rpm -V rootfiles` により、.bashrc ファイルのみが変更されていることを確認します。

```
# echo "LANG=ja_JP.utf8" >> /root/.bashrc
# rpm -V rootfiles
S.5....T.  c /root/.bashrc
```

上記のように、出力は、9 個の文字、属性マーク、ファイル名で構成されます。9 個の文字と属性マークに関する情報をそれぞれ**表 4-13**、**表 4-14** にまとめておきます。

表 4-13　rpm -V の出力結果の文字の種類と意味

文字の種類	意味
S	ファイルサイズが異なる
M	モード (許可属性とファイルの種類) が異なる
5	MD5 チェックサムが異なる
D	デバイスのメジャー/マイナー番号が一致しない
L	readLink(2) パスが一致しない
U	所有者が異なる
G	グループが異なる
T	修正時刻が異なる
.	テストを通過

表 4-14　rpm –V の出力結果の属性マークの種類と意味

属性マーク	意味
c	設定ファイル
g	文書ファイル
d	パッケージの内容物として含まれていないファイル（ゴーストファイル）
l（小文字の L）	ライセンスファイル
r	readme ファイル

4-4　まとめ

　本章では、RL 8/AL 8 におけるユーザとグループ管理、ファイルシステム管理の基礎、そして、ソフトウェアパッケージの管理手法をご紹介しました。dnf コマンドによるパッケージのインストールや削除、そして、rpm コマンドによる問い合わせは、日常の運用でよく遭遇します。実際には、セキュリティ要件の都合上、不要なパッケージを削除し、必要最低限のパッケージ構成にしなければならない場合や、独自にカスタマイズした RPM パッケージをリポジトリに登録するといった複雑な運用もあります。まずは、本書の基本的なコマンド操作例で、OS 管理の基礎を身に付けてください。

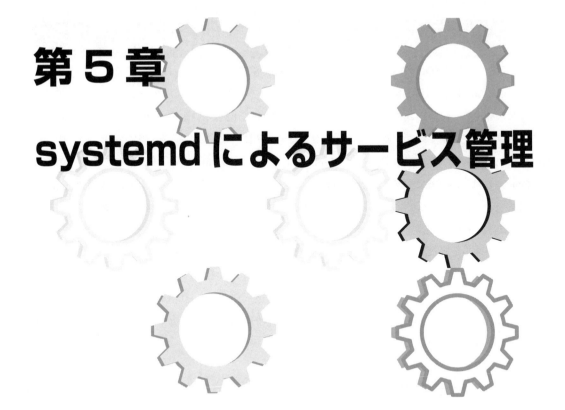

第5章

systemd によるサービス管理

RL 8/AL 8 におけるブート手順の仕組みは、systemd というサービスによって提供されています。systemd は、CentOS 7 から搭載された仕組みであり、CentOS 6 までしか経験がないシステム管理者にとって馴染みがないかもしれませんが、OS に登録されているさまざまなデーモンを起動、停止するための包括的で重要なサービスです。

本章では、systemd の構成方法と、systemd によって起動できる項目や運用について解説します。

5-1　UNIX/Linux における init の歴史

　UNIX システムや BSD システム、そして従来の CentOS では、init と呼ばれる仕組みが採用されていました。この init は、主に UNIX や Linux における各種デーモンやアプリケーションのサービスなどのプロセスを、ある決められた順序に従って起動する役目を担っています。OS のカーネルが初めて起動するプロセスが init であり、通常は、**プロセス番号**（**PID**）として 1 が割り当てられています。この init では、大きく分けて、BSD 系 UNIX の init と SystemV 系の init の 2 系統が存在し、従来の RHEL 6 や CentOS 6 は、SystemV 系の UNIX の init に似たものを採用していました。SystemV 系の init では、/etc/inittab と呼ばれるファイルに**ランレベル**と呼ばれる値を記述し、その値によって OS の挙動（停止、再起動、GUI の有無、ネットワーク機能の有無など）を変更するという仕組みになっています。

　このランレベルと呼ばれる値によって、OS 起動時や停止時に実行される各種デーモンやアプリケーションなどの起動・停止スクリプト群が異なっており、実行されるスクリプトの違いによって OS の挙動を変更します。ランレベルという値でシステムの状態を変えるという単純明快な仕組みと、OS の起動・停止にかかわるデーモンやプログラムの登録が比較的簡単であったという点から、長い間、UNIX や Linux で採用されていました。

5-1-1　init の欠点

　init は、先述のとおりデーモンやアプリケーションの実装が比較的簡単であった半面、主な問題点としては次のような点が挙げられます。

- デーモンやアプリケーション数が増えると、起動・停止順序の管理や制御が急激に複雑になります。例えば、複数の Web アプリケーションをシステムに追加する場合、アプリケーションごとの独自の起動・停止用のスクリプトを記述し、これらスクリプトは、init によって個別に制御しなければなりません。たとえスクリプト内に共通化できるような処理があったとしても、別々に記述・管理しなければならず、アプリケーション自体の起動・停止にかかる複雑性の低減を阻害する要因になります。
- init から起動される各種デーモンやアプリケーションは、並列処理が行われず、決められた順序でスクリプトを一つひとつ実行するため、数が増えると OS の起動速度が遅くなってしまいます。
- init によるプロセス制御では、例えば、何らかの理由でアプリケーションのプロセスの親子関係が崩れた場合に、子プロセスが init プロセスの直接管理下に置かれるものの、子プロセスの挙動を適切に制御できません。

5-1-2 Systemd を採用するメリット

Linux コミュニティでは、これらの init で利用されるスクリプトの煩雑な管理の問題点を解決すべく、新たな仕組みを考えました。init に置き換わる仕組みとしては、スクリプトを使わずに非同期でプロセスを実行する eINIT や、OS 起動時や停止時の処理を非同期で行うことで高速化を図る Upstart、さらに、Fedora や RL 8/AL 8 で採用されている systemd が挙げられます。中でも systemd は、起動・停止にかかるスクリプトを廃止している点やデーモン（サービス）の管理が大幅に強化されている点が大きな特徴であると言えます（図 5-1）。

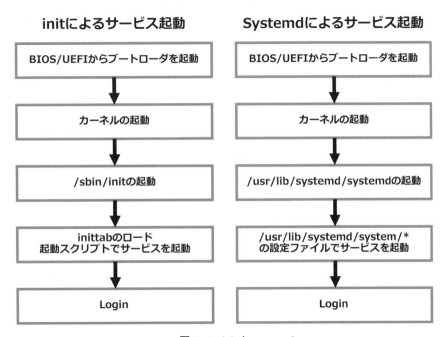

図 5-1 init と systemd

- systemd では、アプリケーション側で、起動・停止にかかわるスクリプトを用意する必要がありません。プロセスの起動や停止にかかわる設定ファイルのみを用意すればよく、従来のように、アプリケーションごとに行っていた起動・停止に関する複雑なスクリプトの管理から開放されます。
- OS の起動・停止時の各種サービスのプロセス群を、SMP マシンに搭載されている複数の CPU を駆使して並列実行することで、OS の起動・停止を素早く行うことが可能となっています。
- systemd ではプロセスをグループ化する「cgroup」と呼ばれる仕組みを使って、プロセスの親子関係をグループで管理しており、従来の init でのプロセス管理よりも、親子関係のある複数のプ

ロセスの起動と停止にかかわる制御をより適切に行えるようになりました。

5-1-3　systemd の仕組み

■ サービスの有効化/無効化

CentOS 6 系では、chkconfig コマンドによるサービスの有効化、無効化の切り替え、/etc/init.d ディレクトリ配下のスクリプトに対して、start/stop/status などのパラメータを与えることで、さまざまなサービスの制御を行っていました。RL 8/AL 8 では、これらのサービスの制御を systemd によって行います。具体的には、管理者が systemctl コマンドを使ってサービスの起動、停止、状態確認などを行います。

■ サービスの管理単位

CentOS 6 までは、デーモンと起動スクリプトの集合体でサービスを管理していましたが、RL 8/AL 8 の systemd では、ユニットと呼ばれる単位で管理を行います。CentOS 5 の SysVinit や CentOS 6 の Upstart における起動スクリプトを使った処理は非常に低速であるという問題がありましたが、RL 8/AL 8 では、複数のユニットに分割されて並列実行することにより、OS の起動速度の向上を実現しています。

■ スクリプト記述の標準化

従来のデーモンと複雑な起動スクリプトの集合体では、スクリプトの記述がサービスごとに異なっており、管理が複雑化していましたが、systemd では記述が標準化されており、複雑なスクリプト群をできるだけ排除する設計がとられています。

5-1-4　ランレベルの廃止とターゲットの導入

CentOS 6 系と RL 8/AL 8 系で大きく異なるのは、ランレベルの考え方です。RL 8/AL 8 では、ランレベルという仕組みが廃止され、ターゲットと呼ばれる仕組みが導入されています。

RL 8/AL 8 において、CentOS 6 系で利用されていたランレベルを管理する/etc/inittab ファイルは、もはや利用されません。本節では、CentOS 6 系でのランレベル 3（CLI 画面での運用）、ランレベル 5（GUI 画面での運用）、ランレベル 1（シングルユーザモード）に相当する RL 8/AL 8 での実際の運用管理方法を示します。

5-1-5　ユニット

　ユニットとは、systemd の管理対象となる処理の単位のことを指します。従来の SysVinit 系で採用されていた起動スクリプトでは、スクリプト内で記述された起動順序に基づいて処理が順番に実行されていましたが、systemd では、これらの複数の処理を並列実行が可能なユニットとして定義しています。systemd の管理の単位となるユニットには、**表 5-1** に示すいくつかのタイプが存在します。

表 5-1　ユニットのタイプ

ユニットのタイプ	説明
service	各種デーモンやサービスの起動
target	起動プロセスやサービスなどの複数のユニットをグループ化し、まとめたもの
mount	ファイルシステムのマウントポイント制御
device	ディスクデバイス
socket	FIFO、UNIX ドメインソケット、ポート番号などの通信資源

　ユニットの設定ファイルには、システムサービス、ソケット、init システムに関連するオブジェクトに関する情報を含みます。最も重要なユニットタイプの 1 つがサービスです。通常、サービスは、特定の機能を提供し、外部のクライアントからの接続を許可するプロセスです。サービスとは別に、ソケット、マウントなどのほかのユニットタイプも存在します。

　RL 8/AL 8 では、サービス管理が systemd のインターフェイスに統一されています。systemd のインターフェイスは、**ユニットファイル**で定義されており、/usr/lib/systemd/system に存在します。また、標準で定義されているユニットファイルをロードせずに、サービスごとに独自のユニットを定義できます。独自のユニットは、/etc/systemd/system に配置できます。また、実行時に自動的に生成されるものもあり、それらは、/run/systemd/system に配置されます（**表 5-2**）。

表 5-2　systemd のユニットファイルが配置されるディレクトリ

systemd のユニットファイルが配置される ディレクトリ	説明
/usr/lib/systemd/system/	RPM パッケージ内で構成されている標準のユニットファイルが格納されている
/run/systemd/system/	実行時に自動的に作成されるユニットファイルが格納される
/etc/systemd/system/	独自に定義したユニットファイルを格納する

■ ユニットファイルのセクション

systemd のサービスに関するユニットファイルは、以下の 3 つのセクションで構成されています。

- [Unit] セクション

  ユニットを記述し、依存関係を定義します。セクションでは、別のユニットとの依存関係を定義できます。

- [Service] セクション

  サービスの開始や停止に関するコマンドなどが定義されます。ユニットの起動は、ExecStart、ユニットの停止は、ExecStop で定義します。

- [Install] セクション

  実際のユニット名の代わりとなる別名（エイリアス）、依存関係のあるユニットなどを定義します。

以下は、ネットワーク関連のコンポーネントを管理する NetworkManager サービスのユニットファイルのコメント行と空行を除いた出力の例です。各セクションの記述内容を見れば、ユニットファイルが複雑なスクリプトではなく、従来に比べて可読性の高い設定ファイルであることがわかります。

```
# cd /usr/lib/systemd/system
# grep -vE "^#|^$" NetworkManager.service
[Unit]
Description=Network Manager
Documentation=man:NetworkManager(8)
Wants=network.target
After=network-pre.target dbus.service
Before=network.target network.service
[Service]
Type=dbus
BusName=org.freedesktop.NetworkManager
ExecReload=/usr/bin/busctl call org.freedesktop.NetworkManager /org/freedesktop/Net
workManager org.freedesktop.NetworkManager Reload u 0
ExecStart=/usr/sbin/NetworkManager --no-daemon
Restart=on-failure
KillMode=process
CapabilityBoundingSet=CAP_NET_ADMIN CAP_DAC_OVERRIDE CAP_NET_RAW CAP_NET_BIND_SERVI
CE CAP_SETGID CAP_SETUID CAP_SYS_MODULE CAP_AUDIT_WRITE CAP_KILL CAP_SYS_CHROOT
ProtectSystem=true
ProtectHome=read-only
LimitNOFILE=65536
[Install]
WantedBy=multi-user.target
```

```
Also=NetworkManager-dispatcher.service
Also=NetworkManager-wait-online.service
```

> ユニットファイルを変更する場合、/usr/lib/systemd/system ディレクトリ以下にある標準のサービスファイルは、/etc/systemd/system ディレクトリにコピーすることをお勧めします。このディレクトリには、追加または変更したい記述のみを含む設定ファイルを配置します。

使用可能なユニットのリストを表示するには、systemctl -t help と入力します。

```
# systemctl -t help
Available unit types:
service
socket
target
device
mount
automount
swap
timer
path
slice
scope
```

> systemctl コマンドには、非常に多くの引数が存在します。引数一覧を表示するには、コマンドラインから systemctl と入力した後に、 TAB キーを2回押します。すると、コマンドの自動補完機能により、systemctl で利用可能な引数一覧が得られます。

5-1-6　ターゲットとは

　ターゲットとは、systemd における複数のサービス（デーモン）などの制御対象をグループにしてまとめたものと言えます。例えば、従来の SysVinit における「サービス」に相当するユニットのタイプは Service になりますが、target は、この Service ユニットをまとめたものです。ネットワークに関する処理の単位（ユニット）をグループ化したものは network.target と呼ばれます。ターゲットには、一連の処理の単位（ユニット）が複数ある場合に、そのユニットの起動の順序や依存関係を簡単に定義できるといったメリットがあります。一部のターゲットは、従来の CentOS 6 におけるランレベルに相当するものとして使用されます。

5-1-7　ターゲットの変更

　ランレベルは、以前のバージョンの CentOS 6 において、マルチユーザモードやグラフィカルモードなど、サーバを起動する状態を定義するために使用されていました。CentOS 7、および、RL 8/AL 8 では、このランレベルにとって代わって、systemd 配下のターゲットが利用されます。ここでは、OS 起動時のデフォルトのターゲットを変更する方法について述べます。

■ デフォルトのターゲット

　まず、systemctl コマンドを実行して、デフォルトで設定されている状況を確認します。

```
# systemctl get-default
multi-user.target
```

　この状態は、CentOS 6 系でのランレベル 3 に相当する状態です。このターゲットファイルは multi-user.target です。

```
# grep -vE "^#|^$" /usr/lib/systemd/system/multi-user.target
[Unit]
Description=Multi-User System
Documentation=man:systemd.special(7)
Requires=basic.target
Conflicts=rescue.service rescue.target
After=basic.target rescue.service rescue.target
AllowIsolate=yes
```

　multi-user.target ファイル内の Unit セクションには、競合するサービス、すなわち、共存できないサービスが Conflicts 行に定義されています。また、After 行には、ロードするターゲットやサービスの順序を定義します。

■ 利用可能なターゲット

　次に、利用可能なターゲットを確認してみます。

```
# systemctl list-units --type=target --all --no-pager
...
  emergency.target         loaded    inactive dead   Emergency Mode
  getty-pre.target         loaded    inactive dead   Login Prompts (Pre)
  getty.target             loaded    active   active Login Prompts
  graphical.target         loaded    inactive dead   Graphical Interface
...
```

graphical.target が、CentOS 6 系のランレベル 5 に相当します。

■ グラフィカルターゲット

OS 起動時に自動的に GUI ログイン画面が表示されるグラフィカルターゲットに設定します。

```
# systemctl set-default graphical.target
Removed /etc/systemd/system/default.target.
Created symlink /etc/systemd/system/default.target → /usr/lib/systemd/system/graph
ical.target.

# systemctl get-default
graphical.target
```

systemctl コマンドの実行結果から、グラフィカルターゲットへの移行は、シンボリックリンクの貼り替えであることがわかります。OS 起動時に自動的に GUI のログイン画面が表示されるか確認するため、RL 8/AL 8 を再起動します（X Window がインストールされていることが前提です）。

```
# reboot
```

RL 8/AL 8 で定義されている各種ターゲットが、従来のどのランレベルに相当しているかの対応関係を、次のコマンドを実行することで確認できます。

```
# LANG=C ls -l /lib/systemd/system/runlevel*target | cut -d " " -f9-
/lib/systemd/system/runlevel0.target -> poweroff.target
/lib/systemd/system/runlevel1.target -> rescue.target
/lib/systemd/system/runlevel2.target -> multi-user.target
/lib/systemd/system/runlevel3.target -> multi-user.target
/lib/systemd/system/runlevel4.target -> multi-user.target
/lib/systemd/system/runlevel5.target -> graphical.target
/lib/systemd/system/runlevel6.target -> reboot.target
```

コマンドの実行結果より、グラフィカルターゲットは、従来のランレベル 5 に相当することがわかります。

5-1-8　グラフィカルターゲットとマルチユーザターゲットの切り替え

CentOS 6 系では、telinit コマンドを使ってランレベルの変更を行っていましたが、RL 8/AL 8 では、systemctl コマンドによって、X Window が起動している状態と X Window が起動していないマルチユーザ環境の状態（CentOS 6 系のランレベル 5 やランレベル 3）の切り替えが可能です。

■ マルチユーザモード

X Window が起動していないマルチユーザモードの状態に変更するには、`systemctl isolate` コマンドに `multi-user.target` を指定して実行します。この操作は、CentOS 6 系の `telinit 3` に相当する操作です。

```
# systemctl isolate multi-user.target
```

■ GUI のログイン画面

CentOS 6 系のランレベル 5 に相当する X Window による GUI のログイン画面の状態に変更するには、`systemctl isolate` コマンドに `graphical.target` を指定して実行します。

```
# systemctl isolate graphical.target
```

この操作は、CentOS 6 系の `telinit 5` に相当する操作であるため、X Window を利用した GUI ログイン画面が起動しますが、OS 起動時に自動的に設定されるデフォルトのターゲットが変更されたわけではありません。次に、デフォルトのターゲットを確認してみます。

```
# systemctl get-default
```

このように、現在稼働中の OS がグラフィカルターゲットであっても、OS 起動時に自動的に設定されるデフォルトのターゲットとは異なるため、現在のターゲットの状況と、OS 起動時に自動的に設定されるデフォルトのターゲットの両方を確認するようにしてください。

5-1-9　シングルユーザモードと緊急モード

システムに不具合やシステムの継続稼働が困難になった場合に、シングルユーザモードや緊急モードに移行し、トラブルシューティングを行います。CentOS 6 系では、`telinit 1` などによりランレベル 1 を指定し、シングルユーザモードに移行していましたが、RL 8/AL 8 では、systemd を使ってレスキューターゲットやエマージェンシーターゲットを指定することで、状態の切り替えが可能です。

■ シングルユーザモード

シングルユーザモードに移行するには、以下のように `systemctl isolate` コマンドに `rescue.target` を指定して実行します。

```
# systemctl isolate rescue.target
```

図 5-2 は、シングルユーザモードの画面を表示しています。シングルユーザモードでは、root アカウントのパスワードを入力します。シングルユーザモードから元のマルチユーザモードやグラフィカルモードに戻るには、シングルユーザモードのコマンドラインから exit を入力します。

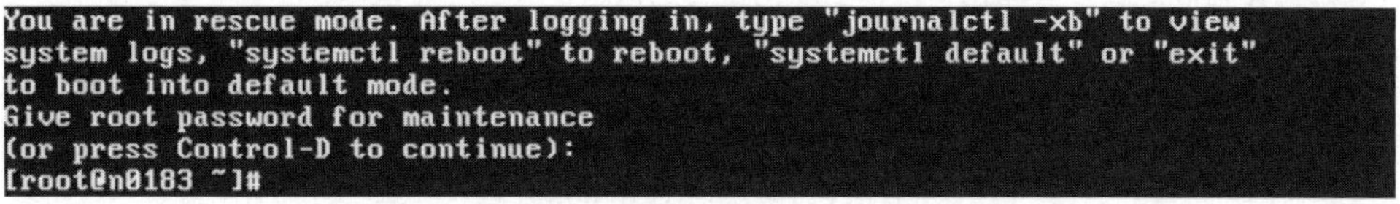

```
You are in rescue mode. After logging in, type "journalctl -xb" to view
system logs, "systemctl reboot" to reboot, "systemctl default" or "exit"
to boot into default mode.
Give root password for maintenance
(or press Control-D to continue):
[root@n0183 ~]#
```

図 5-2　RL 8/AL 8 のシングルユーザモード

表 5-3 に、CentOS 6 系の SysVinit のランレベルと RL 8/AL 8 の Systemd ターゲットの対応表を示します。

表 5-3　CentOS 6 系のランレベルの仕組みとそれに対応する RL 8/AL 8 の Systemd のコマンド

	CentOS 6 のランレベル	RL 8/AL 8 の Systemd
システム停止	0	# systemctl isolate poweroff.target
シングルユーザモード	1	# systemctl isolate rescue.target
マルチユーザモード	3	# systemctl isolate multi-user.target
グラフィカルログイン	5	# systemctl isolate graphical.target
OS の再起動	6	# systemctl isolate reboot.target
緊急モード	-	# systemctl isolate emergency.target

これらのターゲットは、systemctl isolate コマンドで切り替えられますが、ターゲットが、systemctl isolate コマンドで切り替えが可能かどうかは、ターゲットファイルの中の AllowIsolate 行を確認します。

```
# cd /usr/lib/systemd/system
# grep AllowIsolate multi-user.target
AllowIsolate=yes
```

ターゲットファイル内の AllowIsolate=yes が記述されているターゲットは、systemctl isolate によって切り替えが可能であることを意味します。

5-1-10 サービスやデーモンの起動

service は、OS の各種デーモンやサービスの起動に関連するユニットです。例えば、メールサービスで有名な postfix であれば、postfix.service として管理されており、postfix サービスの制御にかかわる設定ファイルは、/usr/lib/systemd/system/postfix.service です。登録されているサービスの OS 起動時における自動起動の有効化または無効化の設定状態を表示するには、ユニットの種類としては、「service」をパラメータに指定し、list-unit-files を指定します。

```
# dnf install -y postfix
# systemctl -t service list-unit-files | grep postfix
postfix.service                         disabled
```

5-1-11 サービスの設定例

サービスの設定例として、FTP サービスの起動、停止、状態確認、OS 起動時の自動起動の有効化、無効化の設定を行ってみます。事前準備として、Very Secure FTP（vsftpd パッケージ）サービスをインストールします。

```
# dnf install -y vsftpd
```

FTP サービスが、systemd のユニットにおいてどのような名前のサービスとして登録されているのかを確認します。

```
# systemctl -t service list-unit-files | grep -i vsftp
vsftpd.service                          disabled
vsftpd@.service                         indirect
```

FTP サーバを実現するサービスは、vsftpd.service です。コマンドの実行結果の vsftpd.service の右側を見ると disabled と表示されています。これは、OS 起動時に、vsftpd.service が自動的に起動しない設定になっていることを意味します。

■ サービスの状態確認

サービスの状態確認は、systemctl コマンドに status を指定します。また、systemctl コマンドの利用においては、サービス名の「.service」を省略できます。

```
# systemctl status vsftpd
```

```
● vsftpd.service - Vsftpd ftp daemon
   Loaded: loaded (/usr/lib/systemd/system/vsftpd.service; disabled; vendor preset:
disabled)
   Active: inactive (dead)
```

コマンドの実行結果の「Active:」の項目を見ると、inactive(dead) と表示されていることから、vsftpd サービスは現在起動していないことがわかります。

■ サービスの起動

次に、vsftpd サービスを起動してみます。

```
# systemctl start vsftpd
# systemctl status vsftpd

● vsftpd.service - Vsftpd ftp daemon
   Loaded: loaded (/usr/lib/systemd/system/vsftpd.service; disabled; vendor preset:
disabled)
   Active: active (running) since Mon 2022-01-03 01:26:09 JST; 5s ago
  Process: 411671 ExecStart=/usr/sbin/vsftpd /etc/vsftpd/vsftpd.conf (code=exited,
status=0/SUCCESS)
 Main PID: 411672 (vsftpd)
    Tasks: 1 (limit: 126901)
   Memory: 576.0K
   CGroup: /system.slice/vsftpd.service
           └─411672 /usr/sbin/vsftpd /etc/vsftpd/vsftpd.conf
...
```

コマンドの実行結果の「Active:active」およびプロセスが正常起動している旨の出力から、vsftpd サービスが正常に起動していることがわかります。

■ サービスの停止

次に、vsftpd サービスを停止してみます。

```
# systemctl stop vsftpd
# systemctl status vsftpd
```

systemd におけるユニットは、以下のうち、いずれかの状態になります。**表5-4** は、systemctl status コマンドで得られるユニットファイルに関する状態の一覧です。

表 5-4　systemctl status コマンドで得られるユニットファイルの状態

状態	説明
Loaded	ユニットファイルは処理されて、ユニット自体はアクティブ状態
Active(running)	アクティブなプロセスで実行中
Active(exited)	ワンタイムでのプロセス稼働が正常に完了
Active(waiting)	イベント発生を待機中
Inactive	稼働していない状態
Enabled	OS 起動時に自動的にサービスが起動
Disabled	OS 起動時に自動的にサービスは起動されない
Static	ユニットを有効にできないが、別のユニットによって自動的に開始されることがある

■ 起動時の自動実行

OS が起動したときに、vsftpd サービスが自動的に起動するように設定します。

```
# systemctl enable vsftpd
Created symlink /etc/systemd/system/multi-user.target.wants/vsftpd.service → /usr/
lib/systemd/system/vsftpd.service.
```

OS が起動したときに、vsftpd サービスが自動的に起動するように設定されているかを確認します。

```
# systemctl -tservice is-enabled vsftpd
enabled
```

表 5-5 に、CentOS 6 系の SysVinit のコマンドと RL 8/AL 8 で採用されている systemd のコマンドの対応関係をまとめておきます。

表 5-5　SysVinit と Systemd のコマンド比較

機能	CentOS 6	RL 8/AL 8
サービスの開始	# service httpd start	# systemctl start httpd
サービスの停止	# service httpd stop	# systemctl stop httpd
サービスの再起動	# service httpd restart	# systemctl restart httpd
サービスの設定ファイルの読み込み	# service httpd reload	# systemctl reload httpd
サービスの状態確認	# service httpd status	# systemctl status httpd
サービスがすでに稼働している場合、サービスを再起動する	# service httpd condrestart	# systemctl condrestart httpd
次回 OS 起動時に自動的にサービスを起動する	# chkconfig httpd on	# systemctl enable httpd

次回 OS 起動時に自動的にサービスを起動しない	# chkconfig httpd off	# systemctl disable httpd
ランレベルごとに全サービスが有効・無効になっているかを表示	# chkconfig --list	# systemctl -tservice list-unit-files または # ls /etc/systemd/system/*.wants/
ランレベルごとに指定したサービスが有効・無効になっているかを表示	# chkconfig --list httpd	# ls /etc/systemd/system/*.wants/httpd.service

5-2　ユニットの依存関係

systemd が管理するユニットには、依存関係が存在します。systemd における依存関係とは、別のユニットの状態に依存して起動するユニットのことを意味します。すなわち、ユニットの依存関係は、あるユニットを有効にするために、ほかのユニットも有効にしないとうまく稼働しない場合、それらの複数のユニット間に依存関係があると判断します。

あるユニットで要求したイベント（処理）が別のユニットの開始トリガになるような場合、依存関係があると言えます。一方、ユニットに依存関係がない場合、それらのユニットは、個別に同時並列的に起動されることになり、RL 8/AL 8 の OS 起動の高速化に貢献します。

システム管理者は、ユニットの依存関係をリストアップすることで、どのような種類の依存関係が存在するのかを調べられます。以下は、ユニットの依存関係を表示する例です。

```
# systemctl list-dependencies sshd --no-pager
sshd.service

●   ├─system.slice
●   ├─sshd-keygen.target
●   │ ├─sshd-keygen@ecdsa.service
●   │ ├─sshd-keygen@ed25519.service
●   │ └─sshd-keygen@rsa.service
●   └─sysinit.target
●     ├─dev-hugepages.mount
●     ├─dev-mqueue.mount
...
```

ユニットの依存関係は、RL 8/AL 8 で定義されているターゲットの設定ファイルの内容を見ると理解が深まります。例えば、graphical.target ファイルの内容を確認します。

```
# cd /usr/lib/systemd/system/
# cat graphical.target
...
```

```
[Unit]
Description=Graphical Interface
Documentation=man:systemd.special(7)
Requires=multi-user.target
Wants=display-manager.service
Conflicts=rescue.service rescue.target
After=multi-user.target rescue.service rescue.target display-manager.service
AllowIsolate=yes
```

graphical.target に記述されている Requires=multi-user.target は、graphical.target を起動するためには、multi-user.target が必要であるという依存関係を示しています。さらに、Wants=display-manager.service も依存関係を示しています。従来のランレベル 5 に相当する graphical.target は、従来のランレベル 3 に相当する multi-user.target に依存していることになります。同様に multi-user.target の内容も確認してみます。

```
# cat multi-user.target
...
[Unit]
Description=Multi-User System
Documentation=man:systemd.special(7)
Requires=basic.target
Conflicts=rescue.service rescue.target
After=basic.target rescue.service rescue.target
AllowIsolate=yes
```

ファイルの出力結果のとおり、multi-user.target は、basic.target に依存していることがわかります。この basic.target は、ランレベルに依存しないで起動するサービスに相当します。さらに basic.target の内容を確認してみます。

```
# pwd
/usr/lib/systemd/system

# grep -vE "^#|^$" basic.target
[Unit]
Description=Basic System
Documentation=man:systemd.special(7)
Requires=sysinit.target
Wants=sockets.target timers.target paths.target slices.target
After=sysinit.target sockets.target paths.target slices.target tmp.mount
RequiresMountsFor=/var /var/tmp
```

ファイルの内容を見ると、basic.target は、sysinit.target、sockets.target、timers.target、 paths.target、そして、slices.target に依存していることがわかります。sysinit.target は、従来の CentOS 6 における rc.sysinit の処理に相当するターゲットです。最後に sysinit.target の内容を確認してみます。

```
# cat sysinit.target
...
[Unit]
Description=System Initialization
Documentation=man:systemd.special(7)
Conflicts=emergency.service emergency.target
Wants=local-fs.target swap.target
After=local-fs.target swap.target emergency.service emergency.target
```

出力結果を見ると、sysinit.target は、local-fs.target と swap.target に依存していることがわかります。すなわち、sysinit.target の処理を行うには、ファイルシステムのマウントとスワップ領域の有効化の処理が前提となっていることがわかります。

5-2-1　ユニットの起動順序

ユニットには、依存関係のほかに、起動順序の設定によりサービスが実行されるタイミングを制御します。例として sshd サービスを取り上げ、最初に、サービスについての起動順序を確認します。

■ 設定ファイルの確認

sshd サービスの起動に関する設定ファイルは、/usr/lib/systemd/system/sshd.service です。この設定ファイルの内容を確認してみます。

```
# pwd
/usr/lib/systemd/system

# cat sshd.service
...
After=network.target sshd-keygen.target
...
```

sshd.service ファイルには、「After=network.target sshd-keygen.target」と記載されています。これは、network.target、sshd-keygen.target の後に、sshd.service が起動することを意味します。

ここで、network.target が指定されていることに注目します。起動順序において、ターゲットが指定されている場合は、そのターゲットの前後の起動順序において、1つ前のサービスの起動が完了してから、次のサービスの起動が開始することを保証します。sshd の場合は、network.target の後に、

sshd.service が起動しますが、newtork.target の前に起動するサービスを確認してみます。

```
# pwd
/usr/lib/systemd/system

# grep Before=network.target ./*.service
./NetworkManager.service:Before=network.target network.service
./anaconda-fips.service:Before=network.target
./arp-ethers.service:Before=network.target
...
```

ここでは、サービスの設定ファイルに、Before=network.target を指定しているものを抽出しています。NetworkManager.service は、Before=network.target が指定されているので、network.target の前に起動することになります。すなわち、先述の sshd.service と NetworkManager.service の間には、network.target が介在しており、NetworkManager.service の構成が終了してから、sshd.service が起動することが保証されます。

■ auditd.service の起動順序の確認

続いて、auditd.service の起動順序も確認してみます。

```
# pwd
/usr/lib/systemd/system

# cat auditd.service
...
After=local-fs.target systemd-tmpfiles-setup.service
...
Before=sysinit.target shutdown.target
...
```

auditd.service は、local-fs.target の後に起動されることがわかります。また、Before=sysinit.target shutdown.target の設定により、audit.service が sysinit.target と shutdown.target の前に起動することがわかります。このように、systemd は、依存関係や起動順序を設定ファイルに記述することで実現していることがわかります。

RL 8/AL 8 では、systemd のデフォルトの設定ファイル群が、/usr/lib/systemd/system ディレクトリ配下に格納されています。もし独自のルールを設定したい場合は、/etc/systemd/system ディレクトリ配下に設定ファイルとして記述します。/usr/lib/systemd/system ディレクトリ以下と/etc/systemd/system ディレクトリ以下に同じファイル名が存在する場合は、/etc/systemd/system ディレクトリ配下の設定ファイルが優先されます。実行時に一時的に作成されるようなランタイムデー

タは、/run/systemd ディレクトリ配下に生成されます。

5-2-2　ドロップインによるユニットのカスタマイズ

systemd には、サービスの起動・停止の制御や依存関係、起動順序の制御だけでなく、プロセス管理の挙動に関するパラメータを詳細に設定できます。例えば、次のように systemctl コマンドを実行すると、設定可能なたくさんのパラメータが存在することがわかります。

```
# systemctl show --all
```

こうした特定のパラメータについて明示的に設定を行う場合には、ユーザ独自の設定ファイルに特定のパラメータのみを記述しておくと、アプリケーションやサービスの運用管理が煩雑化するのを防止できます。以下では、httpd サービスにパラメータを個別に指定して管理する方法を紹介します。

■ パラメータ用ディレクトリの作成

まず、systemd では、ユーザ独自のパラメータを指定するためのディレクトリを作成します。httpd.service の場合は、httpd.service.d という名前のディレクトリを/etc/systemd/system ディレクトリの下に作成します。httpd パッケージは、dnf コマンドで事前にインストールしておいてください。

```
# dnf install -y httpd
# mkdir /etc/systemd/system/httpd.service.d/
```

■ 設定ファイルの作成

次に、設定ファイルを作成します。ここでは、10-httpd.conf というファイル名を付けました。

```
# cd /etc/systemd/system/httpd.service.d/
# vi 10-httpd.conf
 [Service]
Restart=always
CPUAffinity=0 1 2 3
OOMScoreAdjust=-1000
```

10-httpd.conf ファイルの先頭行に、[Service] を記述し、その下にパラメータを記述します。このパラメータは、man systemd.exec や man systemd.service で確認できます。ここでは、**表5-6** に示す3つを指定しました。

表 5-6　10-httpd.conf ファイルのパラメータ

パラメータ	意味
Restart=always	サービスの正常終了にかかわらず、サービスを再起動
CPUAffinity=0 1 2 3	実行するプロセスの CPU アフィニティを設定（例は CPU0、1、2、3 に固定）
OOMScoreAdjust=-1000	「OutofMemory」発生時のプロセス制御（-1000 でプロセス kill を無効）

■ デーモンの再起動

設定ファイルを記述したら、変更を systemd に反映します。

```
# systemctl daemon-reload
```

httpd サービスを再起動し、状態を確認します。

```
# systemctl restart httpd
# systemctl status httpd

● httpd.service - The Apache HTTP Server
   Loaded: loaded (/usr/lib/systemd/system/httpd.service; disabled; vendor preset:
disabled)
  Drop-In: /etc/systemd/system/httpd.service.d
           └─10-httpd.conf
   Active: active (running) since ...
...
```

すると、「Drop-In:」の行に、先ほど作成したディレクトリと設定ファイルが読み込まれていることがわかります。これは systemd における**ドロップイン**と呼ばれており、ユーザ独自でパラメータを明示的に指定する場合に利用される仕組みです。ドロップインを利用したパラメータ設定を行った後は必ず、systemctl daemon-reload が必要となるため、注意してください。

5-2-3　マウントユニット

マウントユニットは、マウントポイントの管理を行います。以下では、マウントユニットの例として、tmp.mount ユニットファイルを取り上げます。tmp.mount ユニットファイルの中身を確認します。

```
# grep -vE "^#|^$" /usr/lib/systemd/system/tmp.mount
[Unit]
Description=Temporary Directory (/tmp)
Documentation=man:hier(7)
Documentation=https://www.freedesktop.org/wiki/Software/systemd/APIFileSystems
```

```
ConditionPathIsSymbolicLink=!/tmp
DefaultDependencies=no
Conflicts=umount.target
Before=local-fs.target umount.target
After=swap.target
[Mount]
What=tmpfs
Where=/tmp
Type=tmpfs
Options=mode=1777,strictatime,nosuid,nodev
[Install]
WantedBy=local-fs.target
```

[Unit] セクション内の Conflicts で指定されたターゲットのプロセスは、同時起動できないことを意味します。排他利用が必要なユニットには、この Conflicts が使用されます。

[Mount] セクションでは、マウントポイントのディレクトリとマウントコマンドで使用するオプションの引数を指定します。

5-2-4　ソケットユニット

サービスによっては、起動時に独自のソケットを作成することがあります。このソケットユニットは、アプリケーションにおけるソケットの監視を設定します。以下は、セキュアシェルのサービスを 提供する sshd デーモンのソケットユニットファイルです。

```
# grep -vE "^#|^$" /usr/lib/systemd/system/sshd.socket
[Unit]
Description=OpenSSH Server Socket
Documentation=man:sshd(8) man:sshd_config(5)
Conflicts=sshd.service
[Socket]
ListenStream=22
Accept=yes
[Install]
WantedBy=sockets.target
```

[Socket] セクションの ListenStream でデーモンがリッスンするポート番号を指定可能です。

5-3　xinetd 経由サービスを systemd 対応へ書き換える

　従来の CentOS 6 などで利用されていた xinetd 経由のサービス管理の仕組みは、systemd のソケット
ユニットの仕組みにある程度置き換えられます。以下では、xinetd で管理される独自のサービスの設
定を、systemd 対応のサービスに書き換える例を紹介します。

　xinetd から systemd 対応のサービスに書き換える場合、サービスファイルごとに、少なくとも 2 つの
ユニットファイルを作成します。1 つは、ソケットファイルで、もう 1 つは、関連するサービスファ
イルです。どのようなソケットを作成するのかを systemd のソケットユニットファイルに記述します。
もう 1 つのサービスユニットファイルには、実行可能ファイルの起動方法を記述します。

　以下は、xinetd 管理配下の mysvc というサービスが存在するとします。xinetd 管理配下サービスの
mysvc の設定ファイル/etc/xinetd.d/mysvc が以下の内容であると想定します。

```
# vi /etc/xinetd.d/mysvc
service mysvc
{
  socket_type = stream
  protocol = tcp
  port = 12345
  wait = no
  user = user
  group = users
  groups = yes
  server = /usr/sbin/mysvcd
  server_args = -f /var/lib/mysvc
  disable = no
}
```

　上記の xinetd 対応の mysvc に対応するソケットユニットファイルとサービスユニットファイルを作
成します。ソケットユニットファイルには、リッスンするポート番号を含めます。

```
# vi /usr/lib/systemd/system/mysvc.socket
[Socket]
ListenStream=0.0.0.0:12345
Accept=false

[Install] WantedBy=sockets.target
```

　次に、サービスユニットファイルを作成します。

```
# vi /usr/lib/systemd/system/mysvc.service
[Unit]
Description=mysvc

[Service]
ExecStart=/usr/sbin/mysvcd -f /var/lib/mysvc
User=user
Group=users
StandardInput=socket
```

サービスユニットファイルには、xinetd 配下で実際に稼働するデーモン（絶対パスで指定）や引数、ユーザ、グループなどを記述します。従来の xinetd 配下で稼働する古いサービスなどを systemd 配下で管理する場合の参考にしてください。

5-3-1　ユニットの競合

競合するユニットは、ユニットファイル内の Conflicts 行に記述されていますが、systemctl mask コマンドを使用すれば、競合するユニットを同時にロードしないように設定できます。ここでは、firewalld と iptables の競合関係について確認します。

■ サービスの確認

まず、firewalld の状態を確認します。

```
# systemctl is-active firewalld
active
```

firewalld が起動していることがわかります。もし、停止している場合は、firewalld を再起動します。

```
# systemctl restart firewalld
# systemctl enable firewalld
```

次に、iptables-services RPM をインストールし、iptables サービスを起動し、サービスの状態を確認します。

```
# dnf install -y iptables-services
# systemctl restart iptables.service
# systemctl status iptables | grep Active
   Active: active (exited) since ...
```

iptables は、アクティブになり、すぐに終了していることがわかります。このとき、firewalld サービ

スの状態を確認します。

```
# systemctl status firewalld | grep Active
   Active: inactive (dead) since ...
```

firewalld サービスがアクティブになっていないことがわかります。

■ サービスのマスク

iptables と firewalld の両方を停止し、systemctl mask コマンドで iptables サービスをマスクします。

```
# systemctl stop firewalld
# systemctl stop iptables
# systemctl mask iptables
Created symlink /etc/systemd/system/iptables.service → /dev/null.
```

systemctl mask により、systemctl start iptables を実行しても、サービスは起動しなくなります。実際に iptables サービスが起動しないことを確認します。

```
# systemctl restart iptables
Failed to start iptables.service: Unit iptables.service is masked.

# systemctl status iptables |grep Active
   Active: inactive (dead) since ...
```

上記より、iptables サービスがマスクされており、systemctl start iptables を実行しても、サービスが起動していないことがわかります。マスクされた iptables サービスを有効にし、OS を再起動します。OS 再起動後も、アクティブになっていないことを確認します。

```
# systemctl enable iptables
Failed to enable unit: Unit file /etc/systemd/system/iptables.service is masked.
# reboot

# systemctl status iptables | grep Active
   Active: inactive (dead)
```

iptables サービスは起動していないため、競合する firewalld サービスが起動しているかどうかを確認します。

```
# systemctl status firewalld | grep Active
   Active: active (running) since ...
```

今度は、逆に、firewalld をマスクし、iptables のマスクを外すことで、iptables.service をアクティブにします。

```
# systemctl stop firewalld
# systemctl mask firewalld
Created symlink /etc/systemd/system/firewalld.service → /dev/null.

# systemctl unmask iptables
Removed /etc/systemd/system/iptables.service.

# systemctl restart iptables
```

マスクされた firewalld は起動せず、マスクを除外した iptables は、アクティブになっていることを確認します。

```
# systemctl restart firewalld
Failed to restart firewalld.service: Unit firewalld.service is masked.

# systemctl status iptables | grep Active
   Active: active (exited) since ...
```

5-4　ntsysv によるサービス管理

RL 8/AL 8 では、systemd 経由で起動するサービスの自動起動の有効化、無効化を設定する GUI ツールとして ntsysv があります。GUI ツールでありながら、端末エミュレータのコマンドライン上で起動し、操作できるため、X Window が存在しないヘッドレス運用環境などでも使えます。以下では、印刷関連のサービスである cups-browsed.service、cups.service、cups.socket の自動起動を ntsysv で無効化する手順を示します。

まず、印刷関連サービスが稼働している管理対象マシンに ntsysv パッケージをインストールします。

```
# dnf install -y ntsysv
```

ntsysv を起動します（図 5-3）。

```
# ntsysv
```

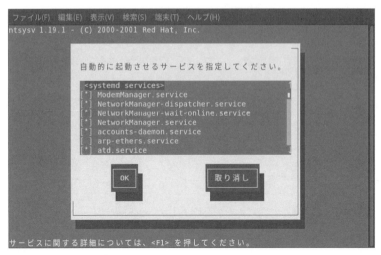

図 5-3　ntsysv によるサービス設定画面

　下矢印キー ⬇ を押して、cups-browsed.service、cups.service、cups.socket を探します。それぞれのサービス名で、 SPACE キーを押すたびにサービス名の左側にある括弧内のアスタリスク記号（＊）が出現、消滅を繰り返しますので、 SPACE キーを押して、アスタリスク記号を消滅させます（図 5-4）。

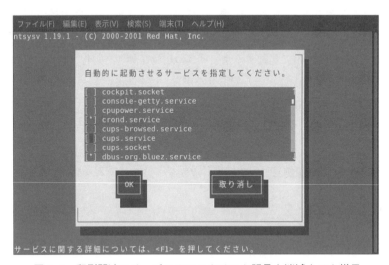

図 5-4　印刷関連のサービスのアスタリスク記号を消滅させた様子

　次に TAB キーを押すと、[OK] ボタンや［取り消し］ボタンにカーソルが移動するので、［OK］にカーソルを合わせた状態で、 ENTER キーを押します。すると、ntsysv が終了し、先ほどのサービスの設定が反映されます。念のため、コマンドラインから印刷関連のサービスの自動起動が無効化され

ているかを確認します。

```
# systemctl list-unit-files -t service,socket | grep cups
cups-browsed.service                     disabled
cups.service                             disabled
cups.socket                              disabled
```

　以上で、ntsysv によるサービスの自動起動の無効化が設定できました。サービスを起動させるかどうかを変更することは非常に重要です。起動させるサービスを多くすれば多くするほど、サーバへの負荷は大きくなるため、不要なサービスは起動しないようにします。また、セキュリティの観点からも不要なサービスは起動させないように設定すべきです。

5-5　まとめ

　本章では、systemd によるサービスの基本的な管理手法をいくつか紹介しました。systemd は、サービス、ターゲットなど、CentOS 7 系の systemd の管理手法をそのまま引き継いでいます。実際の本番システムでは、Upstart によるサービス管理が採用されている CentOS 6 系も現役で利用されていますが、今後、RL 8/AL 8 への更改も増えてくるため、systemctl コマンドを使ったサービスの起動や停止、カスタマイズなどの管理手法は、是非マスタしておいてください。

第6章

ログ管理

　現在、Linux をベースとした大規模 Web システムや IoT 世界において、さまざまな
ログの収集技術が生まれています。その背景には、e コマースなどの Web システム、情
報家電、自動車などを利用する顧客のアクセスログを収集し、顧客と商品の相関関係や
動向を把握したいといったニーズなどが挙げられます。また、Web システムのアクセス
ログだけでなく、各種サーバの障害の傾向、負荷・利用状況の把握や、装置に取り付けら
れたセンサから生成される情報を収集し、ユーザの行動を把握するといった目的で、シ
ステムのログやセンサのログを大量に収集する時代に突入しています。

　RL 8/AL 8 では、こうした負荷の大きな作業を軽減するために、目的の情報を抽出
しやすい journald が搭載されており、本章では、journald を活用したログ管理につい
て解説します。

6-1　SystemdJournal を使いこなす

　従来の商用 UNIX、BSD 系の OS、CentOS などの Linux では、システムのログの収集方法として、syslog が利用されてきました。syslog は、複数のシステムのログをネットワーク経由で一括して管理できる機能などを備えることから、多くの管理ソフトウェア製品でも連携が可能となっており、非常に枯れた技術と言えます。しかし一方で、膨大なログの中から目的の情報を抽出するために、さまざまなコマンドやツール、スクリプト類を駆使する必要がありましたが、SystemdJounal は、これまでのログ収集の手間を軽減しながらも、多様なニーズに対応可能な管理ツールとなっています。

6-1-1　journald の状態確認

　SystemdJounal のサービス名は、systemd-journald.service です。一般に journald と呼ばれます。journald が起動しているかどうかは、systemctl コマンドで確認できます。

```
# systemctl status systemd-journald | grep -i active
   Active: active (running) since ...
```

　journald が収集したログを適宜整形、加工するためのコマンドが、journalctl コマンドです。journalctl コマンドは、ログの出力に関するさまざまなオプションを備えています。以降の解説では、管理者が知っておくべき、journalctl コマンドを使った基本的なログ管理の操作手順を説明します。

6-1-2　ブートログを出力する

　サーバに搭載されている各種ハードウェアの認識状態などを確認するために RL 8/AL 8 のブート時のログを見たい場合があります。直前のブートログを確認するには、journalctl コマンドに-b オプションを付与します。

```
# journalctl -b
```

6-1-3　時系列のフィルタリング

　ログの用途によっては、一定期間の全体の状態を調べたり、今日の始業から現時点までの特定のサービスの状態であったり、さまざまな用途で利用されます。journalctl コマンドでは、ユーザの利用目的に応じたオプションが用意されています。

■ 一定期間の指定

次の journalctl コマンドの実行例は、2022 年 3 月 1 日午前 1 時 23 分 45 秒から 2023 年 12 月 11 日午前 4 時 56 分 0 秒までのログを出力したものです。

```
# journalctl \
--since="2022-03-01 01:23:45" \
--until="2023-12-11 04:56:00"
```

自動的に less ページャが起動し、ログをスクロールさせて閲覧できますが、less ページャの自動起動が不要な場合は、--no-pager オプションを付与します。

■ 特定サービスの指定

特定のサービスに限ってログを出力させたい場合は、そのサービスのユニット名を指定します。

```
# journalctl \
--since="2022-01-01 01:23:45" \
--until="2023-12-11 04:56:00" \
-u sshd.service
```

■ 今日の指定

--since オプションに today を指定することで、今日ログされたものから現在までのものを抽出して出力できます。

```
# journalctl --since=today
-- Logs begin at Tue 2022-01-04 05:09:07 JST, end at Tue 2022-01-04 15:09:20 JST. --
...
 1月 04 14:09:01 n0191.jpn.linux.hpe.com kernel: Hypervisor detected: KVM
 1月 04 14:09:01 n0191.jpn.linux.hpe.com kernel: kvm-clock: Using msrs 4b564d01 and
4b564d00
...
```

ほかにも、--since オプションに yesterday や tomorrow を指定することも可能です。

■ リアルタイムの閲覧

過去のログだけでなく、現在のシステムが出力しているログをリアルタイムで閲覧したい場合があります。従来の tail -f /var/log/messages のように、tail コマンドを併用しているようなログの閲覧方法を実現するには、journalctl コマンドに-f オプションを付与して実行します。

```
# journalctl -f
```

6-1-4　緊急度によるフィルタリング

　従来の Syslog では、ログのプライオリティ（緊急度）に応じた管理ができましたが、journalctl でも同様に、プライオリティによる出力のフィルタリングが行えます。プライオリティには、emerg、alert、crit、err、warning、notice、debug があり、ハードウェアレベル、デーモン、セキュリティ関連、アプリケーションなどのさまざまなログをプライオリティ別に整理できます。emerg の緊急度が最も高く、debug が最も低いプライオリティです。

■ warning プライオリティ

　特定のプライオリティのログのみを出力させる場合は、-p オプションにプライオリティを付与して journalctl コマンドを実行します。次の実行例は、warning プライオリティを指定したものです。

```
# journalctl -pwarning | grep -iE "cpu|disk|mem"
```

■ err プライオリティの場合

err プライオリティも、-p オプションに続けて指定します。

```
# journalctl -perr
-- Logs begin at Tue 2022-01-04 15:17:50 JST, end at Tue 2022-01-04 15:23:47 JST. --
Jan 04 15:17:50 n0180 kernel: mokvar: EFI MOKvar config table is not in EFI runtime
 memory
...
```

　ここで示した-p オプションには、プライオリティの値で指定することも可能です。プライオリティの値とログレベルの対応関係を表 6-1 に示します。

表 6-1　journalctl コマンドのプライオリティ値とログレベル

journalctl コマンドのオプション	対応するログレベル
-p0	emerg
-p1	alert
-p2	crit
-p3	err
-p4	warning

-p5	notice
-p6	info
-p7	debug

■ テストログの生成

実際に、ログレベルによってどのような出力結果になるのか、テスト用のログを発生させてみましょう。RL 8/AL 8 においてプライオリティに応じたテストログを生成するには、logger コマンドを使います。次のコマンドの実行により、emerg プライオリティで***EMERGTESTLOG***. というメッセージのログを記録します。

```
# logger -p daemon.emerg "***EMERGTESTLOG***."
```

> logger コマンドは、util-linux RPM パッケージに含まれています。

■ emerg プライオリティのログ

emerg プライオリティのログを確認します。

```
# journalctl -p0
-- Logs begin at Tue 2022-01-04 15:17:50 JST, end at Tue 2022-01-04 15:28:36 JST. --
Jan 04 15:28:36 n0180.jpn.linux.hpe.com root[3915]: ***EMERGTESTLOG***.
```

■ alert プライオリティのログ

同様に、alert プライオリティのテストログを生成します。

```
# logger -p daemon.alert "***ALERTTESTLOG***."
# journalctl -p1
...
Jan 04 15:31:24 n0180.jpn.linux.hpe.com root[3966]: ***ALERTTESTLOG***.
```

journalctl コマンドに alert プライオリティを指定すると、emerg プライオリティを包含した形でログを抽出することがわかります。ほかのプライオリティの出力については、各自の環境で実行してみてください。

6-1-5　カーネルやプロセスのログ

　サーバシステムにおける障害には、ハードウェア障害、サービスの障害などさまざまなものがありますが、そのうち、サーバシステムのハードウェア障害の情報を収集するためには、通常、カーネルが出力するログを見ます。ハードウェアベンダの保守サポート技術者は、カーネルが出力するログやメモリダンプの情報をもとに、障害の原因を追及します。通常、カーネルのログは、その OS の情報と認識されているハードウェアの情報が詳細に記録されているため、ハードウェアと OS に関連する問題点の解明に非常に重要なヒントを与えてくれます。

　一方、アプリケーションのログには、障害の状況だけでなく、正常なサービス起動、停止を含めたさまざまな情報が記録されます。例えば、アプリケーションがデータを正常にロードできているか、適切なポートを使った通信が行われているか、といった情報を調べるために、アプリケーションのログが利用されます。RL 8/AL 8 に搭載されている journald には、これらのカーネルやアプリケーションのログを調査する機能が備わっています。

■ カーネルログ

　-k オプションを付けると、カーネルログのみを表示させることも可能です。従来の Syslog 管理の dmesg に相当します。

```
# journalctl -k
...
 1月 04 14:09:01 n0191.jpn.linux.hpe.com kernel: BIOS-provided physical RAM map:
 1月 04 14:09:01 n0191.jpn.linux.hpe.com kernel: BIOS-e820: [mem 0x0000000000000000
-0x000000000009fbff] usable
...
```

■ 特定のプロセス ID のログ

　特定のプロセス ID のみに関するログを出力したい場合は、_PID=プロセス番号を付与して実行します。

```
# pgrep ssh
2651
...

# journalctl _PID=2651
-- Logs begin at Tue 2022-01-04 05:09:07 JST, end at Tue 2022-01-04 15:23:30 JST. --
 1月 04 05:09:17 n0191.jpn.linux.hpe.com sshd[2651]: Server listening on 0.0.0.0 port 22.
 1月 04 05:09:17 n0191.jpn.linux.hpe.com sshd[2651]: Server listening on :: port 22.
```

■ 実行ファイルのパス指定によるログ

サービスを提供する実行ファイルのパスを指定することも可能です。次の例では、コマンドの実行をスケジューリングするサービス crond の実体である/usr/sbin/crond に関連するログのみを出力する例です。

```
# journalctl /usr/sbin/crond
-- Logs begin at Tue 2022-01-04 05:09:07 JST, end at Tue 2022-01-04 15:23:30 JST. --
 1月 04 05:09:19 n0191.jpn.linux.hpe.com crond[2939]: (CRON) STARTUP (1.5.2)
 1月 04 05:09:19 n0191.jpn.linux.hpe.com crond[2939]: (CRON) INFO (Syslog will be
used instead of sendmail.)
...
```

6-1-6　ログの保存

RL 8/AL 8 の journald において、ログファイルは、/run/log/journal ディレクトリ以下に格納されます。この/run ディレクトリは、tmpfs ファイルシステムにマウントされています。そのため、OS を再起動すると、/run/log/journal ディレクトリ配下に格納されていたログファイルは、削除されてしまいます。OS 再起動後もログが保管されるようにするには、journald の設定ファイル/etc/systemd/journald.conf 内で Storage=persistent を指定し、コメントアウトを意味する行頭の#を削除します。

```
# cp -a /etc/systemd/journald.conf{,org}
# vi /etc/systemd/journald.conf
...
[Journal]
Storage=persistent
...
```

設定ファイルを編集したら、journald サービスを再起動します。

```
# systemctl restart systemd-journald
```

/etc/systemd/journald.conf 内で Storage=persistent を指定した場合、/var/log/journal ディレクトリ配下にディレクトリとログが作成され、ログが永続的に保存されます。ディレクトリ名には、machine-id が付けられます。

```
# cd /var/log/journal/$(cat /etc/machine-id)/
# pwd
/var/log/journal/8569432183074f4ba1b2da8e27b37df0
```

```
# ls -l system.journal
-rw-r-----. 1 root root 16777216  1月  4 17:17 system.journal
```

/etc/systemd/journald.conf 内でデフォルトの Storage=auto を指定すると、/var/log/journal ディレクトリが存在しない場合は、tmpfs でマウントされている/run/log/journal ディレクトリ配下にログが保管されます。/var/log/journal ディレクトリが存在する場合は、/var/log/journal ディレクトリ配下にログが保管されます。

6-1-7　ログの容量

journald では、ログの容量に関するさまざまな制限をパラメータとして設定可能です。ログの容量に関する設定としては、格納されるジャーナルファイルの大きさの制限があります。通常、ログが肥大化すると、ログ用に設けられたファイルシステムの空き容量がなくなり、アプリケーションの動作に影響を及ぼします。このため、実際には、ログの容量をあらかじめ設定しておくなどの対策を行うのが普通です。また、ログの肥大化の対策として、ログの最大サイズを明示的に指定し、古いログを自動的に削除する**ログローテート**の機能も搭載されていますし、従来の Syslog デーモン、カーネルログバッファ（通称 kmsg）などにログを転送することも可能です。

■ ログの容量制限

journald によって生成されるログの容量を制限するには、journald.conf ファイルの SystemMaxUse=パラメータに値を設定します。次の例は、ログの容量を 128MB に制限する例です。

```
# vi /etc/systemd/journald.conf
...
SystemMaxUse=128M
...
```

パラメータを記述したら、journald を再起動します。

```
# systemctl restart systemd-journald
```

■ ログ容量の確認

今現在、journald で管理されているすべてのログの容量を確認するには、journalctl コマンドに--disk-usage オプションを付与して実行します。

```
# journalctl --disk-usage
Archived and active journals take up 16.0M in the file system.
```

6-2　システム情報やログの一括取得

　Linux システムで管理されるログには、さまざまな種類が存在しますが、それらのログを一つひとつ手動で収集するのは非効率です。また、ログだけでなくそのときの設定ファイルも証拠として保管しておきたい場合が少なくありません。このような場合、ログや設定ファイルを一括して取得するスクリプトを登録しておくことも有用ですが、RL 8/AL 8 では、sos コマンドが用意されており、システム全体のログと設定ファイルを簡単に一括取得できます。

　sos は、現在のシステムの情報を収集し、アーカイブファイルとして保管するツールです。以下に sos コマンドを使ったログと設定ファイルの取得手順を示します。

6-2-1　sos パッケージのインストール

　sos コマンドは、sos パッケージに含まれているので、インストールされていない場合は、dnf コマンドでインストールします。

```
# dnf install -y sos
```

　sos コマンドに report を付与することにより、RL 8/AL 8 がインストールされたシステム全体にわたってログと設定ファイルを収集します。しばらくすると、ログと設定ファイルがアーカイブされた圧縮ファイルが生成された旨のメッセージが表示されます。

```
# sos report --all-logs --batch
...
Your sosreport has been generated and saved in:
        /var/tmp/sosreport-n0181-2022-03-19-mexvjfg.tar.xz
...
```

　上記のコマンドラインで指定したオプションの意味を、表 6-2 に示します。

表 6-2　sos report のオプション

オプション	意味
--all-logs	すべてのログを取得
--batch	非対話形式のバッチ処理で動作

　ログの取得が完了すると、上記の実行結果のとおり、/var/tmp 以下にログが格納されたファイルが圧縮済みの tar アーカイブファイルとして生成されます。圧縮済みの tar アーカイブのリストを確認します。

```
# tar tf /var/tmp/sosreport-n0181-2022-03-19-mexvjfg.tar.xz
...
sosreport-n0181-2022-03-19-mexvjfg/sos_commands/block/blkid_-c_.dev.null
sosreport-n0181-2022-03-19-mexvjfg/sos_commands/block/blockdev_--report
sosreport-n0181-2022-03-19-mexvjfg/sos_commands/block/ls_-lanR_.dev
...
```

　アーカイブファイルの中身のリスト表示を見ると、さまざまなログファイルや設定ファイル、そしてコマンドの出力結果がディレクトリごとに整理されて記録されていることがわかります。

6-2-2　Web ブラウザでログを確認

　sos コマンドは、Web ブラウザで簡単に閲覧可能な HTML ファイル sos.html を生成します。HTML ファイルは、上記アーカイブ内の sos_reports ディレクトリに保管されています。

```
# tar tf /var/tmp/sosreport-n0181-2022-03-19-mexvjfg.tar.xz | grep sos.html
sosreport-n0181-2022-03-19-mexvjfg/sos_reports/sos.html
```

　ログファイルを遠隔から参照する例として、sos コマンドを実行した管理対象サーバ上に、Web サーバを起動し、遠隔にある管理者の PC から圧縮済みの tar アーカイブファイルを展開した内容を、Web ブラウザで閲覧できるようにしてみましょう。

■ Apache HTTP サーバの起動

　ログを収集した管理対象サーバ上に Web サーバをインストールし、サービスを起動します。

```
# dnf install -y httpd
# systemctl restart httpd
# systemctl is-active httpd
active
# systemctl enable httpd
```

■ ファイアウォールの設定

　ファイアウォールの設定を行います。遠隔にある管理者のPCと通信を行うLANセグメントで許可されているサービスを確認します。

```
# firewall-cmd --zone=public --list-services
cockpit dhcpv6-client ssh
```

　publicについてHTTPサービスを許可します。今回の例ではHTTPサービスの提供するゾーンとしてpublicを選択していますが、実際には、ログの盗聴などを考慮し、暗号化されたセキュアな通信経路を考慮してください。

```
# firewall-cmd --zone=public --add-service=http --permanent
success
# firewall-cmd --reload
success
# firewall-cmd --zone=public --list-services
cockpit dhcpv6-client http ssh
```

　これで、HTTPを使って/var/www/htmlディレクトリ配下のファイルをクライアントに閲覧できるようになりました。

■ アーカイブファイルの展開

　アーカイブファイルを/var/www/htmlディレクトリに展開します。

```
# tar xf \
/var/tmp/sosreport-n0181-2022-03-19-mexvjfg.tar.xz \
-C /var/www/html/
```

■ ディレクトリの権限変更

　次に、/var/www/htmlディレクトリに展開したアーカイブファイルのディレクトリのアクセス権限を変更します。

```
# chmod -R 755 /var/www/html/sosreport-n0181-2022-03-19-mexvjfg
```

　以上で、遠隔のPCからsosコマンドで取得したログや設定ファイルなどをWebブラウザで確認できます（図6-1）。

```
# firefox http://172.16.1.181/sosreport-n0181-2022-03-19-mexvjfg/sos_reports/sos.html
```

図 6-1　sos コマンドで取得したログや設定ファイルなどを Web ブラウザ
で確認

6-3　セッションの録画とログ

　一般に、外部からのサイバー攻撃や、内外問わず、何かしらのセキュリティ侵害が発生した場合、
ユーザの過去のセッション履歴を調査することが少なくありません。また、セッションの記録は、セ
キュリティ対策だけでなく、監査にも利用されます。

　RL 8/AL 8 では、搭載されたセッション記録ツールを使えば、ユーザが利用する端末の入出力情報
は、すべて収集可能です。収集された端末の入手力情報は、ジャーナルにテキスト形式のログとして
保存 できます。以下では、RL 8/AL 8 のコマンドラインにおけるセッションの記録手順を紹介します。

6-3-1　セッション記録機能を実現するコンポーネント

　セッション記録機能は、tlog、SSSD、cockpit-session-recording で提供されます。各コンポーネント
の役割は、表 6-3 のとおりです。

表 6-3　セッション記録機能を実現するコンポーネント

コンポーネント	説明
tlog	端末の入出力を録画、再生する。ユーザが操作する端末やシェルに tlog-rec-session ツールが介在しログを記録
SSSD（System Security Services Daemon）	リモートディレクトリと認証メカニズムへのアクセスを管理するデーモン群を提供する。セッション録画の対象となるユーザまたはユーザグループを指定できる
cockpit-session-recording	Cockpit のセッション録画用の GUI 管理画面を提供する

6-3-2　セッション記録ツールのインストール

セッションを記録する管理対象マシンにおいて、dnf コマンドで tlog パッケージをインストールします。

```
# dnf install -y tlog
```

SSSD サービスを利用することで、ユーザやグループ単位で、ログイン後のセッションを自動的に録画できます。SSSD の設定ファイルを 2 つ記述し、アクセス権限を設定します。以下は、一般ユーザ koga のセッションを自動的に録画する設定ファイルの例です。

```
# vi /etc/sssd/sssd.conf
[domain/local]
id_provider = files
[sssd]
domains = local
services = nss, pam, ssh, sudo

# vi /etc/sssd/conf.d/sssd-session-recording.conf
[session_recording]
scope = some
users = koga
groups =

# chmod 600 /etc/sssd/sssd.conf
# chmod 600 /etc/sssd/conf.d/sssd-session-recording.conf
```

SSSD の設定ファイルを記述したら、sssd サービスを再起動します。

```
# systemctl restart sssd
# systemctl is-active sssd
active
```

ssh コマンドを使って一般ユーザ koga で SSH ログインし、以下のようなメッセージが表示されれば、自動録画の設定は成功です。

```
# ssh -l koga localhost
...
ATTENTION! Your session is being recorded!

$
```

　デフォルトの設定では、セッションが Journal に記録されます。Journal に記録されたセッションの再生方法は、後述します。

6-3-3　コマンドラインによるセッション録画

　SSSD サービスを使わずに、コマンドラインによる手動でのセッション録画と再生も可能です。コマンドラインでのセッション録画は、tlog-rec コマンドを実行します。-o オプションでセッション録画に関する情報の記録先のファイル名を指定します。このファイルは、後に録画したセッションの再生に必要です。 まず、SSH 接続が可能な端末エミュレータソフトウェアで仮想端末を開き、コマンドプロンプト上で、tlog-rec コマンドを実行します。tlog-rec コマンドを実行した瞬間から、セッション録画が開始されます。今回は、セッション録画に関する情報の記録先のファイル名を 2022-12-11-koga.rec としました。tlog-rec コマンドを発行すると、すぐにコマンドプロンプトが出力されるので、何かコマンドライン操作を行います。以下では、whoami、cat、uname、date コマンドを実行し、最後に exit を入力しています。

```
# rm -rf /root/2022-12-11-koga.rec
# tlog-rec -o /root/2022-12-11-koga.rec
# whoami
root
# cat /etc/redhat-release
Rocky Linux release 8.5 (Green Obsidian)
# uname -a
# date
2022年 12月 11日 日曜日 14:59:09 JST
# exit
exit

#
```

　tlog-rec コマンドは、コマンドラインで exit を入力すると録画が終了します。

6-3-4　録画したセッションの再生

　録画したセッションの再生には、tlog-play コマンドを使用します。-i オプションで、tlog-rec コマンドで出力したセッション録画ファイルを指定します。すると、録画されたコマンドラインの操作（whoami、cat /etc/redhat-release、uname -a、date）が表示されます。

```
# tlog-play -i /root/2022-12-11-koga.rec
# whoami
root
# cat /etc/redhat-release
Rocky Linux release 8.5 (Green Obsidian)
# uname -a
# date
2022年 12月 11日 日曜日 14:59:09 JST
# exit
exit

#
```

6-3-5 Journal を使ったセッション録画と再生

tlog は、録画したセッションを Journal に記録することも可能です。Journal を使った記録は、`tlog-rec-session` コマンドを利用します。以下では、`tlog-rec-session` コマンドによる Journal を使ったセッション録画と再生の手順を紹介します。

まず、SSH 接続が可能な端末エミュレータソフトウェアで仮想端末を開き、コマンドプロンプト上で、`tlog-rec-session` コマンドを実行します。`tlog-rec-session` コマンドを実行した瞬間から、セッション録画が開始されます。`tlog-rec-session` コマンドを発行すると、すぐにコマンドプロンプトが出力されるので、何かコマンドライン操作を行います。以下では、`aaa`、`grep`、`uname` コマンドを実行し、最後に exit を入力しています。

```
# tlog-rec-session

ATTENTION! Your session is being recorded!

# aaa
bash: aaa: コマンドが見つかりませんでした...
# grep ^NAME /etc/os-release
NAME="Rocky Linux"
# uname -r
4.18.0-348.el8.0.2.x86_64
# exit
exit
```

`tlog-rec-session` コマンドは、コマンドラインで exit を入力すると録画が終了します。

6-3-6　Journal に記録したセッションの再生

Journal に録画したセッションの再生には、`tlog-play` コマンドを使用します。まず、`journalctl` コマンドで、セッション録画に関する ID を取得します。

```
# journalctl -xe | grep -i tlog-rec-session
1月 08 16:04:56 n0181 tlog-rec-session[59741]: {"ver":"2.3","host":"n0181","rec":"9
8f86164e6664c74a943c3a00a9125c3-e95d-316dce","user":"root", ...
```

上記において、"rec:"の直後の文字列が録画したセッションに関する ID です。この ID を使って、Journal で記録したセッションを再生するには、`tlog-play` コマンドに`-r journal` オプションを付与し、`-M TLOG_REC=`の後に ID を指定します。

```
# tlog-play -r journal -M TLOG_REC=98f86164e6664c74a943c3a00a9125c3-e95d-316dce
# aaa
bash: aaa: コマンドが見つかりませんでした...
# grep ^NAME /etc/os-release
NAME="Rocky Linux"
# uname -r
4.18.0-348.el8.0.2.x86_64
# exit
exit
```

6-4　まとめ

本章では、RL 8/AL 8 におけるログ管理の操作について紹介しました。従来の rsyslog による管理と比較すると、journald は、豊富なフィルタリング機能が提供されており、ログの管理が容易になっています。また、システムの保守にかかわる部門では、sos コマンドなどのログおよび設定ファイルの収集ツールが重宝されています。セッション録画は、システム監査やクラッカーからの攻撃対策にも有用です。ログの管理を効率的に行い、日々の運用やトラブル時の保守サポートに役立ててみてください。

コラム　Linux におけるセッションの記録

　セッション録画コマンドの tlog は、ユーザのコマンドライン作業を動画として記録しますが、UNIX や Linux の世界では、tlog が登場する以前から、ユーザセッションを記録する script コマンド（RL 8/AL 8 では、util-linux パッケージで提供されています）が広く利用されています。script コマンドは、ユーザがコマンドラインで入力した内容をログファイルとして記録できます。記録中のログファイルは、tail コマンドで確認できるため、ユーザのコマンドライン入力をリアルタイムで監視できます。

　通常、script コマンドは、ユーザがシェルで作業を開始すると自動的に実行されるように設定しておきます。具体的には、/etc/profile.d ディレクトリに script コマンドを埋め込んだシェルスクリプトを配置し、ユーザがログインすると、自動的にシェルスクリプトが実行されて、セッションが記録される仕組みです。

　ユーザがコマンドラインで入力するたびに記録されるセッションのログは、追記のみが可能なディレクトリに生成します。以下に、script コマンドを使ったセッションの記録手順を示します。一般ユーザのコマンドライン入力がどのようにログに記録されるのかを確認してみてください。

　まず、script コマンドを埋め込んだシェルスクリプト rec.sh を作成します。

```
# vi /etc/profile.d/rec.sh
DIR=/var/log/session
if [ "x$rec_session" = "x" ]; then
 LOG=$DIR/$USER.$$.$(date "+%Y-%m-%d-%H-%M")
 export rec_session=start
 script -t -f -q $LOG 2>${LOG}.timing
 exit
fi
```

　次に、追記のみが可能なログ保存用ディレクトリ/var/log/session を作成します。ファイルの削除を禁止し、追記のみが可能なディレクトリは、chattr +a で実現可能です。

```
# mkdir /var/log/session
# chmod 777 /var/log/session
# chattr +a /var/log/session
```

　一般ユーザが入力したコマンドラインは、/var/log/session ディレクトリにログファイルとして記録されます。tail -f コマンドにログファイルを指定し、ユーザのコマンドライン作業をリアルタイムに監視します。

```
# tail -f /var/log/session/koga.60200.2022-01-08-16-25
```

第7章

GUI 環境の設定

Linux では、長年 X11 が利用されてきており、現在もメジャーなウィンドウシステムとして利用されています。しかしウィンドウシステム環境も、RHEL 8 系のクローン OS で Wayland が標準搭載されたことにより、X と Wayland という 2 つの GUI プロトコルが共存するようになりました。

RL 8/AL 8 に限らず、Linux のウィンドウシステム環境は、過渡的な状況にあります。多くの Linux ディストリビューションにおいて、従来の X Window System だけでなく、Wayland をサポートしています。本章では、2 つのウィンドウシステムの存在を踏まえた上で、GUI の設定方法やそのアーキテクチャについて解説します。

7-1　RL 8/AL 8 におけるウィンドウシステム

RL 8/AL 8 の GNOME ディスプレイマネージャ（Gnome Display Manager, GDM）では、ディスプレイサーバとして Wayland と従来の X.Org サーバの両方が排他的に使用可能です。本書では、Wayland ではない X11 ディスプレイサーバの GUI 環境を「X.Org 環境」あるいは、単に「X.Org」、Wayland ディスプレイサーバの GUI 環境を「Wayland 環境」あるいは、単に「Wayland」と呼ぶことにします。

7-1-1　X.Org と Wayland の切り替え

Wayland から X.Org への切り替えは、GDM の GUI ログイン画面で行います。まず、現在のセッションからログアウトし、ログイン画面を表示し、ユーザを選択します。パスワード入力画面の歯車ボタン（⚙）をクリックします。歯車ボタンをクリックすると、ドロップダウンメニューが表示されるので、［スタンダード (X11 ディスプレイサーバ)］または、［クラシック (X11 ディスプレイサーバ)］を選択します。逆に、X.Org から Wayland に切り替えるには、［スタンダード (Wayland ディスプレイサーバ)］、または、［クラシック (Wayland ディスプレイサーバ)］を選択します（図 7-1）。

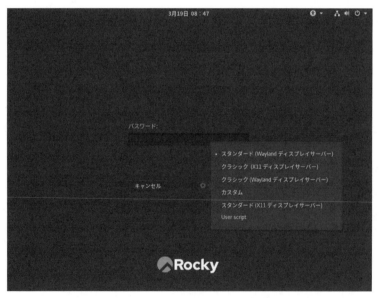

図 7-1　GDM のログイン画面で X.Org を選択する様子

注意　Wayland の選択項目表示

　以下の条件では、GDM のパスワード入力画面の歯車ボタンをクリックしても Wayland の選択項目は表示されない可能性があります。

- Hi1710 チップセットを搭載している
- Matrox チップセットを搭載している
- Aspeed チップセットを搭載している
- NVIDIA 社製ドライバが稼働している
- Hyper-V ゲスト OS で稼働している
- Cirrus、Bochs、QXL などの仮想グラフィックカードでパススルー設定になっている
- OS のブートパラメータに nomodeset が含まれている

　Wayland の設定項目が表示されないこれらの条件は、61-gdm.rules ファイルに記述されています。

```
# cat /usr/lib/udev/rules.d/61-gdm.rules
...
ATTR{vendor}=="0x19e5", ATTR{device}=="0x1711", RUN+="/usr/libexec/gdm-disable-wayland"
...
ATTR{vendor}=="0x19e5", ATTR{device}=="0x1711", RUN+="/usr/libexec/gdm-disable-wayland"
...
ATTR{vendor}=="0x19e5", ATTR{device}=="0x1711", RUN+="/usr/libexec/gdm-disable-wayland"
...
```

　先述の wayland の選択項目が表示されない条件のうち、OS のブートパラメータについては、設定ファイルの記述を削除すれば、Wayland の選択項目の表示が可能です。具体的には、/etc/default/grub ファイルの GRUB_CMDLINE_LINUX 行で指定しているブートパラメータから nomodeset を削除し、grub.cfg ファイルを再作成し、OS を再起動します。

```
# cat /proc/cmdline
BOOT_IMAGE=(hd0,msdos1)/vmlinuz- ... nomodeset rhgb quiet

# vi /etc/default/grub
GRUB_CMDLINE_LINUX="resume=UUID=...rhgb quiet"

# grub2-mkconfig -o /boot/grub2/grub.cfg
# reboot
```

現在稼働している環境が X.Org なのか、Wayland なのかを確認するには、GNOME デスクトップ画面で仮

想端末を開き、コマンドラインから環境変数 XDG_SESSION_TYPE の値を確認します。XDG_SESSION_TYPE の値が wayland と表示された場合、Wayland が起動中であり、x11 と表示された場合は、X.Org が稼働しています。

```
# printenv XDG_SESSION_TYPE
wayland
```

GDM での設定以外に、/etc/gdm/custom.conf ファイルに WaylandEnable=false のコメントアウト記号の #を削除することで、X.Org サーバのみを選択できるようになります。

```
# vi /etc/gdm/custom.conf
...
WaylandEnable=false
...
# grep -v ^# /etc/gdm/custom.conf |grep -v ^$
[daemon]
WaylandEnable=false
[security]
[xdmcp]
[chooser]
[debug]
```

7-2　GUI 環境のインストール

RL 8/AL 8 において、最小インストール構成などの GUI 環境をインストールしていない場合、後から GUI デスクトップ環境を追加したい場合があります。GUI 環境を追加するには、GNOME デスクトップ環境をインストールします。

```
# dnf groupinstall -y "Server with GUI"
```

7-2-1　セッション管理

現在稼働しているセッションが、X11 なのか、Wayland なのかを知るには、loginctl コマンドを使用します。

```
# loginctl
SESSION UID USER SEAT  TTY
      2   0 root
```

```
    c1  42 gdm  seat0 tty1

 2 sessions listed.
# loginctl show-session c1 -p Type
Type=x11
```

上記のように `Type=x11` と表示されたら、そのセッションは、Wayland ではなく X11 で稼働しています。もし、以下のように、`Type=wayland` と表示されたら、Wayland が稼働しています。

```
# loginctl show-session c1 -p Type
Type=wayland
```

RL 8/AL 8 のデフォルトの GNOME デスクトップでは、従来のようなメニューバーからアプリケーションをプルダウン表示で選択するのではなく、アプリケーションのアイコンをクリックする画面（GNOME Standard）がデフォルトになっています（**図 7-2**）。

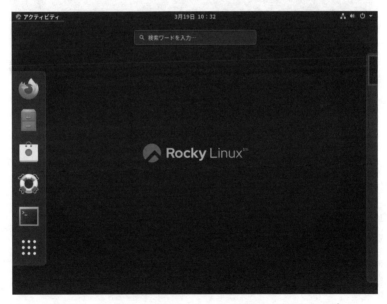

図 7-2　RL 8/AL 8 のデフォルトの GNOME デスクトップ

しかし、CentOS 7 まで慣れ親しんだメニューバーからアプリケーションを選択できる GNOME デスクトップ画面で操作したい場合もあります。CentOS 7 まで利用されていた従来の GNOME デスクトップは、RL 8/AL 8 において **GNOME クラシック**（GNOME Classic）と呼ばれます（**図 7-3**）。

GNOME クラシックを利用する場合は、ユーザごとに、RL 8/AL 8 の GUI ログイン画面のユーザパスワード入力時において、GNOME セッションを選択するための歯車アイコンをクリックし、クラシック（X11 ディスプレイサーバ）を選択します。これにより、従来の CentOS 7 で利用していたメニューバーの画面で操作できます。

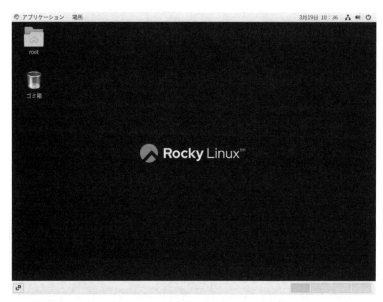

図 7-3　RL 8/AL 8 における GNOME クラシックのデスクトップ画面

歯車をクリックせずに、コマンドラインで設定変更するには、ユーザごとの設定ファイルを編集します。例えば、ユーザ koga の場合は、/var/lib/AccountsService/users/koga ファイルを編集し、[User] セクションの下に、Session=gnome-classic を記述します。

```
# vi /var/lib/AccountsService/users/koga
...
[User]
Session=gnome-classic
...
```

設定を有効にするには、ログインしている GNOME セッションを終了させるために、いったんログアウトします。再び、GUI のログイン画面が表示されたら、パスワード入力時の歯車アイコンをクリックし、クラシック（X11 ディスプレイサーバ）に設定されているかを確認します。

逆に、RL 8/AL 8 のユーザ koga のデスクトップを GNOME Standard に戻す場合は/var/lib/AccountsService/users/koga ファイルの [User] セクションの下に、Session=gnome を記述し、GNOME

デスクトップのセッションをログアウトします。

```
# vi /var/lib/AccountsService/users/koga
...
[User]
Session=gnome
...
```

7-2-2　startx で GNOME クラシックを起動する方法

　サーバ環境では、GDM が起動するグラフィカルモードでのログイン画面ではなく、コマンドライン
でログインした後に、X Window System を startx コマンドで起動させる場合もあります。コマンドラ
インから startx で起動すると、通常、GNOME Standard のデスクトップ環境が表示されます。以下で
は、startx で起動するデスクトップ画面を GNOME クラシックに変更する手順を示します。

　まず、GNOME デスクトップを表示させるために必要な gnome-session RPM パッケージがインストー
ルされていない場合は、dnf コマンドでインストールしておきます。

```
# dnf install -y gnome-session
```

OS 起動時に X Window が自動的に起動しないようにします。

```
# systemctl set-default multi-user.target
```

OS を再起動します。

```
# reboot
```

一般ユーザでログインし、.xinitrc ファイルを作成します。

```
$ whoami
koga
$ vi ~/.xinitrc
export GNOME_SHELL_SESSION_MODE=classic
export XDG_CURRENT_DESKTOP=GNOME-Classic:GNOME
exec /usr/bin/gnome-session --session=gnome-classic
```

一般ユーザで startx で X を起動すると、GNOME クラシックのデスクトップ画面が表示されます。

```
$ startx
```

注意　VNC 側の GNOME クラシックの設定

　RL 8/AL 8 環境で VNC サーバ (tigervnc-server) を稼働させ、リモートの PC ユーザに GNOME クラシックのデスクトップ画面を提供するには、VNC サーバ側の xstartup ファイルに先述の GNOME クラシックを起動する記述が必要です。

```
# vi /root/.vnc/xstartup
...
unset SESSION_MANAGER
unset DBUS_SESSION_BUS_ADDRESS
...
export GNOME_SHELL_SESSION_MODE=classic
export XDG_CURRENT_DESKTOP=GNOME-Classic:GNOME
exec /usr/bin/gnome-session --session=gnome-classic
...
/etc/X11/xinit/xinitrc
...
```

7-3　ウィンドウシステムのアーキテクチャ

　ウィンドウシステムの利用形態では、単に複数の端末ウィンドウを利用するに留まりません。X は、もともとネットワークを介した利用が想定されており、最近の例では、機械学習や深層学習などの人工知能（AI）分野におけるビッグデータ解析処理において、GPU サーバ上にインストールされた X11 アプリケーションを、VNC などのデスクトップ画面転送ソフトウェアや X11 の画面転送の機能を使って、手元のワークステーションで表示するといった利用も見られます。こうした、画面転送や画面描画の性能が要求されるシステムを適切に構築するには、X11、および、Wayland におけるアプリケーションの描画の基本的な仕組みを知っておくことが必要です。

　また、Docker などのコンテナ環境において、画像データの加工処理やアプリケーション開発のデスクトップ環境をコンテナ内にインストールし、軽量な GUI 環境を開発者や分析官に提供したいというニーズもあります。このような用途で Dockerfile を作成し、コンテナイメージをビルドするには、やはりウィンドウシステムのアーキテクチャの理解は不可欠となります。

　本節では、こうした用途での利用を踏まえて、ウィンドウシステムのアーキテクチャについて解説します。

7-3-1 Xサーバとxクライアント

Xでは、ウィンドウシステムの処理をXサーバとXクライアントで分担しています。Xサーバがグラフィックカードのドライバに働きかけるプログラムであり、ウィンドウを画面上に描画したり、マウスやキーボードの入力をクライアントプログラムに送信したりといった役割を担います。Xクライアントは画面に表示させるアプリケーションを指します。XサーバとXクライアントは、Xプロトコルと呼ばれるデータ形式で通信しています。このシステム構成を図に示すと、図7-4のようになります。

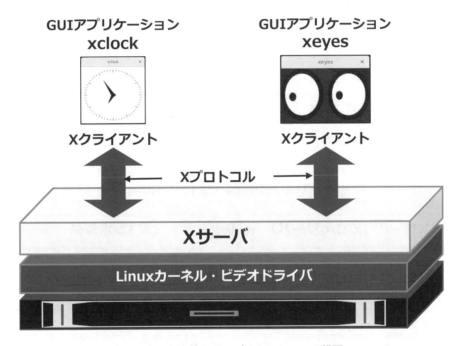

図7-4 Xを使ったアプリケーションの描画

7-3-2 X11の仕組み

次に、図7-4に示したシステム構成が、どのようにウィンドウシステムを実現しているかをイベントの流れを追って見てみましょう。

X11では、Linuxカーネルが入力装置からイベントを取得します。イベントは、入力ドライバ（evdev）を介して、Xサーバに送信されます。このとき、Linuxカーネルがデバイスを駆動し、さまざまなデバ

イス固有のイベントプロトコルは、入力イベントに変換されます。X サーバは、イベントがどのウィンドウに対応するかを判断しており、そのウィンドウにおいて、当該イベントをクライアントに送信します。画面上のウィンドウの位置などは、**コンポジタ**と呼ばれるコンポーネントによって制御されます。

X クライアントは、チェックボックスのクリック、ボタンの入力などのイベントによって次に何をすべきかを決定します。イベントによってユーザインターフェイスの状況が変化すると、X クライアントは、描画要求を X サーバに送り返します。描画要求を受け取った X サーバは、ドライバに送信し、描画を実行します。X サーバは、描画領域なども処理し、イベントとしてコンポジタに送信します。コンポジタに送信されたイベントは、ウィンドウ内での変更内容や、ウィンドウが表示される画面の再構成の有無をコンポジタに通知します。コンポジタは、画面コンテンツ全体を描画する役割を果たしますが、実際の描画は、コンポジタから描画要求を受信した X サーバが行います（図 7-5）。

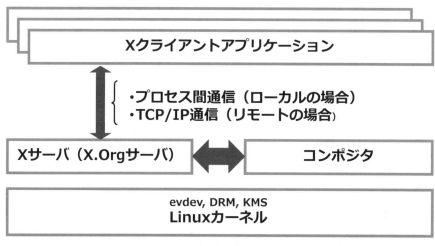

図 7-5　X のアーキテクチャ

7-3-3　TCP/IP を利用した X の通信

それでは、ネットワークを介した X Window の簡単な利用例を示します。X のアーキテクチャを使えば、リモートにある X クライアントを X が稼働する手元の X サーバ上に表示させることが可能です。以下は、リモートのマシン n0180rmt 上で動作する xeyes を手元のマシン n0181svr で稼働する X の

GUI 画面に表示させる例です。システム構成を**表 7-1** に示します。

表 7-1　TCP/IP を利用した X の通信テストのシステム構成例

	リモートマシン	手元のマシン
ホスト名	n0180rmt.jpn.linux.hpe.com	n0181svr.jpn.linux.hpe.com
IP アドレス	172.16.1.180/16	172.16.1.181/16
GNOME デスクトップの起動	なし	あり
X11 アプリ	プロセスが起動	GNOME デスクトップに表示

実行例を示すにあたり、リモートのマシンのコマンドプロンプトを「n0180rmt #」、手元のマシンのコマンドプロンプトを「n0181svr #」で表します。

まず、手元のマシン n0181svr 上の X サーバに表示を許可するリモートホストを xhost コマンドで指定します。xhost コマンドで指定するホスト名は、DNS サーバ、あるいは、/etc/hosts による名前解決が必要です。

```
n0181svr # vi /etc/hosts
...
172.16.1.180    n0180rmt
172.16.1.181    n0181svr
```

手元のマシンで起動する X は、TCP を許可して X を起動する必要があります。具体的には、マルチユーザモードから startx で X を起動する際に、「-- -listen tcp」オプションを付与します。

```
n0181svr # systemctl isolate multi-user.target
n0181svr # startx -- -listen tcp
n0181svr # xhost +n0180rmt
n0180rmt being added to access control list
```

> 　手元のマシンの X11 環境を VNC (tigervnc-server) で提供する場合、VNC サーバの起動時に「-listen tcp」オプションが必要です。
>
> ```
> n0181svr # vncserver -listen tcp
> ```

次に、リモートマシン上で、手元に表示させたいアプリケーションをインストールします。今回は、RL 8/AL 8 の PowerTools リポジトリで提供されている xorg-x11-apps RPM パッケージをインストールします。表示させるアプリケーションは、xorg-x11-apps RPM に含まれる xeyes です。

```
n0180rmt # dnf --enablerepo=powertools install -y xorg-x11-apps
```

リモートマシン上で環境変数 DISPLAY を設定します。具体的には、コマンドラインにおいて、以下の書式で指定します。

```
DISPLAY=出力させたいホスト名:ディスプレイ番号
```

DISPLAY に指定するホスト名は、DNS サーバ、あるいは、/etc/hosts による名前解決が必要です。

```
n0180rmt # vi /etc/hosts
...
172.16.1.180    n0180rmt
172.16.1.181    n0181svr
```

リモートマシンで xeyes を起動すると、リモートマシンの n0180rmt 上の画面（X サーバ）へ出力されずに、手元のマシン n0181svr 上の X サーバへ送られます。すなわち、手元のマシン n0181svr 上のデスクトップ画面に X クライアントである xeyes が表示されます。

```
n0180rmt # DISPLAY=n0181svr:0 xeyes
```

これで、リモートのマシンにインストールされた xeyes が手元のマシンで表示されます。今度は、逆に、手元のマシン n0181svr 上の X サーバで表示できないように xhost コマンドで設定します。xhost において、表示できないホストは、ホスト名の前にマイナス記号を付与します。xhost コマンドは、GNOME デスクトップ上で実行します。

```
n0181svr # xhost - n0180rmt
n0180rmt being removed from access control list
```

リモートのマシン n0181svr にインストールされている xeyes が手元のマシン n0180rmt で表示できないことを確認します。

```
n0180rmt # DISPLAY=n0181svr:0 xeyes
No protocol specified
Error: Can't open display: n0181svr:0
```

リモートにあるマシン n0180rmt の xeyes が手元で表示できないことが確認できました。再び、リモートマシンの xhost で接続元となる n0180rmt を許可し、xeyes 以外のアプリケーションも手元のマシンで表示できるかを確認してください（図 7-6）。

```
n0181svr # xhost +n0180rmt
n0180rmt # DISPLAY=n0181svr:0 xclock -update 1
```

> 手元のマシン n0181svr で xeyes を表示させたとしても、xeyes のプロセスは、リモートのマシン n0180rmt に存在し、手元のマシン n0181svr 上には存在しません。

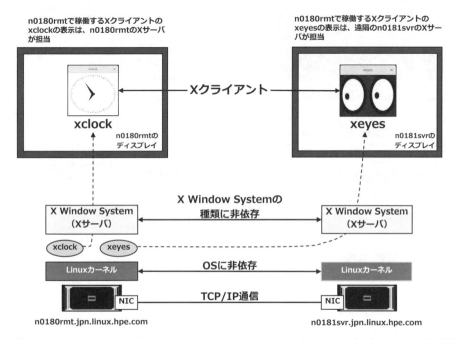

図 7-6　リモートのマシン n0180rmt にインストールされた X11 アプリケーションを手元のマシン n0181svr のデスクトップに表示

7-3-4　Wayland のアーキテクチャ

Wayland は、入力装置との通信には他のライブラリを使用することを想定しており、画像出力系の処理に特化しています。ウィンドウマネージャがアプリケーションや画像出力のハードウェア機器と直接通信できるようにするための手段が提供されています。具体的には、ウィンドウマネージャがディスプレイサーバとなり、画像は、各アプリケーションのバッファ領域で描画されます。

一方、ディスプレイサーバであるウィンドウマネージャが各アプリケーションのバッファを合成し、ディスプレイ上のアプリケーションウィンドウを作成します。この仕組みにより、従来の方法よりも

効率的にアプリケーションの描画処理を行えます（図 7-7）。

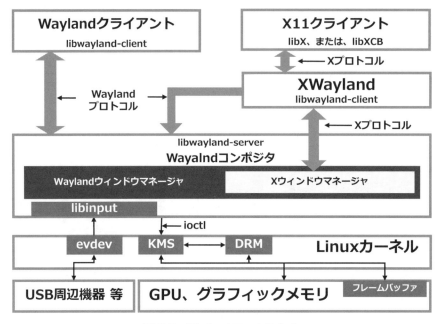

図 7-7　Wayland アーキテクチャ

■ Wayland の描画処理

　Linux の X ウィンドウ上で表示されるさまざまな GUI アプリケーションは、通常、物理的なディスプレイ装置へ表示する機能を持っておらず、コンポジタが画面への描画を担っています。GUI アプリケーションを起動すると、グラフィックボードやメインメモリ上に情報が記録されますが、その情報をコンポジタが受信し、画面に表示します。

　Wayland は、アプリケーションの描画依頼を受け取る役目を担います。すなわち、Wayland では、コンポジタが、ディスプレイサーバの役目を担います。カーネルは、イベントを取得してコンポジタに送信します。例えば、カーネル空間でディスプレイの解像度などの設定を行う KMS（Kernel Mode Setting）やデバイスドライバからの入力イベントをディレクトリ内のキャラクタデバイスを通じて利用できるようにする汎用入力イベントインターフェイス（通称、evdev）の制御などがコンポジタに転送されます。コンポジタは、Wayland プロトコル使って入力に関するイベントをクライアントに直接送信できます。

■ クライアントの処理

　一方クライアントも、Wayland プロトコルを使ってイベントをコンポジタに直接送信できます。Wayland コンポジタが各アプリケーションの描画処理を行い、実際の画面への描画する役割を果たします。X の場合と同様に、クライアントがイベントを受信すると、ユーザインターフェイスを更新しますが、Wayland の場合、レンダリング処理は、クライアント側で行われ、クライアントは、コンポジタに要求を送信し、コンポジタは、クライアントからの要求を収集し、画面を再合成します。

　近年、Wayland コンポジタの実装が複数公開されており、Wayland プロジェクトによるリファレンス実装は、weston と呼ばれます。また、最近では、GNOME や KDE も Wayland に対応しています。具体的には、GNOME における Mutter、KDE における KWin が Wayland コンポジタの役割を果たします。

7-3-5　なぜ Wayland なのか？

　従来の X サーバでは、X プロトコルを利用するために、サポートしなければならない膨大な種類の機能が盛り込まれていますが、通常、これらのすべての機能を利用することは、ほとんどありません。例えば、X11 の画面上にテキストを表示するためのフォントモデルであるコアフォントの API や、1980 年代に利用されていた古いレンダリング API なども含まれており、現在のデスクトップ画面ではほとんど使用されないにもかかわらず、これらの複雑な機能は廃止されていません。

　また、セキュリティについても問題があります。通常、X サーバが、GUI コンテンツを更新する必要があると判断すると、ウィンドウマネージャなどの外部プロセスに通知し、レンダリングを制御しますが、従来の X プロトコルを利用する環境では、悪意のある X クライアントが、OS やアプリケーションに含まれるセキュリティ脆弱性をつくコードやプログラムを実行する恐れがあります。

　一方、Wayland では、クライアントである GUI アプリケーションを互いに分離するようにゼロから設計されています。Wayland クライアントは、互いのウィンドウへの描画や、お互いの入力へのスヌーピング、偽の入力イベントを挿入することなどはできないように設計されています。

　信頼されていないアプリケーションをサンドボックス化できるため、表示プロトコルにおけるセキュリティへの対応が期待できます。また、Wayland プロトコルは、コンポジタなどの最新のディスプレイ機構に適しており、内部構造も非常に簡素です。X プロトコルにおけるコアフォントやコアレンダリング API などの一般に利用されない古い機能をアプリケーションに装備する必要もありません。また、レンダリングしたコンテンツを表示するために、X サーバを経由する必要がないため、従来の X サーバに比べて非常に効率的です。

7-4　まとめ

　本章では、RL 8/AL 8 における GUI 環境について簡単に解説しました。新しい Wayland が登場しましたが、まだ発展途上であり、サーバ環境では、搭載されているハードウェアの都合上、従来の X11 が利用されることが少なくありません。従来の X11 で利用するのか、Wayland で利用するのかの見極めが必要ですが、サーバ利用であれば、現時点では、X11 で運用するのが無難です。今後は、Wayland での制限事項も徐々に減ると予想されますが、現時点では、Wayland における制限事項を踏まえつつ、GUI アプリケーションが安定稼働するかどうかをテストしてください。

 コラム　X Window System と Wayland に関する情報源

　X Window System と Wayland に関する情報源を以下に掲載しました。X Window を使ったアプリケーションの開発や GUI アプリケーションの運用にかかわる方は、一読されることをお勧めします。

● X Window System Architecture Overview HOWTO
https://tldp.org/HOWTO/XWindow-Overview-HOWTO/index.html

● RHEL 8 におけるグラフィックの表示
https://access.redhat.com/documentation/ja-jp/red_hat_enterprise_linux/8/html-single/using_the_desktop_environment_in_rhel_8/index

● RHEL 8 における Wayland の制限事項
https://access.redhat.com/documentation/ja-jp/red_hat_enterprise_linux/8/html/using_the_desktop_environment_in_rhel_8/wayland-limitations_overview-of-gnome-environments

● Wayland の特徴
https://fedoraproject.org/wiki/Wayland_features

● X と Wayland のアーキテクチャの違い
https://wayland.freedesktop.org/docs/html/ch03.html

● Wayland における X11 アプリケーションのサポート
https://wayland.freedesktop.org/docs/html/ch05.html

第8章

ネットワーキング

　昨今の「ネットワーク管理の複雑化」は、IT 部門における悩みの種の一つです。複雑化の原因の一つとなっているのは、ネットワークの構築や保守すべき項目数の増加です。サーバに装着された物理的な NIC やスイッチの設定、耐障害性の確保、セキュリティ対策、カーネルパラメータによるチューニングなど、管理対象が非常に増えています。しかも、最近はそれだけではなく、クラウド基盤を見据えたソフトウェア定義ネットワーク（SDN）と呼ばれる「ネットワークの仮想化」が注目を浴びており、その対応に迫られていることも、複雑化の要因となっています。

　そのようなネットワークが複雑化する状況の中、Linux では設定ファイルを直接編集せずに、できるだけ管理ツールを使うことで、ネットワークの構築や運用の簡素化を目指そうという動きが見られます。RL 8/AL 8 もこうした動向にならい、NetworkManager による設定に移行しつつあります。

8-1　NetworkManager による管理

RL 8/AL 8 におけるネットワーク管理は、NetworkManager によって行います。RL 8/AL 8 の NetworkManager は、ネットワーク関連の操作が大幅に強化され、/etc/sysconfig/network-scripts/ifcfg-* ファイルを直接編集することなく、コマンドラインや GUI ツールによって設定ファイルを生成します。

8-1-1　NIC の永続的な命名

RL 8/AL 8 におけるネットワークデバイス名（ネットワークインターフェイス名とも呼ばれます）は、永続的に付与されます。この永続的な命名のことを Consistent Network Device Naming と言います。デフォルトでは、Predictable Network Interface Names が利用され、一般的な x86 サーバに搭載されているオンボードの NIC は、eno1、eno2 という名前が付与されます。拡張カードスロットに装着する NIC の場合は、ens1、ens2、あるいは、ens7f0、ens7f1 などの名前が付与されます。

これらのデバイス名最後の数字は、従来の biosdevname と同様に物理的な位置を示しています。例えば、オンボードの 4 ポート NIC の eno1、eno2、eno3、eno4 は、サーバの筐体の背面に印字されている NIC1、NIC2、NIC3、NIC4 に対応します。また、拡張カードスロットに装着した NIC の ens7f0、ens7f1 は、それぞれサーバ筐体内の拡張スロット 7 番に装着したカードのポート 1 番とポート 2 番に対応します。拡張カードスロットに装着したデバイスの位置が判別できない場合は、PCI バス番号をもとに、enp2s1、enp2s2 のように命名されます。

このように、デバイス名は、ファームウェアやサーバのオンボードに搭載されている NIC のトポロジやロケーション情報によって異なります。デバイス名は、インストーラの実行時において、どの命名体系（naming scheme）が利用されているかを確認できます。udev によるネットワークデバイスの命名体系を表 8-1 に示します。

表 8-1　ネットワークデバイスの命名体系

命名体系	例
オンボード・デバイスに対応するインデックス番号を組み込んだ名前	eno1、eno2
PCI Express ホットプラグスロットインデックス番号を組み込んだ名前	ens1、ens2
ハードウェアのコネクタの物理位置を組み込んだ名前	enp2s1、enp2s2
デバイスの MAC アドレスを組み込んだ名前	enx78f2e1ba38c2
従来のカーネルネイティブの命名体系	eth0、eth1

RL 8/AL 8 における NIC のデバイス名の命名体系には、いくつかのタイプが存在します。表 8-2 は、命名体系をタイプ別にまとめたものです。

表 8-2　NIC のタイプ別命名体系

タイプ	フォーマット
オンボード上にあるデバイス番号	o<index>
ホットプラグスロットのインデックス番号	s<slot>[f<function>][d<dev_id>]
MAC アドレス値	x<MACaddress>
PCI のロケーション	p<bus>s<slot>[f<function>][d<dev_id>]
USB ポート番号チェイン	p<bus>s<slot>[f<function>][u<port>][..][c<config>][i<interface>]

8-1-2　NIC の命名体系の確認

OS インストール後、NIC に対する命名体系を知るには、/sys/class/net ディレクトリの下にあるシンボリックリンクを確認します。

```
# ls -l /sys/class/net/
合 計 0
lrwxrwxrwx. 1 root ...   1 20:13 eno1 -> ../../devices/pci0000:00/0000:00:03.0/net/eno1
lrwxrwxrwx. 1 root ...   1 20:13 eno2 -> ../../devices/pci0000:00/0000:00:08.0/net/eno2
...
```

この例の場合は、ネットワークカードが eno1、eno2 として登録されていることがわかります。

8-1-3　nmcli コマンドの基礎

nmcli（Network Manager CommandLine Interface）は、ネットワークの設定を行う NetworkManager の基本コマンドです。nmcli コマンドには、表 8-3 に示すパラメータが用意されています。

表 8-3　nmcli コマンドのパラメータ

nmcli コマンドのパラメータ	意味
connection	接続の設定
device	デバイス管理
general	ホスト名設定、ロギング、権限操作、状態表示
networking	接続のチェック、有効化、無効化
radio	ラジオスイッチ（Wi-Fi、WWAN）の関連の設定
agent	NetworkManager シークレットエージェントあるいは、polkit エージェントの起動
monitor	NetworkManager のアクティビティ、接続状況、デバイス、接続プロファイルの監視

■ デバイスの接続状態

次の例では、イーサネットに対応した物理 NIC に対する、デバイスの基本的な設定を紹介します。ここでは、サーバに搭載されているオンボードの 4 ポート物理 NIC を使って設定を行います。まず、現在の接続状態を確認してみます。

```
# nmcli connection
NAME     UUID                                     TYPE      DEVICE
eno1     abf4c85b-57cc-4484-4fa9-b4a71689c359     ethernet  eno1
eno2     b186f945-cc80-911d-668c-b51be8596980     ethernet  eno2
virbr0   11ee5737-43bc-4552-a19a-a56f0e7ff080     bridge    virbr0
```

この例では、オンボードの物理 NIC のデバイス名が割り当てられていることがわかります。

```
        nmcli connection は、nmcli c や nmcli con に短縮できます。

 # nmcli c
 NAME     UUID                                     TYPE      DEVICE
 eno1     abf4c85b-57cc-4484-4fa9-b4a71689c359     ethernet  eno1
 eno2     b186f945-cc80-911d-668c-b51be8596980     ethernet  eno2
 virbr0   11ee5737-43bc-4552-a19a-a56f0e7ff080     bridge    virbr0
```

■ デバイスの接続と切断

nmcli connection では、up や down を指定することで、デバイスの接続、切断を制御できます。次の例では、デバイス eno2 を切断しています。

注意　別のリモートアクセス経路の確保

リモートから eno2 を経由してアクセスしており、外部からのアクセス経路が eno2 しかない場合、あらかじめ、ローカルの端末や、別の NIC（eno1 など）を経由してログインできる経路を確保してください。

```
# nmcli connection down eno2
接続 'eno2' が正常に非アクティブ化されました(D-Bus アクティブパス: /org/freedesktop/
NetworkManager/ActiveConnection/2)
# nmcli connection
NAME     UUID                                     TYPE      DEVICE
```

```
eno1     abf4c85b-57cc-4484-4fa9-b4a71689c359  ethernet  eno1
virbr0   11ee5737-43bc-4552-a19a-a56f0e7ff080  bridge    virbr0
eno2     b186f945-cc80-911d-668c-b51be8596980  ethernet  --
```

eno2 の DEVICE 欄が「--」に変化し、接続が断たれていることがわかります。接続するには、次のように「up」を指定します。

```
# nmcli connection up eno2
接続が正常にアクティベートされました(D-Bus アクティブパス: /org/freedesktop/Network
Manager/ActiveConnection/5)
# nmcli connection
```

■ デバイス名とデバイスの状態の確認

デバイスのデバイス名とその状態を確認するには、「device」を指定します。

```
# nmcli device
DEVICE       TYPE       STATE     CONNECTION
eno1         ethernet   接続済み   eno1
eno2         ethernet   接続済み   eno2
virbr0       bridge     接続済み   virbr0
lo           loopback   管理無し   --
virbr0-nic   tun        管理無し   --
```

物理 NIC が 2 ポートのサーバで、デバイス名が eno1、eno2 として割り当てられ、かつループバックデバイスの lo が認識されていることがわかります。STATE 欄から、eno1 と eno2 が接続されていることもわかります。

```
        nmcli device は、nmcli d、あるいは、nmcli dev に短縮できます。

  # nmcli d
  DEVICE       TYPE       STATE     CONNECTION
  eno1         ethernet   接続済み   eno1
  eno2         ethernet   接続済み   eno2
  virbr0       bridge     接続済み   virbr0
  lo           loopback   管理無し   --
  virbr0-nic   tun        管理無し   --
```

■ 詳細なデバイス情報の表示

各デバイスの MAC アドレス、IP アドレス、MTU などの詳細を見るには、`nmcli device` にさらに「show」を付与します。

```
# nmcli device show eno2
GENERAL.DEVICE:                     eno2
GENERAL.TYPE:                       ethernet
GENERAL.HWADDR:                     52:54:00:39:3E:4C
GENERAL.MTU:                        1500
GENERAL.STATE:                      100 （接続済み）
GENERAL.CONNECTION:                 eno2
...
```

■ 接続情報の変更

デバイスに割り当てた IP アドレスやゲートウェイアドレスを変更するには、`nmcli connection` に「modify」を指定します。次の例は、IP アドレスが 192.168.1.181/24 で、ゲートウェイアドレスが 0.0.0.0 で割り当てられているデバイス eno2 の IP アドレスを、10.0.0.181/24、ゲートウェイアドレスを 10.0.0.1 に変更する例です。

```
# nmcli c modify eno2 ipv4.addresses 10.0.0.181/24 ipv4.gateway 10.0.0.1
# nmcli c down eno2 && nmcli c up eno2
# nmcli device show eno2 | grep IP4
IP4.ADDRESS[1]:                     10.0.0.181/24
IP4.GATEWAY:                        10.0.0.1
...
```

8-1-4　設定ファイルによる IP アドレスの変更

今度は、eno2 の設定ファイル ifcfg-eno2 を編集し、IP アドレスを変更します。設定ファイルを変更した場合は、nmcli で reload オプションを付与し、設定ファイルの変更を NetworkManager に通知する必要があります。以下は、eno2 の IP アドレスを 10.0.0.11/24 に変更する例です。

```
# vi /etc/sysconfig/network-scripts/ifcfg-eno2
...
IPADDR=10.0.0.11
PREFIX=24
...
```

NetworkManager に変更を通知し、デバイスを再起動します。

```
# nmcli c reload
# nmcli c down eno2 && nmcli c up eno2
# nmcli d show eno2 | grep -i ip4.address
IP4.ADDRESS[1]:                          10.0.0.11/24
```

8-1-5　DNS サーバと静的ルーティングの変更

ネットワークデバイスが参照する DNS サーバと静的ルーティング（スタティックルート）を変更するには、「ipv4.dns」と「ipv4.routes」を指定します。次の例は、デバイス eno2 に対して、DNS サーバの IP アドレス「10.0.0.254」と「10.0.0.253」を指定し、静的ルーティングとして、「10.0.0.0/24」のネットワークアドレスでルータの IP アドレス「10.0.0.1」を指定する例です。

```
# nmcli c m eno2 ipv4.dns "10.0.0.254 10.0.0.253"
# nmcli c m eno2 ipv4.routes "10.0.0.0/24 10.0.0.1"
# nmcli c down eno2 && nmcli c up eno2
# nmcli d show eno2 | grep -i ip4
IP4.ADDRESS[1]:                          10.0.0.11/24
IP4.GATEWAY:                             10.0.0.1
IP4.ROUTE[1]:                            dst = 10.0.0.0/24, nh = 0.0.0.0, mt = 101
IP4.ROUTE[2]:                            dst = 0.0.0.0/0, nh = 10.0.0.1, mt = 101
IP4.ROUTE[3]:                            dst = 10.0.0.0/24, nh = 10.0.0.1, mt = 101
IP4.DNS[1]:                              10.0.0.254
IP4.DNS[2]:                              10.0.0.253
```

設定ファイルに自動的に反映されているかも確認します。

```
# grep -i dns /etc/sysconfig/network-scripts/ifcfg-eno2
DNS1=10.0.0.254
DNS2=10.0.0.253

# cat /etc/sysconfig/network-scripts/route-eno2
ADDRESS0=10.0.0.0
NETMASK0=255.255.255.0
GATEWAY0=10.0.0.1

# cat /etc/resolv.conf
...
nameserver 10.0.0.254
nameserver 10.0.0.253
```

8-1-6 /etc/resolv.conf ファイルの自動更新を抑制する方法

RL 8/AL 8 において、参照先の DNS サーバの IP アドレスが NIC に設定されている場合、デフォルトでは、/etc/resolv.conf ファイルが自動的に更新されるようになっています。しかし、環境によっては、NIC が参照する DNS サーバの IP アドレスの変更に伴う/etc/resolv.conf ファイルの自動更新を無効にしたい場合があります。次の例では、/etc/resolv.conf ファイルの自動更新を無効にする手順を紹介します。

■ DNS サーバの IP アドレスの確認

まず、ネットワークデバイスの eno2 に設定されている参照先の DNS サーバの IP アドレスを確認しておきます。

```
# nmcli d show eno2 | grep -i dns
IP4.DNS[1]:                          10.0.0.254
IP4.DNS[2]:                          10.0.0.253
```

このコマンドの実行により、eno2 に設定されている参照先の DNS サーバの IP アドレスは、10.0.0.254 と 10.0.0.253 であることがわかります。デフォルトでは、/etc/resolv.conf ファイルが NetworkManager によって自動的に生成されるため、IP アドレスが/etc/resolv.conf ファイルに記述されているはずです。

```
# cat /etc/resolv.conf
...
nameserver 10.0.0.254
nameserver 10.0.0.253
```

■ 自動更新の無効化

/etc/resolv.conf ファイルが自動的に更新されないようにするには、/etc/NetworkManager/NetworkManager.conf ファイルの [main] の下に dns=none を記述します。

```
# cp -a /etc/NetworkManager/NetworkManager.conf{,.org}
# vi /etc/NetworkManager/NetworkManager.conf
...
[main]
dns=none
...
```

NetworkManager サービスを再起動します。

```
# systemctl restart NetworkManager
```

これで、/etc/resolv.conf ファイルの自動更新が抑制されました。

■ 設定の確認

実際に eno2 が参照する DNS サーバの IP アドレスを変更しても、/etc/resolv.conf ファイルが自動的に更新されないかを確認します。まず、eno2 が参照する DNS サーバの IP アドレスを 10.0.0.252 に変更します。

```
# nmcli c m eno2 ipv4.dns "10.0.0.252"
# nmcli c down eno2 && nmcli c up eno2
# nmcli d show eno2 | grep -i dns
IP4.DNS[1]:                            10.0.0.252
```

eno2 の設定ファイルにおける DNS サーバの設定も確認します。

```
# grep -i dns /etc/sysconfig/network-scripts/ifcfg-eno2
DNS1=10.0.0.252
```

ネットワークデバイスの eno2 に対して新しく設定した参照先 DNS サーバの IP アドレスである 10.0.0.252 が、/etc/resolv.conf ファイルに自動的に設定されていないことを確認します。

```
# cat /etc/resolv.conf
nameserver 10.0.0.254
nameserver 10.0.0.253
```

8-1-7　デバイス接続の追加と削除

デバイスへの接続の追加と削除を nmcli コマンドで行います。eno2 を使って、操作例を示します。

■ デバイスの削除

まず、デバイスの状況を確認します。

```
# nmcli d
DEVICE     TYPE       STATE      CONNECTION
eno1       ethernet   接続済み    eno1
eno2       ethernet   接続済み    eno2
virbr0     bridge     接続済み    virbr0
lo         loopback   管理無し    --
```

```
virbr0-nic  tun      管理無し  --
```

eno2 の接続を削除してみます。接続の削除は、nmcli c に「delete」を付与し、削除するデバイス名を指定します。

```
# nmcli c delete eno2
接続 'eno2' (b186f945-cc80-911d-668c-b51be8596980) が正常に削除されました。

# nmcli c show
NAME     UUID                                    TYPE      DEVICE
eno1     abf4c85b-57cc-4484-4fa9-b4a71689c359    ethernet  eno1
virbr0   266227b3-f14b-4360-b8b5-e8bae875b571    bridge    virbr0

# nmcli d
DEVICE       TYPE       STATE      CONNECTION
eno1         ethernet   接続済み    eno1
virbr0       bridge     接続済み    virbr0
eno2         ethernet   切断済み    --
lo           loopback   管理無し    --
virbr0-nic   tun        管理無し    --
```

eno2 は接続が切断され、設定した IP アドレスや設定ファイルの ifcfg-eno2 も破棄されます。

■ デバイスの追加

先ほど削除したデバイス eno2 に、再び接続を追加し、IP アドレスを付与してみましょう。接続の追加は、nmcli c に「add type」を付与します。この例では、1GbE の有線のイーサネットを接続するので、TYPE として ethernet を指定します。デバイス名は、ifname で指定し、接続名は con-name で指定します。ここでの接続名は、デバイス名と同じ eno2 を指定することにします。

```
# nmcli c add type ethernet ifname eno2 con-name eno2
接続 'eno2' (33736891-51a1-4af9-9c93-e4df3f0064f1) が正常に追加されました。
```

デバイス eno2 に対して、接続が追加されているかを確認します。

```
# nmcli d
DEVICE       TYPE       STATE      CONNECTION
eno1         ethernet   接続済み    eno1
eno2         ethernet   接続済み    eno2
virbr0       bridge     接続済み    virbr0
lo           loopback   管理無し    --
virbr0-nic   tun        管理無し    --
```

```
# nmcli c
NAME    UUID                                    TYPE      DEVICE
eno1    abf4c85b-57cc-4484-4fa9-b4a71689c359    ethernet  eno1
eno2    33736891-51a1-4af9-9c93-e4df3f0064f1    ethernet  eno2
virbr0  266227b3-f14b-4360-b8b5-e8bae875b571    bridge    virbr0
```

■ IP アドレスの設定

接続が追加されたら、eno2 に対して、IP アドレスなどの設定が可能になります。次の例では、固定
IP アドレスとして 192.168.0.181/24、ゲートウェイアドレスとして 192.168.0.254 を設定してみます。固
定 IP アドレスを設定するには、ipv4.method manual を付与します。

```
# nmcli c m eno2 \
ipv4.method manual \
ipv4.addresses "192.168.0.181/24" \
ipv4.gateway "192.168.0.254"
```

設定を反映させるため、OS を再起動します。

```
# reboot
```

eno2 に固定 IP アドレスが付与されていることを確認します。

```
# nmcli d show eno2 | grep -i ip4
IP4.ADDRESS[1]:                    192.168.0.181/24
IP4.GATEWAY:                       192.168.0.254
...
```

固定 IP アドレスが設定されたインターフェイス eno2 の設定ファイルは、/etc/sysconfig/network-
scripts/ifcfg-eno2 として生成されています。

```
# cd /etc/sysconfig/network-scripts/
# grep -Ei "name|device|ipaddr|prefix|gateway" ifcfg-eno2
NAME=eno2
DEVICE=eno2
IPADDR=192.168.0.181
PREFIX=24
GATEWAY=192.168.0.254
```

■ ホスト名の設定

RL 8/AL 8 では、ホスト名を/etc/hostname ファイルに記述します。ホスト名は、hostnamectl コマンド、あるいは、nmcli コマンドで設定できます。hostnamectl コマンドの場合は、set-hostname オプションを付与し、その後にホスト名を記述します。

```
# hostnamectl set-hostname n0181.jpn.linux.hpe.com
# hostname
n0181.jpn.linux.hpe.com

# cat /etc/hostname
n0181.jpn.linux.hpe.com
```

現在、設定されているホスト名を表示するには、nmcli コマンドに general hostname を付与します。

```
# nmcli general hostname
n0181.jpn.linux.hpe.com
```

「general hostname」は、「g h」に短縮できます。

```
# nmcli g h
n0181.jpn.linux.hpe.com
```

---

nmcli コマンドで、ホスト名を設定するには、nmcli g h の後にホスト名を指定します。

```
# nmcli g h n0182.jpn.linux.hpe.com
# nmcli g h
n0182.jpn.linux.hpe.com
# cat /etc/hostname
n0182.jpn.linux.hpe.com
# hostname
n0182.jpn.linux.hpe.com
```

このように、IP アドレス、デフォルトゲートウェイ、DNS、ルーティング、ホスト名などの設定を nmcli コマンドだけでひと通り行うことができるので、設定ファイルのパラメータの記述方法や複数のコマンドを覚える負担を減らすことができます。しかも、nmcli コマンドは、それに続く引数の候補をキーボード入力のキー補完で表示してくれるため、従来の管理手法に比べ、習得のハードルが大幅に下がっています。nmcli コマンドに慣れると、設定ファイルの記述方法を覚える必要がなくなるため、非常に便利です。是非 nmcli コマンドを使いこなしてみてください。

8-2　NetworkManager-tui による設定

前節で紹介した nmcli コマンドは、大量の管理対象マシンのネットワーク設定を自動化する場合に威力を発揮しますが、管理対象マシンが少数で、直観的な操作で 1 台ずつ設定を行いたいという場合は、nmtui（NetworkManager Text User Interface）を利用するのがよいでしょう。nmtui は、ネットワーク設定を行うサービスである NetworkManager デーモンに対して、ネットワークの設定を行うアプリケーションです。nmtui は、NetworkManager-tui パッケージに含まれています。

8-2-1　nmtui の起動

nmtui の起動は、コマンドラインから nmtui を入力します。GNOME ターミナルや端末エミュレータ内で起動すると、テキストベースのわかりやすい GUI が起動します（図 8-1）。

```
# nmtui
```

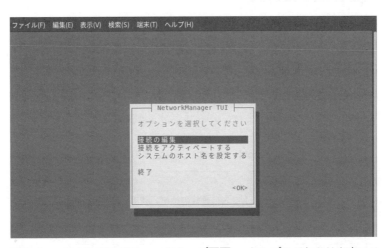

図 8-1　nmtui の GUI メニューのトップ画面 ─ シンプルでわかりやすいメニューになっている

nmtui の GUI 画面内の「接続の編集」を選択すると、NIC やブリッジの追加、削除、編集が可能です。NIC やブリッジの追加や編集では、IP アドレス、デフォルトゲートウェイ、参照先となる DNS サーバの IP アドレス、検索ドメインなどの設定が可能です。GUI では、メニューの選択や空欄に値を入れることで、簡単にネットワークを設定できます。設定画面内で、キーボードの上下左右矢印キー（↑ ↓ ← →）を使ってカーソルを合わせ、パラメータを入力できます（図 8-2）。

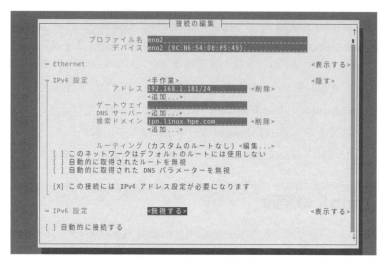

図 8-2　nmtui の設定画面

8-2-2　iproute のススメ

RL 8/AL 8 では、ifconfig コマンド、netstat コマンド、arp コマンドなどを提供する net-tools が利用可能です。net-tools パッケージをインストールすれば、従来の慣れ親しんだ ifconfig コマンドや netstat コマンドを利用できます。しかし、今後は、net-tools ではなく、新しいコマンド体系に慣れることをお勧めします。net-tools に取って代わる新しいコマンド体系は、iproute パッケージで提供されています。iproute パッケージに含まれているコマンドは**表 8-4** のとおりです。

表 8-4　iproute パッケージに含まれるコマンド

コマンド	説明
arpd	ARP キャッシュの更新や IP アドレスの重複の検出に利用される GratuitousARP 情報を収集するデーモン
bridge	ブリッジデバイスの操作、表示、監視を行う
ctstat	lnstat コマンドへのシンボリックリンク
dcb	Data Center Bridging の設定を行う
devlink	デバイスやポートの動作モードの切り替え、状態の表示、共有バッファの設定などを行う
genl	netlink ライブラリのフロントエンドを提供する
ifcfg	ip コマンドのラッパースクリプト。IP アドレスの追加、削除などを行う
ifstat	ネットワークインターフェイスの統計情報を出力する
ip	ルーティング、ネットワークデバイスなどを設定、管理する
lnstat	ネットワークの統計情報を表示する

rdma	遠隔のマシンのメインメモリに DMA 転送を行う Remote Direct Memory Access を管理する
routef	ルーティング情報をフラッシュする
routel	ルーティング情報をリストアップする
rtacct	ネットワークインターフェイスの統計情報やカーネル SNMP カウンタを監視する
rtmon	ルーティングテーブルの更新を監視する
rtpr	tr コマンドのラッパースクリプトであり、バックラッシュを改行に置き換える
rtstat	lnstat コマンドへのシンボリックリンク
ss	ソケットの統計情報、TCP/UDP 情報、タイマー、各種ネットワークサービスの接続情報などを表示する
tipc	Transparent Inter-Process Communication（通称、TIPC）の設定、管理ツールを提供する
vdpa	vDPA（virtio Data Path Acceleration）のデバイス管理を行う

以下では、iproute パッケージに含まれるコマンドを使って、日常業務でよく利用されるネットワーク管理のコマンドをいくつか抜粋して紹介します。

■ IP アドレス、MAC アドレスの確認（旧：ifconfig 新：ip）

NIC デバイス名、起動状態、IP アドレスを表示します。

```
# ip -4 -br address
lo              UNKNOWN       127.0.0.1/8
eno1            UP            172.16.1.181/16
eno2            UP            192.168.0.181/24
virbr0          DOWN          192.168.122.1/24
```

また、show の後に、デバイス名を明示的に指定可能です。

```
# ip -4 -br address show eno2
eno2            UP            192.168.0.181/24
```

---

address、show は、それぞれ a と s に短縮できます。

```
# ip -4 -br a
lo              UNKNOWN       127.0.0.1/8
eno1            UP            172.16.1.181/16
eno2            UP            192.168.0.181/24
virbr0          DOWN          192.168.122.1/24

# ip -4 -br a s eno2
eno2            UP            192.168.0.181/24
```

MACアドレスを確認するには、link を付与します。

```
# ip -4 -br link
lo                  UNKNOWN         00:00:00:00:00:00 <LOOPBACK,UP,LOWER_UP>
eno1                UP              52:54:00:80:cf:a1 <BROADCAST,MULTICAST,UP,LOWER_UP>
eno2                UP              52:54:00:39:3e:4c <BROADCAST,MULTICAST,UP,LOWER_UP>
virbr0              DOWN            52:54:00:0e:92:00 <NO-CARRIER,BROADCAST,MULTICAST,UP>
virbr0-nic          DOWN            52:54:00:0e:92:00 <BROADCAST,MULTICAST>
```

また、show の後に、デバイス名を明示的に指定可能です。

```
# ip -4 -br link show eno1
eno1                UP              52:54:00:80:cf:a1 <BROADCAST,MULTICAST,UP,LOWER_UP>
```

---

link は、l（小文字の L）に短縮できます。

```
# ip -4 -br l show eno1
eno1                UP              52:54:00:80:cf:a1 <BROADCAST,MULTICAST,UP,LOWER_UP>
```

■ 一時的な IP アドレスの付与（旧：ifconfig　新：ip）

```
# ip addr add 192.168.0.182/255.255.255.0 dev eno2
```

■ デフォルトゲートウェイの追加、削除（旧：route　新：ip）

```
# ip route add default via 192.168.0.254
# ip route del default via 192.168.0.254
```

■ ルーティングテーブルの確認（旧：route　新：ip）

```
# ip route
default via 172.16.1.160 dev eno1 proto static metric 100
172.16.0.0/16 dev eno1 proto kernel scope link src 172.16.1.181 metric 100
192.168.0.0/24 dev eno2 proto kernel scope link src 192.168.0.181 metric 101
192.168.122.0/24 dev virbr0 proto kernel scope link src 192.168.122.1 linkdown
```

```
      route は、r に短縮できます。

# ip r
default via 172.16.1.160 dev eno1 proto static metric 100
172.16.0.0/16 dev eno1 proto kernel scope link src 172.16.1.181 metric 100
192.168.0.0/24 dev eno2 proto kernel scope link src 192.168.0.181 metric 101
192.168.122.0/24 dev virbr0 proto kernel scope link src 192.168.122.1 linkdown
```

■ ARP テーブルの確認（旧：arp　新：ip）

```
# ip neigh
172.16.1.160 dev eno1 lladdr 98:4b:e1:06:fd:1d DELAY
172.16.1.254 dev eno1 lladdr 52:54:00:d2:8c:51 STALE
```

```
      neigh は、nei または、n に短縮できます。

# ip n
172.16.1.160 dev eno1 lladdr 98:4b:e1:06:fd:1d REACHABLE
172.16.1.254 dev eno1 lladdr 52:54:00:d2:8c:51 STALE
```

■ ARP キャッシュのクリア（旧：arp　新：ip）

```
# ip n flush 192.168.0.182 dev eno2
```

■ インターフェイスごとのパケットの確認（旧：netstat　新：ip）

```
# ip -s l show eno1
2: eno1: <BROADCAST,MULTICAST,UP,LOWER_UP> mtu 1500 qdisc fq_codel state UP mode DE
FAULT group default qlen 1000
    link/ether 52:54:00:80:cf:a1 brd ff:ff:ff:ff:ff:ff
    RX: bytes    packets   errors  dropped overrun mcast
    1825828      23765     0       0       0       0
    TX: bytes    packets   errors  dropped carrier collsns
    2246210      13625     0       0       0       68062
```

■ TCP ソケットおよび UDP ソケットの状態の確認（旧：netstat　新：ss）

```
# ss -ant
State     Recv-Q    Send-Q    Local Address:Port      Peer Address:Port
LISTEN    0         32        192.168.122.1:53         0.0.0.0:*
LISTEN    0         128       0.0.0.0:22               0.0.0.0:*
LISTEN    0         5         127.0.0.1:631            0.0.0.0:*
LISTEN    0         128       0.0.0.0:111              0.0.0.0:*
ESTAB     0         0         172.16.1.181:22          172.16.1.160:49438
ESTAB     0         0         172.16.1.181:22          172.16.1.160:49437
...
```

■ TCP ソケットを使用しているプロセスと PID を表示

```
# ss -4 -pt
State     Recv-Q    Send-Q        Local Address:Port          Peer Address:Port
ESTAB     0         0             172.16.1.181:ssh            172.16.1.160:49438
      users:(("sshd",pid=2831,fd=5),("sshd",pid=2827,fd=5))
ESTAB     0         0             172.16.1.181:ssh            172.16.1.160:49437
      users:(("sshd",pid=2730,fd=5),("sshd",pid=2722,fd=5))
```

8-3　リンクアグリゲーション

　RL 8/AL 8 では、複数のネットワークカードを束ねて、1 つのネットワーク通信の可用性や性能向上を図るリンクアグリゲーションとして**チーミング**と**ボンディング**が実装されています。現在の多くのサーバは、ネットワークポートを複数持っており、このネットワークポートを束ねることで、1 つのNIC で障害が発生しても、ネットワーク通信を継続させることができます。NIC がチーミングされたRL 8/AL 8 が稼働する x86 サーバとネットワークスイッチの典型的な構成例を図 8-3 に示します。

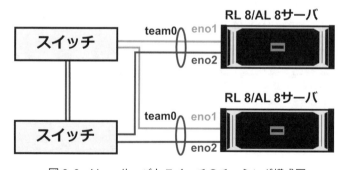

図 8-3　Linux サーバとスイッチのチーミング構成図

図 8-3 では、サーバの eno1 と eno2 をスレーブインターフェイスにし、仮想的なインターフェイス team0 を構成しています。eno1 に障害が発生しても、eno2 通信を引き継ぎます。この構成では、1 台のスイッチ障害にも対応しています。

team ドライバのほとんどの部分は、ユーザ空間で稼働する点が bonding ドライバと異なっています。以降の例では、この team ドライバの設定を簡単にご紹介します。

8-3-1　teamd ドライバのインストールと設定

dnf コマンドで、teamd と NetworkManager のチーミングプラグインをインストールしておきます。teamd には、`teamdctl` コマンドが含まれており、チーミングされたインターフェイスの管理を行うのに有用なので、この時点でインストールしておきます。

```
# dnf install -y teamd NetworkManager-team
```

今回、チーミングを行う NIC は、eno1 と eno2 で構成します。また、リモートから設定を行うことを想定し、eno3 は管理用ネットワークとしてアクセスできるように設定しておきます。手元の PC などから、チーミングを設定しない管理用の eno3 経由でログインして作業します。

■ IP アドレスの削除

チーミングを行う eno1 と eno2 の両方に IP アドレスが設定されていない状態に変更します。具体的には、設定ファイル内に記述されていた IPADDR、PREFIX、DNS1、DNS2、UUID の記述を削除し、OS 再起動後にデバイスが自動的に起動しないように、`ONBOOT=no` を記述します。さらに、設定ファイル内の HWADDR 行に正しい MAC アドレスが記述されているかも注意深く確認します。

```
# vi /etc/sysconfig/network-scripts/ifcfg-eno1
HWADDR=52:54:00:8C:41:7E
TYPE=Ethernet
BOOTPROTO=none
DEFROUTE=no
IPV6INIT=no
NAME=eno1
DEVICE=eno1
ONBOOT=no

# vi /etc/sysconfig/network-scripts/ifcfg-eno2
HWADDR=52:54:00:B5:A8:D1
TYPE=Ethernet
BOOTPROTO=none
```

```
DEFROUTE=no
IPV6INIT=no
NAME=eno2
DEVICE=eno2
ONBOOT=no
```

OS を再起動し、eno1 と eno2 に IP アドレスが設定されておらず、デバイスが切断済みになっている
状態かどうかを確認します。

eno1 と eno2 には、IP アドレスが設定されていないことを確認します。

```
# reboot
# nmcli dev status
DEVICE      TYPE        STATE        CONNECTION
eno3        ethernet    接続済み      eno3
eno1        ethernet    切断済み      --
eno2        ethernet    切断済み      --

# nmcli c show
NAME UUID                                       TYPE        DEVICE
eno3 0ef9dc80-99ea-475a-9d36-72d9ee2a38de       ethernet    eno3
eno1 abf4c85b-57cc-4484-4fa9-b4a71689c359       ethernet    --
eno2 b186f945-cc80-911d-668c-b51be8596980       ethernet    --
```

eno1 と eno2 には、IP アドレスが設定されていないことを確認します。

```
# ip -4 a
1: lo: <LOOPBACK,UP,LOWER_UP> mtu 65536 qdisc noqueue state UNKNOWN group default
qlen 1000
    inet 127.0.0.1/8 scope host lo
       valid_lft forever preferred_lft forever
4: eno3: <BROADCAST,MULTICAST,UP,LOWER_UP> mtu 1500 qdisc fq_codel state UP group
default qlen 1000
    inet 192.168.1.181/24 brd 192.168.1.255 scope global noprefixroute eno3
       valid_lft forever preferred_lft forever
```

■ 仮想インターフェイスの作成

複数の NIC を束ねる仮想的なインターフェイス team0 を作成します。チーミング用のネットワーク
インターフェイスの作成には、nmcli コマンドを使います。

```
# nmcli connection add type team con-name team0 ifname team0 \
config '{ "runner": {"name": "loadbalance"}, "link_watch": {"name": "ethtool"}}'
```

　チーミングを行う場合は、nmcli コマンドの add type に team を指定します。con-name には接続名を指定します。ifname にインターフェイス名 team0 を指定します。

　以下に示した例では、接続名とインターフェイス名を同じ team0 にしていますが、同じにしておくと管理上混乱せずに済むため、そろえておくとよいでしょう。config の後には、チーミングデーモンが構成できる runner の種類（ここでは、loadbalance）を指定しています。従来の bonding ドライバにおける mode に相当するものが runner です。RL 8/AL 8 のチーミングデーモンがサポートする runner の種類を表 8-5 に示します。

表 8-5　チーミングでサポートされる runner の種類

runner の種類	説明
broadcast	すべてのポートにブロードキャストで伝送される
roundrobin	すべてのポートを順にラウンドロビンで伝送される
activebackup	通信を行うアクティブなポートと障害時のバックアップ用のポートで構成する
loadbalance	負荷分散でデータが伝送される
lacp	802.3ad で規定されたポート同士のネゴシエーション用のプロトコルで伝送する

team0 が生成されているかを確認します。

```
# nmcli con show
NAME     UUID                                    TYPE        DEVICE
eno3     0ef9dc80-99ea-475a-9d36-72d9ee2a38de    ethernet    eno3
team0    e74bfa96-8715-48af-a10f-96b3a7afe0df    team        team0
eno1     abf4c85b-57cc-4484-4fa9-b4a71689c359    ethernet    --
eno2     b186f945-cc80-911d-668c-b51be8596980    ethernet    --
```

■ 仮想 NIC の IP アドレス設定

　次に、team ドライバによって作成される仮想的な NIC の IP アドレスを 172.16.1.181/16 に設定します。team0 という仮想的なインターフェイスに IP アドレスを付与するために、nmcli コマンドで connection modify を指定します。また、固定 IP アドレスを team0 に付与するため、ipv4.method として manual を指定します。

```
# nmcli con modify team0 \
connection.autoconnect yes \
ipv4.method manual \
ipv4.addresses 172.16.1.181/16 \
ipv4.gateway 172.16.1.160 \
ipv4.dns 172.16.1.254
```

■ 仮想 NIC をスレーブに設定

ネットワークインターフェイス eno1 と eno2 をインターフェイス team0 のスレーブに設定します。複数の NIC を束ねてチーミングを行うには、束ねる NIC をスレーブにする必要があります。チーミングのインターフェイス team0 に eno1 と eno2 をスレーブインターフェイスとして所属させるには、nmcli コマンドに、`connection add type team-slave` を指定します。`ifname` にスレーブインターフェイスを指定し、`master` に、マスタとなる team0 を指定します。

```
# nmcli con add type team-slave con-name team0-eno1 ifname eno1 master team0
# nmcli con add type team-slave con-name team0-eno2 ifname eno2 master team0
```

スレーブである team0-eno1 と team0-eno2 が、それぞれ eno1 と eno2 に割り当てられているかを確認します。

```
# nmcli con show
NAME         UUID                                    TYPE        DEVICE
eno3         0ef9dc80-99ea-475a-9d36-72d9ee2a38de    ethernet    eno3
team0-eno1   5a9f717a-2fff-4b3f-b6af-997003efec10    ethernet    eno1
team0-eno2   71e4d1ef-2e53-4437-9358-e25fe25e4012    ethernet    eno2
team0        e74bfa96-8715-48af-a10f-96b3a7afe0df    team        team0
eno1         abf4c85b-57cc-4484-4fa9-b4a71689c359    ethernet    --
eno2         b186f945-cc80-911d-668c-b51be8596980    ethernet    --
```

スレーブの自動接続を有効化します。

```
# nmcli con modify team0-eno1 autoconnect yes
# nmcli con modify team0-eno2 autoconnect yes
```

NetworkManager サービスを再起動し、team0 の接続を有効化します。

```
# nmcli con up team0
```

team ドライバによって 2 枚の NIC（eno1 と eno2）が束ねられ、仮想的なインターフェイス team0 が作成され、IP アドレスが割り振られるはずです。仮想的なインターフェイス team0 に IP アドレスが割り当てられ、外部と通信できるかを確認します。

```
# ip -4 addr show dev team0 | grep inet
    inet 172.16.1.181/16 brd 172.16.255.255 scope global noprefixroute team0
```

> net-tools RPM パッケージに含まれている従来の `ifconfig` コマンドでも、team0 の設定状況を確認で
> きます。
>
> ```
> # ifconfig team0
> team0: flags=4163<UP,BROADCAST,RUNNING,MULTICAST>  mtu 1500
>         inet 172.16.1.181  netmask 255.255.0.0  broadcast 172.16.255.255
> ...
> ```

また、team0 が eno1 と eno2 で構成されているかを `teamdctl` コマンドで確認します。

```
# teamdctl team0 state
setup:
  runner: loadbalance
ports:
  eno1
    link watches:
      link summary: up
      instance[link_watch_0]:
        name: ethtool
        link: up
        down count: 0
  eno2
    link watches:
      link summary: up
      instance[link_watch_0]:
        name: ethtool
        link: up
```

■ NetworkManager が生成した設定ファイルの確認

NetworkManager 配下で生成される設定ファイルを確認してみましょう。複数の NIC を束ねる仮想
的なインターフェイス team0 のための設定ファイル `ifcfg-team0` を確認します。

```
# cat /etc/sysconfig/network-scripts/ifcfg-team0
TEAM_CONFIG="{\"runner\": {\"name\": \"loadbalance\", \"tx_hash\": [\"eth\", \"ipv4
\", \"ipv6\"]}, \"link_watch\": {\"name\": \"ethtool\"}}"
PROXY_METHOD=none
BROWSER_ONLY=no
BOOTPROTO=none
DEFROUTE=yes
IPV4_FAILURE_FATAL=no
IPV6INIT=yes
```

```
IPV6_AUTOCONF=yes
IPV6_DEFROUTE=yes
IPV6_FAILURE_FATAL=no
IPV6_ADDR_GEN_MODE=stable-privacy
NAME=team0
UUID=e74bfa96-8715-48af-a10f-96b3a7afe0df
DEVICE=team0
ONBOOT=yes
DEVICETYPE=Team
IPADDR=172.16.1.181
PREFIX=16
GATEWAY=172.16.1.160
DNS1=172.16.1.254
```

team ドライバによって束ねられるスレーブインターフェイスの設定ファイルも確認します。

```
# cat /etc/sysconfig/network-scripts/ifcfg-team0-eno1
NAME=team0-eno1
UUID=5a9f717a-2fff-4b3f-b6af-997003efec10
DEVICE=eno1
ONBOOT=yes
TEAM_MASTER=team0
DEVICETYPE=TeamPort

# cat /etc/sysconfig/network-scripts/ifcfg-team0-eno2
NAME=team0-eno2
UUID=71e4d1ef-2e53-4437-9358-e25fe25e4012
DEVICE=eno2
ONBOOT=yes
TEAM_MASTER=team0
DEVICETYPE=TeamPort
```

■ 疎通確認

OS を再起動し、team0 が eno1 と eno2 で構成され、正常に外部と通信できるかを確認します。

```
# reboot
# nmcli dev status
DEVICE  TYPE      STATE      CONNECTION
team0   team      接続済み    team0
eno3    ethernet  接続済み    eno3
eno1    ethernet  接続済み    team0-eno1
eno2    ethernet  接続済み    team0-eno2
lo      loopback  管理無し    --
```

```
# nmcli con show
NAME        UUID                                  TYPE      DEVICE
eno3        0ef9dc80-99ea-475a-9d36-72d9ee2a38de  ethernet  eno3
team0       e74bfa96-8715-48af-a10f-96b3a7afe0df  team      team0
team0-eno1  5a9f717a-2fff-4b3f-b6af-997003efec10  ethernet  eno1
team0-eno2  71e4d1ef-2e53-4437-9358-e25fe25e4012  ethernet  eno2
eno1        abf4c85b-57cc-4484-4fa9-b4a71689c359  ethernet  --
eno2        b186f945-cc80-911d-668c-b51be8596980  ethernet  --

# teamdctl team0 state
setup:
  runner: loadbalance
ports:
  eno1
    link watches:
      link summary: up
      instance[link_watch_0]:
        name: ethtool
        link: up
        down count: 0
  eno2
    link watches:
      link summary: up
      instance[link_watch_0]:
        name: ethtool
        link: up
```

8-3-2　iptraf-ng を使った team0 の疎通確認

　iptraf-ng というネットワークトラフィックの可視化ツールを使って、チーミングされた仮想的なインターフェイス team0 を構成する物理 NIC のインターフェイス eno1 と eno2 が負荷分散でパケットを処理しているかを確認します。

　iptraf-ng は、OS が認識しているネットワークインターフェイスすべてについて、トラフィックの有無、パケットの通信の様子を確認できます。コマンドライン上から iptraf-ng コマンドで起動し、テキストベースのわかりやすい画面インターフェイスが特徴的です（図 8-4）。

```
# dnf install -y iptraf-ng
# iptraf-ng -g
```

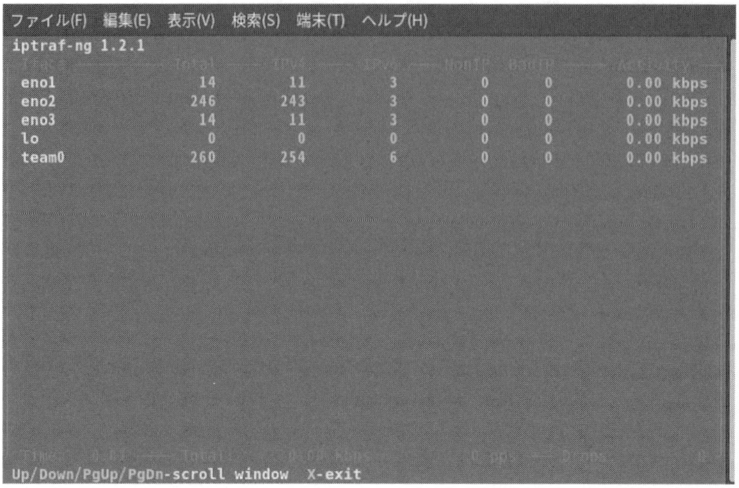

図 8-4　iptraf-ng の画面 ― チーミングされたインターフェイス team0 とそ
れを構成する物理 NIC の eno1 と eno2 のトラフィックがリアルタ
イムで表示されるため、チーミングの動作および性能テストに有用

■ runner の変更

チーミングの runner の種類は、nmcli コマンドで変更できます。以下は、runner を roundrobin に
変更する例です。

```
# nmcli con modify team0 ifname team0 \
config '{ "runner": {"name": "roundrobin"}, "link_watch": {"name": "ethtool"}}'
```

runner の種類を変更したら、team0 を再起動します。

```
# nmcli con down team0 && nmcli con up team0
```

チーミングされた team0 の runner が roundrobin になっているかどうかを確認します。

```
# teamdctl team0 state
setup:
  runner: roundrobin
...
```

再び、iptraf-ng を起動し、runner によって、eno1 と eno2 のネットワークパケットの通信状況が
どのように変わるかも確認してみてください。

8-4　まとめ

　本章では、RL 8/AL 8 におけるネットワーク設定の基本について紹介しました。ネットワーク関連の管理コマンドやオプションが膨大に存在するため、習得に時間がかかりますが、まずは、CentOS 6 や CentOS 7 の従来のコマンドでよく利用するものをピックアップし、RL 8/AL 8 でも同様に利用できるかを試してみてください。

第9章
仮想化とコンテナ管理

　最近では、ハイパーバイザを利用した仮想環境におけるシステムの運用は当たり前のものとなり、商用の UNIX システムで利用されているコンテナ（HP-UX コンテナや Solaris コンテナ）と同様の考えを Linux で稼働させる Docker や、Red Hat 社の技術者が開発に取り組んでいる Podman に注目が集まっています。本章では、RL 8/AL 8 の仮想化機能の KVM に加え、コンテナ管理ソフトウェアの Podman について紹介します。

9-1　仮想化の始まり

コンピュータシステムの歴史において、ハードウェアの性能をいかに効率的に引き出すかという課題は、今も昔も変わりません。仮想化は、CPU、メモリ、ディスク、テープ装置、プリンタを効率的に利用するための技術として、1960 年代から大型汎用機で利用されてきました。旧 DEC（現 HPE）では、仮想記憶と呼ばれるメモリ空間に関する仮想化技術を 1970 年代にすでにミニコンピュータ VAX（Virtual Address eXtension）に搭載し、利用されていました。これらの仮想化技術は、一般の PC ではなく、大型汎用機やミニコンピュータで利用されていたものですが、これらを業界標準の x86 サーバと汎用的な OS で利用しようというのが現在巷で言われている仮想化です。仮想化と言うと VMware や Hyper-V という言葉を連想するかもしれませんが、実は、コンピュータ資源を有効利用するための技術として、古くから使われている枯れた技術です。

9-2　KVM

RL 8/AL 8 においては、仮想化機能として KVM（Kernel Virtual Machine）がサポートされています。NUMA アーキテクチャの CPU に対するプロセスの割り当て自動化機能、仮想 CPU のホットアド機能、ライブマイグレーションなどの機能を有します。

9-2-1　仮想マシンの管理

RL 8/AL 8 では、CentOS 7 系で広く利用されていた仮想マシン管理ツールである virt-manager や Cockpit による仮想マシン管理が可能です。virt-manager は、X11 のデスクトップ上で稼働し、仮想マシンの作成、起動、停止、サスペンドなどを GUI で簡単に操作できます。また、遠隔にあるホストマシンの上で稼働するゲスト OS の管理も可能です。

> RHEL 8 において、virt-manager は非推奨になっていますが、シンプルで使いやすいという理由から、国内外問わず、非常に多くの仮想化基盤で利用されています。利用者が多いこともあり、本書ではあえて virt-manager による管理手法を紹介します。

■ KVM のインストール

以下では、KVM の利用手順を説明します。まず、dnf コマンドで KVM 関連のパッケージをインストールします。

```
# dnf install -y qemu-kvm libvirt virt-manager virt-install
```

KVM 仮想化における代表的なパッケージを表 9-1 に示します。

表 9-1　KVM 仮想化における代表的なパッケージ

コンポーネント	説明
qemu-kvm	KVM ハイパーバイザ用のハードウェアエミュレーションを提供するバーチャライザ。KVM カーネルモジュールにより、仮想マシンモニタ（VMM：Virtual Machine Monitor）として稼働し、ハードウェアのエミュレーションを行う
libvirtd	libvirtd 管理デーモンと呼ばれ、ホストマシン上で稼働する。仮想マシンのタスクを管理するために必要となる。仮想マシンのタスクとしては、ゲスト OS の起動、停止、ライブマイグレーション、仮想ストレージや仮想ネットワークの起動などがあり、これらのタスクを libvirtd が管理する
virt-manager	仮想マシンを管理するデスクトップツール。仮想マシンの作成、削除、起動、停止、一時停止、負荷監視などを行える。ローカルマシンの KVM 仮想マシンだけでなく、SSH 経由で遠隔にあるホストの仮想マシンも GUI で管理できる
virt-install	新規の仮想マシンを作成するコマンド。仮想マシンは、libvirt を使ったものであれば、KVM に限らず Xen や Linux コンテナでも virt-install で作成が可能である。仮想マシンへのゲスト OS のインストールとしても物理メディアのほか、iso イメージなどもサポートしている

9-2-2　libvirtd の起動

仮想マシンを管理するには、仮想マシンを作成・稼働させるホストマシン上で libvirtd を稼働させます。libvirtd デーモンは、libvirt パッケージで提供されているので、必要なものをインストールし、デーモンを起動します。

```
# dnf install -y libvirt qemu-kvm virt-install virt-manager
# systemctl restart libvirtd
# systemctl is-active libvirtd
active
```

ホストマシン上で libvirtd が稼働したら、コマンドラインで virt-manager を起動します。virt-manager は、ローカルのホストマシン localhost 上の仮想マシンだけでなく、遠隔のホストマシンの仮想マシンも管理可能です（図 9-1）。

図 9-1　virt-manager の GUI

　virt-manager の GUI の左上の［ファイル］から、［新しい仮想マシン］を選択すると、仮想マシン
内に OS をどのようにインストールするかを選択する画面が表示されます（図 9-2）。

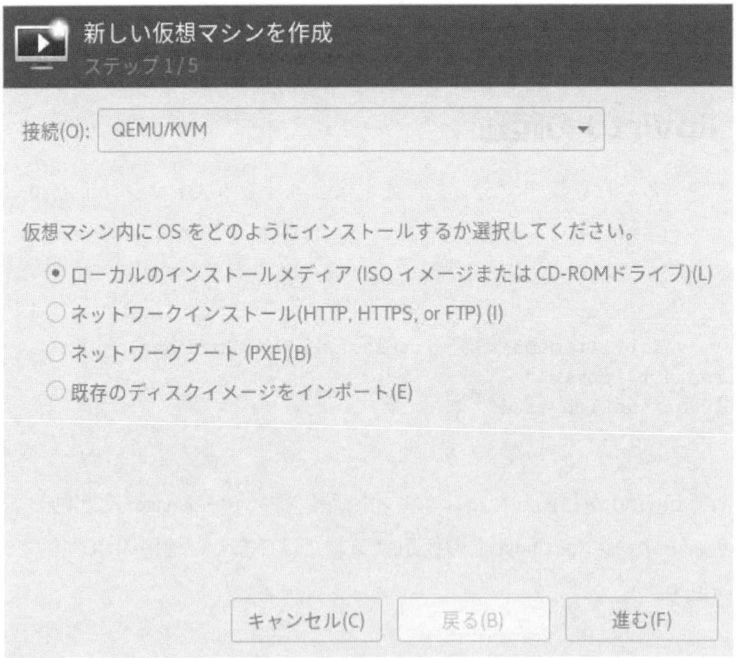

図 9-2　virt-manager でサポートされている仮想マシンへの OS のインス
　　　　トール方法

　一般に、ホスト OS やファイルサーバに保管したインストールメディアの ISO イメージを使ってインストールします。HTTP、HTTPS、FTP を使ったインストールもサポートされているので、従来の物理基盤における Linux のインストールと同様に、仮想マシンに RL 8/AL 8 をインストールできます。対応している仮想マシンの OS の種類はさまざまなものが存在します。RL 8/AL 8 以外にも Ubuntu、FreeBSD、Windows Server などにも対応しています。

9-2-3　仮想マシンの自動インストール

　virt-manager を使えば、GUI で簡単に仮想マシンの作成が可能ですが、大量の仮想マシンの作成を自動化しなければならないホスティングシステムや、独自の内製ツールから仮想マシンを作成するようなクラウド環境の場合は、virt-manager ではなく、virt-install が有用です。

　virt-install は、コマンドラインで仮想マシンの作成が可能なので、バッチスクリプトへの埋め込みなど、仮想マシンの作成を自動化できます。以降の例では、virt-install を使った仮想マシンの作成と RL 8/AL 8 の自動インストールの手順を紹介します。

9-2-4　Kickstart ファイルの作成

　ここでは、仮想マシンに RL 8/AL 8 をインストールするための Kickstart ファイル ks.cfg を作成します。Kickstart とは、RHEL 系ディストリビューションで採用されている OS のインストールを自動化する仕組みです。Kickstart 用の設定ファイル（ks.cfg ファイル）に記述したパラメータの記述に基づいて、人間がキーボードやマウスを使って行っていた OS のインストール作業を自動化します。

　KVM の仮想マシンのストレージデバイス名は、Virt IO ディスクが/dev/vdX、SATA ディスク、SCSI デバイスが/dev/sdX です。今回は、SATA ディスクの/dev/sdX を Kickstart ファイル内で指定します。この例では、仮想マシンの OS インストール先として/dev/sda を指定します。

■ ks.cfg ファイルの作成

　Kickstart ファイルは、RL 8/AL 8 のホストマシンの/root ディレクトリに保管されている anaconda-ks.cfg ファイルを参考にしながら作成すればよいでしょう。KVM が稼働するホストマシン上で、ks.cfg ファイルを作成します。

```
# vi /root/ks.cfg
text
cdrom
repo --name="AppStream" --baseurl=file:///run/install/repo/AppStream
```

```
ignoredisk --only-use=sda
keyboard --vckeymap=us --xlayouts='us','jp'
lang ja_JP.UTF-8
network --bootproto=static --device=eth0 --gateway=192.168.122.1 --ip=192.168.122.184
 --nameserver=172.16.1.254 --netmask=255.255.0.0 --noipv6 --activate --hostname=test
rootpw --iscrypted $6$HTcc4m/X7smipji5$YSr1hwVBcBFpQ7ehTiqibZTqhMh92tE4TtjTqbujT9HmfQ
SBFDHuVYwKbbJacHV1QcgEovg9uQ.L4rMZgToCY1
xconfig --startxonboot
firstboot --disabled
services --disabled="chronyd"
timezone Asia/Tokyo --isUtc --nontp
user --name=koga --password=$6$NmXR2tzSVyfsTz8y$P6YqeOIB8e.izCnY/72t/lqGOQNh2LZ3r49n
./llq8YPDBOop9sgAys.Cg8qdlwXkqCpzHDGpPNQ9v9D6t6NS. --iscrypted --gecos="koga"
clearpart --all --initlabel
autopart --type=lvm
eula --agreed
selinux --disabled
firewall --disabled
reboot
eula --agreed
%packages
#@^graphical-server-environment
@^minimal-environment
@core
%end
%addon com_redhat_kdump --disable --reserve-mb="auto"
%end
%anaconda
pwpolicy root --minlen=6 --minquality=1 --notstrict --nochanges --notempty
pwpolicy user --minlen=6 --minquality=1 --notstrict --nochanges --emptyok
pwpolicy luks --minlen=6 --minquality=1 --notstrict --nochanges --notempty
%end
```

> 　　　ks.cfg 内で、root アカウントと一般ユーザのパスワードは、SHA512 で暗号化された文字列を指定しています。SHA512 で暗号化されたパスワードは、openssl コマンドに-6 オプションを指定することで生成可能です。以下は、パスワードが abcd1234 と efgh9876 を SHA512 で暗号化した文字列を生成する例です。
>
> ```
> # openssl passwd -6 -salt $(openssl rand -base64 6) abcd1234
> $6$zV/mOykw$DfeTqknB68Kv/1JdOTbY8hnkibDOJWOj.XvK1dt5qc3apl9L8.roctqaYHzl1YkphQnY
> WMD6RnIBVBmlz9iMAO
> # openssl passwd -6 -salt $(openssl rand -base64 6) efgh9876
> $6$vRNHwisu$LpBLEJ3YMG2tS8ojL.J7xUvCj/vSx9cjmDO96IR5MXeX7halBOZCUvoVdJzDgqClhCGZ
> YOaCFzgXdnRUX2DyPO
> ```

■ スクリプトの生成

次に、仮想マシンの生成スクリプトを作成します。ここでは、事前にホストマシンの/tmp ディレクトリに保管した RL 8/AL 8 の ISO イメージを使います。

○ **RL 8 の場合（仮想マシン名は、vm01、イメージファイル名は vm01.qcow2 に設定）:**

```
# vi /root/virt-install-r8-ks.sh
#!/bin/bash
virt-install \
--connect qemu:///system \
--name vm01 \
--hvm \
--virt-type kvm \
--os-type=linux \
--os-variant=rhel8.0 \
--ram 8192 \
--vcpus 4 \
--arch x86_64 \
--serial pty \
--console pty,target_type=serial \
--noautoconsole \
--disk=/var/lib/libvirt/images/vm01.qcow2,format=qcow2,size=32,bus=sata,sparse=yes \
--boot=hd \
--network bridge=virbr0 \
--location=/tmp/Rocky-8.5-x86_64-dvd1.iso \
--keymap us \
--initrd-inject /root/ks.cfg \
--extra-args="inst.ks=file:/ks.cfg edd=off console=tty0 console=ttyS0 net.ifnames=0
 biosdevname=0 nomodeset" \
--force
```

○ **AL 8 の場合（仮想マシン名は、vm01、イメージファイル名は、vm02.qcow2 に設定）:**

```
# vi /root/virt-install-a8-ks.sh
#!/bin/bash
virt-install \
--connect qemu:///system \
--name vm02 \
--hvm \
--virt-type kvm \
--os-type=linux \
--os-variant=rhel8.0 \
--ram 8192 \
```

```
--vcpus 4 \
--arch x86_64 \
--serial pty \
--console pty,target_type=serial \
--noautoconsole \
--disk=/var/lib/libvirt/images/vm02.qcow2,format=qcow2,size=32,bus=sata,sparse=yes \
--boot=hd \
--network bridge=virbr0 \
--location=/tmp/AlmaLinux-8.5-x86_64-dvd.iso \
--keymap us \
--initrd-inject /root/ks.cfg \
--extra-args="inst.ks=file:/ks.cfg edd=off console=tty0 console=ttyS0 net.ifnames=0
 biosdevname=0 nomodeset" \
--force
```

　スクリプトと ks.cfg ファイルが用意できたら、スクリプトを実行します。ks.cfg が正しく記述できていれば、スクリプトを実行したホストマシン上に仮想マシンが生成され、RL 8/AL 8 が自動インストールされます。

○ RL 8 の場合：

```
# bash ./virt-install-r8-ks.sh
```

○ AL 8 の場合：

```
# bash ./virt-install-a8-ks.sh
```

　　インストールの進捗状況は、virt-manager が提供する仮想コンソールと後述の virsh console による仮想コンソールの両方で確認してください。

```
# virsh console vm01
```

9-2-5　コマンドラインによる仮想マシンの管理

　KVM の仮想環境をコマンドラインで管理する場合、ゲスト OS に関する日々の管理作業の多くは、virsh コマンドで行います。virsh コマンドには非常に多くのサブコマンドがありますが、本書では、管理者が知っておくべき最低限の使い方として、仮想マシンの起動、状態確認、シャットダウン、コンソール接続、スナップショットの作成と適用を紹介します。

9-2-6　virsh コマンドによる仮想マシンの管理

　仮想マシンの管理をコマンドラインで行うには、libvirt-client パッケージに含まれている virsh コマンドを使用します。libvirt-client パッケージがインストールされていない場合は、次のように dnf コマンドでインストールしてください。

```
# dnf install -y libvirt-client
```

　次の実行例では、virsh コマンドでよく利用される基本的な管理手順をいくつか紹介します。

■ 仮想マシンの状態の確認

　現在の仮想マシンの状態を確認するには、virsh コマンドに list コマンドを付与します。--all オプションを指定すれば、登録済みの全仮想マシンの状態を表示します。

```
# virsh list --all
 Id    名前         状態
------------------------------
...
 -     vm01        シャットオフ
 -     vm02        シャットオフ
...
```

　仮想マシン vm01 と vm02 がシャットオフされていることがわかります。

■ 仮想マシンの起動

　登録されている仮想マシンを起動する場合は、virsh コマンドに start コマンドを指定します。

```
# virsh start vm01
```

■ 仮想マシンのシャットダウン

　仮想マシンのシャットダウンは、virsh コマンドに shutdown コマンドを指定します。

```
# virsh shutdown vm01
```

■ virt-clone による仮想マシンのクローニング

　virt-install パッケージに含まれている virt-clone コマンドを利用すれば、既存の仮想マシンのイメージファイルを使って、仮想マシンのクローンを生成できます。

■ 仮想マシンのクローンの作成

次の実行例は、既存の仮想マシン vm01 から vm03 という名前の仮想マシンを作成する例です。作成する仮想マシンのイメージファイル名は vm03.qcow2 としています。

```
# virt-clone \
--original vm01 \
--name vm03 \
--file /var/lib/libvirt/images/vm03.qcow2
...
割り当て中 'vm03.qcow2'   3% [== ... ]   26 MB/s | 1.2 GB   00:20:08
...
'vm03' のクローニングに成功しました 。
```

virt-clone では、仮想マシンの設定ファイルも自動生成します。/etc/libvirt/qemu ディレクトリ以下に、設定ファイルが生成されているかを確認してください。

```
# ls -l /etc/libvirt/qemu/*.xml
...
-rw-------. 1 root root 5617  1月 15 00:46 /etc/libvirt/qemu/vm01.xml
-rw-------. 1 root root 5617  1月 15 00:46 /etc/libvirt/qemu/vm02.xml
-rw-------. 1 root root 5617  1月 15 15:01 /etc/libvirt/qemu/vm03.xml
```

生成された仮想マシン vm03 は、vm01 とまったく同じイメージファイルなので、ホスト名やネットワークの設定ファイルに記述されている MAC アドレスの指定、IP アドレスなどの変更が必要となるので注意してください。

9-2-7　仮想マシンのコンソールへの接続と離脱方法

通常、仮想マシンを操作するには、SSH 接続を利用する場合もありますが、一般に、IP アドレスが付与されていない場合は、コンソールへアクセスするのが普通です。その場合、virt-manager の GUI からコンソールを出力させることも可能ですが、X Window が用意されていない端末からコンソール出力を行いたい場合があります。そのような場合は、virsh コマンドに console を付与し、コンソール接続を行いたい仮想マシン名を指定します。

■ 仮想マシンのコンソールへ接続

```
# virsh console vm02
```

virsh コマンドで仮想マシンのコンソールにログインした状態から離脱し、ホストマシンのコマン

ドプロンプトに移行するには、仮想マシンのコンソール上で、キーボードから CTRL キーと] キーを入力します。

9-2-8　仮想マシンのスナップショットの作成と適用方法

virsh コマンドには、さまざまな機能が備わっていますが、その中でも、多くのユーザに重宝されているのが**スナップショット機能**です。仮想マシンのスナップショットを利用するメリットの一つは、過去の状態に戻すことができるという点です。スナップショットは、仮想マシンのある時点での状態を非常に小さいファイルに記録し、その状態を記録したファイルをもとに、過去の OS の状態や現在の状態に戻すことができます。途中で重大な設定ミスを犯してしまった場合でも、定期的にスナップショットを取得しておけば、そのスナップショットをもとに、コンポーネントの設定ミスを犯す前の過去の状態に戻ります。

■ スナップショットの作成

以下では、RL 8/AL 8 における KVM 仮想マシンのスナップショットの取得と適用方法の手順を述べます。まず、仮想マシンの名前を virsh コマンドで確認します。

```
# virsh list --all
 Id    名前        状態
------------------------------
...
 26    vm02        実行中
 -     vm01        シャットオフ
 -     vm03        シャットオフ
```

vm02 のスナップショットを作成します。スナップショット名は、ss01-vm02 にします。

```
# virsh snapshot-create-as vm02 ss01-vm02
 ドメインのスナップショット ss01-vm02 が作成されました
```

■ スナップショットのリストアップ

作成したスナップショットをリストアップするには、virsh コマンドに snapshot-list コマンドに続けて仮想マシンの名前を付与すると、作成したスナップショットの名前と作成時間、現在の状態が表示されます。

```
# virsh snapshot-list vm02
```

```
名前              作成時間                      状態
------------------------------------------------------------
ss01-vm02        2022-01-15 15:53:02 +0900    running
```

■ スナップショットのテスト

　取得したスナップショットを適用して、過去の状態に戻すことができるかテストしてみます。1 つ目のスナップショットと 2 つ目のスナップショットを適用した環境に戻るかどうかをテストする際に、それらの区別がつくように、仮想マシン上で何らかの作業を行います。今回は、仮想マシン vm02 にログインし、/root/に適当な名前のファイル（test.txt）を生成します。

```
# virsh console vm02
...
test login: root
パスワード:
...
[root@test ~]# echo "Hello KVM." > /root/test.txt
```

　CTRL キーと] キーを押して、ホスト OS のコマンドプロンプトに戻り、2 つ目のスナップショットを作成します。

```
# virsh snapshot-create-as vm02 ss02-vm02
ドメインのスナップショット ss02-vm02 が作成されました
```

　再び、スナップショットをリストアップします。スナップショットが 2 つ存在していることがわかります。

```
# virsh snapshot-list vm02
名前              作成時間                      状態
------------------------------------------------------------
ss01-vm02        2022-01-15 15:53:02 +0900    running
ss02-vm02        2022-01-15 16:01:24 +0900    running
```

■ スナップショットに関する情報の表示

　スナップショットに関する情報の表示は、virsh コマンドに snapshot-info コマンドを付与し、仮想マシン名とスナップショット名を指定します。

```
# virsh snapshot-info vm02 ss01-vm02
名前:           ss01-vm02
```

```
ドメイン:      vm02
カレント:      いいえ (no)
状態:         running
場所:         内部
親:           -
子:           1
子孫:         1
メタデータ:   はい (yes)

# virsh snapshot-info vm02 ss02-vm02
名前:         ss02-vm02
ドメイン:      vm02
カレント:      はい (yes)
状態:         running
場所:         内部
親:           ss01-vm02
子:           0
子孫:         0
メタデータ:   はい (yes)
```

■ スナップショットの適用

　作成したスナップショットを適用し、仮想マシンを過去の状態に戻してみます。まずは、スナップショット ss01-vm02 を適用し、スナップショットを作成した時点の OS の状態に復元します。スナップショットの適用は、virsh コマンドに snapshot-revert コマンドを付与し、仮想マシン名と適用したいスナップショット名を指定します。

```
# virsh snapshot-revert vm02 ss01-vm02
```

　仮想マシン vm02 にログインし、状態が復元されているかを確認します。

```
# virsh console vm02
...
test login: root
パスワード:
...
[root@test ~]# ls /root/test.txt
ls: '/root/test.txt' にアクセスできません: そのようなファイルやディレクトリはありません
```

　CTRL キーと] キーを押して、ホスト OS のコマンドプロンプトに戻り、2つ目のスナップショットを適用します。

```
# virsh snapshot-revert vm02 ss02-vm02
# virsh console vm02
...
[root@test ~]# cat /root/test.txt
Hello KVM.
```

アプリケーションのインストールやアップグレード、システムの設定変更前にスナップショットを作成しておくと、アプリケーションや設定でトラブルが発生しても、スナップショットから元の状態に復元できるので、非常に便利です。

■ 物理環境・仮想環境の識別

仮想環境において、管理者は、物理サーバ上で直接稼働している OS 環境と仮想マシンを区別して管理する必要があります。ユーザが利用する環境が物理マシンの場合と仮想マシンの場合の両方が考えられる場合、物理マシンと仮想マシンが混在するため、どのような仮想化基盤で稼働しているかを事前にチェックしてから、アプリケーションや管理ツールを実行するといった運用も見られます。

現在自分が操作している OS 環境が、物理マシンで直接稼働しているものなのか、仮想マシンなのかを判断するには、その操作しているマシン上で、virt-what コマンドを実行します。virt-what コマンドは virt-what パッケージに含まれているので、事前にインストールしておきます。

```
# dnf install -y virt-what
```

○ KVM 仮想マシン上での実行：

```
vm02 # virt-what
kvm
```

○ 物理マシン上での実行：

```
# virt-what
```

操作しているマシン上で、virt-what コマンドの出力結果が kvm と表示される場合は、そのマシンは仮想マシンであることを意味します。何も出力されない場合は、物理マシンで稼働していることを意味します。なお、systemd-detect-virt コマンドでも同様の確認が可能です。

○ KVM 仮想マシン上での実行：

```
vm02 # systemd-detect-virt
```

```
kvm
```

○ **物理マシン上での実行：**

```
# systemd-detect-virt
none
```

9-2-9 KVM 仮想環境におけるブリッジインターフェイスの作成

　KVM の仮想マシンを作成する場合は、事前にネットワークの設定を行っておく必要があります。KVM の仮想環境においてよく利用されるネットワーク設定は、図 9-3 に示す 2 つの構成です。

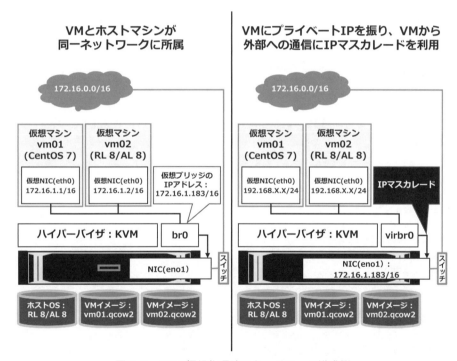

図 9-3　KVM 仮想化環境のネットワーク構成例

- 仮想マシンとホストマシンが同一ネットワークに所属するように、ホストマシンにブリッジインターフェイスを設ける構成
- 仮想マシンには、プライベート IP アドレスを割り当て、外部との通信には、IP マスカレード（NAT）を利用する構成

　nmcli コマンドを使って、ホストマシンにブリッジインターフェイスを作成できます。以下では、仮想マシンがホスト OS と同一 LAN セグメントの IP アドレスでネットワーク通信できるように、ホスト OS 上の nmcli を使ってブリッジインターフェイス br0 を作成する手順を紹介します。

　まず、ホスト OS ブリッジを新規に作成します。

```
# nmcli con add type bridge con-name br0 ifname br0
# nmcli con mod br0 bridge.stp no
```

NIC（今回は、eno1 とする）を br0 に組み込みます。

```
# nmcli con add type bridge-slave con-name br0-eno1 ifname eno1 master br0
```

eno1 の設定を削除して OS を再起動しますが、eno1 を使ってコマンドラインの入力作業をしている場合は、ネットワークが切断されて、作業ができなくなるため、eno2 や eno3 など、他の管理用の LAN セグメントでコマンドライン入力作業が続行できるように事前に準備しておいてください。

```
# nmcli con del eno1
# reboot
```

br0 に IP アドレス、ネットマスク、参照先 DNS サーバのアドレス、デフォルトゲートウェイを付与し、OS を再起動します。

```
# nmcli c mod br0 \
ipv4.method manual \
ipv4.addresses 172.16.1.183/16 \
ipv4.dns 172.16.1.254 \
ipv4.gateway 172.16.31.8 \
ipv4.dns-search jpn.linux.hpe.com \
ipv6.method ignore
# reboot
```

OS 再起動後、br0 の状態を確認します。

```
# ip -4 a s br0
4: br0: <BROADCAST,MULTICAST,UP,LOWER_UP> mtu 1500 ...
    inet 172.16.1.183/16 brd 172.16.255.255 ...
```

念のため、nmcli によって自動生成された設定ファイルを確認します。

```
# cat /etc/sysconfig/network-scripts/ifcfg-br0
STP=no
```

```
TYPE=Bridge
PROXY_METHOD=none
BROWSER_ONLY=no
BOOTPROTO=none
DEFROUTE=yes
IPV4_FAILURE_FATAL=no
IPV6INIT=no
NAME=br0
UUID=aad5573d-1339-45b8-9564-f3ff5b94a372
DEVICE=br0
ONBOOT=yes
IPADDR=172.16.1.183
PREFIX=16
GATEWAY=172.16.31.8
DNS1=172.16.1.254
DOMAIN=jpn.linux.hpe.com

# cat /etc/sysconfig/network-scripts/ifcfg-br0-eth0
TYPE=Ethernet
NAME=br0-eth0
UUID=7a5ec446-eb53-4350-b6ca-51e3519d158f
DEVICE=eth0
ONBOOT=yes
BRIDGE=br0
```

9-3　コンテナ管理ツール Podman

　前節では、仮想マシンによるハードウェアの仮想環境について解説してきましたが、仮想化のもう1つのアプローチとして、コンテナによる仮想化を取り上げます。

　コンテナとは、OS 上に分離された空間と資源管理（cgroups）の仕組みを利用し、アプリケーションと OS をパッケージ化した実行環境のことです。それぞれのコンテナは、プロセスとしてホスト OS 上で複数同時に起動できます。このコンテナの生成に必要な実行ファイル、ライブラリ、コンテナの実行の際に起動させたいコマンドなどが含まれるパッケージを**コンテナイメージ**（もしくは単にイメージ）と呼びます。**コンテナエンジン**（コンテナの実行、構築を管理するモジュール）でコンテナイメージを実行すると、コンテナが生成されます。

9-3-1　コンテナのメリット

　Linux で稼働するコンテナは、ホスト OS とカーネルを共有するため、ハードウェア全体の仮想化を行う KVM や Xen などのハイパーバイザ型の仮想化技術に比べて、CPU、メモリ、ストレージ、ネットワークなどのハードウェア資源の消費や性能劣化が非常に小さいという利点があります（図 9-4）。

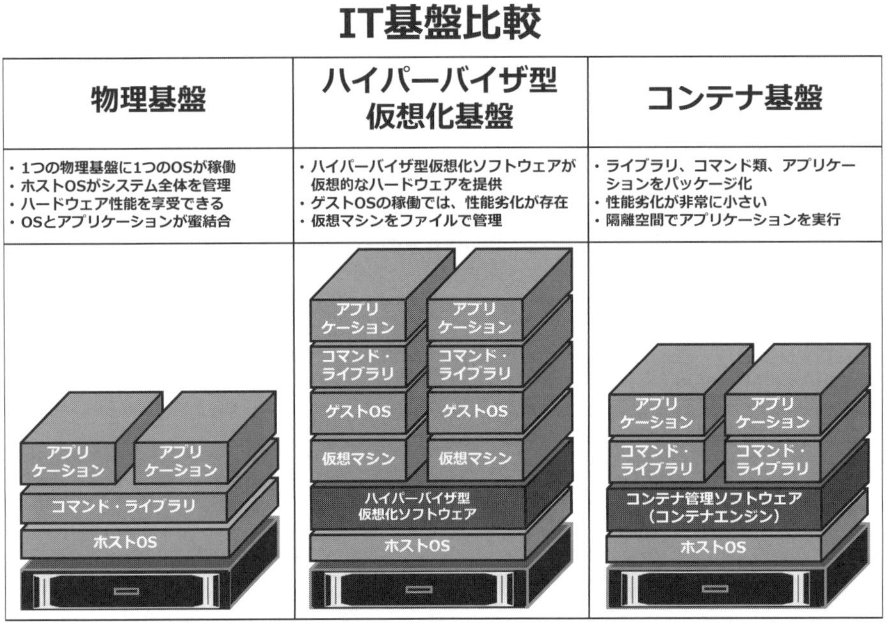

IT基盤比較

物理基盤	ハイパーバイザ型 仮想化基盤	コンテナ基盤
・1つの物理基盤に1つのOSが稼働 ・ホストOSがシステム全体を管理 ・ハードウェア性能を享受できる ・OSとアプリケーションが密結合	・ハイパーバイザ型仮想化ソフトウェアが仮想的なハードウェアを提供 ・ゲストOSの稼働では、性能劣化が存在 ・仮想マシンをファイルで管理	・ライブラリ、コマンド類、アプリケーションをパッケージ化 ・性能劣化が非常に小さい ・隔離空間でアプリケーションを実行

図 9-4　IT 基盤比較 ─ 物理基盤、仮想化基盤、コンテナ基盤の比較。コンテナ基盤では、隔離空間ごとに異なる OS のコマンド、ライブラリ、サービスを物理基盤と同等性能で、性能劣化なくユーザに提供できる

　コンテナの技術自体は、古くからある枯れた技術ですが、2013 年に登場した Docker により、急速に注目を集めるようになりました。Docker が注目を集めた要因は、コンテナの実行に必要な要素をコンテナイメージとしてパッケージ化し、さらにそのコンテナイメージをまとめたレジストリ（Docker Hub）を提供し、コードによってデプロイを自動化したことでしょう。これにより、アプリケーション開発者は既成の開発環境を容易に入手することが可能になり、ハードウェアの調達やメンテナンスの隠蔽が可能となりました。

　また、軽量なコンテナ技術の発達により、アプリケーション単位での隔離、開発環境の容易な作成と廃棄ができるようになり、アプリケーションのメンテナンスの簡素化がよりいっそう進むことになります。これは、システム管理者よりもアプリケーション開発者にとってのメリットが非常に大きい

ことを意味します。

さらに、コンテナの仕組みによって、アプリケーションの開発と実環境への素早い展開と運用が両立できます。近年、開発者やIT部門の間で話題になっているDevOps（Development and Operations）環境の実現です。アプリケーション開発者やIT部門にとって、アプリケーションの開発、運用、廃棄などをクラウド上で迅速に行える環境がコンテナによって整備可能となります。

9-3-2　Podmanの特徴

RL 8/AL 8における標準のコンテナエンジンには、Dockerではなく、Podmanが採用されています。Podmanは、Red Hat社が中心となって開発したオープンソースのコンテナエンジンです。その特徴として、デーモンの起動が不要で、非root権限でコンテナを起動でき、複数のコンテナをひとまとめにしたKubernetes向けのPodを取り扱える、といった点が挙げられます。コンテナエンジン以外にも、コンテナイメージ作成の専用ツールであるBuildah、コンテナ管理ソフトウェアのSkopeoなども提供されており（表9-2）、単一のアプリケーションからマイクロサービスを活用したクラウドネイティブアプリケーションまで、幅広い運用の場をサポートします。

表 9-2　RL 8/AL 8におけるコンテナ関連ソフトウェア

ソフトウェア	説明
Docker	Docker社が提供するコンテナ管理ソフトウェア（コンテナエンジン）
Podman	Red Hat社が推奨しているコンテナ管理ソフトウェア（コンテナエンジン）
Buildah	コンテナの元となるイメージ（コンテナイメージ）の作成ツール
Skopeo	コンテナイメージ管理ソフトウェア

9-3-3　Dockerとの互換性

Podmanの管理コマンドは、Dockerの管理コマンドと似ており、Dockerの利用経験があれば、Podmanをすぐに利用できるように設計されています。また、コンテナイメージについても、Docker、Red Hat、Fedoraコミュニティ、CentOSコミュニティが提供するイメージが利用可能です。Podmanでは、RL 8/AL 8用のイメージ、Ubuntu用のイメージなど、さまざまな種類のDockerイメージをそのまま利用できます。クラウド基盤ソフトウェアに比べ、導入のハードルも比較的低く、これらの魅力的な機能を簡単に試すことができます。

9-3-4 Podman を使う

以下では、RL 8/AL 8 で採用されているコンテナ管理ソフトウェアの Podman のインストールと基本的な利用方法について説明します。

■ podman のインストール

RL 8/AL 8 では、podman パッケージが標準で含まれています。dnf コマンドでインストールします。

```
# dnf install -y podman
```

> dnf module install コマンドを使うと、コンテナ関連のソフトウェアである podman、buildah、skopeo などを一括インストールできます。
>
> ```
> # dnf module install -y container-tools
> ```

なお、企業内においてプロキシサーバ経由でインターネットに接続する環境では、次のように、/etc/profile.d/http_proxy.sh ファイルにプロキシサーバを指定し、bash シェルにログインしなおします。

```
# vi /etc/profile.d/http_proxy.sh
export HTTPS_PROXY=http://proxy.your.site.com:8080

# exit

# printenv HTTPS_PROXY
http://proxy.your.site.com:8080
```

Podman は、コンテナ起動時にコンテナ用のネットワーク API である CNI（Container Network Interface）を利用します。しかし、Podman が利用する CNI は、現時点でパケットフィルタリングの nftables に対応していません。そのため、nftables サービスは、事前に停止させておく必要があります。

```
# systemctl stop nftables
# systemctl disable nftables
# systemctl is-active nftables
inactive
```

これで、Podman のインストールは完了です。

Podman では、さまざまな OS とアプリケーションがパッケージ化された Docker イメージが利用可能

です。Docker イメージを一から作成することも可能ですが、クラウドサービスの Quay.io や、Docker 社が提供する Docker Hub と呼ばれるイメージ保管庫に用意されている Docker イメージを利用できます。

■ Quay.io が提供するイメージの入手

まずは、CentOS 6.10 の Docker イメージをインターネット経由で入手します。デフォルトでは、Quay.io からイメージがダウンロードされます。

```
# podman pull centos:6.10
```

ローカルの RL 8/AL 8 サーバ上に保管されているイメージ一覧を確認します。

```
# podman images
REPOSITORY                  TAG        IMAGE ID       CREATED        SIZE
docker.io/library/centos    7.7.1908   08d05d1d5859   2 months ago   212 MB
docker.io/library/centos    6.10       48650444e419   10 months ago  202 MB
```

■ Docker 社が提供するイメージの入手

Docker 社が提供するイメージを入手する場合、ユーザ登録をしていない場合、すぐにアクセス制限に到達し、Docker イメージが入手できなくなります。そのため、事前に、以下の URL から、Docker Hub にユーザ登録（サインアップ）を済ませておいてください。

○ Docker Hub の URL:

```
https://hub.docker.com/
```

上記 URL でユーザを登録したら、podman コマンドを使って Docker Hub で提供されるイメージを入手できます。まず、Docker Hub に登録したユーザ名とパスワードで Docker Hub にログインします。以下は、testuser01 というユーザを Docker Hub に登録した場合の実行例です。

```
# podman login docker.io
Username: testuser01
Password:
Login Succeeded!
#
```

podman コマンドで Docker Hub にログインできたら、「Login Succeeded!」と表示されるので、Docker イメージを入手します。ここでは、Docker Hub で提供される RL 8.5 のイメージを入手します。

```
# podman pull rockylinux:8.5
Trying to pull docker.io/library/rockylinux:8.5...
...
```

同様に、AL 8.5 のイメージを入手します。すると、以下のように、イメージの入手先の候補が表示されます。下矢印キーでカーソルを「docker.io/library/almalinux:8.5」に合わせ、[ENTER] キーを押します。すると、Docker Hub からイメージがダウンロードされます。

```
# podman pull almalinux:8.5
? Please select an image:
    registry.fedoraproject.org/almalinux:8.5
    registry.access.redhat.com/almalinux:8.5
    registry.centos.org/almalinux:8.5
  ▶ docker.io/library/almalinux:8.5
```

■ コンテナの起動

Docker Hub からダウンロードしたイメージ群のうち、centos:6.10 というタグの付いたイメージから、コンテナを生成、起動し、そのコンテナ内で作業できるようにしてみましょう。

コンテナの起動は podman コマンドに run を付け、以下のオプションを指定します。

- --name オプションは、コンテナの名前を指定します。ここでは、test01 という名前のコンテナを起動するように指定しました。
- -i オプションは、コンテナの標準入力を開いた状態にします。
- -t オプションを付与することにより、仮想端末を割り当ててコンテナの標準入力にアタッチします。

-i オプションと-t オプションの両方を指定する場合、-it オプションとして指定できます。centos:6.10 は、入手したイメージのタグ付きのリポジトリ名です。最後に、/bin/bash を指定することで、コンテナ上の/bin/bash コマンドを起動し、コンテナで bash シェルによるコマンドライン入力が可能になります。

```
# podman run -it --name test01 centos:6.10 /bin/bash
[root@ac39f6be912a /]#
```

■ コンテナ情報の確認

コンテナにログインし、作業を始めます。コンテナの OS のバージョンを確認します。

```
[root@ac39f6be912a /]# cat /etc/redhat-release
CentOS release 6.10 (Final)
```

すると、コンテナは、CentOS 6.10 であることがわかります。ホスト名を確認してみます。

```
[root@ac39f6be912a /]# hostname
ac39f6be912a
```

ホスト名は自動的に割り振られていることがわかります。

■ IP アドレスの確認

さらに IP アドレスを確認し、ホスト OS や外部と通信できるかを確認します。podman では、標準で、インターフェイス eth0 を割り当てます。

```
[root@ac39f6be912a /]# ifconfig
eth0      Link encap:Ethernet  HWaddr 62:C3:FA:C1:B0:61
          inet addr:10.88.0.2  Bcast:10.88.255.255  Mask:255.255.0.0
...
```

別の仮想端末を開いて、ホスト OS から稼働中のコンテナに入るには、podman exec にコンテナ名を指定し、/bin/bash を指定し、コンテナ内で bash シェルを起動します。

```
# podman exec -it test01 /bin/bash
[root@ac39f6be912a /]#
```

■ イメージの検証

podman のイメージの仕組みを理解するため、まず、試しに podman コンテナ上の/root ディレクトリにファイル testfile を作成しておきます。作業はコンテナに入って行います。

```
[root@ac39f6be912a /]# touch /root/testfile
```

exit を実行し、ホスト OS に戻ります。

```
[root@ac39f6be912a /]# exit
exit
#
```

■ コンテナの停止

稼働中のコンテナを停止するには、podman stop コマンドを実行します。

```
# podman stop test01
```

■ コンテナの一覧表示

ホスト OS 上で、過去に起動したコンテナ一覧を確認します。停止したものも含めてコンテナ一覧を表示するには、podman コマンドに ps -a を付与して実行します。

```
# podman ps -a
CONTAINER ID   IMAGE                   ... STATUS                  ... NAMES
ac39f6be912a   quay.io/centos/centos:6.10  ... Exited (137) 3 seconds ago ... test01
```

■ コンテナのイメージ化

先ほど作業したコンテナを再利用できるように、イメージ化を行います。コンテナからイメージを生成することをコミットと言います。コンテナ名とイメージを指定してコミットを行います。

```
# podman commit test01 c610:test01
```

再び、現在のイメージ一覧を確認します。

```
# podman images
REPOSITORY                    TAG        IMAGE ID      CREATED         SIZE
localhost/c610                test01     d96e3e4c33be  27 seconds ago  202 MB
docker.io/library/rockylinux  8.5        210996f98b85  4 weeks ago     211 MB
docker.io/library/almalinux   8.5        4ca63ce1d8a9  2 months ago    205 MB
quay.io/centos/centos         7.9.2009   8652b9f0cb4c  14 months ago   212 MB
quay.io/centos/centos         6.10       48650444e419  2 years ago     202 MB
```

■ 別のコンテナの生成と確認

先ほどコミットしたイメージ c610:test01 を使って、別のコンテナ test02 を生成してみます。

```
# podman run -it --name test02 c610:test01 /bin/bash
[root@9a0651c2afc9 /]#
```

コンテナ test02 上の/root ディレクトリに先ほど作成した testfile が存在するか確認します。

```
[root@9a0651c2afc9 /]# ls /root/
anaconda-ks.cfg  install.log  install.log.syslog  testfile
[root@9a0651c2afc9 /]# exit
exit

#
```

　以上で、作業を行ったコンテナをコミットすることで、その作業内容を反映したイメージが生成でき、さらに作成したイメージを再利用して、新たなコンテナを生成できました。開発者は、アプリケーションのバージョンや種類ごとに異なるコンテナを作成し、その都度、コンテナをコミットしてイメージを作っておけば、それらのイメージからさまざまなアプリケーション環境を素早く切り替えて利用できます（図9-5）。

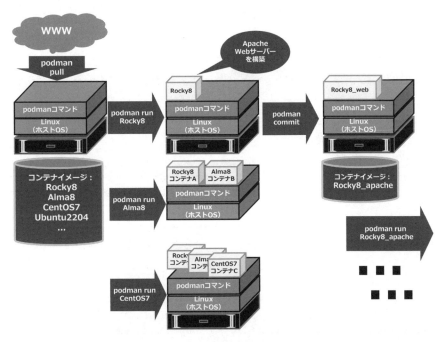

図9-5　ホストマシンに保管されたイメージからpodman runでコンテナを起動する。起動したコンテナで作業を行い、アプリケーションなどを構築したものをpodman commitでイメージとして新たに登録する

9-3-5　コンテナに含まれるファイルの確認方法

現在起動しているコンテナのファイルシステム上にあるファイルなどをホスト OS から確認したい場合があります。以下では、CentOS 6.10 のイメージからコンテナを起動し、そのコンテナのファイルシステムに存在する/etc/redhat-release ファイルをホストマシンから確認する手順を示します。

■ イメージの確認

最初に、現在ローカルに登録されている CentOS 6.10 のイメージを確認します。

```
# podman images
REPOSITORY                TAG      IMAGE ID      CREATED       SIZE
...
quay.io/centos/centos     6.10     48650444e419  2 years ago   202 MB
```

■ コンテナの起動

イメージ centos:6.10 から、コンテナをバックグラウンドで起動します。バックグラウンドで起動するには、-d オプションを付与します。コンテナ名は test03 としました。

```
# podman run -it -d --name test03 centos:6.10
```

> podman コマンドでは、-it オプションと-d オプションを 1 つにして、-itd オプションとして指定可能です。

ホスト OS 上で稼働中のコンテナを確認します。このとき、STATUS が Up になっていることを確認します。

```
# podman ps -a
CONTAINER ID  IMAGE                    ... STATUS            ... NAMES
0ab775af41c3  quay.io/centos/centos:6.10  ... Up 2 minutes ago  ... test03
...
```

■ コンテナ内のコマンドの実行

稼働中のコンテナ test03 に含まれるファイルの内容をホストマシンから確認します。ホスト OS からコンテナ内のファイルを確認するには、コンテナに含まれる cat コマンドをホスト OS から実行します。

コンテナに含まれるコマンドをホスト OS から実行するには、`podman exec` を使用します。以下では、コンテナ内に含まれる cat コマンドを使って、コンテナ内の**/etc/redhat-release** ファイルの内容を確認する例です。

```
# podman exec -it test03 cat /etc/redhat-release
CentOS release 6.10 (Final)
#
```

9-4　Dockerfile を使ったイメージの自動構築

イメージからコンテナを起動する一連の手順は、先述の `podman` コマンドでコマンドラインから入力することで可能ですが、イメージ作成作業、アプリケーションのインストールなどの複数作業をまとめて自動的に行いたい場合があります。そのような場合は、Dockerfile を使うと便利です。

Dockerfile は、開発環境における Makefile のように、一連の作業を決められた書式に従って事前に記述しておき、それに基づいてイメージの作成を行います。以下では、RL 8.5 環境の Apache HTTP サーバを組み込んだコンテナイメージの作成、コンテナの起動、コンテナへのアクセス方法を述べます。

9-4-1　Dockerfile の用意

最初に、Apache HTTP サーバ組み込んだイメージを作成するための Dockerfile を用意します。ここでは、**/root/apache** ディレクトリを作成し、その下に Dockerfile を作成します。

```
# mkdir /root/apache
# cd /root/apache
# vi Dockerfile
FROM rockylinux:8.5
ARG http_proxy
ARG https_proxy
RUN dnf install -y httpd iproute procps-ng \
&& echo "Hello Apache." > /var/www/html/index.html
CMD ["/usr/sbin/httpd", "-DFOREGROUND"]
```

Dockerfile 内では、`FROM` 命令に利用するイメージの種類を記述します。イメージ名はコマンドラインから `podman images` で確認可能なので、一覧に表示されているイメージ名を記述します。ここでは RL 8.5 のイメージ `rockylinux:8.5` を指定しています。

プロキシサーバ経由でインターネットにアクセスする環境をコンテナで利用する場合には、Dockerfile にプロキシサーバの設定を記述しますが、プロキシサーバに関する環境変数は、Dockerfile 内で、`ARG`

http_proxy と ARG https_proxy で与えます。この環境変数の具体的な値は、Dockerfile からコンテナ
イメージをビルドする際に定義します。

RUN 命令では、Docker のイメージを作成する際に実行したいコマンドを記述します。この例では、
RUN 命令で指定している dnf install -y httpd iproute procps-ng で、Apache HTTP サーバの httpd
パッケージと IP ルーティング関連のツールである iproute パッケージ、そして、ps コマンドが含まれ
る procps-ng パッケージをインストールしています。

■ イメージの生成

Dockerfile を記述したら、イメージを作成します。Dockerfile を使ったイメージの作成は、ビルドと
呼ばれます。イメージのビルドは、podman build コマンドで行います。podman build コマンドに、
-f オプションを付与し、明示的に Dockerfile を指定します。また、-t オプションを付与し、その後に
ビルドするイメージに付与したい名前を指定します。最後に、このディレクトリに存在する Dockerfile
をロードし、ビルドするためのディレクトリパスとして、ピリオド（.）を付与します。

```
# pwd
/root/apache
# ls -l
合計4
-rw-r--r--. 1 root root 178 12月13 14:50 Dockerfile
# podman build \
-f ./Dockerfile \
-t r8:httpd01 \
--build-arg http_proxy=http://proxy.your.site.com:8080 \
--build-arg https_proxy=http://proxy.your.site.com:8080 \
.
```

Apache HTTP サーバが組み込まれたイメージ r8:httpd01 が作成されているかを確認します。

```
# podman images
REPOSITORY    TAG       IMAGE ID      CREATED         SIZE
localhost/r8  httpd01   4b27c6fbd444  13 seconds ago  264 MB
...
```

■ コンテナの起動

作成した Docker イメージ r8:httpd01 を使ってコンテナを起動します。起動するコンテナ名は、
httpd01 としました。

```
# podman run -d --name httpd01 r8:httpd01
05c084ac50377bbe21cbdab70734eaa979256c277698c0f0e35b80a0116cee55
```

コンテナが起動し続けているかを確認します。

```
# podman ps
CONTAINER ID   IMAGE                  ... STATUS              ... NAMES
05c084ac5037   localhost/r8:httpd01 ... Up 17 seconds ago ... httpd01
```

コンテナ httpd01 が起動していることがわかります。ホストマシンからコンテナ httpd01 にログインします。

```
# podman exec -it httpd01 /bin/bash
[root@05c084ac5037 /]#
```

■ httpd の起動状態を確認

コンテナ上で httpd サービスが起動しているかを確認します。

```
[root@05c084ac5037 /]# ps ax
    PID TTY       STAT   TIME COMMAND
      1 ?         Ss     0:00 /usr/sbin/httpd -DFOREGROUND
      8 ?         S      0:00 /usr/sbin/httpd -DFOREGROUND
      9 ?         Sl     0:00 /usr/sbin/httpd -DFOREGROUND
     10 ?         Sl     0:00 /usr/sbin/httpd -DFOREGROUND
     13 ?         Sl     0:00 /usr/sbin/httpd -DFOREGROUND
    223 pts/0     Ss     0:00 /bin/bash
    236 pts/0     R+     0:00 ps ax
[root@05c084ac5037 /]#
```

コンテナ内で httpd サービスを正常に起動できていることを確認できたら、コンテナに割り振られた IP アドレスをコンテナ上で確認します。

```
[root@05c084ac5037 /]# ip -4 a | grep inet
    inet 127.0.0.1/8 scope host lo
    inet 10.88.0.8/16 brd 10.88.255.255 scope global eth0
```

コンテナが外部に Web サービスを提供できているかを、ホスト OS から確認します。コマンドラインから確認するには、別の仮想端末を開き、curl コマンドが有用です。

```
# curl http://10.88.0.8
```

```
Hello Apache.
```

以上で、Web サービスが稼働するコンテナの Web コンテンツにクライアントからアクセスできました。

9-5　プライベートレジストリの構築

本節では、コンテナイメージを社内ユーザに配信する社内プライベートレジストリサーバを構築します。これにより、社内ユーザは、自分のコンテナイメージをインターネット経由のパブリッククラウドではなく、社内プライベートレジストリサーバに登録、利用できます。

プライベートレジストリサーバでは、プライベートレジストリサービスを提供するコンテナが稼働します。プライベートレジストリサーバのシステム構成を**表 9-3** に示します。

表 9-3　プライベートレジストリサーバのシステム構成

項目	値
ホスト OS の IP アドレス	172.16.1.180/16
コンテナ管理ツール	podman
ホスト OS で使用するポート番号	5000
レジストリサービスを提供するコンテナ内で使用するポート番号	5000
プライベートレジストリサービスを提供するコンテナイメージ	registry:2
プライベートレジストリサービスのコンテナ名	regist01

■ レジストリサーバのイメージの入手

プライベートレジストリサービスを稼働させる物理マシンで、プライベートレジストリサービスを組み込んだコンテナイメージを、Docker Hub から入手します。今回は、registry:2 という名前のコンテナイメージを使用します。

```
# podman pull registry:2
# podman images
REPOSITORY                TAG   IMAGE ID       CREATED        SIZE
docker.io/library/registry 2    b8604a3fe854   2 months ago   26.8 MB
...
```

■ イメージ保管用ディレクトリの作成

プライベートレジストリサービスを組み込んだコンテナイメージ保管用ディレクトリを作成します。

```
# mkdir -p /var/lib/containers/registry
```

■ プライベートレジストリサービスの起動

　プライベートレジストリサービスを組み込んだコンテナを起動します。プライベートレジストリサービスに外部からアクセスするためのポートは、5000 番を使用し、プライベートレジストリサービスのコンテナ内のポートも 5000 番を使用します。プライベートレジストリサービスのコンテナを起動する際には、−p オプションでポート番号を明示的に指定します。今回、プライベートレジストリサービスを提供するコンテナの名前は、regist01 としました。

```
# podman run \
--privileged \
-d \
--name regist01 \
-v /var/lib/containers/registry:/var/lib/registry \
-p 5000:5000 \
registry:2
```

■ プライベートレジストリサービスの確認

プライベートレジストリサービスを組み込んだコンテナ regist01 が起動しているかを確認します。

```
# podman ps -a --format "{{.Image}} {{.Ports}} {{.Names}}"
docker.io/library/registry:2 0.0.0.0:5000->5000/tcp regist01
```

■ ファイアウォールの設定

　プライベートレジストリサーバのコンテナが 5000 番ポートを使用するため、ホスト OS のファイアウォールを設定します。

```
# firewall-cmd --add-port=5000/tcp --zone=public --permanent
success
# firewall-cmd --reload
success
# firewall-cmd --list-ports
5000/tcp
```

■ 登録するコンテナイメージの入手

プライベートレジストリサーバに登録するコンテナイメージ（社内ユーザに配布するコンテナイメージ）をインターネット経由で入手します。今回は、AL 8.5 のコンテナイメージを入手しました。

```
# podman pull almalinux:8.5
# podman images
REPOSITORY                    TAG    IMAGE ID      CREATED        SIZE
docker.io/library/almalinux   8.5    4ca63ce1d8a9  2 months ago   205 MB
```

■ タグの付与

プライベートレジストリサーバに社内配信用のコンテナイメージを登録するため、入手した AL 8.5 のコンテナイメージにタグを付けます。タグには、podman tag コマンドに、コンテナイメージ名と、付与したいタグ名を指定します。

プライベートレジストリサーバ上では、localhost:5000 でプライベートレジストリサービスにアクセスできるため、タグ名は、localhost:5000 にスラッシュ記号（/）を付与し、その後ろにわかりやすい名前を付与します。今回、AL 8.5 のコンテナイメージに対して、タグ名は、localhost:5000/a85 としました。

```
# podman tag docker.io/library/almalinux:8.5 localhost:5000/a85
# podman images
REPOSITORY          TAG      IMAGE ID      CREATED        SIZE
localhost:5000/a85  latest   4ca63ce1d8a9  2 months ago   205 MB
...
```

■ 環境変数の設定

podman push コマンドでコンテナイメージをローカルホストのプライベートレジストリに登録する際に、プロキシサーバを経由しないように環境変数を設定しておきます。

```
# vi /etc/profile.d/http_proxy.sh
...
export NO_PROXY="localhost:5000"

# . /etc/profile.d/http_proxy.sh
# printenv NO_PROXY
localhost:5000
```

■ コンテナイメージの登録

　タグを付与したコンテナイメージをプライベートレジストリサーバに登録します。プライベート
レジストリサーバにコンテナイメージを登録するには、`podman push` コマンドを使用します。今回
は、プライベートレジストリサーバの利用において、TLS の証明書を使った通信を行わないため、
`--tls-verify=false` オプションを指定します。

```
# podman push --tls-verify=false localhost:5000/a85:latest
```

> 　`podman push` を実行してもイメージの登録処理が進まない場合は、稼働中のレジストリサービス regist01
> をいったん停止させ、以下のように再起動してください。
>
> ```
> # podman stop regist01 && podman start regist01
> ```

■ コンテナイメージの確認

　プライベートレジストリサーバに登録したコンテナイメージを確認します。`curl` コマンドでイメー
ジ名を確認できます。

```
# curl http://localhost:5000/v2/_catalog
{"repositories":["a85"]}
```

9-5-1　クライアントマシンからのイメージ入手

　プライベートレジストリサーバに登録されたコンテナイメージを別のクライアントマシンから入手
できるかを確認します。

■ 環境変数の設定

　クライアントマシンがリモートのプライベートレジストリサーバへアクセスする際に、プロキシサー
バを経由しないように環境変数 `NO_PROXY` を設定します。`NO_PROXY` には、リモートのプライベートレ
ジストリサービスの IP アドレスとポート番号を設定しておきます。以下では、クライアントマシンの
コマンドプロンプトを「`client #`」で表します。

```
client # vi /etc/profile.d/http_proxy.sh
...
```

```
export NO_PROXY="172.16.1.180:5000"
```

環境変数をロードします。

```
client # . /etc/profile.d/http_proxy.sh
client # printenv NO_PROXY
172.16.1.180:5000
```

■ プライベートレジストリサーバのイメージ入手

クライアントマシンからプライベートレジストリサーバのコンテナイメージを入手できるかテスト
します。

```
client # podman pull --tls-verify=false 172.16.1.180:5000/a85:latest
Trying to pull 172.16.1.180:5000/a85:latest...
...
client # podman images
REPOSITORY              TAG         IMAGE ID      CREATED       SIZE
172.16.1.180:5000/a85   latest      4ca63ce1d8a9  2 months ago  205 MB
```

■ コンテナの起動

プライベートレジストリから入手したコンテナイメージでコンテナを起動できるかを確認します。

```
client # podman run -it --name test01 172.16.1.180:5000/a85:latest /bin/bash
[root@c742a0894c13 /]# cat /etc/redhat-release
AlmaLinux release 8.5 (Arctic Sphynx)
```

■ コンテナイメージのアップロード

クライアントマシンで起動したコンテナからコンテナイメージを生成し、プライベートレジストリ
サーバにアップロードします。まず、クライアントマシン上のコンテナにテスト用のファイルを作成
し、コンテナのコマンドプロンプトを離脱します。

```
[root@c742a0894c13 /]# echo "Hello Podman." > /root/test.txt
[root@c742a0894c13 /]# exit
exit
client #
```

コンテナ test01 からコンテナイメージ a85:foo01 を生成します。

```
client # podman commit test01 a85:foo01
client # podman images
REPOSITORY                TAG        IMAGE ID       CREATED         SIZE
localhost/a85             foo01      d0b0551c3cf4   6 seconds ago   205 MB
172.16.1.180:5000/a85     latest     4ca63ce1d8a9   2 months ago    205 MB
```

作成したコンテナイメージ a85:foo01 にプライベートレジストリサーバへアップロードするための
タグを作成します。

```
client # podman tag a85:foo01 172.16.1.180:5000/a85:foo01
client # podman images
REPOSITORY                TAG        IMAGE ID       CREATED         SIZE
localhost/a85             foo01      d0b0551c3cf4   2 minutes ago   205 MB
172.16.1.180:5000/a85     foo01      d0b0551c3cf4   2 minutes ago   205 MB
172.16.1.180:5000/a85     latest     4ca63ce1d8a9   2 months ago    205 MB
```

コンテナイメージをプライベートレジストリサーバにアップロードします。

```
client # podman push --tls-verify=false 172.16.1.180:5000/a85:foo01
```

■ アップロードしたコンテナイメージの確認

クライアントマシンから、プライベートレジストリサーバにコンテナイメージ c610:foo01 が登録
されているかを確認します。

```
client # curl http://172.16.1.180:5000/v2/a85/tags/list
{"name":"a85","tags":["latest","foo01"]}
```

以上で、プライベートレジストリサーバにコンテナイメージをアップロードできました。

9-6　Buildah によるコンテナイメージ管理

Dockerfile やランタイムベースの docker build コマンドなどのツールを使用したコンテナイメージ
のビルドには、内部で使用されるビルドツールの数が増大し、コンテナイメージのサイズが肥大化す
ることが問題視されています。必要以上にツールを多用すると、セキュリティの観点でも、コンテナ
の脆弱性を高めるという危惧があります。

Buildah は、このようなコンテナの運用にまつわる課題を解決し、より目的にフィットしたコンテ
ナイメージをビルドし、無駄を省いて、コンテナ自体を強化できます。

コンテナの作成を微調整し、必要に応じて部品を追加、削除することで、コンテナイメージサイズ

の増大を抑制し、脆弱性を低減できます。コンテナイメージをスクラッチから簡単にビルドできるため、コンテナイメージから不要なソフトウェアパッケージを除外できます。そのため、非常に小さいサイズのコンテナイメージを生成できます。

Buildah は、OCI（Open Container Initiative）に準拠したコンテナイメージをビルドするツールです。Docker 社が提供するコンテナエンジン（Docker エンジン）と異なり、次の特徴があります。

- デーモンの稼働が不要
- OCI 準拠のコンテナイメージのビルドには、root 権限も不要
- 構築手順を記述した Dockerfile の有無にかかわらず、コンテナイメージをビルド可能

Buildah コマンドラインツールを使用してビルドされた OCI 準拠のコンテナイメージは、移植性があるため、Docker 環境でも実行できます。

9-6-1　Buildah によるコンテナイメージの操作

以下では、Buildah を使ったコンテナイメージの管理手法を紹介します。

■ Buildah のインストール

RL 8/AL 8 では、AppStream リポジトリで buildah パッケージが提供されています。buildah パッケージを dnf コマンドでインストールします。

```
# dnf -y install buildah
```

■ Podman で入手したコンテナイメージの確認

buildah は、podman と補完的な役割を担います。podman がインストールされた環境で、既存のコンテナイメージを buildah コマンドでリストアップできます。

```
# buildah images --format "{{.Name}} {{.Tag}} {{.Size}}"
```

■ 作業用コンテナの作成

Buildah では、既存のコンテナイメージから作業用コンテナ（Buildah では、ワーキングコンテナと呼ばれます）を作成します。作業用コンテナでは、アプリケーションなどのインストールや、不要なツールの削除などを行います。コンテナイメージが手元にない場合は、レジストリ（podman で指定された Docker Hub などの外部レジストリ）から入手を試みます。以下は、buildah from コマンドで RL 8.5 のコンテナイメージを入手し、作業用コンテナを起動する例です。

```
# buildah from rockylinux:8.5
...
rockylinux-working-container
```

■ コンテナイメージの確認

入手したコンテナイメージを確認します。

```
# buildah images
REPOSITORY                    TAG      IMAGE ID        CREATED      SIZE
...
docker.io/library/rockylinux  8.5      210996f98b85    4 weeks ago  211 MB
...
```

■ コンテナリスト

入手したコンテナイメージから作業用コンテナが起動しています。作業用コンテナは buildah containers コマンドで確認します。

```
# buildah containers
CONTAINER ID  BUILDER  IMAGE ID      IMAGE NAME                          CONTAINER NAME
1332627c4470     *     210996f98b85 docker.io/library/rockylinux:8.5 rockylinux ...
```

上の実行結果より、作業用コンテナ rockylinux-working-container が生成されていることがわかります。

■ 作業用コンテナの操作

作業用コンテナ内に含まれる各種コマンドを実行してみましょう。

```
# buildah run rockylinux-working-container cat /etc/redhat-release
Rocky Linux release 8.5 (Green Obsidian)
```

作業用コンテナ rockylinux-working-container で bash シェルを起動し、コンテナ内で作業を開始します。

```
# buildah run rockylinux-working-container /bin/bash
[root@1332627c4470 /]# cat /etc/redhat-release
Rocky Linux release 8.5 (Green Obsidian)
[root@1332627c4470 /]# echo "Hello Buildah" > /root/test.txt
[root@1332627c4470 /]# exit
```

```
exit
#
```

■ コンテナのコミット

作業用コンテナ rockylinux-working-container をコミットし、コンテナイメージを作成します。ここでは、コンテナイメージの名前を r85:test01 としました。

```
# buildah commit rockylinux-working-container r85:test01
...

# buildah images
REPOSITORY                      TAG         IMAGE ID        CREATED         SIZE
...
docker.io/library/rockylinux    8.5         210996f98b85    2 months ago    211 MB
localhost/r85                   test01      335c0671bef5    23 seconds ago  211 MB
```

9-6-2　スクラッチからのコンテナイメージのビルド

コンテナイメージをスクラッチからビルドします。具体的には、何も入っていない空のコンテナイメージ scratch を作成し、そこに必要最低限のソフトウェアを追加します。scratch には、コンテナに関するメタデータが含まれていますが、Linux OS に関連するコンテンツ類は一切存在しません。

■ 空のコンテナイメージ scratch の作成

まずは、buildah from コマンドで空のコンテナイメージ scratch から空の作業用コンテナを起動します。

```
# buildah from scratch
working-container
```

上記より、working-container と呼ばれる空の作業用コンテナが作成されました。この時点では、イメージがまだ存在していないため、buildah images にもリストアップされません。

■ 作業用コンテナの確認

空の作業用コンテナを確認します。

```
# buildah containers
```

```
CONTAINER ID  BUILDER  IMAGE ID     IMAGE NAME   CONTAINER NAME
...
ae8ea9430e73     *                  scratch      working-container
```

■ 作業用コンテナのマウント

空の作業用コンテナをホスト OS にマウントします。buildah mount コマンドに作業用コンテナ名を指定し、実行します。後の作業でマウントポイントのフルパスを利用するため、実行結果をシェル変数 MNT001 に格納します。

```
# MNT001=$(buildah mount working-container)
```

マウントポイントの情報が格納されたシェル変数 MNT001 の内容を確認します。

```
# echo $MNT001
/var/lib/containers/storage/overlay/4aaedee68db62c768a324fa0f4c0649d809fe8bf3c78cad
799b74e3da89c787f/merged
```

マウントされたディレクトリの内容を確認します。

```
# ls -la $MNT001/
合計 0
dr-xr-xr-x. 1 root root  6  2月 22 16:22 .
drwx------. 6 root root 69  2月 22 16:22 ..
```

コマンドの実行結果から、まだディレクトリやファイルなどが存在せず、空であることがわかります。

■ 作業用コンテナへのソフトウェアのインストール

マウントされた作業用コンテナにソフトウェアを dnf コマンドで追加します。今回は、RL 8/AL 8.x 環境で動作する bash と coreutils パッケージを追加するため、--releasever には 8 を指定します。

```
# dnf install \
-y \
--installroot $MNT001 \
--releasever 8 \
bash coreutils \
--setopt install_weak_deps=false
```

■ 作業用コンテナの内容の確認

作業用コンテナの内容を確認します。bash と coreutils パッケージをインストールしたため、付随するディレクトリ群が生成され、バイナリファイルが展開されていることがわかります。

```
# ls $MNT001/
bin  boot  dev  etc  home  lib  lib64  media  mnt  opt  proc  root  run  sbin  srv
 sys  tmp  usr  var
```

■ 作業用コンテナのテスト

コンテナイメージを作成する前に、作業用コンテナにインストールした bash やコマンド類が動作するかを確認します。

```
# buildah run working-container /bin/bash
bash-4.4# cat /etc/redhat-release
Rocky Linux release 8.5 (Green Obsidian)
bash-4.4# exit
exit
#
```

■ コンテナイメージの作成

作業用コンテナからコンテナイメージを作成します。コンテナイメージ名は r85:base01 としました。

```
# buildah commit working-container r85:base01
Getting image source signatures
Copying blob 3062d766e6f9 done
Copying config d3a15cac1a done
Writing manifest to image destination
Storing signatures
d3a15cac1a390c209ad9bad57d05f2bc51def43bd0959d4ea8c18e2d37874309
```

■ コンテナイメージの確認

作成したコンテナイメージを確認します。

```
# buildah images
REPOSITORY                    TAG       IMAGE ID      CREATED         SIZE
...
localhost/r85                 base01    d3a15cac1a39  49 seconds ago  358 MB
```

■ コンテナイメージのテスト

作成したコンテナイメージ r85:base01 からコンテナを起動できるかを確認します。

```
# podman run -it --name c02 r85:base01 /bin/bash
bash-4.4# cat /etc/redhat-release
Rocky Linux release 8.5 (Green Obsidian)
```

以上で、スクラッチからコンテナイメージを作成し、コンテナを起動できました。

9-6-3　Skopeo によるコンテナイメージ管理

RL 8/AL 8 では、Docker を利用せずにコンテナイメージを管理できる Skopeo と呼ばれるツールが用意されています。具体的には、Docker Hub レジストリ、プライベートレジストリなどに保管されているコンテナイメージのコピー、コンテナイメージの詳細情報の表示、ローカルディレクトリへの保存などの操作が可能です。以下では、Skopeo による基本的なコンテナイメージ管理を紹介します。

■ Skopeo のインストール

RL 8/AL 8 に Skopeo を dnf コマンドでインストールします。

```
# dnf install -y skopeo
```

■ コンテナイメージの詳細情報の表示

Skopeo を使うと、手元にコンテナイメージが保管されていない場合でも skopeo inspect コマンドを使ってコンテナイメージの詳細情報を表示できます。Docker がインストールされていない環境でもコンテナイメージの情報を表示できる点に注意してください。

```
# skopeo inspect docker://docker.io/library/almalinux:8.5
{
    "Name": "docker.io/library/almalinux",
    "Digest": "sha256:08042694fffd61e6a0b3a22dadba207c8937977915ff6b1879ad744fd6638837",
    "RepoTags": [
        "8",
...
```

■ コンテナイメージのコピー

Skopeo を使えば、リポジトリに保管されているコンテナイメージをローカルのディレクトリにコピーできます。まず、Skopeo をインストールしたローカルのマシンにコンテナイメージのコピー先となるディレクトリを作成します。今回は、コピー先のディレクトリを/root/a85 としました。

```
# mkdir /root/a85
```

Docker Hub で公開されているコンテナイメージ almalinux:8.5 を手元のマシンのコピー先ディレクトリ/root/a85 に skopeo コマンドを使ってコピーします。

```
# skopeo copy docker://docker.io/library/almalinux:8.5 dir://root/a85/
Getting image source signatures
Copying blob a1f18d9dc549 [=============>-------------------------] 25.9MiB / 70.3MiB
```

コピーしたコンテナイメージの内容を確認します。

```
# ls -1 /root/a85/
4ca63ce1d8a90da2ed4f2d5e93e8e9db2f32d0fabf0718a2edebbe0e70826622
a1f18d9dc5496c63197eb9a4f1d4bf5cc88c6a34f64f0fe11ea233070392ce48
manifest.json
version
```

■ コンテナイメージのアーカイブの取得

skopeo コマンドは、コンテナイメージを tar アーカイブで取得できます。以下は、インターネット経由で入手した AlmaLinux 8.5 のコンテナイメージを tar アーカイブファイルの a85.tar として取得する例です。

```
# skopeo copy \
docker://docker.io/library/almalinux:8.5 \
docker-archive://root/a85.tar
```

以上で、コンテナイメージを tar アーカイブとして取得できました。

■ tar アーカイブのリポジトリへの登録

tar アーカイブは、podman load コマンドでコンテナイメージとして簡単に登録できます。以下は、リモートマシンに a85.tar をコピーし、podman コマンドでコンテナイメージを登録する例です。ここでは RL 8/AL 8 がインストールされたリモートマシン（IP アドレスは、172.16.1.181/16）のコマンドプロンプトを「n0181 #」で表します。まず、tar アーカイブの SHA512 チェックサムの値を確認してお

きます。

```
# sha512sum a85.tar
5787d3541571d5095e8527915cad7827a1f9e10019f71c35bf48f637d73d0857d2a6bdd28ff9b8d5443
c815eb4952038e4f3d817e960cc07356a099788fad82a  a85.tar
```

tar アーカイブをリモートホストにコピーします。

```
# scp a85.tar 172.16.1.181:/root/
```

リモートホストにログインします。

```
# ssh -l root 172.16.1.181
root@172.16.1.181's password:
```

コピーされた tar アーカイブの SHA512 チェックサムを表示し、コピー前のチェックサムと同一かどうかを確認します。

```
n0181 # sha512sum a85.tar
5787d3541571d5095e8527915cad7827a1f9e10019f71c35bf48f637d73d0857d2a6bdd28ff9b8d5443
c815eb4952038e4f3d817e960cc07356a099788fad82a  a85.tar
```

tar アーカイブをコンテナイメージとして登録します。

```
n0181 # podman load -i a85.tar
```

tar アーカイブから podman load コマンドで登録されたコンテナイメージには、まだ名前が付与されていないことを確認します。

```
n0181 # podman images
REPOSITORY    TAG         IMAGE ID       CREATED        SIZE
<none>        <none>      4ca63ce1d8a9   3 months ago   205 MB
```

podman tag コマンドでコンテナイメージに名前を付与します。

```
n0181 # podman tag 4ca63ce1d8a9 docker.io/library/almalinux:8.5
n0181 # podman images
REPOSITORY                    TAG      IMAGE ID       CREATED        SIZE
docker.io/library/almalinux   8.5      4ca63ce1d8a9   3 months ago   205 MB
```

コンテナとして稼働できるかを確認します。

```
n0181 # podman run -it --rm almalinux:8.5 cat /etc/redhat-release
AlmaLinux release 8.5 (Arctic Sphynx)
```

9-7　まとめ

　本章では、仮想化 KVM、Podman、Buildah、Skopeo によるコンテナ管理の基礎をご紹介しました。仮想化やコンテナは、単なるサーバ集約だけでなく、クラウド基盤でのサービス提供や DevOps 環境で必要となる非常に重要な基礎技術です。RL 8/AL 8 には、クラウドコンピューティングに必要なこれらの機能が多く搭載されています。すべてを紹介することはできませんが、少なくとも、本章の手順 をひと通り試し、仮想化やクラウド基盤、開発環境の在り方を再考してみてください。

第10章

OS イメージ管理

　近年、社内クラウド基盤の導入やパブリッククラウドの利用が進むにつれ、さまざまな用途の OS 環境をイメージファイルで用意し、ユーザに配備することが増えています。そのような IT 基盤で利用される OS イメージは、採用されているハイパーバイザ型の仮想化エンジンやクラウド環境の種類、用途によってさまざまです。しかし、用途ごとに大量の異なるソフトウェアパッケージを OS イメージに含める作業は、動作プラットフォームの種類が増えると、IT 部門の負担が非常に大きくなります。そのため、IT 部門は、いかに OS イメージを素早く生成できるかに知恵を絞っています。また、非クラウド環境の社内 IT 基盤では、IT 部門が自動インストール用の OS イメージを各部門に配布するような運用も見られます。Linux 環境では、サードパーティ製のものを含め、多種多様な OS イメージの生成ツールが存在しますが、本章では、virt-sysprep を使った OS テンプレートイメージの作成手順と、自動インストールを実現する Kickstart iso イメージの生成手順を紹介します。

10-1 virt-sysprep によるテンプレートイメージの作成

RL 8/AL 8 では、クラウド環境用の QCOW2 イメージが提供されています。この QCOW2 イメージから、virt-sysprep コマンドを使ってテンプレートイメージを生成できます。以下では、RL 8 のクラウド環境用の QCOW2 イメージから、テンプレートイメージを生成する手順を紹介します。

■ クラウド環境用の QCOW2 イメージの入手

クラウド環境用の QCOW2 イメージは、以下の URL から入手可能です。

○ RL 8 の QCOW2 イメージの入手先：

```
https://download.rockylinux.org/pub/rocky/8/images/
```

○ AL 8 の QCOW2 イメージの入手先：

```
https://repo.almalinux.org/almalinux/8/cloud/x86_64/images/
```

以下では RL 8 を例に、上記 URL からイメージファイルを入手します。

```
# cd
# wget https://download.rockylinux.org/pub/rocky/8/images/Rocky-8-GenericCloud-8.5\
-20211114.2.x86_64.qcow2
```

■ イメージファイルのサイズの確認

イメージファイルのサイズを確認します。

```
# dnf install -y qemu-img
# qemu-img info Rocky-8-GenericCloud-8.5-20211114.2.x86_64.qcow2
...
virtual size: 10 GiB (10737418240 bytes)
disk size: 1.4 GiB
...
```

■ スパースイメージの作成

libvirt が稼働しない状態でイメージを生成するため、環境変数 LIBGUESTFS_BACKEND を設定します。

```
# export LIBGUESTFS_BACKEND=direct
```

オリジナルのクラウド環境用の QCOW2 イメージから、圧縮済みスパースイメージを作成します。圧縮済みスパースイメージを作成するには、virt-sparsify コマンドを使用します。今回、圧縮済みスパースイメージのファイル名は、r85.qcow2 にしました。

```
# dnf install -y libguestfs-tools-c
# virt-sparsify \
--tmp=./ \
--compress \
Rocky-8-GenericCloud-8.5-20211114.2.x86_64.qcow2 \
r85.qcow2
```

■ イメージファイルのサイズの確認

生成したイメージファイルのサイズを確認します。

```
# qemu-img info r85.qcow2
...
virtual size: 10 GiB (10737418240 bytes)
disk size: 582 MiB
...
```

オリジナルのクラウド環境用の QCOW2 イメージに比べて、ファイルサイズが小さくなっていることがわかります。

■ テンプレートイメージの作成

virt-sysprep コマンドを使って、テンプレートイメージを作成します。テンプレートイメージ内の root アカウントのパスワードは、abcd1234 とし、ホスト名は、temp.jpn.linux.hpe.com としました。

```
# virt-sysprep \
--format=qcow2 \
-a r85.qcow2 \
--root-password password:abcd1234 \
--selinux-relabel \
--hostname temp.jpn.linux.hpe.com
```

■ パッケージの追加

virt-customize コマンドを使って、テンプレートイメージにパッケージを追加することも可能です。以下は、テンプレートイメージに FORTRAN コンパイラの gcc-gfortran パッケージを追加する例です。

```
virt-customize -a r85.qcow2 \
--run-command '\
echo "proxy=http://proxy.your.site.com:8080" >> /etc/dnf/dnf.conf ;\
dnf install -y gcc-gfortran' \
--selinux-relabel
```

■ テンプレートイメージの起動

生成された OS テンプレートイメージを/var/lib/libvirt/images ディレクトリにコピーし、仮想マシンとして登録します。

```
# cp /root/r85.qcow2 /var/lib/libvirt/images/
# dnf install -y virt-install qemu-kvm libvirt virt-manager
# systemctl restart libvirtd
# systemctl enable libvirtd
# systemctl is-active libvirtd
active

# virt-install \
--connect qemu:///system \
--name temp \
--hvm \
--virt-type kvm \
--os-type=linux \
--os-variant=rhel8.0 \
--ram 4096 \
--vcpus 2 \
--arch x86_64 \
--serial pty \
--console pty,target_type=serial \
--noautoconsole \
--disk=/var/lib/libvirt/images/r85.qcow2,format=qcow2,bus=sata,sparse=yes \
--boot=hd \
--network bridge=virbr0 \
--keymap us \
--force
```

仮想マシンが起動したら、root アカウントでログインできるかを確認します。

```
# virsh console temp
...
Rocky Linux 8.5 (Green Obsidian)
...
temp login: root
```

```
Password:
Last login: Sun Feb 27 12:34:02 on tty1
[root@temp ~]#
```

仮想マシン上で、FORTRAN パッケージがインストールされているかを確認します。

```
[root@temp ~]# which gfortran
/usr/bin/gfortran
```

virt-sysprep を使って、テンプレートイメージを作成し、仮想マシンとして起動できました。

10-2　Kickstart iso イメージの作成

　利用者の OS のインストール手順に関する IT 部門への問い合わせの手間を低減するために、IT 部門が利用者に対して、自動インストール用のメディアを配布する場合があります。この自動インストール用のメディアは、全自動インストールのための仕組みが OS のインストーラに組み込まれています。利用者はインストール対象マシンに DVD メディアをセットし、電源ボタンを入れるだけですべてのインストールが完了するようになっているのが一般的です。このような全自動インストールメディアは、物理メディアでの利用だけでなく、仮想環境やホスティング環境でも OS のインストールの自動化に利用されています（図 10-1）。

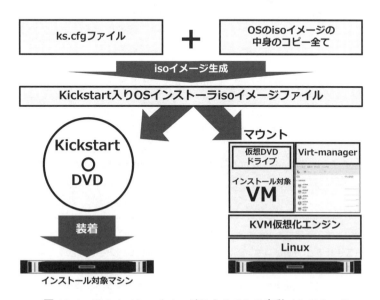

図 10-1　Kickstart iso イメージによる OS の自動インストール

　RL 8/AL 8 を全自動インストールするメディアを作成するには、Kickstart を埋め込んだ iso イメージ
を作成します。作成した iso イメージは、DVD メディアや USB メモリに書き込み、インストール対象
に接続して利用するか、インストール対象サーバのマザーボード上に搭載された遠隔管理チップが提
供する仮想 DVD ドライブ機能を使って、手元の PC からマウントすることで利用可能です。自動イン
ストールサーバを別途構築することなくインストールが可能なので、インターネットに接続できない
ローカル環境でも OS の全自動インストールが可能というメリットがあります。

　以下の節では、RL 8/AL 8 の全自動インストールを行う Kickstart iso イメージを作成する手順を紹介
します。

10-2-1 Kickstart iso イメージの作成手順

　RL 8/AL 8 の全自動インストールを行う iso イメージを作成するには、作業用ディレクトリに RL 8/AL
8 のオリジナルの iso イメージをコピーし、Kickstart 用の設定ファイル ks.cfg と、全自動インストー
ルを行うための設定ファイル isolinux.cfg ファイルを用意します。最後に、iso イメージを作成する
コマンドで、作業用ディレクトリ以下すべてを含む Kickstart iso イメージ作成します。

■ iso イメージの入手

```
# cd /tmp
# export http_proxy=http://proxy.your.site.com:8080
# export https_proxy=http://proxy.your.site.com:8080
```

○ RL 8 の場合：

```
# curl -kO http://ftp.iij.ad.jp/pub/linux/rocky/8.5/isos/x86_64/Rocky-8.5-x86_64-\
dvd1.iso
```

○ AL 8 の場合：

```
# curl -kO http://ftp.iij.ad.jp/pub/linux/almalinux/8.5/isos/x86_64/AlmaLinux-8.5-\
x86_64-dvd.iso
```

　　本書では、現時点で入手可能な iso イメージの URL を curl コマンドに指定しています。新しいバー
ジョンがリリースされると、curl コマンドによる古い iso イメージの入手が失敗する可能性があります。
その場合は、第 2 章で紹介した RL 8/AL 8 の旧バージョンの iso イメージが入手可能な URL を Web ブ
ラウザなどで確認し、適宜、適切な iso イメージの URL を curl コマンドに指定してください。

■ 作業用ディレクトリの作成

作業用のディレクトリ/root/isoimg を作成します。

```
# mkdir /root/isoimg
```

■ iso イメージのマウントとファイルのコピー

iso イメージをマウントし、iso イメージの中身をすべてコピーします。

○ RL 8 の場合：

```
# mount -o loop,ro /tmp/Rocky-8.5-x86_64-dvd1.iso /media/
# cp -a /media/* /root/isoimg/
# cp -a /media/.??* /root/isoimg/
```

○ AL 8 の場合：

```
# mount -o loop,ro /tmp/AlmaLinux-8.5-x86_64-dvd.iso /media/
# cp -a /media/isolinux /root/isoimg/
# cp -a /media/images /root/isoimg/
```

■ ファイルの確認

コピーしたファイルやディレクトリを確認します。

```
# ls -la /root/isoimg/
total 20
drwxr-xr-x   7 root root  187 Mar  2 18:52 .
dr-xr-x---. 10 root root 4096 Mar  2 18:49 ..
-r--r--r--   1 root root   43 Nov 12 01:41 .discinfo
-r--r--r--   1 root root 1514 Nov 12 01:41 .treeinfo
dr-xr-xr-x   4 root root   50 Nov 12 01:41 AppStream
dr-xr-xr-x   4 root root   50 Nov 12 01:41 BaseOS
dr-xr-xr-x   3 root root   26 Nov 12 01:41 EFI
-r--r--r--   1 root root  664 Nov 12 01:41 TRANS.TBL
dr-xr-xr-x   3 root root   96 Nov 12 01:41 images
dr-xr-xr-x   2 root root  316 Nov 12 01:41 isolinux
-r--r--r--   1 root root   86 Nov 12 01:41 media.repo
```

■ isolinux.cfg ファイルの作成

isolinux ディレクトリの下にある isolinux.cfg ファイルを別の名前に変えてバックアップをとり、書き込み権限を付与します。

```
# cp -a /root/isoimg/isolinux/isolinux.cfg{,.org}
# chmod +w /root/isoimg/isolinux/isolinux.cfg
```

このファイル内の label linux と書かれた行の直前に、label linuxks で始まる 4 行を追加します。isolinux.cfg ファイルは、Kickstart iso イメージを DVD ブートするときにロードされるファイルです。isolinux.cfg ファイルの menu 行には、インストーラが起動した際の最初の選択画面の項目（通常インストールや、レスキューモードの選択など）のラベル名を記述します。ここでは、Kickstart インストールであることがひと目でわかるラベル名を記述しておきます。

kernel 行で指定された vmlinuz と append 行で指定された initrd.img がロードされてインストーラが起動します。append 行の inst.stage2=では、cdrom を指定します。さらに、inst.ks=cdrom:/ks.cfg を記述することにより、インストーラのトップディレクトリ（/root/isoimg）の直下に配置した ks.cfg ファイルがロードされ、Kickstart による全自動インストールが実現できます。

○ RL 8 の場合：

```
# vi /root/isoimg/isolinux/isolinux.cfg
...
label linuxks
menu label ^Install Rocky Linux 8 using Kickstart
kernel vmlinuz
  append initrd=initrd.img inst.repo=cdrom inst.ks=cdrom:/ks.cfg
...
```

○ AL 8 の場合：

```
# vi /root/isoimg/isolinux/isolinux.cfg
...
label linuxks
menu label ^Install AlmaLinux 8 using Kickstart
kernel vmlinuz
  append initrd=initrd.img inst.repo=cdrom inst.ks=cdrom:/ks.cfg
...
```

■ ks.cfg の作成

　isolinux.cfg ファイルの append 行の inst.ks に記述した ks.cfg のパスと矛盾しないように、作業用ディレクトリ/root/isoimg の直下に ks.cfg ファイルを配置します。以下は、固定 IP アドレス、ホスト名の付与、一般ユーザの作成、そして、ローカルディスクとして/dev/sda 上にパーティションを自動的に設定する ks.cfg ファイルの例です。

```
# vi /root/isoimg/ks.cfg
repo --name="AppStream" --baseurl=file:///run/install/repo/AppStream
ignoredisk --only-use=sda
bootloader --append="rhgb novga console=ttyS0,115200 console=tty0 panic=1" --locati
on=mbr --driveorder="sda" --boot-drive=sda
zerombr
clearpart --all
reboot
text
cdrom
keyboard --vckeymap=us --xlayouts=''
lang en_US.UTF-8
logging --level=info
network --bootproto=dhcp --device=eth0 --noipv6 --activate --hostname test.example.
com
rootpw --iscrypted $6$zV/mOykw$DfeTqknB68Kv/1JdOTbY8hnkibDOJWOj.XvK1dt5qc3apl9L8.ro
ctqaYHzl1YkphQnYWMD6RnIBVBmlz9iMA0
authselect --enableshadow --passalgo=sha512
selinux --disabled
firstboot --disable
skipx
services --disabled="kdump,rpcbind,sendmail,postfix,chronyd"
timezone Asia/Kolkata --isUtc
autopart --type=lvm
%packages
@^minimal-environment
%end
```

```
    root アカウントのパスワード（今回は、abcd1234）は、openssl コマンドで生成しました。

# openssl passwd -6 -salt $(openssl rand -base64 6) abcd1234
$6$zV/mOykw$DfeTqknB68Kv/1JdOTbY8hnkibDOJWOj.XvK1dt5qc3apl9L8.roctqaYHzl1YkphQnY
WMD6RnIBVBmlz9iMA0
```

注意　Kickstart iso イメージの設定

　Kickstart iso イメージは、インストーラから見ると、ローカルの物理メディアでのインストールになるので、ks.cfg ファイル内では、「cdrom」を指定していることに注意してください。

　また、今回作成する Kickstart iso イメージでは、OS インストール先のディスクのデバイスとして/dev/sda を想定しています。virt-manager などで仮想マシンなどを作成する際は、ローカルディスクのタイプとして SATA ディスクや SCSI ディスクを選択してください。もし、VirtIO ディスクを選択する場合は、/dev/vda となるため、ks.cfg ファイル内で、ignoredisk --only-use=vda 記述してください。

■ iso イメージの作成

　次に、xorriso コマンドを使って iso イメージを作成します。xorriso コマンドは、xorriso パッケージに含まれているので、dnf コマンドでインストールします。

```
# dnf install -y xorriso syslinux-nonlinux syslinux
```

　シェル変数を設定しておきます。シェル変数 LABEL は、以下のように、blkid コマンドで得られる LABEL の値を設定します。

○ RL 8 の場合：

```
# blkid /tmp/Rocky-8.5-x86_64-dvd1.iso
... LABEL="Rocky-8-5-x86_64-dvd" ...

# ISO=r85ks.iso
# WORKDIR=/root/isoimg
# LABEL=Rocky-8-5-x86_64-dvd
```

○ AL 8 の場合：

```
# blkid /tmp/AlmaLinux-8.5-x86_64-dvd.iso
... LABEL="AlmaLinux-8-5-x86_64-dvd" ...

# ISO=a85ks.iso
# WORKDIR=/root/isoimg
# LABEL=AlmaLinux-8-5-x86_64-dvd
```

xorriso コマンドを使って iso イメージを作成します。iso イメージのファイル名は、シェル変数 ISO に定義したものです。

```
# cd
# xorriso \
-as mkisofs \
-iso-level 3 \
-V "$LABEL" \
-o ${ISO} \
-isohybrid-mbr /usr/share/syslinux/isohdpfx.bin \
-c isolinux/boot.cat \
-b isolinux/isolinux.bin \
-input-charset utf-8 \
-no-emul-boot \
-boot-load-size 4 \
-boot-info-table \
-eltorito-alt-boot \
-e images/efiboot.img \
-no-emul-boot \
-isohybrid-gpt-basdat \
${WORKDIR}
```

全自動インストール用の iso イメージが作成できているかを確認します。

○ RL 8 の場合：

```
# file /root/r85ks.iso
# ls -lh /root/r85ks.iso
```

○ AL 8 の場合：

```
# file /root/a85ks.iso
# ls -lh /root/a85ks.iso
```

作成した全自動インストール用の iso イメージは、DVD-R や USB メモリなどの物理メディアに書き込むか、インストール対象サーバのマザーボード上に搭載された遠隔管理チップが提供する仮想 DVD ドライブ機能や、virt-manager などの仮想マシン管理マネージャが提供する仮想メディア機能を使って、DVD ブートによりインストールを行います。

iso イメージや物理メディアから DVD ブートを行い、全自動で RL 8/AL 8 のインストールが完了することを確認してください（図 10-2、図 10-3）。

Rocky Linux 8
Install Rocky Linux 8 using Kickstart
Install Rocky Linux 8
Test this media & install Rocky Linux 8
Troubleshooting
>
Press Tab for full configuration options on menu items.

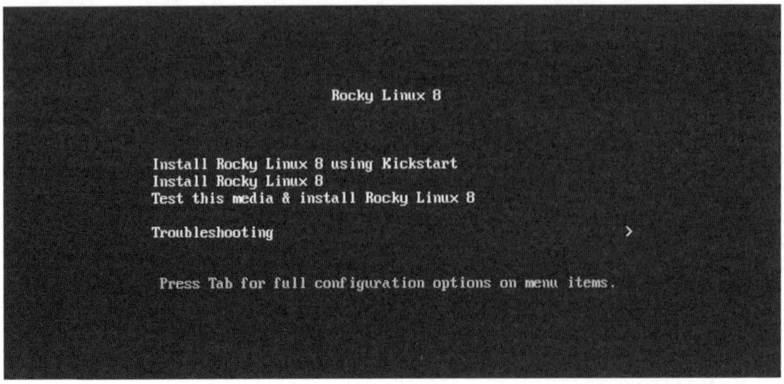

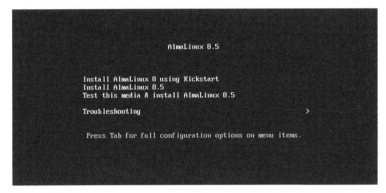

図 10-2　RL 8 の Kickstart iso イメージからのブートの様子

AlmaLinux 8.5
Install AlmaLinux 8 using Kickstart
Install AlmaLinux 8.5
Test this media & install AlmaLinux 8.5
Troubleshooting
>
Press Tab for full configuration options on menu items.

図 10-3　AL 8 の Kickstart iso イメージからのブートの様子

10-3 まとめ

本章では、OS のイメージ管理について解説しました。virt-sysprep を使えば、仮想化基盤やクラウド基盤で利用される OS のテンプレートイメージを簡単に生成できます。OS イメージは、物理基盤、仮想化、クラウド基盤、コンテナ基盤など、さまざまな IT 基盤で形を変えて利用されます。是非、本書で紹介した手順で、自動化を見据えた効率的な OS イメージ管理を検討してください。

第11章
ストレージ管理

　人工知能（AI）やIoTの利用拡大に伴い、IoT機器から生成されるデータを大容量ストレージに保存することが増えてきました。大容量ストレージには、従来のRDBMSで採用されているファイバチャネル型の高速ストレージや、比較的安価な大容量ハードディスクを大量に搭載したストレージサーバを複数台で1つのストレージ領域を形成するソフトウェア定義型ストレージ、そして、長期保管やアーカイブ用途に利用されるテープ装置などが存在します。いずれの大容量ストレージでも、Linux OSに標準搭載されたストレージ管理ツールが、ストレージ機器の増設や日常の運用で利用されています。

　Linuxにおけるストレージ管理では、さまざまな管理ツールが用意されています。本章では、基本的なパーティション操作の代表的なコマンドの使用法、LVM（Logical Volume Manager）による論理ボリュームの作成、容量の拡張、スナップショットの作成と適用などの基本操作に加え、BOOMブートマネージャによるスナップショットからのOS起動、Stratisによるストレージ管理の仕組みについて、具体的なコマンドラインによる操作手順を紹介します。

11-1 RL 8/AL 8 における外部ストレージへの接続

　ファイルサーバやデータベースサーバなどのミッションクリティカルシステムでは、外付けの共有ストレージ（外部ストレージ）上に顧客データや業務データが保管されます。また、大規模なシステムにおいては、高いパフォーマンスが要求されるため、ファイバチャネル接続型の外付けストレージが採用されます。ファイバチャネル接続型の外部ストレージは、大容量で処理速度も速く、ストレージ自体も多機能であり、高可用性クラスタソフトウェアによるアプリケーション障害発生時のサービスの切り替え、ストレージのコントローラやファイバチャネルの冗長化経路などを構成します（図 11-1）。

　これらの外部ストレージは、Linux OS から設定ツールを用いてデータ保存用に環境を整備する必要があります。通常、ハードウェアベンダが提供する設定ツールと Linux OS 付属の設定ツールを組み合わせて外部ストレージを利用できるように設定しますが、管理者は、ストレージの増設や容量の確保、ファイルシステムのフォーマットなどのメンテナンスを行う必要があり、Linux で利用可能なストレージ管理ツールの使い方をマスタしておく必要があります。

　以下では、RL 8/AL 8 がインストールされたサーバシステムと、それに接続された外部ストレージを対象に、その基本的な管理手法について紹介します。

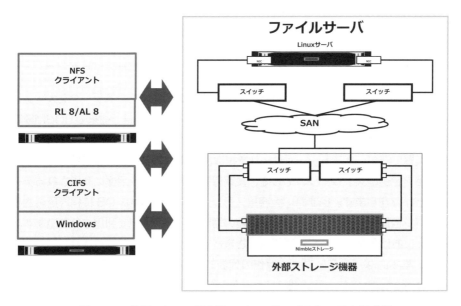

図 11-1　外部ストレージを持つ Linux サーバのシステム構成例

11-1-1 ストレージのデバイス名

通常、外部ストレージが接続されるミッションクリティカルシステムの x86 サーバでは、RAID コントローラが搭載されます。一般に、RAID コントローラは、サーバ内蔵のローカルディスクへの接続ポート（チャネルとも呼ばれます）を持つタイプと、外部ストレージへの接続ポートを持つタイプが存在します。

RL 8/AL 8 では、x86 サーバにおける内蔵 RAID コントローラ配下のディスク、SATA ディスクや SAS ディスク、USB メモリ、SATA 接続の DVD-ROM ドライブなどをストレージデバイスとして取り扱えます。また、仮想マシンで提供される Virt IO デバイスもサポートされます。以下に RL 8/AL 8 で取り扱う代表的なストレージ機器のデバイス名を挙げておきます。

表 11-1　ストレージ機器のデバイス名

デバイス名	説明
/dev/sdX	SAS あるいは、SATA 方式の内蔵ディスクや外部ディスク
/dev/srX	SATA 接続の CD-ROM あるいは、DVD ドライブ
/dev/vdX	KVM 仮想マシンにおける Virt IO デバイス

管理者は、書き込み可能なデバイスファイルに対しては、パーティションやファイルシステムの作成、マウント、アンマウントの操作を行います。

今回、bash のコマンドラインの言語は、英語に設定しています。本章では、コマンドの出力結果の英文から、grep コマンドで英単語を抽出することで、実行の成否を判断しています。bash の言語を日本語に設定している場合、コマンドの出力結果に対して、grep コマンドで抽出する単語は、日本語を指定しなければなりません。また、LVM などのストレージ管理コマンドの出力結果は、比較的多くの英語のテキスト情報を出力するため、コマンドラインの英語の出力結果を grep コマンドで検索する運用管理も多く見られます。いずれの場合も英語モードのほうが情報を扱いやすいため、日本語モードになっている場合は、以下の手順でコマンドラインを英語に切り替えてください。

```
# export LANG=en_US.utf8
```

11-1-2 物理ディスクの確認

RAID コントローラや非 RAID のホストバスアダプタを搭載した x86 サーバにおいて、OS をインストールするローカルディスクのハードウェア情報は、/proc/scsi/scsi で確認できます。

```
# cat /proc/scsi/scsi
Attached devices:
Host: scsi0 Channel: 00 Id: 00 Lun: 00
  Vendor: ATA       Model: MB3000GBKAC      Rev: HPGJ
  Type:   Direct-Access                     ANSI  SCSI revision: 05
```

上記より、OS 上からは、物理ディスクが認識できていることがわかります。

11-2 ディスクパーティション

内蔵ディスクへ OS をインストールする場合や、外部ストレージにアプリケーションを格納するためのデータ領域を作成する場合、論理ディスク上に OS から認識可能なパーティションを作成する必要があります。パーティションのツールには、OS の付属コマンドである fdisk、parted、gdisk、sgdisk などがあります。以下では、これらのツールによるによるパーティション作成手順を示します。

11-2-1 fdisk コマンド

fdisk コマンドは、古くから Linux OS におけるパーティション作成ツールとして利用されています。RL 8/AL 8 でも fdisk コマンドが利用可能です。ただし、fdisk コマンドは、DOS パーティションテーブルの場合、2TB 未満のディスクしかサポートされません。そのため、最近の大容量ハードディスクでは、GPT パーティションテーブル（後述）を作成した上でディスクパーティションを作成します。

fdisk コマンドで、現在のディスクのパーティション情報を表示するには、-l オプションを付与し、ディスクのデバイス名を指定します。

```
# fdisk -l /dev/sdb
Disk /dev/sdb: 2.7 TiB, 3000592982016 bytes, 5860533168 sectors
Units: sectors of 1 * 512 = 512 bytes
Sector size (logical/physical): 512 bytes / 512 bytes
I/O size (minimum/optimal): 512 bytes / 512 bytes
Disklabel type: dos
Disk identifier: 0x85e11ad9
```

上記の場合、2.7TiB（テビバイト）のディスクであることがわかります。　fdisk コマンドで表示した 2.7TiB（3000592982016 バイト）の物理ディスクの容量を例に考えます。単位はテビであるため、10 進単位と 2 進単位の誤差は約 9.95%にもなります。

コラム　テビバイトとテラバイトの違い

　企業における IoT 機器から収集されるビッグデータの取り扱いの拡大に伴い、最近のストレージ製品の記憶容量は、テラバイト、ペタバイト級のものが当たり前になり、ディスク容量を表す単位もより厳密なものが用いられるようになりました。日本でも、従来データのサイズを表す単位には、メガバイト、ギガバイト、テラバイトなどが利用されていました。しかし、この表記は、10 進単位、すなわち、10 の乗数で表されるため、2 の乗数で表される 2 進単位の容量とは異なります。例えば、1KB（キロバイト）を 10 進単位で表すと、10 の 3 乗 = 10 × 10 × 10 = 1000 バイトを表しますが、2 進単位の 1 キロバイトは、2 の乗数で表されるため、2 の 10 乗 = 2 × 2 × 2 × 2 × 2 × 2 × 2 × 2 × 2 × 2 = 1024 バイトです。10 進単位と 2 進単位では、当然誤差が出ますが、容量が大きくなるにつれ、その誤差が無視できないレベルになってきています。そのため最近では、2 進単位は KB ではなく、KiB（キビバイト）と表すようになっています。より正確な容量を示すために、10 進単位と 2 進単位を併記することも増えています。

　表 11-2 に、10 進単位と 2 進単位における単位の呼び方、記号、誤差をまとめておきます‡。

表 11-2　10 進単位と 2 進単位の呼び方、記号、バイト数、誤差。RL 8/AL 8 の fdisk コマンドは、ストレージデバイスの容量を 2 進単位で表示できる

(1) 10 進単位（1000 バイト換算）			(2) 2 進単位（1024 バイト換算）			(1) と (2) の誤差（概算）
単位	記号	バイト数	単位	記号	バイト数	—
キロバイト	KB	10 の 3 乗	キビバイト	KiB	2 の 10 乗	2.400000%
メガバイト	MB	10 の 6 乗	メビバイト	MiB	2 の 20 乗	4.857600%
ギガバイト	GB	10 の 9 乗	ギビバイト	GiB	2 の 30 乗	7.374182%
テラバイト	TB	10 の 12 乗	テビバイト	TiB	2 の 40 乗	9.951163%
ペタバイト	PB	10 の 15 乗	ペビバイト	PiB	2 の 50 乗	12.589991%
エクサバイト	EB	10 の 18 乗	エクスビバイト	EiB	2 の 60 乗	12.589991%
ゼタバイト	ZB	10 の 21 乗	ゼビバイト	ZiB	2 の 70 乗	18.059162%
ヨタバイト	YB	10 の 24 乗	ヨビバイト	YiB	2 の 80 乗	20.892582%

‡ 国際電気標準会議（IEC）において、データ処理およびデータ送信の分野で使用する 2 進数の接頭辞の IEC 国際標準名および記号として承認されています。

　テビバイトをテラバイトに換算するには、その誤差である 9.951163% を考慮し、以下が成立します。

　　1 テビバイト = 1.0995163 テラバイト

　今回、fdisk コマンドで表示した/dev/sdb は、2.7TiB であるため、2.7 × 1.0995163 = 2.96869401TB となり、約 3TB のディスクであることがわかります。

fdisk -l の出力をよく見ると、Disklabel type: dos と表示されています。これは、指定したディスク /dev/sdb には、ディスクラベルとして dos が設定されていることを意味します。ディスクラベルの種類によって、作成できるパーティションテーブルとその最大容量も異なります。

■ ディスクラベルの書き込み

通常、2TB を超える容量のパーティションを作成するには、ディスクラベルを GPT に設定する必要があります。以下では、GPT パーティションテーブルを作成する例を示します。

まず、fdisk コマンドによってパーティションを作成するには、fdisk コマンドの後にディスクのデバイス名（以下の例では /dev/sdb）を指定します。

```
# fdisk /dev/sdb
...
Command (m for help):
```

この状態で、fdisk のコマンドプロンプトが表示されます。以下では、fdisk が提供するコマンドプロンプトを「Command (m for help): 」で表します。

Ⓜ キーを押して、ENTER キーを押します。すると、ヘルプが表示され、そのヘルプ内に、ディスクラベルに関するコマンドとパーティションテーブルの種類が表示されます。

```
Command (m for help): m
...
  Create a new label
  g   create a new empty GPT partition table
  G   create a new empty SGI (IRIX) partition table
  o   create a new empty DOS partition table
  s   create a new empty Sun partition table
...
```

fdisk コマンドがサポートするパーティションテーブルは、GPT、SGI、DOS、Sun の 4 つであることがわかります。今回は、2TB 以上の容量を取り扱える GPT パーティションテーブルを作成するので、fdisk のコマンドプロンプトで、Ⓖ キーを押して、ENTER キーを押します。

```
Command (m for help): g
Created a new GPT disklabel (GUID: 52C64738-9E3F-AB47-9DE3-E9A49AEFE48F).
```

上記より、GPT パーティションテーブルを書き込む準備ができたので、これでよければ Ⓦ キーを押して、ENTER キーを押します。

```
Command (m for help): w
The partition table has been altered.
Calling ioctl() to re-read partition table.
Syncing disks.
```

以上で、/dev/sdb には、GPT パーティションテーブルが書き込まれました。再度、fdisk -l でディスクラベルを確認します。

```
# fdisk -l /dev/sdb | grep -i disklabel
Disklabel type: gpt
```

ディスクラベルに gpt が書き込まれ、GPT パーティションを作成できる準備ができました。

■ GPT パーティションの作成

次に、fdisk コマンドにディスクのデバイス名を指定し、GPT パーティションを作成します。

```
# fdisk /dev/sdb
...
Command (m for help):
```

パーティションを作成するため、fdisk のコマンドプロンプトで N キーを押し、ENTER キーを押します。すると、パーティション番号を入力するプロンプトが現れるので、/dev/sdb にまだパーティションが存在しない場合は、1 キーを入力し、ENTER キーを入力します。今回は、/dev/sdb 上にパーティションを 1 つしか作りません。

```
Command (m for help): n
Partition number (1-128, default 1): 1
```

次に、セクタ番号の入力が促されるため、そのまま ENTER キーを押します。続けて、最後尾のセクタ番号の入力を促されるため、そのまま ENTER キーを押します。

```
First sector (2048-5860533134, default 2048):
Last sector, +sectors or +size{K,M,G,T,P} (2048-5860533134, default 5860533134):
Created a new partition 1 of type 'Linux filesystem' and of size 2.7 TiB.
...
```

上記のように、サイズが 2.7TiB の新しいパーティションが 1 つ作成できたことがわかります。fdisk のコマンドプロンプト上で、パーティションが作成できたかどうかを確認するため、P キーを押し、ENTER キーを押します。

```
Command (m for help): p
...
Device      Start       End     Sectors  Size Type
/dev/sdb1    2048 5860533134 5860531087  2.7T Linux filesystem
```

2.7TiB のディスクパーティション/dev/sdb1 が作成できたので、fdisk のコマンドプロンプトで、
Ｗ キーを押し、ENTER キーを押して、パーティションの設定情報を書き込みます。

以上で、GPT パーティション/dev/sdb1 が用意できたので、このパーティションをフォーマットす
る準備が整いました。

■ パーティションのフォーマット

RL 8/AL 8 では、直接接続型の内蔵ディスク（ローカルディスクとも言います）向けのファイルシ
ステムとして、ext4 と XFS などが利用されます。ext4 ファイルシステムは、旧世代の ext2 や ext3 よ
りもファイルシステムの修復が高速である点や、サイズの小さいファイルの取り扱いに優れているな
どの特徴があります。一方、XFS は、1990 年代の前半に SGI 社（現 HPE）により開発されたファイル
システムで、大規模なサーバ基盤で豊富な実績があります。

ディスクパーティションを利用するには、フォーマットを行います。XFS でフォーマットするには、
mkfs.xfs コマンドを用います。

```
# mkfs.xfs -f /dev/sdb1
```

■ パーティションのマウント

フォーマットしたパーティションをマウントするには、mount コマンドを用います。mount コマン
ドにはさまざまなオプションが存在しますが、一番単純な方法は、パーティションとマウントポイン
トを指定するだけです。

```
# mkdir /data
# mount /dev/sdb1 /data
```

/dev/sdb1 パーティションが/data ディレクトリにマウントされました。ディスクの利用状況を確
認するには、df コマンドを利用します。具体的には、作成したパーティションどおりにファイルシス
テムがマウントされているか、マウントポイントがすべてマウントされているか、マウントポイントが
正しいパーティション番号でマウントされているのかを必ず確認します。df コマンドに-HT オプショ
ンを付与することにより、ファイルシステムの種類を含めて人間にわかりやすい単位で表示し、正し

いファイルシステムでマウントされているかを確認できます。

```
# df -HT
Filesystem      Type     Size      Used Avail Use% Mounted on
...
/dev/sdb1       xfs      3.0T      21G 3.0T    1% /data
```

ディスク容量が 3.0TB の/dev/sdb1 が、XFS ファイルシステムとして提供されており、/data ディレクトリにマウントされ、利用可能であることがわかります。また、マウントされたパーティションは、mount コマンドでファイルシステムの種類や書き込み可否を知ることができるので、併せて確認します。

```
# mount | grep /dev/sdb1
/dev/sdb1 on /data type xfs (rw,relatime,attr2,inode64,logbufs=8,logbsize=32k,noquota)
```

上記出力の xfs の後の括弧の中に rw と表示されている場合は、そのパーティションは、書き込みが可能な状態でマウントされていることを意味します。書き込み可能な状態でマウントされていることが確認できたので、/data ディレクトリ以下に実際にデータを格納できるかを確認します。

```
# echo "Hello Linux." > /data/test.txt
# cat /data/test.txt
Hello Linux.
```

無事、/dev/sdb1 パーティションにマウントされた/data ディレクトリにデータを書き込むことができたので、/data のマウントを解除(アンマウント)します。

```
# cd
# umount /data
```

■ /etc/fstab ファイルの記述

OS が再起動された後も自動的に/data をマウントするようにするには、/etc/fstab エントリを記述します。/etc/fstab ファイルには、マウントポイントをマウントするときのマウントオプションを指定しますが、ここに適切にオプションを追加することにより、ファイルシステム周りでの詳細な設定が可能です。以下は、/etc/fstab に/dev/sdb1 を/data にマウントする記述を追記したものです。

```
# cat /etc/fstab
/dev/mapper/cl-root                         /       xfs     defaults     0 0
UUID=4daf7f96-f1b9-4cea-82ac-9a72774c6b95   /boot   xfs     defaults     0 0
```

```
/dev/mapper/cl-swap                                  swap    swap    defaults    0 0
/dev/sdb1                                            /data   xfs     defaults    0 0
```

/etc/fstab ファイルに正しく記述できたら、mount コマンドでデバイス名を指定せずにマウントポイントのみを指定することで、パーティションをマウントできます。

```
# mount /data
# df -HT | grep /data
/dev/sdb1    xfs          3.0T    21G    3.0T    1%  /data
```

コラム　fdisk コマンドの自動化

　fdisk コマンドは、独自のコマンドプロンプトを提供し、対話形式で操作できますが、大量の管理対象マシンが存在する場合、スクリプト内で fdisk を利用し、自動的にパーティションを作成したいというニーズもあります。以下は、fdisk コマンドを使って/dev/sdb1 パーティションの削除を行うスクリプトの例です。スクリプト内で fdisk コマンドを実行していますが、fdisk コマンドに与える d と w の間には改行が 2 行必要ですので、注意してください。

```
# vi fdisk_del_sdb1.sh
#!/bin/bash
fdisk /dev/sdb << EOF
d


w
EOF
```

　スクリプトを実行すると、非対話形式で、自動的に/dev/sdb1 を削除できます。

```
# bash ./fdisk_del_sdb1.sh
```

　同様に、パーティションの作成もスクリプトで記述可能です。以下は、fdisk コマンドを使って/dev/sdb に GPT パーティションを 1 つ作成するスクリプトの例です。上記のパーティションを削除するスクリプトと同様に、パーティション作成のスクリプトにおいても、fdisk コマンドに与える 1 と w の間には改行が 2 行必要ですので、注意してください。

```
# vi fdisk_create_sdb1.sh
#!/bin/bash
wipefs -a /dev/sdb
fdisk /dev/sdb << EOF
```

```
g
n
1


w
EOF
```

　上記スクリプトでは、fdisk で GPT パーティションを作成する前に、wipefs コマンドを使って
ディスク内に記録されている XFS シグネチャ情報を削除しています。その後に、fdisk コマンドで、
GPT パーティションのディスクラベルの付与、GPT パーティションの作成、開始セクタの値と終了
セクタのデフォルト値を選択するために、ENTER キーを押す操作、そして最後に情報の書き込み操
作が記述されています。このように、fdisk コマンドは、対話形式のコマンドプロンプトで入力して
いた命令の文字をスクリプト内に記述することで、パーティションの削除や作成などの操作を自動
化できます。

11-2-2 gdisk コマンド

　gdisk は、GPT fdisk と呼ばれ、fdisk コマンドと同様の対話形式で GPT パーティションの作成や削
除などの操作を行うためのコマンドです。gdisk コマンドは、gdisk RPM パッケージに含まれており、
dnf コマンドでインストールできます。

```
# dnf install -y gdisk
```

　現在のディスクのパーティション情報を表示するには、gdisk コマンドに-l オプションを付与し、
ディスクのデバイス名を指定します。

```
# gdisk -l /dev/sdb
GPT fdisk (gdisk) version 1.0.3

  Partition table scan:
  MBR: not present
  BSD: not present
  APM: not present
  GPT: not present

Creating new GPT entries.
Disk /dev/sdb: 5860533168 sectors, 2.7 TiB
Model: MB3000GCWDB
```

```
Sector size (logical/physical): 512/512 bytes
Disk identifier (GUID): 9A24C3E5-03F1-47B4-AB82-38C80F7A6364
Partition table holds up to 128 entries
Main partition table begins at sector 2 and ends at sector 33
First usable sector is 34, last usable sector is 5860533134
Partitions will be aligned on 2048-sector boundaries
Total free space is 5860533101 sectors (2.7 TiB)

Number  Start (sector)    End (sector)  Size        Code  Name
```

gdisk は、パーティションテーブルを自動的にスキャンする機能があり、MBR、BSD、APM、GPT
パーティションをスキャンします。パーティションが存在しない場合は、パーティションの種類の右
側に not present が表示されます。上の実行例の場合は、MBR、BSD、APM、GPT のいずれもパー
ティションが存在していないことがわかります。また、ディスク容量も 2 進単位で表示されます。上
記の場合、2.7TiB（テビバイト）のディスクであることがわかります。

■ gdisk を使ったディスクラベルの書き込み

以下では、gdisk を使った GPT パーティションテーブルを作成する例を示します。まず、gdisk コ
マンドによってパーティションを作成するには、gdisk コマンドの後にディスクのデバイス名（以下
の例では/dev/sdb）を指定します。

```
# gdisk /dev/sdb
GPT fdisk (gdisk) version 1.0.3

Partition table scan:
  MBR: not present
  BSD: not present
  APM: not present
  GPT: not present

Creating new GPT entries.

Command (? for help):
```

この状態で、gdisk のコマンドプロンプトが表示されます。以下では、gdisk が提供するコマンド
プロンプトを「Command (? for help):」で表します。 ? を入力し、 ENTER キーを押します。する
と、ヘルプが表示されます。

```
  Command (? for help): ?
```

```
b       back up GPT data to a file
c       change a partition's name
d       delete a partition
i       show detailed information on a partition
l       list known partition types
n       add a new partition
o       create a new empty GUID partition table (GPT)
p       print the partition table
q       quit without saving changes
r       recovery and transformation options (experts only)
s       sort partitions
t       change a partition's type code
v       verify disk
w       write table to disk and exit
x       extra functionality (experts only)
?       print this menu

Command (? for help):
```

今回は、2TB 以上の容量を取り扱える GPT パーティションテーブルを作成しますので、gdisk のコマンドプロンプトで、O キーを押して、ENTER キーを押します。すると、すべてのパーティションを削除する旨のメッセージが表示されるので、Y キーを押して、ENTER キーを押します。

```
Command (? for help): o
This option deletes all partitions and creates a new protective MBR.
Proceed? (Y/N): y

Command (? for help):
```

上記より、GPT パーティションテーブルを書き込む準備ができましたので、これでよければ、W キーを押して、ENTER キーを押します。GPT データを書き込む旨の警告メッセージが出ますので、Y キーを押して、ENTER キーを押します。

```
Command (? for help): w

Final checks complete. About to write GPT data. THIS WILL OVERWRITE EXISTING
PARTITIONS!!

Do you want to proceed? (Y/N): y
OK; writing new GUID partition table (GPT) to /dev/sdb.
The operation has completed successfully.
```

以上で、/dev/sdb には、GPT パーティションテーブルが書き込まれました。再度、gdisk -l で GPT

パーティションテーブルが存在するかどうかを確認します。

これで、GPT パーティションを作成できる準備ができました。

■ GPT パーティションの作成

次に gdisk コマンドにディスクのデバイス名を指定し、GPT パーティションを作成します。

```
# gdisk /dev/sdb
...
Command (? for help):
```

パーティションを作成するため、gdisk のコマンドプロンプトで N キーを押し、ENTER キーを押します。すると、パーティション番号を入力するプロンプトが現れるので、/dev/sdb にまだパーティションが存在しない場合は、1 キーを入力し、ENTER キーを入力します。今回は、/dev/sdb 上にパーティションを 1 つしか作りません。

```
Command (? for help): n
Partition number (1-128, default 1): 1
```

次に、セクタ番号の入力が促されるため、そのまま ENTER キーを押します。続けて、最後尾のセクタ番号の入力を促されるため、そのまま ENTER キーを押します。そして、ファイルシステムのタイプを選択します。さまざまなファイルシステムが選択できますが、今回は、Linux ファイルシステムを選択するため、8300 と入力します。

```
First sector (34-5860533134, default = 2048) or {+-}size{KMGTP}:
Last sector (2048-5860533134, default = 5860533134) or {+-}size{KMGTP}:
Current type is 'Linux filesystem'
Hex code or GUID (L to show codes, Enter = 8300): 8300
Changed type of partition to 'Linux filesystem'

Command (? for help):
```

gdisk のコマンドプロンプト上で、パーティションが作成できたかどうかを確認するため、P キーを押し、ENTER キーを押します。

```
Command (? for help): p
...
Number  Start (sector)    End (sector)  Size        Code  Name
   1            2048      5860533134    2.7 TiB     8300  Linux filesystem
```

```
Command (? for help):
```

2.7TiB のディスクパーティションが作成できましたので、gdisk のコマンドプロンプトで、Ⓦキー
を押し、ENTER キーを押して、パーティションの設定情報を書き込みます。GPT データを書き込む
旨の警告メッセージが出るので、Ⓨキーを押して、ENTER キーを押します。

```
Command (? for help): w

Final checks complete. About to write GPT data. THIS WILL OVERWRITE EXISTING
PARTITIONS!!

Do you want to proceed? (Y/N): y
OK; writing new GUID partition table (GPT) to /dev/sdb.
The operation has completed successfully.
#
```

以上で、GPT パーティション/dev/sdb1 が用意できましたので、このパーティションをフォーマッ
トする準備が整いました。後は、mkfs.xfs コマンドでフォーマットし、mount コマンドで/dev/sdb1
にマウントし、ファイルの読み書きが正常に行えるかどうかを確認してください。

```
# mkfs.xfs -f /dev/sdb1
# mkdir /data2
# mount /dev/sdb1 /data2
# df -HT |grep sdb1
/dev/sdb1              xfs       3.0T   21G  3.0T   1% /data2

# echo "Hello Linux." > /data2/test.txt
# cat /data2/test.txt
Hello Linux.
```

■ sgdisk コマンドによる自動化

fdisk コマンドでは、スクリプト内で fdisk を利用する場合に、スクリプトを作る必要がありまし
たが、sgdisk コマンドを使うと、スクリプトを作成することなく、非対話形式のバッチ処理が可能で
す。例えば、従来の DOS パーティションテーブルで利用されていた MBR（マスタブートレコード）
と GPT パーティションテーブルの GPT 情報を両方同時に削除したい場合、sgdisk コマンドに-Z オプ
ションを付与します。

```
# sgdisk -Z /dev/sdb
...
```

```
# gdisk -l /dev/sdb | grep -i present
MBR: not present
BSD: not present
APM: not present
GPT: not present
```

パーティションの作成は、-n オプションを付与し、「パーティション番号:開始セクタ:終了セクタ」
を指定します。開始セクタと終了セクタを省略すると、開始セクタは、1 に、終了セクタはディスク
の最後尾のセクタに設定されます。以下は、パーティション番号に 1 を指定、すなわち、/dev/sdb1
を作成し、開始セクタと終了セクタを省略して、/dev/sdb のディスク全体をパーティション 1 に割り
当てる例です。

```
# sgdisk -n 1: /dev/sdb
The operation has completed successfully.
```

作成した GPT パーティションを表示するには、-p オプションを付与し、デバイス名を指定します。

```
# sgdisk -p /dev/sdb
...
Number  Start (sector)   End (sector)  Size      Code  Name
   1         2048        5860533134    2.7 TiB   8300
```

また、パーティションタイプを変更することも可能です。パーティションタイプを変更するには、
-t オプションを付与します。

以下の例は、先ほど作成した/dev/sdb1 のパーティションのタイプを Linux ファイルシステムの 8300
から、Linux LVM（Logical Volume Manager）の 8e00 に変更する例です。

```
# sgdisk -t 1:8e00 /dev/sdb
The operation has completed successfully.
# sgdisk -p /dev/sdb
...
Number Start (sector) End (sector) Size Code Name
1 2048 5860533134 2.7 TiB 8E00
```

パーティションタイプの一覧を表示するには、-L オプションを付与します。さまざまなパーティ
ションのタイプを確認できます。

```
# sgdisk -L
0700 Microsoft basic data    0c01 Microsoft reserved    2700 Windows RE
```

```
3000 ONIE boot          3001 ONIE config        3900 Plan 9
4100 PowerPC PReP boot   4200 Windows LDM data    4201 Windows LDM metadata
...
```

11-2-3 parted コマンド

gdisk コマンドと同様によく利用されるのが、parted コマンドです。parted も、fdisk や gdisk コマンドと同様に対話形式でパーティションの管理ができます。また、sgdisk コマンド同様に、バッチ処理にも対応しています。以下では、スクリプトなどに埋め込んでバッチ処理する際に必要な非対話形式でのパーティション作成手順を紹介します。

ストレージデバイスのパーティションについて、現在の状態を確認するには、デバイス名の後に p あるいは、print を付与します。

```
# parted /dev/sdb print
Model: HP MB3000FCWDH (scsi)
Disk /dev/sdb: 3001GB
...
```

次に、GPT パーティションテーブルを作成します。parted によるパーティション作成の前に、MBR および、古い GPT パーティション情報を削除しておきます。

```
# sgdisk -Z /dev/sdb
```

parted において非対話形式で操作するには、-s オプションを付与します。GPT パーティションテーブルを作成するには、mklabel gpt を付与します。

```
# parted -s /dev/sdb mklabel gpt
# parted /dev/sdb p | grep -i table
Partition Table: gpt
```

以上で、GPT パーティションテーブルが作成できたので、パーティションを作成します。/dev/sdb にディスク全体を使って、XFS 用のプライマリパーティションを 1 つ作成します。XFS 用のプライマリパーティションを作成するには、mkpart primary xfs を付与し、その後に開始セクタと終了セクタを記述します。開始セクタに 1、終了セクタに-1 を指定すると、ディスク全体を割り当てられます。

```
# parted -s /dev/sdb -- mkpart primary xfs 1 -1
# parted /dev/sdb p
```

```
...
Number  Start   End     Size    File system  Name     Flags
  1     1000kB  3001GB  3001GB                primary
```

以上で、GPT パーティション/dev/sdb1 が用意できましたので、mkfs.xfs コマンドによるフォーマット、mount コマンドによる/dev/sdb1 のマウント、ファイルの読み書きを確認してください。

```
# mkfs.xfs -f /dev/sdb1
# mkdir /data3
# mount /dev/sdb1 /data3
# df -HT
Filesystem      Type    Size  Used Avail Use% Mounted on
...
/dev/sdb1       xfs     3.0T   21G  3.0T   1% /data3
```

11-3 Logical Volume Manager

ストレージの空き容量が枯渇する問題は、どれだけストレージの容量が大きくなってもついてまわる問題です。ストレージ容量が不足すれば、管理者はストレージの増設とテープバックアップ装置へのデータ退避を余儀なくされます。しかし、いざ増設を行おうとしても、ディスクのパーティションが固定されており、ユーザ用のボリューム（ストレージ機器から見た場合、論理的なパーティション）の追加ができない問題が潜んでいる場合もあります。

RL 8/AL 8 では、ボリュームの追加や容量拡大を容易にできる Logical Volume Manager（通称 LVM）を搭載しているため、空き容量が不足してきたディスクに対して、新規のディスクを追加することでボリュームの空き容量を増やすことが可能です（図 11-2）。

また、LVM には、エンタープライズシステムでは欠かせないスナップショットによるバックアップ機能を搭載しており、データベースシステムや大規模な SAN ストレージ環境で利用されています。以下では、LVM のアーキテクチャ、LVM の論理ボリュームの作成、そして、LVM によるスナップショットの利用手順について紹介します。

11-3-1 LVM のアーキテクチャ

Linux における LVM は、3 段の階層構造になっています。最下層は、物理的なストレージ装置が使用する層で、ハードウェアに近い層です。この最下層は、LVM 物理ボリュームと呼ばれ、LVM Physical Volume や単に Physical Volume、あるいは、省略して、PV と呼ばれます。次に、下から 2 段目の層は、

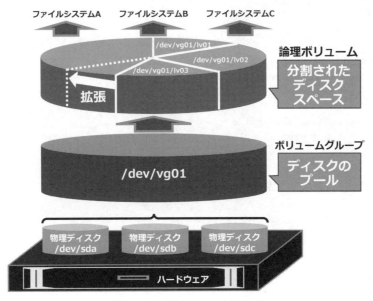

ファイルシステムA　　ファイルシステムB　　ファイルシステムC

/dev/vg01/lv01

/dev/vg01/lv02

/dev/vg01/lv03

論理ボリューム

分割された
ディスク
スペース

拡張

ボリュームグループ

/dev/vg01

ディスクの
プール

物理ディスク
/dev/sda

物理ディスク
/dev/sdb

物理ディスク
/dev/sdc

ハードウェア

図 11-2　LVM のアーキテクチャ

LVM ボリュームグループ（LVM VG、あるいは、VG）と呼ばれます。最下層のストレージデバイスの LVM PV は、ボリュームグループ (VG) に追加できます。VG は、固定されているものではなく、必要に応じてサイズが変更可能であり、VG に空き容量がない場合でも、PV を追加するだけで空き容量を増やせます。そして、最上位層に LVM 論理ボリューム（LVM LV、あるいは、LV）があります。LV は、VG 内の使用可能なディスク領域から特定の大きさのディスク領域を割り当てます。また、LV は、複数の PV のストレージでも構成可能です。そのため、複数の PV を束ねて 1 つの LV を構成でき、PV を追加して、LV を拡張できます。ユーザに近いファイルシステムから見ると、LV は、ディスクのボリュームとして見るため、LV を mount コマンドでマウント可能です。

11-3-2 LVM の PV、VG、LV の作成手順

　以下では、RL 8/AL 8 を搭載した x86 サーバから、外部ストレージの/dev/sdb に LVM の PV、VG、LV を作成し、マウントする手順を述べます。

■ LVM 領域のパーティションの作成

　まず、外部ストレージ上に LVM 領域のパーティションを作成します。fdisk コマンド、gdisk コマンド、sgdisk コマンド、parted コマンドのどれでも構いませんが、今回は、parted コマンドで LVM パーティションを作成します。まず、マウントされていない/dev/sdb に GPT パーティションテーブル

を作成します。

```
# sgdisk -Z /dev/sdb
# parted /dev/sdb p | grep -i table
Error: /dev/sdb: unrecognised disk label
Partition Table: unknown

# parted -s /dev/sdb mklabel gpt
# parted /dev/sdb p | grep -i table
Partition Table: gpt
```

次に、パーティションを 1 つ作成します。

```
# parted -s /dev/sdb -- mkpart primary 1 -1
# parted -s /dev/sdb p
...
Number  Start    End     Size    File system   Name       Flags
 1      1000kB   3001GB  3001GB  xfs           primary
```

作成したパーティションタイプを LVM に設定します。

```
# parted -s /dev/sdb set 1 lvm on
# parted -s /dev/sdb p
...
Number  Start    End     Size    File system   Name       Flags
 1      1000kB   3001GB  3001GB  xfs           primary    lvm
```

上記のように、パーティションタイプを LVM に設定すると、Flags の下に lvm と表示されます。念のため、sgdisk コマンドでも、パーティションタイプが LVM になっているかを確認してみます。

```
# sgdisk -p /dev/sdb
...
Number  Start (sector)   End (sector)   Size      Code   Name
 1         1953          5860531215     2.7 TiB   8E00   primary
```

上記より、/dev/sdb のパーティション番号 1 番である/dev/sdb1 の Code の下に 8E00 と表示されており、LVM パーティションに設定されていることがわかります。

■ LVM 物理ボリューム（PV）の作成

LVM パーティションとして用意された外部ストレージの/dev/sdb1 に、PV を作成します。まず、pvscan コマンドで、PV が存在するかどうかを確認します。構成によっては、外部ディスクではなく、OS 用の内蔵ディスクでも OS インストール時に LVM が構成されていることがあるため、この時点で

PV が存在するかどうかを確認しておきます。もし PV が存在しない場合は、No matching physical volumes found と表示されます。

```
# pvscan
  No matching physical volumes found
```

> 内蔵ディスクの OS 領域（/dev/sdaX）にすでに PV が存在する場合、pvscan では、以下のように出力されます。
>
> ```
> # pvscan
>   PV /dev/sda6   VG cl                lvm2 [1.01 TiB / 100.00 GiB free]
>   Total: 1 [1.01 TiB] / in use: 1 [1.01 TiB] / in no VG: 0 [0    ]
> ```
>
> 上記の場合は、/dev/sda6 に LVM の PV が存在しています。PV を管理する場合は、内蔵ディスクの PV なのか、外部ディスクの PV なのかを把握しておくことが必要です。

/dev/sdb1 から PV を作成します。PV を作成するには、pvcreate コマンドを使用します。

```
# pvcreate -f /dev/sdb1
  Wiping xfs signature on /dev/sdb1.
  Physical volume "/dev/sdb1" successfully created.
```

作成した PV を確認するには、pvdisplay コマンドを入力します。

```
# pvdisplay /dev/sdb1
  "/dev/sdb1" is a new physical volume of "<2.73 TiB"
  --- NEW Physical volume ---
  PV Name               /dev/sdb1
  VG Name
  PV Size               <2.73 TiB
  Allocatable           NO
  PE Size               0
  Total PE              0
  Free PE               0
  Allocated PE          0
  PV UUID               twpxRU-OB60-ThVF-cbTC-y6Wx-oelQ-xsGPC5
```

pvdisplay のほかに、pvs コマンドでも PV の設定状況を確認できます。

```
# pvs /dev/sdb1
  PV          VG Fmt  Attr PSize  PFree
  /dev/sdb1      lvm2 ---  <2.73t <2.73t
```

■ LVM ボリュームグループ（VG）の作成

物理ボリュームが作成できたので、PV を VG に割り当てます。新しい VG を作成し、物理ボリュームを追加するには、vgcreate コマンドに、作成する VG 名と追加する PV の名前を付与します。

```
# vgcreate vg01 /dev/sdb1
  Volume group "vg01" successfully created
```

作成した VG を確認します。確認するには vgdisplay コマンドを入力します。

```
# vgdisplay vg01
  --- Volume group ---
  VG Name               vg01
  System ID
  Format                lvm2
  Metadata Areas        1
  Metadata Sequence No  1
  VG Access             read/write
  VG Status             resizable
  MAX LV                0
  Cur LV                0
  Open LV               0
  Max PV                0
  Cur PV                1
  Act PV                1
  VG Size               <2.73 TiB
  PE Size               4.00 MiB
  Total PE              715396
  Alloc PE / Size       0 / 0
  Free  PE / Size       715396 / <2.73 TiB
  VG UUID               YzSCiu-M1KG-f3YJ-DiZP-uArC-RFgE-e6Otya
```

vgdisplay のほかに、vgs コマンドでも VG の設定状況を確認できます。

```
# vgs vg01
  VG   #PV #LV #SN Attr   VSize  VFree
  vg01   1   0   0 wz--n- <2.73t <2.73t
```

■ LVM 論理ボリューム（LV）の作成

VG 上にデータを格納するには、LV を作成しなければなりません。LV を作成するときは、lvcreate コマンドに、作成する LV 名、サイズ、既存の VG 名を指定します。ボリュームサイズを指定するには、-L オプションにボリュームサイズの値を付与します。例えば、-L 100G を付与すると、サイズが

100GB の LV を作成します。また、-l オプションに、割合のパーセント値を指定することも可能です。例えば、PV の半分の容量を使用するには、-l 50 % FREE と指定します。以下は、100GB の lv01 という名前の LV を作成し、それを vg01 という名前の VG に追加する例です。

```
# lvcreate -y -L 100G -n lv01 vg01
  Logical volume "lv01" created.
```

作成した LV を確認します。確認するには lvdisplay コマンドを入力しますが、LV のデバイス名を指定する必要があります。LV のデバイス名は、/dev/VG 名/LV 名でアクセス可能です。

```
# lvdisplay /dev/vg01/lv01
  --- Logical volume ---
  LV Path                /dev/vg01/lv01
  LV Name                lv01
  VG Name                vg01
  LV UUID                3dSo7Y-PASq-gMAT-XWsA-K6v5-5CMX-93k4o8
  LV Write Access        read/write
  LV Creation host, time ml350g8.jpn.linux.hpe.com, 2022-03-04 06:22:22 +0900
  LV Status              available
  # open                 0
  LV Size                100.00 GiB
  Current LE             25600
  Segments               1
  Allocation             inherit
  Read ahead sectors     auto
  - currently set to     8192
  Block device           253:0
```

lvdisplay のほかに、lvs コマンドでも LV の設定状況を確認できます。

```
# lvs /dev/vg01/lv01
  LV    VG    Attr       LSize    Pool Origin Data%  Meta%  Move Log Cpy%Sync Convert
  lv01 vg01 -wi-a----- 100.00g
```

LV が作成されると、自動的に/dev/mapper ディレクトリにデバイスファイルへのシンボリックリンク（シンボリックリンク名は、VG 名-LV 名）が作成されます。

```
# ls -l /dev/mapper/vg01-lv01
lrwxrwxrwx 1 root root 7 Mar  4 06:22 /dev/mapper/vg01-lv01 -> ../dm-0
```

作成した LV を XFS でフォーマットし、マウントします。

```
# mkfs.xfs -f /dev/vg01/lv01
# mkdir /data4
# mount /dev/vg01/lv01 /data4
# df -HT
Filesystem             Type      Size  Used Avail Use% Mounted on
...
/dev/mapper/vg01-lv01 xfs        108G  783M  107G   1% /data4
```

/dev/sdb の現在の設定状況を lsblk コマンドで確認します。lsblk は、ディスク、パーティションだけでなく、VG、LV、マウントポイントの割り当て状況も確認できます。

```
# lsblk /dev/sdb
NAME           MAJ:MIN RM  SIZE RO TYPE MOUNTPOINT
sdb              8:16   0  2.7T  0 disk
  └─sdb1         8:17   0  2.7T  0 part
  └─vg01-lv01 253:0    0  100G  0 lvm  /data4
```

マウントしたディレクトリにファイルを書き込みます。

```
# echo "Hello Linux." > /data4/test.txt
# cat /data4/test.txt
Hello Linux.
```

以上で LV にマウントしたディレクトリでデータの読み書きができました。

 注意　LV が削除できない

LV を削除しようとして、以下のようなエラーが表示される場合があります。

```
# lvremove -y /dev/pool001/lvol001
  Logical volume pool001/lvol001 is used by another device.
```

これは、第 14 章で紹介する暗号化などを施した LVM のボリュームなどを lvremove で強制的に削除しようと試みた場合に発生することがあります。この状態に陥った場合は、dmsetup コマンドで対処します。まず、dmsetup コマンドで LV のメジャー番号を調べます。

```
# dmsetup info -c
Name            Maj Min Stat Open Targ Event  UUID
pool001-lvol001 253   0 L--w    1    1      0 LVM-fYXkV62rDO8F...
```

上記の出力の Maj 列の値を確認します。今回は、メジャー番号に 253 が割り当てられていること

がわかります。次に、/sys/dev/block ディレクトリでメジャー番号の 253 と連番（今回の場合は、0）を指定し、デバイスのリンクを確認します。デバイスが複数ある場合は、連番の値が増えるため、ディレクトリ名は、253:\:1 や、253:\2 になります。

```
# ls -la /sys/dev/block/253\:0/holders/
total 0
drwxr-xr-x 2 root root 0 Mar 12 13:45 .
drwxr-xr-x 9 root root 0 Mar 12 13:44 ..
lrwxrwxrwx 1 root root 0 Mar 12 13:55 dm-1 -> ../../dm-1
```

　上記ディレクトリには、dm-1 というシンボリックリンクが格納されいることがわかります。これにより、削除対象は、/dev/dm-1 というデバイス名であることが判明したので、dmsetup コマンドで削除します。

```
# dmsetup remove /dev/dm-1
```

　デバイスの削除に成功すると、LV を削除できます。

```
# lvremove -y /dev/pool001/lvol001
  Logical volume "lvol001" successfully removed.
```

11-3-3 LV とファイルシステムのオンライン拡張

　RL 8/AL 8 における LVM では、ファイルシステムに含まれる LV のサイズを変更しても、ファイルシステム上のデータは影響を受けません。また、ファイルシステムのアンマウントも不要で、マウントしたままオンラインで LV とファイルシステムを拡張できます。LVM では、VG と LV のどちらも容量を拡張できますが、以下では、LV のサイズを増やす手順を紹介します。

　LV は、lvresize コマンドでサイズを変更できます。lvresize コマンドは、LV だけでなく、LV 上のファイルシステムのサイズ変更も同時に行えます。以下では、まず現在の LV とファイルシステムの容量を確認した後に、LV のサイズを 50GB 増やす例を示します。

```
# lvdisplay /dev/vg01/lv01 | grep "LV Size"
  LV Size                100.00 GiB

# df -HT | grep vg01-lv01
/dev/mapper/vg01-lv01 xfs        108G  783M  107G   1% /data4
```

lvresize コマンドに、-L オプションを付与し、増やしたい容量に+記号を付けて指定します。また、

-r オプションを付与することで、ファイルシステムのサイズも同時に変更します。

```
# lvresize -L +50G -r /dev/vg01/lv01
  Size of logical volume vg01/lv01 changed from 100.00 GiB (25600 extents) to 150.00
 GiB (38400 extents).
  Logical volume vg01/lv01 successfully resized.
```

再度、LV とファイルシステムの容量と確認します。

```
# lvdisplay /dev/vg01/lv01 | grep "LV Size"
  LV Size                150.00 GiB

# lsblk /dev/vg01/lv01
NAME        MAJ:MIN RM  SIZE RO TYPE MOUNTPOINT
vg01-lv01 253:0     0  150G  0 lvm  /data4

# df -HT | grep vg01-lv01
/dev/mapper/vg01-lv01 xfs        162G  1.2G  160G   1% /data4
```

以上で、LV とファイルシステムのオンライン拡張ができました。このように、LVM を使用すると、オンラインでユーザのデータ領域を拡張できるため、システムの柔軟性を高めることができます。OS 領域でも LVM が利用可能ですが、特に、ユーザデータが保管される外部ストレージは、LVM での利用が推奨されています。現実のデータセンタでの運用では、データベースシステムやファイルサーバの増強時にディスクの追加とファイルシステムの拡張作業が行われます。本書で取り上げる管理コマンドは、LVM で用意されているものの一部ですが、まずは、基本的な LVM を使ったボリュームの作成、拡張といった基本的な管理手法をマスタしてください。

11-3-4 LVM によるスナップショット管理

LVM には、スナップショットを取得する機能があります。LVM を使えば、ボリュームのある時点での状態をスナップショットとして保存し、ボリュームの状態が更新された後でも、スナップショット取得時の状態に戻すことが可能です。そのため、オペレーションミスや障害が発生したとしても、事前にスナップショットを取得しておけば、スナップショット取得時の状態に復旧できるため、エンタープライズシステムのデータベース基盤やストレージ基盤において、幅広く利用されています。LVM スナップショットの機能が登場する以前は、OS をシングルユーザモードでバックアップする必要がありましたが、LVM スナップショット機能により、OS で稼働するサービスを停止させることなく、オンラインバックアップを取得できるようになりました。

以下では、/dev/sdb に作成した LVM ボリュームに対して、/dev/sdc をボリュームグループとし

て/dev/sdb に追加し、空いた VG にスナップショット情報を格納し、スナップショットによるデータ復旧手順を紹介します。想定する環境を表 11-3 に示します。

表 11-3　LVM スナップショットを取得する環境のデバイス/dev/sdX の概要

デバイス名	物理容量	用途	LVM の割り当て状況	マウント先
/dev/sda	1TB	OS 領域	なし	/、/boot など
/dev/sdb	3TB	ユーザデータの格納領域	PV 全体を 1 つの VG で割り当て	LV を/data にマウント
/dev/sdc	3TB	追加領域	/dev/sdb の VG を拡張	-

前提条件として、OS 用のパーティションは、/dev/sdaX で構成され、さらに、ユーザデータ保管用のディスクとして、/dev/sdb を用意します。/dev/sdb1 は、LVM で構成され、/data ディレクトリにマウントされるとします。

/dev/sdbX や/dev/sdcX に LV がマウントされている場合は、事前に、LV のマウントを解除し、LV、VG、PV を削除しておいてください。以下は、LV のマウントポイントが/data4、LV 名が lv01、VG 名が vg01、PV 名が/dev/sdb1 の場合の LV のマウントの解除、および、LV、VG、PV の削除手順の実行例です。

```
# umount /data4
# lvremove -y /dev/mapper/vg01-lv01
# vgremove -v /dev/vg01
# pvremove -y /dev/sdb1
```

■ LVM パーティションの作成

まず、/dev/sdb に LVM パーティションを作成します。

```
# parted -s -a optimal /dev/sdb -- mklabel gpt mkpart primary 1 -1 set 1 lvm on
# parted -s /dev/sdb p
...
Number  Start    End     Size    File system  Name     Flags
 1      1000kB   3001GB  3001GB               primary  lvm
```

■ PV の作成

次に、/dev/sdb1 に LVM の PV を作成します。

```
# pvcreate /dev/sdb1
```

```
  Physical volume "/dev/sdb1" successfully created.
```

■ VG の作成

次に、VG を作成します。今回、VG 名は、vg01 にしました。

```
# vgcreate vg01 /dev/sdb1
  Volume group "vg01" successfully created
# vgs
  VG    #PV #LV #SN Attr   VSize  VFree
  vg01    1   0   0 wz--n- <2.73t <2.73t
```

■ VG の拡張

vg01 を/dev/sdb1 全体にわたって割り当てたため、vg01 上にスナップショット情報を書き込むスペースはありません。そのため、別の物理ディスク/dev/sdc を追加し、vgextend コマンドを使って、vg01 を拡張します。vgextend で拡張する/dev/sdc にも LVM パーティションと PV が必要です。

```
# parted -s -a optimal /dev/sdc -- mklabel gpt mkpart primary 1 -1 set 1 lvm on
# parted -s /dev/sdc p
...
Number  Start   End     Size    File system  Name     Flags
 1      1000kB  3001GB  3001GB               primary  lvm

# pvcreate /dev/sdc1
  Physical volume "/dev/sdc1" successfully created.
# vgextend vg01 /dev/sdc1
  Volume group "vg01" successfully extended
# pvs
  PV         VG   Fmt  Attr PSize  PFree
  /dev/sdb1  vg01 lvm2 a--  <2.73t <2.73t
  /dev/sdc1  vg01 lvm2 a--  <2.73t <2.73t
# vgs
  VG    #PV #LV #SN Attr   VSize  VFree
  vg01    2   0   0 wz--n- <5.46t <5.46t
```

これで、vg01 に空き容量ができ、スナップショット情報が書き込めるようになりました。

■ LV とファイルシステムの作成、マウント

vg01 に LV を作成し、XFS でフォーマットし、/data ディレクトリにマウントします。今回、LV
は、500GB にしました。過去に XFS が作成されている場合は、XFS シグニチャを削除する必要がある
ため、以下のような警告が表示されるので、Ｙ キーを押して、続けて、ENTER キーを押します。

```
# lvcreate -L 500G -n lv01 vg01
WARNING: xfs signature detected on /dev/vg01/lv01 at offset 0. Wipe it? [y/n]: y
  Wiping xfs signature on /dev/vg01/lv01.
  Logical volume "lv01" created.

# lvs
  LV    VG    Attr       LSize    Pool Origin Data%  Meta%  Move Log Cpy%Sync Convert
  lv01  vg01  -wi-a----- 500.00g

# mkfs.xfs -f /dev/vg01/lv01
# mkdir /data
# mount /dev/vg01/lv01 /data
# df -HT /data
Filesystem            Type  Size  Used Avail Use% Mounted on
/dev/mapper/vg01-lv01 xfs   537G  3.8G  533G   1% /data
```

■ テストデータの書き込み

/data にテスト用のデータを書き込みます。

```
# echo "Hello Linux." > /data/test1.txt
# cat /data/test1.txt
Hello Linux.
```

■ スナップショットの取得

LV（/dev/vg01/lv01）に対するスナップショットを取得します。スナップショットを取得するには、
lvcreate コマンドに-s オプションを付与し、-L でサイズを指定します。また、-n にスナップショッ
ト名を付与します。今回、-n に指定するスナップショット名は、取得日時がわかるように、snap. の
後に取得時間が付与されるようにします。

```
# lvcreate -s -L 2G -n snap.$(date +%Y%m%d%H%M%S) /dev/vg01/lv01
  Logical volume "snap.20220304163617" created.
```

取得したスナップショット情報を lvs コマンドで確認します。

```
# lvs
  LV                  VG   Attr      LSize  Pool Origin Data%  Meta% ...
  lv01                vg01 owi-aos--- 500.00g
  snap.20220304163617 vg01 swi-a-s---   2.00g      lv01   0.00
```

上記のように、snap. で始まる LV がスナップショットです。

■ テスト用のデータの書き込みとスナップショットの取得

さらに、テスト用データ test2.txt を書き込み、スナップショットを取得します。

```
# echo "Hello Linux." > /data/test2.txt
# cat /data/test2.txt
Hello Linux.
# lvcreate -s -L 2G -n snap.$(date +%Y%m%d%H%M%S) /dev/vg01/lv01
  Logical volume "snap.20220304163928" created.

# lvs
...
  lv01                vg01 owi-aos--- 500.00g
  snap.20220304163617 vg01 swi-a-s---   2.00g      lv01   0.01
  snap.20220304163928 vg01 swi-a-s---   2.00g      lv01   0.00
```

以上で、/dev/vg01/lv01 に対するスナップショットを 2 つ取得できました。

■ スナップショットの中身の確認

取得したスナップショットは、LV であるため、ディレクトリにマウントし、中身を確認できます。スナップショットの内容確認用のディレクトリ/snap を作成します。それぞれのスナップショットをマウントし、中身を確認します。スナップショットには、mount コマンド実行時に、-o ro,nouuid を付与します。まずは、最初に取得したスナップショットを/snap ディレクトリにマウントします。

```
# mkdir /snap
# mount -o ro,nouuid /dev/vg01/snap.20220304163617 /snap/
# ls /snap/
test1.txt
```

最初のスナップショット snap.20220304163617 では、test1.txt のみが格納されています。次に、2 つ目のスナップショットをマウントします。

```
# umount /snap
# mount -o ro,nouuid /dev/vg01/snap.20220304163928 /snap/
```

```
# ls /snap/
test1.txt   test2.txt
```

各スナップショットの中身が確認できました。

■ スナップショットからのデータ復旧

オペレーションミスによるデータ消失を想定し、/data ディレクトリに存在する test1.txt と test2.txt を故意に削除します。

```
# ls /data
test1.txt   test2.txt

# rm -rf /data/*.txt
# ls /data/
#
```

スナップショットを適用し、削除したデータを復旧します。取得しておいたスナップショットを適用するには、lvconvert コマンドに--merge オプションを付与し、スナップショットを指定します。

```
# cd
# umount /data
# umount /snap
# lvconvert --merge /dev/vg01/snap.20220304163928
  Merging of volume vg01/snap.20220304163928 started.
  vg01/lv01: Merged: 99.90%
  vg01/lv01: Merged: 100.00%
```

> スナップショットを適用すると、そのスナップショットは削除されます。

データが復旧できているかを確認します。

```
# mount -o ro,nouuid /dev/vg01/lv01 /data
# ls /data/
test1.txt   test2.txt
# cat /data/test1.txt
Hello Linux.
# cat /data/test2.txt
Hello Linux.
```

以上で、LVM におけるスナップショットを使ったデータ復旧ができました。

11-3-5 BOOM と LVM スナップショットを使った OS 起動

RL 8/AL 8 では、LVM スナップショットと OS のブートエントリ管理を行う BOOM ブートマネージャが搭載されています。BOOM を使用すれば、LVM スナップショットから RL 8/AL 8 を起動できます。なお、BOOM と LVM スナップショットを使った OS 起動を実現するには、OS 領域の/パーティションが LVM で構成されている必要があります。

以下では、OS 領域の/dev/sda の LVM で構成された/パーティションと、LVM スナップショット領域用の/dev/sdb、そして、BOOM を使って LVM スナップショットから OS を起動する手順を紹介します。想定する環境は、表 11-4 のとおりです。

表 11-4　BOOM と LVM スナップショットを使った OS 起動が可能なディスク構成例

デバイス名	物理容量	用途	LVM の割り当て状況
/dev/sda	3221GB	OS 用	PV 名：/dev/sda3
			VG 名：rl_test01
			LV 名：root
			LV のマウントポイント：/
/dev/sdb	3221GB	スナップショット用	PV 名：/dev/sdb1
			VG 名：rl_test01（vgextend で拡張）
			LV 名：snap.< 年月日時分秒 >

> RL 8 において、Kickstart インストールの設定ファイルである `ks.cfg` ファイル内で `autopart --type=lvm` により自動的に OS 領域を LVM パーティションで作成した場合、VG 名には、「rl_< ホスト名 >」が設定されます。例えば、`ks.cfg` ファイル内において、ホスト名に test01.jpn.linux.hpe.com を設定する記述があり、VG 名を明示的に指定せずに、LVM を自動設定にした場合は、表 11-4 のように、VG 名に rl_test01 が設定されます。
>
> 一方、AL 8 の場合は、VG 名に「almalinux_< ホスト名 >」が設定されます。例えば、`ks.cfg` ファイル内において、ホスト名に test02.jpn.linux.hpe.com を設定する記述があり、VG 名を明示的に指定せずに、LVM を自動設定にした場合は、VG 名に、almalinux_test02 が設定されます。
>
> もちろん、RL 8/AL 8 の両者とも、OS 領域の LVM の VG 名は、Kickstart インストールかどうかにかかわらず、明示的に設定することが可能です。

前提条件として、表 11-4 のように、OS 用のパーティションは、/dev/sdaX で構成され、/パーティションが LVM で構成されているとします。さらに、スナップショット用のディスクとして、/dev/sdb を用意します。

■ VG の拡張

vgextend コマンドを使って、VG を拡張します。vgextend で/dev/sda 上の VG を拡張するため、/dev/sdb に LVM パーティションと PV を作成します。

```
# parted -s -a optimal /dev/sdb -- mklabel gpt mkpart primary 1 -1 set 1 lvm on
# parted -s /dev/sdb p | grep -i lvm
 1     1049kB  3221GB  3221GB                           primary  lvm
# pvcreate -y /dev/sdb1
  Physical volume "/dev/sdb1" successfully created.
# vgs
  VG          #PV #LV #SN Attr    VSize  VFree
  rl_test01    1   3   0 wz--n- <2.93t     0
# vgextend rl_test01 /dev/sdb1
  Volume group "rl_test01" successfully extended
# pvs
  PV          VG          Fmt  Attr PSize  PFree
  /dev/sda3   rl_test01   lvm2 a--  <2.93t     0
  /dev/sdb1   rl_test01   lvm2 a--  <2.93t <2.93t
# vgs
  VG          #PV #LV #SN Attr    VSize  VFree
  rl_test01    2   3   0 wz--n- <5.86t <2.93t
```

これで、VG に空き容量ができ、スナップショット情報が書き込めるようになりました。

■ スナップショット用の LV の作成

OS の/パーティションが構成されている LV（/dev/cl/root）のスナップショットを取得します。

```
# lvcreate -s -L 16G -n snap.$(date +%Y%m%d%H%M%S) /dev/rl_test01/root
  Logical volume "snap.20220306003209" created.
# lvs
  LV                   VG          Attr       LSize  Pool Origin Data%  ...
  home                 rl_test01   -wi-ao----  2.85t
  root                 rl_test01   owi-aos--- 70.00g
  snap.20220306003209  rl_test01   swi-a-s--- 16.00g      root   0.01
  swap                 rl_test01   -wi-ao----  7.90g
```

以上で、スナップショット snap.20220306003209 が取得できました。念のため、スナップショットのパスも確認します。今回、VG 名は、rl_test01 なので、ls コマンドで、/dev/rl_test01/スナップショット名で確認できます。

```
# ls -l /dev/rl_test01/snap.*
lrwxrwxrwx 1 root root ... /dev/rl_test01/snap.20220306003209 -> ../dm-5
```

■ BOOM ブートマネージャの導入

OS 上に boom-boot パッケージをインストールします。

```
# dnf install -y boom-boot
```

■ OS プロファイルの作成

BOOM ブートマネージャを使って、OS のブートエントリを生成します、ブートエントリを作成するには、雛形を利用し、OS プロファイルを作成します。

```
# boom profile create --from-host --uname-pattern el8
Created profile with os_id b3cc22f:
  OS ID: "b3cc22f916e1392f487c27349f48f5684a6d3760",
  Name: "Rocky Linux", Short name: "rocky",
  Version: "8.5 (Green Obsidian)", Version ID: "8.5",
  Kernel pattern: "/vmlinuz-%{version}", Initramfs pattern: "/initramfs-%{version}.img",
  Root options (LVM2): "rd.lvm.lv=%{lvm_root_lv}",
  Root options (BTRFS): "rootflags=%{btrfs_subvolume}",
  Options: "root=%{root_device} ro %{root_opts}",
  Title: "%{os_name} %{os_version_id} (%{version})",
  Optional keys: "", UTS release pattern: "el8"
```

■ プロファイルのリストアップ

作成したプロファイルをリストアップします。

```
# boom profile list
OsID    Name                            OsVersion
8896596 Fedora                          30 (Workstation Edition)
4abe4f7 Red Hat Enterprise Linux        8 (Ootpa)
72e3679 Red Hat Enterprise Linux Server 7.7 (Maipo)
4aff687 Red Hat Enterprise Linux Server 7.8 (Maipo)
b3cc22f Rocky Linux                     8.5 (Green Obsidian)
```

上記の OS プロファイルの内容を確認します。プロファイルの内容を確認するには、OsID の直下の文字列を boom profile show の後に指定します。

```
# boom profile show b3cc22f
OS Profile (os_id=b3cc22f)
  OS ID: "b3cc22f916e1392f487c27349f48f5684a6d3760",
  Name: "Rocky Linux", Short name: "rocky",
  Version: "8.5 (Green Obsidian)", Version ID: "8.5",
  Kernel pattern: "/vmlinuz-%{version}", Initramfs pattern: "/initramfs-%{version}.img",
```

```
Root options (LVM2): "rd.lvm.lv=%{lvm_root_lv}",
Root options (BTRFS): "rootflags=%{btrfs_subvolume}",
Options: "root=%{root_device} ro %{root_opts}",
Title: "%{os_name} %{os_version_id} (%{version})",
Optional keys: "", UTS release pattern: "el8"
```

■ ブートエントリの作成

　LVMスナップショットを含むGRUB2のブートエントリを作成します。ブートエントリは、`boom create`コマンドに、`--title`オプションでGRUB2メニューに表示するタイトルを付与し、`--rootlv`オプションにLVMスナップショットを指定します。今回、VG名は`rl_test01`ですので、`--rootlv`オプションには、`rl_test01/snap.20220306003209`を付与します。

```
# boom create --title "My LVM Snapshot Boot" --rootlv rl_test01/snap.20220306003209
WARNING - Boom grub2 integration is disabled in '/boot/../etc/default/boom'
Created entry with boot_id e8b3bae:
  title My LVM Snapshot Boot
  machine-id 84704454febc40aaab9d87efba645f6e
  version 4.18.0-348.el8.0.2.x86_64
  linux /vmlinuz-4.18.0-348.el8.0.2.x86_64
  initrd /initramfs-4.18.0-348.el8.0.2.x86_64.img
  options root=/dev/rl_test01/snap.20220306003209 ro rd.lvm.lv=rl_test01/snap.20220
306003209 rhgb quiet
  grub_users $grub_users
  grub_arg --unrestricted
  grub_class kernel
```

　実行結果を注意深く確認します。実行結果の`options`行の`root=`にスナップショットのパスが正しく指定されているかを確認します。また、その後ろの`rd.lvm.lv=`にVG名/スナップショット名が指定されているかも確認します。

 　注意　スナップショットにおけるブートパラメータ

　スナップショットのブートオプションには、現在のOSで付与されている追加のブートパラメータが自動的に設定されないため、注意が必要です。例えば、スナップショットを取得する以前の状態において、ブートオプションに`biosdevname=0 net.ifnames=0`などの追加パラメータを設定することで、ネットワークインターフェイス名の`ethX`などを利用するように設定している場合、スナップショットのブートオプションには、`biosdevname=0 net.ifnames=0`などの追加パラメータが設定されません。このため、スナップショットからの起動では、ネットワークインターフェイス名の不

一致が発生し、ネットワーク通信ができない事態に陥る恐れがあります。LVM スナップショットからの OS 起動では、追加のブートパラメータの設定の都合上、ネットワークの疎通ができなくなることを想定し、OS のネットワーク設定が失われた状態でも遠隔管理ができるように、ローカルで接続できる環境を用意するか、あるいは、サーバハードウェアのマザーボードに搭載された遠隔管理用チップ（HPE iLO など）の仮想端末機能を使えるように事前に環境を整えておいてください。

■ 設定の確認

boom create で設定されたスナップショットを確認します。

```
# boom list
BootID  Version                  Name                      RootDevice
60843b3 4.18.0-348.el8.0.2.x86_64 Red Hat Enterprise Linux /dev/mapper/rl_test01-root
e8b3bae 4.18.0-348.el8.0.2.x86_64 Red Hat Enterprise Linux /dev/rl_test01/snap.20220306003209
```

この時点で、すでにスナップショットが取得できているので、いつでも OS の状態をこのスナップショットを取得した時点に戻すことが可能です。

■ 動作テスト

試しに、いくつかのファイルやディレクトリを変更します。/root ディレクトリ配下のファイルの名前を変更します。

```
# cd /root/
# mv anaconda-ks.cfg abcd.cfg
# mv original-ks.cfg efgh.cfg
```

■ OS の再起動とブートエントリの確認

OS を再起動します。GRUB2 のメニュー画面のブートエントリで、LVM スナップショットから起動しているかも確認します。

```
# reboot
```

スナップショット取得以前の OS のブートパラメータに biosdevname=0 net.ifnames=0 などを追加して、ネットワークインターフェイス名に ethX などを使用するように設定している場合は、OS の起動画面において、上矢印キー ↑ を押して、ブートエントリの「My LVM Snapshot Boot」を選択し、E キーを押してブートパラメータを付加し、OS を起動してください。

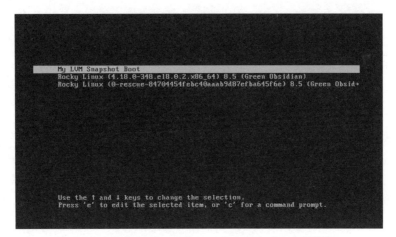

図 11-3　LVM スナップショットからのブートの様子

LVM スナップショットから OS を起動し、/root ディレクトリのファイルを確認します。

```
# ls *.cfg
anaconda-ks.cfg   original-ks.cfg
```

　スナップショット取得時のファイル名を変更する前の状態に復元できました。さらに、別のブート
エントリで OS を起動し、スナップショット取得後にファイル名を変更した abcd.cfg と efgh.cfg が
存在するかも確認してください。

11-4 Stratis によるストレージ管理

　RL 8/AL 8 では、LVM のほかに、Stratis と呼ばれるローカルストレージを管理する高度な仕組みが
備わっています。ブロックデバイスとファイルシステムにまたがる統合的なインターフェイスをユー
ザに提供することで、従来の XFS やデバイスマッパなどにおける複雑な管理を軽減するのが目的です。
　Stratis は、スナップショット、シンプロビジョニング、階層化の仕組みを提供します。また、ボリュー
ムの概念があり、ブロックデバイス、プール、ファイルシステムで構成されます。複数のブロックデ
バイスで単一のプールを構成し、そのプール上で作成したファイルシステムをマウントするのが典型
的な使用法です（表 11-5）。

表 11-5　Stratis ボリュームの構成要素

Stratis ボリュームの主な構成要素	説明
ブロックデバイス（blockdev）	物理ディスクやディスクパーティションのブロックデバイス
プール（pool）	不揮発性データキャッシュ等が含まれる。プールごとにディレクトリを持ち、Stratis ファイルシステムを表すデバイスへのリンクが含まれる
ファイルシステム（filesystem）	プール上に存在するファイルを格納するためのシンプロビジョニングされた XFS であり、サイズは、自動拡張が可能

Stratis は、一般のハードディスク（HDD）や SSD 以外に、iSCSI、LVM の LV（論理ボリューム）、MD RAID デバイス、デバイスマッパーマルチパス（DM Multipath）、NVMe デバイスなどをサポートしています。

 注意　シンプロビジョニングとプール作成

　Stratis は、内部的にシンプロビジョニングの機構が含まれているため、すでにシンプロビジョニングされたブロックデバイス上に Stratis のプールを作成することはできません。

11-4-1 Stratis の導入

以下では、Stratis によるプールの作成と使用法を簡単に紹介します。今回は、OS のディスクとは別のディスク 2 台（/dev/sdc と/dev/sdd）を使って Stratis のプールを作成します。システム構成は、表 11-6 のとおりです。

表 11-6　Stratis を構成するシステム構成

デバイス名	容量	用途
/dev/sda	3TiB	OS 領域（stratisd サービスが稼働、管理コマンドをインストール）
/dev/sdc	3TiB	・両ディスクを使って 1 つの Stratis プール pool01 を作成
/dev/sdd	3TiB	・ファイルシステム fs01 を作成し、OS からマウント
/dev/sde	3TiB	Stratis プールの拡張用

■ Stratis のインストール

Stratis ボリュームを構成するサーバに Stratis をインストールします。

```
# dnf install -y stratisd stratis-cli
```

■ サービスの起動

Stratis のサービスである stratisd を `systemctl` コマンドで起動します。

```
# systemctl start stratisd
# systemctl is-active stratisd
active
# systemctl enable stratisd
```

■ Stratis プールの作成

サービスが起動できたら、プールを作成します。Stratis プールを作成する前に、外部ストレージの/dev/sdc と/dev/sdd の XFS シグニチャの情報を削除します。

```
# wipefs -a /dev/sdc
# wipefs -a /dev/sdd
```

XFS シグニチャの情報を削除できたら、Stratis プールを作成します。プールの作成は、`stratis pool create` コマンドにプール名とプールに参加するデバイス名を指定します。今回、プール名は、pool01 としました。

```
# stratis pool create pool01 /dev/sdc /dev/sdd
```

Stratis で使用中のすべてのブロックデバイス情報を表示するには、`stratis blockdev` を実行します。

```
# stratis blockdev
Pool Name   Device Node   Physical Size   Tier
pool01      /dev/sdc          2.93 TiB     Data
pool01      /dev/sdd          2.93 TiB     Data
```

■ Stratis プールの表示

作成した Stratis プールを表示します。

```
# stratis pool list
Name                    Total Physical   ...
pool01   5.86 TiB / 57.89 MiB / 5.86 TiB   ...
```

上記より、/dev/sdc と/dev/sdd を合わせた容量のプールが作成できていることがわかります。

■ Stratis ファイルシステムの作成

プール pool01 に Stratis ファイルシステム fs01 を作成します。Stratis ファイルシステムは、`stratis fs create` コマンドに、プール名とファイルシステム名を指定します。今回は、プール pool01 に fs01 という Stratis ファイルシステムを作成します。

```
# stratis fs create pool01 fs01
```

■ Stratis ファイルシステムの表示

作成した Stratis ファイルシステムの情報を表示します。

```
# stratis fs list
Pool Name   Name   Used     Created            Device                    UUID
pool01      fs01   545 MiB  Mar 06 2022 01:56  /dev/stratis/pool01/fs01  4daa01ea...
```

■ Stratis ファイルシステムのマウント

Stratis ファイルシステムは、/dev/stratis ディレクトリに Stratis プール名と Stratis ファイルシステム名を組み合わせて mount コマンドに指定します。今回、Stratis ファイルシステム用のマウントポイントは、/mnt とします。

```
# mount /dev/stratis/pool01/fs01 /mnt
```

以上で、/mnt ディレクトリにマウントされた Stratis ファイルシステムが利用可能になりました。

11-4-2 Stratis におけるスナップショット管理

Stratis では、ファイルシステムのスナップショットを取得する機能があります。LVM スナップショットと同様に、取得したスナップショットを使って、スナップショット取得時の過去の時点に復元できます。スナップショットを作成するには、`stratis fs snapshot` に、プール名とスナップショット名を指定します。以下は、既存の Stratis プール pool01 の Stratis ファイルシステム fs01 に対して、snap01 という名前のスナップショットを取得する例です。

まず、/mnt ディレクトリにマウント済みの Stratis ファイルシステムにテスト用のファイルを書き込みます。

```
# df -HT | grep -i stratis
...
```

```
/dev/mapper/stratis-1-e24c938b8e ... xfs ... 1% /mnt
# echo "Hello Stratis." > /mnt/test.txt
```

stratis fs snapshot コマンドにプール名、ファイルシステム名、スナップショット名を指定して
実行します。

```
# stratis fs snapshot pool01 fs01 snap01
```

上記の場合、/dev/stratis/pool01 ディレクトリ以下に snap01 が生成されます。

■ スナップショットへのアクセス

取得した Stratis ファイルシステムのスナップショット snap01 は、mount コマンドでマウントが可能
です。マウントポイントは、/mnt2 にしました。

```
# mkdir /mnt2
# mount /dev/stratis/pool01/snap01 /mnt2
# ls /mnt2/
test.txt
# cat /mnt2/test.txt
Hello Stratis.
```

ファイルを確認できたらスナップショットをアンマウントします。

```
# cd
# umount /mnt2
```

■ スナップショットを使った Stratis ファイルシステムの復元

スナップショットを使えば、過去の Stratis ファイルシステムの状態に戻すことが可能です。操作ミス
などにより、ファイルを破損、削除しても、スナップショットをマウントし、過去のスナップショット
取得時のファイルを取り出して、復元できます。以下では、スナップショットを取得した時点の Stratis
ファイルシステムに復元する手順を紹介します。

まず、別のテスト用のファイル test2.txt をマウント済みの Stratis ファイルシステムに書き込み、
新たにスナップショット snap02 を取得します。

```
# df -HT | grep -i stratis
...
/dev/mapper/stratis-1-e24c938b8e ... xfs ... 1% /mnt
# echo "Hello Linux." > /mnt/test2.txt
```

```
# ls /mnt
test.txt test2.txt
# stratis filesystem snapshot pool01 fs01 snap02
```

この状態で、pool01 には、スナップショットが複数存在するはずです。念のため、スナップショットが存在するかどうかを確認します。

```
# ls -1 /dev/stratis/pool01/snap*
/dev/stratis/pool01/snap01
/dev/stratis/pool01/snap02
```

ファイルシステムも含めて確認します。

```
# stratis filesystem list
Pool Name    Name     Used      ... Device                      UUID
pool01       fs01     545 MiB   ... /dev/stratis/pool01/fs01    ...
pool01       snap01   545 MiB   ... /dev/stratis/pool01/snap01  ...
pool01       snap02   545 MiB   ... /dev/stratis/pool01/snap02  ...
```

ここで、Stratis ファイルシステムを削除します。Stratis ファイルシステムを削除するには、事前にファイルシステムをアンマウントし、stratis filesystem destroy コマンドに対象となるプール名と削除対象のファイルシステム名を指定して実行します。

```
# umount /mnt
# stratis filesystem destroy pool01 fs01
```

削除されたファイルシステム fs01 がリストアップされないことを確認します。

```
# stratis filesystem list
Pool Name    Name     Used      ... Device                      UUID
pool01       snap01   545 MiB   ... /dev/stratis/pool01/snap01  ...
pool01       snap02   545 MiB   ... /dev/stratis/pool01/snap02  ...
```

スナップショット snap02 を使って、削除したファイルシステムの fs01 という名前でスナップショットを作成します。

```
# stratis filesystem snapshot pool01 snap02 fs01
```

再度、ファイルシステムを確認します。すると、fs01 が作成できていることがわかります。

```
# stratis filesystem list
Pool Name    Name     Used      ... Device                        UUID
pool01       fs01     545 MiB   ... /dev/stratis/pool01/fs01      ...
pool01       snap01   545 MiB   ... /dev/stratis/pool01/snap01    ...
pool01       snap02   545 MiB   ... /dev/stratis/pool01/snap02    ...
```

Stratis ファイルシステム fs01 のスナップショットにアクセスできるので、マウントし、テスト用の
ファイルにアクセスできるかを確認します。

```
# mount /dev/stratis/pool01/fs01 /mnt2
# ls /mnt2/
test.txt   test2.txt
# cat /mnt2/test.txt
Hello Stratis.
# cat /mnt2/test2.txt
Hello Linux.
```

以上でスナップショット snap02 を取得した時点の Stratis ファイルシステムを復元できました。

11-4-3 Stratis ボリュームの拡張

ストレージの増設に伴い、Stratis ファイルシステムの容量を拡張できます。具体的には、既存の Stratis
プールに増設したいストレージのブロックデバイスを追加します。Stratis プールにブロックデバイス
を追加するには、stratis pool add-data にプール名と追加するストレージのブロックデバイスを指
定します。以下は、既存の Stratis プール pool01 にブロックデバイス/dev/sde を追加する例です。

```
# stratis pool add-data pool01 /dev/sde
```

ブロックデバイスをプールに追加できているかを確認します。

```
# stratis blockdev
Pool Name    Device Node    Physical Size    Tier
pool01       /dev/sdc           2.93 TiB     Data
pool01       /dev/sdd           2.93 TiB     Data
pool01       /dev/sde           2.93 TiB     Data
```

このように、Stratis では、増設したディスクを簡単にプールに追加でき、すぐに空き容量を増やせ
ます。

以上で、Stratis の非常に簡単なオペレーションを紹介しました。Stratis は、専門知識を持たないユー

ザでもさまざまな種類の外部ストレージのファイルシステムを簡単に利用できることを目指しており、コミュニティによる精力的な開発が続いています。以下に Stratis に関する情報源を挙げておきますので、一読されることをお勧めします。

● STRATIS で階層化ローカルストレージの管理

https://access.redhat.com/documentation/ja-jp/red_hat_enterprise_linux/8/html/
managing_file_systems/managing-layered-local-storage-with-stratis_managing-file-systems

● Stratis Storage Management

https://www.slideshare.net/ssbostan/stratis-storage-management

● Stratis: Easy local storage management for Linux

https://lwn.net/Articles/755454/

11-5 まとめ

　本章では、RL 8/AL 8 における LVM、Stratis のコマンドラインによる管理手順を紹介しました。ストレージの管理は、非常に多種多様であり、本書で取り上げる内容以外にも、高可用性システムで見られるような高度なストレージ管理手法が存在します。まずは、多くの Linux サーバ基盤で利用されている LVM の基礎をマスタしてください。また、クラウドネイティブなソフトウェア定義型ストレージでの利用が期待される Stratis も本書に記載した基本的な管理手法をまずはマスタし、次世代ストレージ基盤導入を検討してみてください。

第12章

資源管理

　クラウド基盤や近年採用が急増しているコンテナ基盤では、分散した物理資源に、ユーザのアプリケーションが効率良く割り当てられるように設計されています。ユーザのアプリケーションを効率良く算資源に割り当てるには、IT基盤を構成する物理サーバのハードウェアコンポーネントを管理するツールが利用されます。

　本章では、ハードウェア資源情報の取得を行う代表的なコマンドの使用法、CPU資源管理、メモリ資源管理、ディスク資源管理、ネットワーク資源管理、そして、カーネルに実装されているcgroupを使ったネットワーク帯域制御やディスクI/Oの帯域制御の操作手順を紹介します。また、PCPと呼ばれるパフォーマンス監視ソフトウェアの基本操作も併せて紹介します。

12-1 システム管理とは

ITシステムにおける「システム管理」「監視」とは一体どのようなものなのでしょうか。そしてシステム管理、監視と呼ばれる業務はなぜ必要なのでしょうか。ITシステムにおける「システム管理」は、対象となるシステムのコンポーネントやリソースの情報を管理者が入手し、必要となるプログラムの実行や、目視によるチェック、インストール等のメンテナンスを行う業務が挙げられます。また、監視は、対象となるシステムに障害や不正アクセスが発生した場合に、管理者に自動的に通知する仕組みそのものやその業務全体を意味します。

ITシステムがユーザに絶え間なくサービスを提供し続けるためには、管理者が対象のハードウェアやソフトウェアの動作に異常がないかを日々チェックしなければなりませんが、管理者が管理対象のシステムを24時間365日絶え間なく管理するのは大変なことです。また管理対象のサーバの台数や種類が増えると管理の手間は煩雑になりがちです。したがって、複雑なシステムをいかに効率良く管理するかをよく吟味し、自社のシステムにマッチした管理ソリューションを導入して初めて高い投資対効果が得られます。そのためには、自社のシステムに必要な管理手法が一体どのようなもので、それに対応した管理ソリューションはどれなのかを知る必要があります。

一般に知られている有名な管理ソリューションを漠然と導入するのではなく、まず対象システムにおける「管理、監視の目的」を明確にする必要があります。管理、監視する目的は、システムによってさまざまですが、ITシステムでよく見かける管理、監視としては、以下のような例が挙げられます。

- CPU、メモリ、ディスク I/O、NIC の利用状況を表示する（ハードウェア管理）
- ハードウェア障害を管理者にメールで通知し、ダウンタイムを12時間以内に短縮する（ハードウェア監視）
- ソフトウェアのサービス障害が発生したサーバ筐体の LED を点灯させる（サービス監視）
- ファイルサービスが停止しても待機系サーバがサービスを引き継ぎ、ファイルサービスを継続させる（高可用性システムの導入、サービス監視）
- CPU とディスクの利用率が閾値を超えた場合、自動的に管理者にメールが送信され、ユーザの利用効率を把握する（リソース監視）
- アプリケーションが利用するネットワーク帯域を制限する（トラフィック監視）
- 特定のプロトコルを使ったアクセスを禁止し、アクセス元を記録する（セキュリティ管理）
- 自社の財務状況を過去5年間にわたり折れ線グラフで閲覧する（経営管理）

12-1-1 管理の目的と効果

システム管理を行う上で、上記のような「目的」を定義することが重要です。ハードウェア障害監視そのものが目的なのか、サービスの継続なのか、会社の経営状況を閲覧したいのか、目的は管理者、利用者によってさまざまですが、その目的に応じた管理ソリューションを導入しなければなりません。中には、漠然とした要求もあるでしょう。例えば「GUIで管理したい」など漠然とした要求、仕様もすべて箇条書きにしてまとめておきます。またそれらの要求を満たすことでどのような効果が現れるのかを明確にしておきます。

上記の2番目の例では、「ハードウェア障害を通知することで、ダウンタイムを12時間に短縮する」という項目があります。仮に、1時間のダウンタイムによって10万円の損失がある場合、今まで復旧に24時間かかっていたものが12時間に短縮されることで、120万円の損失を防ぐことがわかります（図12-1）。

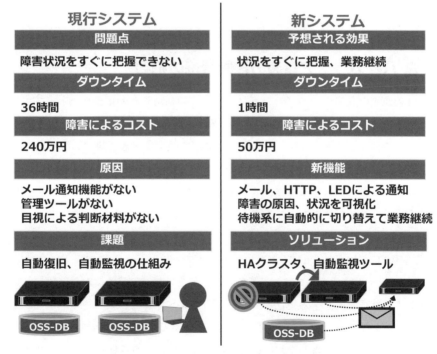

図 12-1　システム管理、監視の目的と効果を明確にする

このように、具体的な目標値を示すことで、自社のシステム管理に必要なものが何であるか、その効果がどれほどなのかが理解しやすくなります。

　システム管理者の立場としては、IT システムの複雑さや人間の手間をいかに減らすかを常に考えています。CIO などの経営層は、いかにして自社の IT インフラを効率良く稼働させ、無駄を省き利益を上げるかを考えています。誰にとってどれほどの効果があるのかまとめる必要があります。

　目的と効果の関係がはっきりすることで、無駄な IT 投資を回避できます。サーバのハードウェア管理、障害監視、アプリケーション管理、経営戦略支援システム等、さまざまな分野に応じた管理ソリューションが存在しますが、すべてを導入すればよいというわけではありません。対象となるシステムにあった必要最低限の管理手法で最大限の効果を上げることが IT システムの管理を行う上で重要です。

　システム管理は、多種多様な管理ソフトウェアをインストールし、大量の管理ウィンドウと膨大なメニューを操ることを想像しがちですが、大量の管理ソフトウェアが乱立するとそれだけ管理対象となるシステムと管理者の負担は増えます。繰り返しになりますが、まずは、何が目的でその目的に合うソリューションが何かを検討し、必要なものだけを導入するという考え方が求められます。

　以下ではより具体的に、サーバの運用管理という観点で必要なものが何か、運用管理の基本的な手法とはどのようなものかを述べていきます。

12-1-2 ハードウェア資源の稼働状況の把握

　システム管理の重要な仕事の一つにハードウェア資源の利用状況の把握があります。Linux が稼働する物理サーバの稼働状況を把握するには、管理対象マシンに管理者がログインし、OS 付属の管理用コマンドを駆使して情報を収集します。システムによって収集すべき情報は異なりますが、基本的にOS がログとして記録される情報は定期的に内容を確認する必要があります。また、ログファイルとして記録されないアプリケーションなどは、スクリプトを作成し、標準出力や標準エラー出力にログとして保存するように作り込む必要もあります。

　基本的な OS の情報の収集例としては、/proc ファイルシステムの値や/var/log 以下の各種サービスのログ、ディスクについては、df コマンドや sar コマンド、vmstat コマンド、ネットワーク関連については ip コマンド、netstat コマンド等の出力などをコマンドラインから確認し、現在のハードウェアやシステムの状態を確認する方法などが挙げられます。また、カーネルパラメータや OS 設定ファイルのパラメータなどのチューニングを行ったシステムでは、高負荷テストなどを実施しますが、負荷テストの際は、そのシステムが正常に稼働するかどうか、予想されるパフォーマンスを発揮しているかをモニタリングすることが必要です。

　以下では、RL 8/AL 8 において、デリバリ担当者や保守サポート担当者がシステム管理を行う上で最低限理解しておかなければならない資源管理の手法を簡単に紹介します。

12-2　ハードウェア資源情報の取得

RL 8/AL 8 には、ハードウェアやシステム管理を行うためのさまざまなツールやコマンドが用意されています。システムの状態を詳細に知るための OS 標準の管理コマンドが豊富に用意されているため、入手できる情報も膨大です。

12-2-1 dmidecode コマンド

dmidecode コマンドにより、BIOS 情報や機種を把握することが可能です。BIOS のバージョンや機種情報を抜き出して確認するには、grep コマンドでキーワードを指定して使用するとよいでしょう。以下に、dmidecode コマンドを実行し、物理サーバのハードウェア情報を取得する例を挙げておきます。

■ BIOS バージョン、サーバ製品情報、CPU 情報

BIOS バージョンは、dmidecode コマンドの出力結果から grep コマンドで文字列「Release」を抽出します。サーバ製品情報は、文字列「Product Name」を抽出します。CPU 情報は、-t processor オプションを付与し、文字列「Version」を抽出します。

○ BIOS バージョン

```
# dmidecode | grep Release
        Release Date: 07/10/2019
```

○サーバ製品情報

```
# dmidecode | grep -1 -i "product name"
        Manufacturer: HPE
        Product Name: ProLiant DL325 Gen10
        Version: Not Specified
...
```

○ CPU 情報

```
# dmidecode -t processor | grep Version
        Version: AMD EPYC 7551P 32-Core Processor
```

> dmidecode コマンドに-t bios を付与して実行することにより、BIOS のバージョン、ベンダ名、ファームウェアのリビジョン番号などを一括表示できます。
>
> ```
> # dmidecode -t bios
> ```

■ 物理メモリ情報

物理メモリ情報は、dmidecode コマンドの出力結果から grep コマンドで文字列「Physical Memory Array」を抽出し、その文字列の次の行から 8 行を抜き出して表示します。

```
# dmidecode | grep -A8 "Physical Memory Array"
Physical Memory Array
        Location: System Board Or Motherboard
        Use: System Memory
        Error Correction Type: Single-bit ECC
        Maximum Capacity: 2 TB
        Error Information Handle: Not Provided
        Number Of Devices: 16
...
```

物理メモリデバイスのフォームファクタや容量、スピード、パーツ番号などを表示するには、dmidecode コマンドの出力結果から grep コマンドで文字列「Memory Device」を抽出し、その文字列の次の行から 30 数行を抜き出して表示します。

```
# dmidecode | grep -A33 "Memory Device"
Memory Device
        Array Handle: 0x000F
        Error Information Handle: Not Provided
        Total Width: 72 bits
        Data Width: 64 bits
        Size: 32 GB
        Form Factor: DIMM
        Set: None
        Locator: PROC 1 DIMM 1
        Bank Locator: Not Specified
        Type: DDR4
        Type Detail: Synchronous Registered (Buffered)
        Speed: 2666 MT/s
        Manufacturer: HPE
        Serial Number: Not Specified
        Asset Tag: Not Specified
        Part Number: 840758-191
        Rank: 2
```

```
        Configured Memory Speed: 2400 MT/s
        Minimum Voltage: 1.2 V
        Maximum Voltage: 1.2 V
        Configured Voltage: 1.2 V
        Memory Technology: DRAM
        Memory Operating Mode Capability: Volatile memory
...
```

> 　物理メモリの「Physical Memory Array」と「Memory Device」の両方の情報を得るには、dmidecode
> コマンドに-t memory オプションを付与します。
>
> ```
> # dmidecode -t memory
> ```

■ NIC 情報

　NIC の MAC アドレスは、dmidecode コマンドの出力結果から grep コマンドで文字列「mac address」
を抽出します。また、サーバの機種によっては、dmidecode コマンドの出力結果から grep コマンドで
文字列「nic」を抽出し、さらに grep コマンドで、文字列「mac」を除外すると、NIC の種類を表示で
きる場合もあります。

```
# dmidecode | grep -i "mac address"
        NIC 1: PCI device 04:00.0, MAC address 20:67:7C:D3:9A:2C
        NIC 2: PCI device 04:00.1, MAC address 20:67:7C:D3:9A:2D
        NIC 3: PCI device 04:00.2, MAC address 20:67:7C:D3:9A:2E
        NIC 4: PCI device 04:00.3, MAC address 20:67:7C:D3:9A:2F
        NIC 1: PCI device 06:00.0, MAC address B8:83:03:66:AE:10
        NIC 2: PCI device 06:00.1, MAC address B8:83:03:66:AE:11

# dmidecode | grep -i nic | grep -vi mac
        External Reference Designator: ILO NIC PORT
                NIC.FlexLOM.1.1
                HPE Eth 10/25Gb 2p 640FLR-SFP28 Adptr - NIC
                NIC.FlexLOM.1.2
                HPE Eth 10/25Gb 2p 640FLR-SFP28 Adptr - NIC
                NIC.LOM.1.1
                HPE Ethernet 1Gb 4-port 331i Adapter - NIC
                NIC.LOM.1.2
                HPE Ethernet 1Gb 4-port 331i Adapter - NIC
...
```

12-2-2 lshw コマンド

lshw は、ハードウェア情報取得ツールです。CPU、メモリ、SCSI デバイス、電源など、現在のサーバシステムに装備されているデバイスの情報を確認できます。

ハードウェア情報を閲覧したいマシンにログインし、コマンドプロンプトから lshw コマンドを入力するので、大量のサーバをネットワーク越しで集中管理する場合には不向きですが、対象となるマシンのハードウェア概要をすぐに閲覧したい場合に便利です。lshw は、dnf コマンドで管理対象マシンにインストールします。

```
# dnf install -y lshw
```

以下に、lshw コマンドを実行し、物理サーバのハードウェア情報を取得する例を挙げておきます。

■ 物理サーバ名、メーカ名、型番

物理サーバ名、メーカ名、型番、シリアル番号などを表示するには、lshw コマンドに、-c system を付与して実行します。

```
# lshw -c system
n0186.jpn.linux.hpe.com
    description: Rack Mount Chassis
    product: ProLiant DL325 Gen10 (P04654-B21)
    vendor: HPE
    serial: XXXXXXXX    ← 実際には英数字のシリアル番号が表示される
    width: 64 bits
    capabilities: smbios-3.2.0 dmi-3.2.0 smp vsyscall32
...
```

■ CPU 情報

CPU 情報を表示するには、lshw コマンドに、-c processor を付与して実行します。

```
# lshw -c processor
  *-cpu
     description: CPU
     product: AMD EPYC 7551P 32-Core Processor
     vendor: Advanced Micro Devices [AMD]
     physical id: 4d
     bus info: cpu@0
     version: AMD EPYC 7551P 32-Core Processor
     slot: Proc 1
     size: 2794MHz
```

```
        capacity: 3100MHz
        width: 64 bits
        clock: 100MHz
...
```

■ 物理メモリ情報

物理メモリ情報を表示するには、lshw コマンドに、-c memory を付与して実行します。

```
# lshw -c memory
  *-firmware
        description: BIOS
        vendor: HPE
        physical id: 5
        version: A41
        date: 07/10/2019
        size: 64KiB
        capacity: 64MiB
...
  *-memory
        description: System Memory
        physical id: f
        slot: System board or motherboard
        size: 128GiB
        capacity: 2TiB
        capabilities: ecc
        configuration: errordetection=multi-bit-ecc
...
```

■ NIC 情報

NIC 情報を表示するには、lshw コマンドに、-c network を付与して実行します。

```
# lshw -c network
  *-network:0
        description: Ethernet interface
        product: MT27710 Family [ConnectX-4 Lx]
        vendor: Mellanox Technologies
        physical id: 0
        bus info: pci@0000:06:00.0
        logical name: eno5
        version: 00
        serial: b8:83:03:66:ae:10
        width: 64 bits
        clock: 33MHz
...
```

■ ストレージコントローラ情報

ストレージコントローラ情報を表示するには、lshw コマンドに、-c storage を付与して実行します。

```
# lshw -c storage
  *-sas
       description: Serial Attached SCSI controller
       product: Smart Storage PQI 12G SAS/PCIe 3
       vendor: Adaptec
       physical id: 0
       bus info: pci@0000:c3:00.0
       logical name: scsi0
       version: 01
       width: 64 bits
       clock: 33MHz
       capabilities: sas pm msix pciexpress bus_master cap_list
       configuration: driver=smartpqi latency=0
       resources: irq:75 memory:90400000-90407fff ioport:a000(size=256)
```

■ SCSI エンクロージャ、および、RAID コントローラ情報

SCSI エンクロージャと RAID コントローラ情報を表示するには、lshw コマンドに、-c generic を付与し、grep コマンドで、文字列 SCSI を抽出し、その文字列以下 7 行を表示します。

```
# lshw -c generic | grep -A7 SCSI
       description: SCSI Enclosure
       product: Smart Adapter
       vendor: HPE
       physical id: 0.0.0
       bus info: scsi@0:0.0.0
       version: 1.99
       serial: XXXXXXXXXXXXX    ←実際には英数字のシリアル番号が表示される
       configuration: ansiversion=5
--
       description: SCSI
       product: P408i-a SR Gen10   ←RAID コントローラ情報
       vendor: HPE
       physical id: 2.0.0
       bus info: scsi@0:2.0.0
       version: 1.99
       version: 1.99
       serial: XXXXXXXXXXXXX    ←実際には英数字のシリアル番号が表示される
       configuration: ansiversion=5
```

> grep コマンドで抽出する行数は、ハードウェアの機種によって調整が必要です。

■ ディスク情報

ディスク情報を表示するには、lshw コマンドに、-c disk を付与して実行します。

```
# lshw -c disk
  *-disk:0
       description: SCSI Disk
       product: LOGICAL VOLUME
       vendor: HPE
       physical id: 1.0.0
       bus info: scsi@0:1.0.0
       logical name: /dev/sda
       version: 1.99
       version: 1.99
       serial: XXXXXXXXXXXXX  ←実際には英数字のシリアル番号が表示される
       size: 279GiB (299GB)
       capabilities: 15000rpm partitioned partitioned:dos
       configuration: ansiversion=5 logicalsectorsize=512 sectorsize=512 signature=7f6ed75c
...
```

■ ボリューム、および、ファイルシステム情報

　ボリューム情報（ファイルシステム、論理デバイス名、サイズ等）を表示するには、lshw コマンドに、-c volume を付与して実行します。

```
# lshw -c volume
  *-volume:0
       description: BIOS Boot partition
       vendor: EFI
       physical id: 1
       bus info: scsi@0:0.0.0,1
       logical name: /dev/sda1
       serial: 346b4274-2585-4c19-9918-728379c5c8c1
       capacity: 2047KiB
       capabilities: nofs
  *-volume:1
       description: EFI partition
       physical id: 2
       bus info: scsi@0:0.0.0,2
       logical name: /dev/sda2
       logical name: /boot
       serial: 35b7eeb3-5c0b-4db8-92fa-f2fd856f2fa0
       capacity: 10239MiB
       configuration: mount.fstype=xfs mount.options=rw,relatime,attr2,inode64,logbufs=8,
logbsize=32k,noquota state=mounted
...
```

■ 電源情報

電源情報を表示するには、lshw コマンドに、-c power を付与して実行します。機種によっては、product 行に製品型番も表示されます。

```
# lshw -c power
  *-power:0 UNCLAIMED
       description: Power Supply 1
       product: 865408-B21
       vendor: HPE
       physical id: 1
       version: 1.99
       serial: XXXXXXXXXXXXXX    ←実際には英数字のシリアル番号が表示される
       capacity: 500mWh
...
```

12-2-3 lspci コマンド

lspci コマンドは、サーバの PCI バスに接続されているデバイスの情報を取得します。典型的な使用例としては、NIC、オンボード VGA、PCI 接続のグラフィックボード情報の取得です。

■ NIC 情報の取得

NIC の機種情報を取得するには、lspci コマンドに-v オプションを付与し、grep コマンドで文字列 Ethernet を抽出します。

```
# lspci -v | grep Ethernet
03:00.0 Ethernet controller: Broadcom Inc. and subsidiaries NetXtreme BCM5719 Gigab
it Ethernet PCIe (rev 01)
       Subsystem: Hewlett-Packard Company Ethernet 1Gb 4-port 331FLR Adapter
...
```

■ オンボード VGA 情報の取得

マザーボードに搭載された VGA（オンボード VGA）の情報を取得するには、lspci コマンドに-v オプションを付与し、grep コマンドで文字列 VGA を抽出します。

```
# lspci -v | grep VGA
01:00.1 VGA compatible controller: Matrox Electronics Systems Ltd. MGA G200EH (prog-if 00
[VGA controller])
```

■ PCI 接続のグラフィックボード情報の取得

PCI 接続された NVIDIA 社製のグラフィックボードの情報を取得するには、lspci コマンドに-v オプションを付与し、grep コマンドで文字列 VGA を抽出します。

```
# lspci -v | grep -i NVIDIA
0a:00.0 3D controller: NVIDIA Corporation GF110GL [Tesla M2090] (rev a1)
        Subsystem: NVIDIA Corporation Device 0887
...
```

12-2-4 neofetch コマンド

neofetch は、稼働中の OS、ホスト情報、カーネル、稼働時間、CPU、メモリ、GPU 情報などを一括で表示します。neofetch パッケージは、EPEL リポジトリで提供されており、dnf コマンドでインストールします。

```
# dnf install -y epel-release
# dnf install -y neofetch
```

neofetch コマンドを実行すると、システムの情報が表示されます。複数のコマンドを駆使しなくて済むため、稼働中のシステムの概要を知りたい場合に有用です。

```
# neofetch --stdout
root@n0188r8.jpn.linux.hpe.com
------------------------------
OS: Rocky Linux 8.5 (Green Obsidian) x86_64
Host: ProLiant DL385p Gen8
Kernel: 4.18.0-348.el8.0.2.x86_64
Uptime: 20 mins
Packages: 1413 (rpm)
Shell: bash 4.4.20
Terminal: /dev/pts/0
CPU: AMD Opteron 6376 (32) @ 2.294GHz
GPU: NVIDIA GeForce GTX 1650
Memory: 1371MiB / 160816MiB
```

> 　neofetch コマンドをオプションなしで実行すると、各種システム情報のほかに、OS のロゴマークのアスキーアートと色の付いたブロックの絵（特殊文字）がコマンドライン上に表示されます。上記の実行例では、アスキーアートと色の付いた特殊文字の出力を抑制し、システム情報のみを表示するために、--stdout を付与して実行しています。OS のロゴマークのアスキーアートと色の付いたブロックの絵

（特殊文字）を除いて、結果をファイルに出力する場合は、--stdout オプションが必須です。

```
# neofetch --stdout > /root/test01.log
# cat /root/test01.log
...
```

12-3 CPU 資源管理

CPU の管理とは、その OS 上で稼働している CPU の数や負荷の状況を把握することを意味します。基本的な CPU の管理方法としては、CPU の動作周波数の値と CPU 数の閲覧です。まず、CPU の動作周波数と個数を確認するには、/proc/cpuinfo を閲覧します。

12-3-1 CPU 情報の取得

以下では、OS が認識している CPU の個数を確認しています。CPU の個数は、/proc/cpuinfo を参照し、その出力に含まれる「processor」という文字列を grep で検索すれば確認できます。

```
# grep processor /proc/cpuinfo | wc -l
64
```

上記では、64 個の CPU コアが認識されていることがわかります。CPU 個数の確認後は、CPU の動作周波数を確認しておきます。省電力モードなどが有効になっている場合は、CPU 周波数が変動するため、現在の CPU 周波数を確認しておく必要があります。CPU の動作周波数は、/proc/cpuinfo を参照し、その出力に含まれる「cpu MHz」という文字列を grep で検索すれば確認できます。

```
# grep -i "cpu mhz" /proc/cpuinfo
cpu MHz : 2397.081
cpu MHz : 2395.722
cpu MHz : 2397.314
cpu MHz : 2044.400
cpu MHz : 2047.080
...
```

■ cpupower による CPU 情報の取得

CPU の動作周波数は、cpupower コマンドで管理します。cpupower コマンドは、kernel-tools パッケージに含まれているので、dnf コマンドでインストールします。

```
# dnf install -y kernel-tools
```

cpupower frequency-info コマンドを実行すると、設定可能な CPU 動作周波数や、現在の動作周波数、動作周波数のポリシの設定項目（**ガバナ**と呼ばれます）などの情報が表示されます。

```
# cpupower frequency-info
analyzing CPU 0:
  no or unknown cpufreq driver is active on this CPU
  CPUs which run at the same hardware frequency: Not Available
  CPUs which need to have their frequency coordinated by software: Not Available
  maximum transition latency:  Cannot determine or is not supported.
Not Available
  available cpufreq governors: Not Available
  Unable to determine current policy
  current CPU frequency: Unable to call hardware
  current CPU frequency:  Unable to call to kernel
  boost state support:
    Supported: yes
    Active: yes
    Boost States: 2
    Total States: 8
    Pstate-Pb0: 3200MHz (boost state)
    Pstate-Pb1: 2600MHz (boost state)
    Pstate-P0:  2300MHz
    Pstate-P1:  2100MHz
    Pstate-P2:  1800MHz
    Pstate-P3:  1600MHz
    Pstate-P4:  1400MHz
```

また、--governors オプションを付与することで、搭載された CPU で利用可能なガバナの一覧も表示できます。

```
# cpupower frequency-info --governors
analyzing CPU 0:
  available cpufreq governors: conservative ondemand userspace powersave performance schedutil
```

■ cpupower による動作周波数の変更

CPU の動作周波数は、cpupower コマンドで OS を稼働させたまま変更可能です。動作周波数は、その OS の利用環境に応じて、電力特性を定義します。これは、一般に CPU ガバナと呼ばれます。大量のサーバを管理しなければならないデータセンタにおいて、消費電力が気になる場合、省電力で動作する CPU ガバナを適用する場合もあります。一方、製造業における解析サーバや研究施設での科学技術計算システム等では CPU による計算を最大限利用するため、多くは、最高クロック周波数で動作す

る CPU ガバナが設定されます。CPU ガバナの設定項目を**表 12-1** に示します。

表 12-1　CPU ガバナ

ガバナ	説明
conservative	CPU クロック周波数を使用している量に応じて調節するが、ゆっくりとクロック周波数を調節する。最高クロック周波数と最低クロック周波数を選択するのではなく、負荷に対して適切と判断されるクロック周波数をとる
ondemand	アイドル時は、最低クロック周波数をとり、高負荷時は、最高クロック周波数をとる
userspace	ユーザ空間のプログラム、あるいは、root ユーザで実行中のプロセスが周波数を設定できる。性能面と電力消費のバランスの最適化を細かくカスタマイズできる
powersave	最低クロック周波数で動作するように設定される。最低クロック周波数が維持されるため、省電力が期待できるが、その一方で、CPU の性能は、最低になる
performance	最高クロック周波数で動作するように設定される。最高クロック周波数が維持されるため、省電力は期待できないが、その一方で、CPU の性能は、最高になる。HPC（High Performance Computing）のような負荷が非常に大きいワークロードに適している

○ performance ガバナの設定

以下では、実際にガバナを適用してみます。まず、CPU を最高クロック周波数で動作するように設定します。

```
# cpupower frequency-set -g performance
# cpupower frequency-info | grep "current CPU"
  current CPU frequency: 2.00 GHz (asserted by call to hardware)
```

上記より、CPU 動作クロック周波数が 2GHz に設定されていることがわかります。

○ powersave ガバナの設定

次に、powersave ガバナを適用してみます。

```
# cpupower frequency-set -g powersave
# cpupower frequency-info | grep "current CPU"
  current CPU frequency: 1.20 GHz (asserted by call to hardware)
```

上記より、CPU 動作クロック周波数が 1.2GHz に設定されていることがわかります。

■ CPU 動作クロック周波数の明示的な指定

cpupower コマンドでは、CPU 動作クロック周波数を明示的に指定することが可能です。サーバに搭載されている CPU の設定可能な動作周波数は、あらかじめ、サーバの BIOS 画面や UEFI 画面、あ

るいは、オンボードの遠隔管理用チップで、CPU の周波数と電圧に関するパワーレギュレータの設定を適切に行った上で、以下で確認できます。

```
# cpupower frequency-info | grep Pstate
    Pstate-P0: 2000MHz
    Pstate-P1: 1600MHz
    Pstate-P2: 1200MHz
```

このサーバでは、1.2GHz、1.6GHz、2GHz の CPU 動作周波数が設定可能です。動作周波数を明示的に指定する場合は、cpupower frequency-set に-f オプションと設定した動作周波数を付与します。以下は、CPU 動作周波数を 1.2GHz に設定する例です。

```
# cpupower frequency-set -f 1.2GHz
# cpupower frequency-info | grep "current CPU"
  current CPU frequency: 1.20 GHz (asserted by call to hardware)
```

■ ガバナの自動設定

OS 起動時にガバナを自動的に設定したい場合、cpupower サービスを設定します。cpupower サービスは、/etc/sysconfig/cpupower ファイルで CPU 動作周波数に関するパラメータを読み込みます。

/etc/sysconfig/cpupower ファイルにおいて、CPUPOWER_START_OPTS 行と CPUPOWER_STOP_OPTS 行にパラメータを設定します。以下は、cpupower サービス起動時に performance ガバナを、サービス停止時に ondemand ガバナを自動的に設定する例です。

```
# grep -v ^# /etc/sysconfig/cpupower
CPUPOWER_START_OPTS="frequency-set -g performance"
CPUPOWER_STOP_OPTS="frequency-set -g ondemand"
```

例えば、CPUPOWER_START_OPTS 行の-g オプションの値を powersave にすると省電力モードになり、performance にすると最大周波数で動作します。ondemand にすると CPU 周波数は必要に応じて変化します。

ガバナの値を変更したら、systemctl コマンドで cpupower サービスを再起動します。

```
# systemctl restart cpupower
# systemctl is-active cpupower
active
# cpupower frequency-info | grep "current CPU"
  current CPU frequency: 2.00 GHz (asserted by call to hardware)
```

上記より、/etc/sysconfig/cpuspeed に設定したガバナがロードされ、cpupower サービスを起動す

ると、最高クロック周波数に設定されました。cpupower サービスを停止し、最低クロック周波数に設定されるかも確認します。

```
# systemctl stop cpupower
# cpupower frequency-info | grep "current CPU"
  current CPU frequency: 1.20 GHz (asserted by call to hardware)
```

無事、最低クロック周波数に設定されました。標準では、cpupower サービスは無効になっているため、サービスを有効にします。

```
# systemctl enable cpupower
```

12-3-2 top コマンドによる CPU 資源管理

top コマンドは、プロセスごとに CPU やメモリの利用率などを表示するツールです。top コマンドは、CPU の利用率と消費メモリ容量とその対象となるプロセスを 1 つのインターフェイスで容易に閲覧できるため、多くのシステム管理者で利用されています。top コマンドは、procps-ng パッケージで提供されています。

```
# dnf install -y procps-ng
```

top コマンドを入力すると、一定時間間隔で CPU 負荷やプロセスの状況をリアルタイムに表示します（図 12-2）。

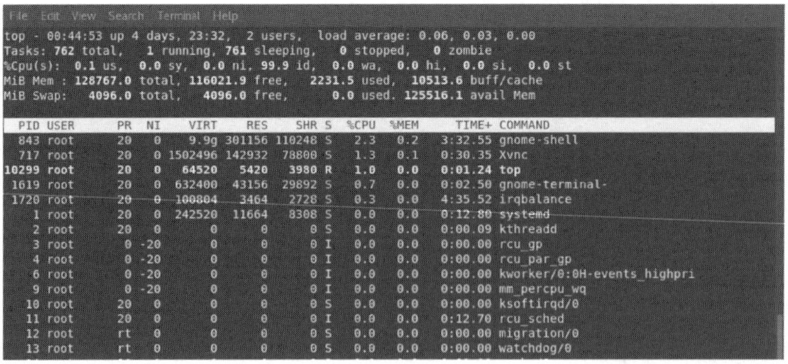

図 12-2　top コマンドによる CPU 利用率やプロセスの稼働状況の確認

top コマンドは、-b オプションによってバッチモードも提供されており、ファイルへの書き出しなども可能です。以下は、top コマンドによる出力を 1 秒間隔で 5 回表示し、その結果を top_result.txt

ファイルにバッチモードで書き出す例です。

```
# top -b -d 1 -n 5 > top_result.txt
# head -10 top_result.txt
top - 21:20:39 up 52 days, 12:14,  5 users,  load average: 1.15, 1.12, 0.72
Tasks: 341 total,   1 running, 340 sleeping,   0 stopped,   0 zombie
%Cpu(s):  1.4 us,  2.1 sy,  0.0 ni, 96.6 id,  0.0 wa,  0.0 hi,  0.0 si,  0.0 st
MiB Mem :  19815.4 total,   1845.4 free,   5572.0 used,  12398.0 buff/cache
MiB Swap:  10068.0 total,   9351.5 free,    716.5 used.  13782.1 avail Mem

    PID USER      PR  NI    VIRT    RES    SHR S  %CPU  %MEM     TIME+ COMMAND
1511034 root      20   0   63728   5056   4240 R  11.8   0.0   0:00.03 top
   4580 root      20   0 6753568 191804  64804 S   5.9   0.9   2461:24 gnome-shell
      1 root      20   0  241900  11420   7220 S   0.0   0.1   0:51.16 systemd
```

■ サブコマンドによる CPU コア稼働率の表示

top コマンドは、CPU 利用率の高いプロセスやプロセス ID を監視する場合に利用されますが、top コマンドのサブコマンドを利用すると、CPU コアごとの CPU 利用率の様子をリアルタイムに確認できます。具体的には、top コマンドが表示されているウィンドウ内で、サブコマンドの 1 キーを押すと、CPU コアとそのコアごとの利用率をリアルタイムで表示できます。もとに戻す場合も、再度 1 キーを押します（図 12-3）。

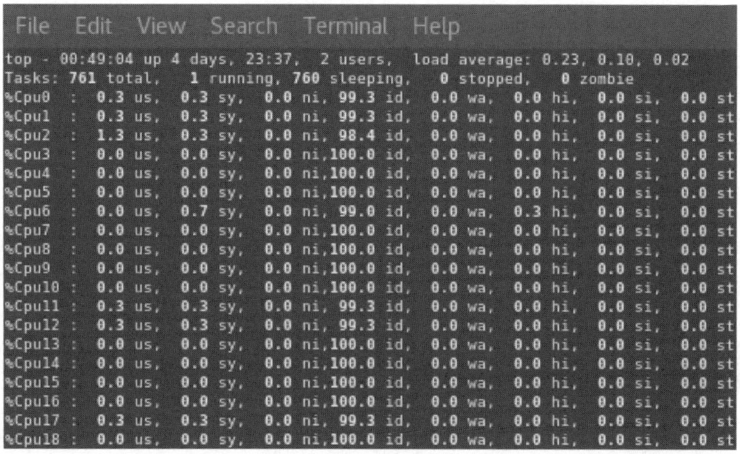

図 12-3　top コマンドでの CPU 利用率の監視。サブコマンドを実行することで、各 CPU コアの利用率を確認できる

12-3-3 CPU 利用率の履歴を保存できる sar コマンド

過去の CPU 利用率をファイルに保存しておき、後で閲覧したい場合は、sar コマンドが便利です。sar コマンドは、sysstat パッケージで提供されています。

```
# dnf install -y sysstat
```

sar コマンドで CPU 利用率を監視するには、-u オプションを付与し、ファイルに保存するには-o オプションを付与します。数字の 1 は、1 秒間隔を意味します。

```
# sar 1 -u -o /root/sar.cpu.log
Linux 4.18.0-348.el8.0.2.x86_64 (n0186.jpn.linux.hpe.com)  03/06/2022   _x86_64_  ...

09:26:40 PM     CPU     %user     %nice   %system   %iowait    %steal     %idle
09:26:41 PM     all      0.38      0.13      0.50      0.00      0.00     99.00
09:26:42 PM     all      0.50      0.13      0.00      0.00      0.00     99.37
09:26:43 PM     all      1.75      0.12      0.75      0.00      0.00     97.38
...
```

出力したファイル sar.cpu.log はバイナリ形式で保存されます。保存したバイナリ形式を使って過去の CPU 利用率を見るには、-f オプションを指定します。

```
# file /root/sar.cpu.log
sar.cpu.log: data
# sar -f /root/sar.cpu.log
Linux 4.18.0-348.el8.0.2.x86_64 (n0186.jpn.linux.hpe.com)  03/06/2022   _x86_64_  ...

09:26:40 PM     CPU     %user     %nice   %system   %iowait    %steal     %idle
09:26:41 PM     all      0.38      0.13      0.50      0.00      0.00     99.00
09:26:42 PM     all      0.50      0.13      0.00      0.00      0.00     99.37
09:26:43 PM     all      1.75      0.12      0.75      0.00      0.00     97.38
...
```

12-3-4 CPU の統計情報を出力する mpstat コマンド

mpstat コマンドは、CPU の割り込みや使用率などの統計情報を出力します。mpstat コマンドは、CPU コアごとの利用率、全 CPU の利用率などをオプションで指定できます。全 CPU の使用率の平均を表示するには、mpstat コマンドをオプションなしで実行します。

```
# mpstat
Linux 4.18.0-348.el8.0.2.x86_64 (n0186.jpn.linux.hpe.com)   03/06/2022    _x86_64_    (8 CPU)
```

```
09:39:38 PM  CPU    %usr   %nice    %sys %iowait    %irq   %soft  %steal  %guest  %gnice    %idle
09:39:38 PM  all    0.77    0.00    0.47    0.11    0.03    0.03    0.00    0.14    0.00    98.44
```

表示される項目の意味を**表 12-2** に示します。

表 12-2　mpstat で表示される項目

項目	意味
%usr	ユーザーレベル（アプリケーション）で実行中に発生した CPU 使用率
%nice	ユーザーレベルで実行中に発生した CPU 使用率の割合を nice レベルで表示
%sys	システムレベル（カーネル）で実行中に発生した CPU 使用率の割合。ただし、ハードウェア割り込み、および、ソフトウェア割り込みの処理に費やされた時間は含まれない
%iowait	ディスク I/O 要求の発生中に、1 つ以上の CPU がアイドル状態だった時間の割合
%irq	CPU がハードウェア割り込み処理に費やした時間の割合
%soft	CPU がソフトウェア割り込み処理に費やした時間の割合
%steal	ハイパーバイザーが別の仮想 CPU にサービスを提供中に、1 つ以上の仮想 CPU が待機した時間の割合
%guest	CPU が仮想 CPU の実行に費やした時間の割合
%gnice	CPU がゲスト OS を実行するのに費やした時間の割合
%idle	1 つ以上の CPU がアイドル状態だった時間の割合

mpstat を実行した結果、%usr、あるいは、%nice が高い場合は、ユーザが実行するアプリケーションのプロセスの処理で CPU が高負荷になっている可能性があります。この場合は、高負荷になっているプロセスを top コマンドあるいは、pidstat コマンド（後述）で特定します。

%sys が高い場合は、ユーザが実行するアプリケーションのプロセスが Linux カーネルへ発行する命令（システムコールなど）の処理で CPU が高負荷になっている可能性があります。この場合も、pidstat コマンドなどにより、高負荷になっているプロセスを特定し、原因を追及します。

%iowait が高い場合は、内蔵ストレージ、あるいは、外部ストレージにおけるディスク I/O が高負荷になっている可能性があります。この場合、ディスク I/O が高負荷になっているプロセスやストレージデバイスを特定します。高負荷になっているストレージデバイスは、iostat コマンド（後述）で特定します。

%irq および %soft が高い場合は、周辺装置などの物理的なハードウェアに関する処理で割り込みが多発している可能性があります。

■ 全 CPU コアの使用率の表示

すべての CPU コアの使用率を表示するには、-P ALL オプションを付与します。

```
# mpstat -P ALL
Linux 4.18.0-348.el8.0.2.x86_64 (n0186.jpn.linux.hpe.com)   03/06/2022   _x86_64_   (8 CPU)

09:44:09 PM  CPU    %usr   %nice   %sys %iowait    %irq   %soft  %steal  %guest  %gnice   %idle
09:44:09 PM  all    0.77    0.00   0.47    0.11    0.03    0.03    0.00    0.14    0.00   98.44
09:44:09 PM    0    0.73    0.00   0.40    0.13    0.03    0.04    0.00    0.13    0.00   98.53
09:44:09 PM    1    0.59    0.00   0.25    0.13    0.03    0.03    0.00    0.10    0.00   98.86
09:44:09 PM    2    0.77    0.00   0.51    0.10    0.03    0.02    0.00    0.14    0.00   98.42
09:44:09 PM    3    0.82    0.00   0.65    0.12    0.03    0.02    0.00    0.15    0.00   98.21
...
```

■ CPU コアを指定した統計情報の表示

CPU コアを指定し、一定間隔で統計情報を繰り返し表示することも可能です。以下は、mpstat コマンドで 7 番の CPU コアの統計情報を 1 秒間隔で 2 回表示させる例です。-P オプションで CPU コア番号を指定します。

```
# mpstat -u -P 7 1 2
Linux 4.18.0-348.el8.0.2.x86_64 (n0186.jpn.linux.hpe.com)   03/06/2022   _x86_64_   (8 CPU)

09:45:40 PM  CPU    %usr   %nice   %sys %iowait    %irq   %soft  %steal  %guest  %gnice   %idle
09:45:41 PM    7    3.03    0.00   1.01    0.00    0.00    1.01    0.00    3.03    0.00   91.92

09:45:41 PM  CPU    %usr   %nice   %sys %iowait    %irq   %soft  %steal  %guest  %gnice   %idle
09:45:42 PM    7    0.00    0.00   1.00    4.00    0.00    0.00    0.00    0.00    0.00   95.00

Average:     CPU    %usr   %nice   %sys %iowait    %irq   %soft  %steal  %guest  %gnice   %idle
Average:       7    1.51    0.00   1.01    2.01    0.00    0.50    0.00    1.51    0.00   93.47
#
```

■ CPU 割り込み情報を表示

CPU の割り込み情報を表示するには、mpstat コマンドに-A オプションを付与します。以下は、64 コアの CPU を搭載したマシンで全 CPU コアの割り込みを表示する例です。CPU コアの 64 行と全 CPU の合計割り込みを表示するため、割り込みを意味する文字列 intr を grep コマンドで抽出し、そこから 65 行分を表示するオプションの-A65 を grep コマンドに付与しています。

```
# mpstat -A | grep -A65 intr
```

```
05:34:04 PM  CPU    intr/s
05:34:04 PM  all    170.56
05:34:04 PM    0     14.37
05:34:04 PM    1      6.30
05:34:04 PM    2      0.59
05:34:04 PM    3      0.60
05:34:04 PM    4      0.69
...
```

■ pidstat コマンドによるプロセスごとの CPU 資源管理

pidstat コマンドは、プロセスごとの統計情報を得るコマンドです。CPU 利用率の高いプロセスを発見するのに有用です。-C オプションでプロセス名を指定できます。また、-p オプションで PID の指定も可能です。さらに、-t オプションにより、複数のスレッドで実行されるプロセスについても統計情報を表示できます。

以下は、httpd プロセスの CPU 利用率を確認する例です。

```
# pidstat -C httpd
...
09:53:46 PM   UID      PID    %usr %system  %guest    %wait    %CPU   CPU  Command
09:53:46 PM     0  1513423    0.00    0.00    0.00     0.00    0.00     1  httpd
09:53:46 PM    48  1513425    0.00    0.00    0.00     0.00    0.00     3  httpd
09:53:46 PM    48  1513427    0.00    0.00    0.00     0.00    0.00     1  http
```

表 12-3　pidstat で表示される CPU 利用率に関する項目

項目	意味
%usr	ユーザーレベル（アプリケーション）で実行中に発生した CPU 使用率
%system	システムレベル（カーネル）で実行中に発生した CPU 使用率
%guest	CPU が仮想 CPU の実行に費やした時間の割合
%wait	実行を待機している間にタスクによって消費された CPU 使用率
%CPU	タスクが使用した CPU 時間の合計割合

12-4 メモリ資源管理

近年、サーバのメモリモジュールは、大容量化が進んでいます。仮想化やクラウドコンピューティングにおいて、Intel や AMD プロセッサを搭載した x86 サーバが広く利用されるようになった背景には、CPU のマルチコア化以外にメモリモジュールの大容量化が挙げられます。RL 8/AL 8 環境に限ら

ず、OS が利用できる最大メモリ容量は、利用している OS のアーキテクチャが 32 ビット版なのか 64 ビット版なのかによって変わります。

近年のサーバでは、アプリケーションの対応状況から 64 ビット版 OS を利用することが多くなり、従来の 32 ビット版 OS に見られるようなメモリ容量の壁を意識することはあまりなくなりました。しかし、レガシーシステムのアプリケーションの開発費用削減や旧システムの P2V 移行、IoT デバイスのハードウェアスペックの制限事項などにより、やむなく 32 ビット版 OS を利用することもあり、そのようなケースでは、メモリ資源の効率的な利用が行われているかどうかを監視する必要があります。

ここでは、IoT 機器やサーバで利用されるメモリ資源管理の基本コマンドの使用法を紹介します。

12-4-1 /proc/meminfo によるメモリ情報の取得

システムのメモリ容量の確認は、/proc/meminfo で確認できます。以下に/proc/meminfo の出力例を示します。

```
# cat /proc/meminfo
MemTotal:       65940712 kB
MemFree:        52091776 kB
MemAvailable:   63334540 kB
Buffers:             200 kB
Cached:         11671828 kB
SwapCached:            0 kB
...
```

メモリ総量は MemTotal:に表示されます。メモリの空き容量は MemFree:と Buffers:と Cached:を合計した値になりますので、見方に注意が必要です。

12-4-2 vmstat コマンドによるメモリ資源管理

vmstat コマンドでもメモリ容量や使用量などを確認できます。主にメモリとスワップの利用状況を確認するコマンドです。-s オプションを付与すると、項目ごとに改行されて表示します。

```
# vmstat -s
     65940712 K total memory
      1908956 K used memory
       505424 K active memory
     12573476 K inactive memory
     52091792 K free memory
          200 K buffer memory
     11939764 K swap cache
```

```
     4194300 K total swap
           0 K used swap
     4194300 K free swap
 10128920640 non-nice user cpu ticks
      158704 nice user cpu ticks
      520790 system cpu ticks
    38006824 idle cpu ticks
      140562 IO-wait cpu ticks
    78499281 IRQ cpu ticks
     2177990 softirq cpu ticks
           0 stolen cpu ticks
     1051955 pages paged in
    15221807 pages paged out
           0 pages swapped in
           0 pages swapped out
  3834447159 interrupts
   707394162 CPU context switches
  1640101779 boot time
      909353 forks
```

-s オプションを使用しない場合、項目を横に並べて表示します。また、-S オプションに表示する単位を指定できます。以下は、メガバイト単位で表示する例です。

```
# vmstat -S M
procs -----------memory---------- ---swap-- -----io---- -system-- ------cpu-----
 r  b   swpd   free   buff  cache   si   so    bi    bo   in   cs us sy id wa st
17  0      0  50871      0  11659    0    0     0     0    0    0 99  1  0  0  0
```

　システム管理者が気を配るのは、free の値、および、buff と cache の合計値です。free は、システムのメモリの空き容量を示しており、buff と cache は、バッファが利用しているメモリ容量です。この buff と cache は、バッファ用に確保されていますが、新しいプロセスが利用することができる空きメモリの容量を表します。free と buff と cache の値を足した合計値がシステムの利用できる空きメモリ容量に相当します。

　si と so は、それぞれ単位時間あたりのスワップインとスワップアウトのデータ量を示します。si はスワップインなので、ディスクのスワップ領域からメモリ領域に転送されているデータ量を示し、so のスワップアウトは逆にメモリからディスクへ書き込みが発生しているデータ量を示しています。

　vmstat は、一定間隔で統計情報を繰り返し表示することも可能です。以下に vmstat を 1 秒間隔で 5 回表示させる例を示します。

```
# vmstat -S M 1 5
procs -----------memory---------- ---swap-- -----io---- -system-- ------cpu-----
 r  b   swpd   free   buff  cache   si   so    bi    bo   in   cs us sy id wa st
17  0      0  50871      0  11659    0    0     0     0    0    0 99  1  0  0  0
16  0      0  50871      0  11659    0    0     0     0 16078  103 99  1  0  0  0
16  0      0  50871      0  11659    0    0     0     4 16082  162 99  1  0  0  0
16  0      0  50870      0  11659    0    0     0     0 16113  269 99  1  0  0  0
16  0      0  50870      0  11659    0    0     0     0 16079  109 99  1  0  0  0
```

12-4-3 free コマンドによるメモリ資源管理

free コマンドによって認識しているメモリ容量と空き容量を確認しておきます。free コマンドは、バイト（-b）、キビバイト（-k）、メビバイト（-m）、ギビバイト（-g）、テビバイト（--tebi）、ペビバイト（--pebi）単位での表示が可能です。以下は、ギビバイト単位で表示した例です。

```
# free -g
              total        used        free      shared  buff/cache   available
Mem:             62           1          49           0          11          60
Swap:             3           0           3
```

OS が利用可能なメモリ容量は、total のところに表示されます。また現在の空き容量は free の列のところに表示されます。上記の例では、62 ギビバイトのメモリ容量があり、1 ギビバイトを使用し、49 ギビバイトの空きがあることがわかります。また、スワップとして 3 ギビバイト確保され、そのうち、3 ギビバイトの空きがあることがわかります。

12-4-4 sar コマンドによるメモリ使用量の時系列表示

CPU の利用率と同様にメモリ使用量を時系列で参照したい場合は、sar コマンドが有用です。sar コマンドでメモリ使用量を監視するには、-r オプションを付与します。ファイルに保存する場合は、-o オプションが利用できます。CPU 利用率と同様にバイナリデータで結果が保存されます。

```
# sar 1 -r -o /root/sar.mem.log
Linux 4.18.0-348.2.1.el8_5.x86_64 (n0186.jpn.linux.hpe.com)   03/06/22   _x86_64_ ... (16 CPU)

04:12:36    kbmemfree   kbavail kbmemused  %memused kbbuffers  kbcached  kbcommit   %commit ...
04:12:37    53230920  64533936  12709792     19.27      1260  11731408   1200452      1.71 ...
04:12:38    53228816  64533484  12711896     19.28      1260  11733044   1209316      1.72 ...
04:12:39    53227172  64533876  12713540     19.28      1260  11735072   1210256      1.73 ...
...
```

過去のメモリ使用量の状態を確認するには、sar コマンドに-f オプションで出力済みのバイナリファイルを指定します。

```
# sar -r -f /root/sar.mem.log
Linux 4.18.0-348.2.1.el8_5.x86_64 (s6501.jpn.linux.hpe.com)  03/06/22 _x86_64_ ... (16 CPU)

04:12:36    kbmemfree   kbavail kbmemused  %memused kbbuffers  kbcached  kbcommit   %commit ...
04:12:37    53230920   64533936  12709792    19.27      1260  11731408   1200452     1.71 ...
04:12:38    53228816   64533484  12711896    19.28      1260  11733044   1209316     1.72 ...
04:12:39    53227172   64533876  12713540    19.28      1260  11735072   1210256     1.73 ...
...
```

12-4-5 pidstat によるプロセスごとのメモリ資源管理

pidstat コマンドを使えば、プロセス名や PID を指定して、メモリ使用量を確認できます。pidstat コマンドでメモリ資源を管理するには、-r オプションを付与します。以下は、httpd サービスのメモリ資源の利用状況を確認する例です。

```
# pidstat -r -C httpd
Linux 4.18.0-348.2.1.el8_5.x86_64 (s6501.jpn.linux.hpe.com)     03/06/2022     _x86_64_  ...

04:17:48 AM   UID      PID  minflt/s  majflt/s     VSZ    RSS   %MEM  Command
04:17:48 AM     0   940222     0.00      0.00  280216  11368   0.02  httpd
04:17:48 AM    48   940223     0.00      0.00  294100   8328   0.01  httpd
04:17:48 AM    48   940224     0.00      0.00 2597072  16244   0.02  httpd
04:17:48 AM    48   940225     0.00      0.00 2793744  18292   0.03  httpd
04:17:48 AM    48   940226     0.00      0.00 2597072  18284   0.03  httpd
```

pidstat コマンドで表示されるメモリ資源の管理項目を表 12-4 に示します。

表 12-4　pidstat によるメモリ資源管理の項目

項目	意味
minflt/s	タスクが1秒当たりに発生したマイナフォールト（ディスクからメモリページをロードする必要がないもの）の合計数
majflt/s	タスクが1秒当たりに行ったメジャーフォールト（ディスクからメモリページをロードする必要があるもの）の総数
VSZ	タスク全体の仮想メモリ使用量（キロバイト単位）
RSS	タスクが使用中のスワップされていない物理メモリ（キロバイト単位）
%MEM	タスクの物理メモリ使用率

12-5 ディスク資源管理

ディスク管理では、マウント状況やディスクの使用量などを確認します。ディスク管理のコマンドは、df コマンド、du コマンド、iostat コマンドなどさまざまなツールが用意されています。ここでは、代表的なコマンドを紹介します。

12-5-1 df コマンドによるディスク情報の表示

マウントポイントがすべてマウントされているかは、df コマンドで確認します。df コマンドでは、マウントポイントが正しいパーティション番号（例えば、/dev/sda1 や/dev/sda3 などの 1 や 3 の数値）でマウントされているのかを必ず確認します。df コマンドは、-H オプションを付加することにより、人間にわかりやすい単位で表示できます。また、df -HT により、ファイルシステムの種類を含めて表示し、正しいファイルシステムでマウントされているかを確認できます。

```
# df -HT
Filesystem     Type      Size  Used Avail Use% Mounted on
devtmpfs       devtmpfs  17G      0  17G   0% /dev
tmpfs          tmpfs     17G      0  17G   0% /dev/shm
tmpfs          tmpfs     17G    67M  17G   1% /run
tmpfs          tmpfs     17G      0  17G   0% /sys/fs/cgroup
/dev/sda4      xfs       12T   162G  12T   2% /
/dev/sda2      xfs       11G   367M  11G   4% /boot
tmpfs          tmpfs     3.4G   46k 3.4G   1% /run/user/0
```

12-5-2 du コマンドによるディレクトリごとのディスク使用量の表示

du コマンドは、指定したディレクトリ配下のツリー構成や、使用量などを確認できます。

■ 可読性の高い形式での表示

-h オプションで人間に読みやすい形で表示されます。また、-s オプションでサマリ（合計値）表示します。

```
# du -h /var
84K     /var/lib/dnf/modulefailsafe
4.0K    /var/lib/dnf/repos/epel-modular-1c5bd3bdaaadd9e7
4.0K    /var/lib/dnf/repos/epel-2f52d25564da0fd7
8.0K    /var/lib/dnf/repos
7.5M    /var/lib/dnf
```

```
201M      /var/lib/rpm
0         /var/lib/games
...
```

■ ディレクトリ階層の深さの指定

-d オプションには、表示させたいディレクトリ階層の深さを指定できます。以下は、指定したディレクトリ以下の階層 1 つのみを表示する例です。

```
# du -h -d 1 /var
2.1G      /var/lib
32M       /var/log
66M       /var/cache
0         /var/adm
0         /var/db
0         /var/empty
0         /var/ftp
...
```

■ 特定のファイルシステムのスキップ

du コマンドは、-x オプションを付与することにより、異なるファイルシステムをスキップできます。これにより、/proc ファイルシステムなどをスキップさせて表示できます。以下は、/proc や/dev などを除いて、ルートディレクトリ直下のディレクトリ使用量を表示する例です。

```
# du -d1 -x /
31432     /etc
718272    /root
2301328   /var
4561608   /usr
24        /home
0         /media
0         /mnt
0         /opt
0         /srv
0         /tmp
35986432          /data
43599096          /
```

■ sort コマンドの併用

ディスク使用量の多い順に並べ替えるには、sort コマンドを組み合わせます。

```
# du -d1 -x / | sort -rn
43599096        /
35986432        /data
4561608 /usr
2301328 /var
718272 /root
31432 /etc
24      /home
0       /tmp
0       /srv
...
```

12-5-3 mount コマンドによるファイルシステムの把握

mount コマンドでもファイルシステムの種類を確認できます。以下は、mount コマンドで表示されるデバイスのうち、/dev/sd、mapper、tmpfs の文字列を含むものを抽出して表示する例です。

```
# mount | grep -E "/dev/sd|mapper|tmpfs" | sort
/dev/mapper/rl_test01-home on /home type xfs (rw,relatime,attr2,inode64,logbufs=8,logbsize=32k,noquota)
/dev/mapper/rl_test01-root on / type xfs (rw,relatime,attr2,inode64,logbufs=8,logbsize=32k,noquota)
/dev/sda2 on /boot type xfs (rw,relatime,attr2,inode64,logbufs=8,logbsize=32k,noquota)
devtmpfs on /dev type devtmpfs (rw,nosuid,size=3958436k,nr_inodes=989609,mode=755)
tmpfs on /dev/shm type tmpfs (rw,nosuid,nodev)
tmpfs on /run/stratisd/keyfiles type tmpfs (rw,relatime,size=1024k)
tmpfs on /run type tmpfs (rw,nosuid,nodev,mode=755)
tmpfs on /run/user/0 type tmpfs (rw,nosuid,nodev,relatime,size=795492k,mode=700)
tmpfs on /sys/fs/cgroup type tmpfs (ro,nosuid,nodev,noexec,mode=755)
```

12-5-4 iostat コマンドによるディスク性能管理

システムの I/O 性能を管理することは非常に重要であり、特に、ファイルサーバやデータベースサーバではストレージのパフォーマンスに細心の注意を払う必要があります。ディスク I/O 性能を管理するコマンドとしては、iostat コマンドや sar コマンドなどがあります。

iostat コマンドを引数なしで起動すると、そのシステムで認識されているすべてのディスクに対して結果を出力します。以下は、x86 サーバの RAID コントローラ配下のディスク /dev/sda と /dev/sdb の I/O 状況を表示した例です。

```
# iostat
Linux 4.18.0-348.2.1.el8_5.x86_64 (n0186.jpn.linux.hpe.com)   03/07/2022   _x86_64_   (8 CPU)

avg-cpu:  %user   %nice %system %iowait  %steal   %idle
           0.01    0.00    0.01    0.00    0.00   99.97


Device            tps    kB_read/s    kB_wrtn/s    kB_read    kB_wrtn
sdb              0.00         0.00         0.00       4677          0
sda              0.07         0.14         1.44     864657    9217259
dm-0             0.00         0.02         0.00     123136        784
dm-1             0.08         0.11         1.44     725258    9214427
```

ディスクのデバイス名を与えると、そのディスクのみの I/O 状況を出力します。デバイスのパーティションごとにどのような I/O が発生しているかを知りたい場合もあります。ファイルサーバなどでは用途別に異なるパーティションを区切るため、システムのディスク周りのボトルネックを見る場合には、iostat による解析は欠かせません。以下に 1 秒間ごとに iostat コマンドの結果を 3 回繰り返す例を示します。

```
# iostat 1 3
Linux 4.18.0-348.2.1.el8_5.x86_64 (n0186.jpn.linux.hpe.com)   03/07/2022   _x86_64_   (8 CPU)

avg-cpu:  %user   %nice %system %iowait  %steal   %idle
           0.01    0.00    0.01    0.00    0.00   99.97


Device            tps    kB_read/s    kB_wrtn/s    kB_read    kB_wrtn
sdb              0.00         0.00         0.00       4677          0
sda              0.07         0.14         1.44     864673    9218262
dm-0             0.00         0.02         0.00     123136        828
...
```

上記の例では、sda への書き込み処理が発生していることがわかります。iostat は、ブロックデバイスを指定することで現在のデバイスの I/O 性能を確認できます。

12-5-5 sar コマンドによるディスク資源管理

sar コマンドは、ディスク I/O の状況を表示します。sar コマンドの代表的なオプションは、-b オプションと-d オプションです。

■ 単位時間当たりの I/O 要求の表示

-b オプションは、ディスク I/O の 1 秒間におけるデータ転送率（TPS：Transfers per second）の統計
情報を表示します。以下は、1 秒後ごとに/dev/sda、/dev/sdb および、LVM の論理ディスクのディ
スク I/O に関する統計情報を表示する例です。表示される各項目の意味は、**表 12-5** のとおりです。

```
# sar 1 -b -p
Linux 4.18.0-348.el8.0.2.x86_64 (n0186.jpn.linux.hpe.com)    2022年03月06日  _x86_64_ ...

01:10:13 AM    tps    rtps    wtps   bread/sbwrtn/s
01:10:14 AM  530.00  0.00   530.00  0.00   271360.00
01:10:15 AM  532.00  0.00   532.00  0.00   272384.00
01:10:16 AM  526.00  0.00   526.00  0.00   269312.00
...
```

表 12-5　sar コマンドの-b オプション付与時の項目

項目	意味
tps	物理デバイスに発行された 1 秒当たりの I/O 転送要求の総数
rtps	物理デバイスに発行された 1 秒当たりの読み取り要求の総数
wtps	物理デバイスに発行された 1 秒当たりの書き込み要求の総数
bread/s	1 秒当たりのブロック数でデバイスから読み取られたデータの合計量。ブロックはセクタに相当する。サイズは、512 バイト
bwrtn/s	1 秒当たりのブロック数でデバイスに書き込まれたデータの合計量

■ 単位時間当たりの I/O 要求のデータ量の表示

一方、-d オプションは、1 秒間当たりの I/O 要求のデータ量を表示します。

```
# sar 1 -d -p
Linux 4.18.0-348.el8.0.2.x86_64 (n0186.jpn.linux.hpe.com)   03/06/2022    _x86_64_   (8 CPU)

01:10:59 AM   DEV       tps   rkB/s wkB/s  areq-szaqu-sz await  svctm  %util
01:11:00 AM   sda       0.00  0.00  0.00   0.00   0.00   0.00   0.00
01:11:00 AM   sdb     528.00  0.00  135168.00  256.00  189.70 359.79 0.62  32.60
01:11:00 AM   rl_n0186-root  0.00  0.00  0.00  0.00  0.00  0.00  0.00
01:11:00 AM   rl_n0186-swap  0.00  0.00  0.00  0.00  0.00  0.00  0.00
01:11:00 AM   rl_n0186-home  0.00  0.00  0.00  0.00  0.00  0.00  0.00
...
```

-d オプションで示される各項目の意味は、**表 12-6** のとおりです。

表 12-6　sar コマンドの-d オプション付与時の項目

項目	意味
tps	物理デバイスに発行された 1 秒当たりの I/O 転送要求の総数
rkB/s	物理デバイスから読み込んだデータの 1 秒当たりのキロバイト数
wkB/s	物理デバイスに書き込んだデータの 1 秒当たりのキロバイト数
areq-sz	物理デバイスに発行された I/O 要求の平均サイズ（キロバイト単位）
aqu-sz	物理デバイスに発行されたリクエストのキューの平均の長さ
await	物理デバイスに発行された I/O 要求の平均時間（ミリ秒）
svctm	物理デバイスに発行された I/O 要求の平均サービス時間（ミリ秒）
%util	物理デバイスに I/O 要求が発行された経過時間の割合（デバイスの帯域幅使用率）

12-5-6 pidstat コマンドによるプロセスごとのディスク資源管理

pidstat コマンドを使えば、プロセス名や PID を指定して、ディスク I/O の統計情報を確認できます。pidstat コマンドでディスク I/O を管理するには、-d オプションを付与します。以下は、dd コマンドの実行に伴うディスク I/O の状況を確認する例です。

```
# pidstat 1 3 -d -C dd
Linux 4.18.0-348.el8.0.2.x86_64 (n0186.jpn.linux.hpe.com)    03/07/2022    _x86_64_ ...
...
12:01:50 AM   UID       PID   kB_rd/s    kB_wr/s kB_ccwr/s iodelay  Command
12:01:51 AM     0   1517727      0.00 1003921.57      0.00      57  dd
...
```

上記より、dd コマンドでディスクへの書き込み処理が行われていることがわかります。pidstat コマンドで表示されるディスク I/O の管理項目を表 12-7 に示します。

表 12-7　pidstat によるディスク I/O 管理の項目

項目	意味
kB_rd/s	タスクが 1 秒当たりにディスクから読み取るキロバイト数
kB_wr/s	タスクが 1 秒当たりにディスクへ書き込んだキロバイト数
kB_ccwr/s	ディスクへの書き込みがタスクによってキャンセルされたキロバイト数
iodelay	タスクのブロック I/O 遅延

12-6 ネットワーク資源管理

　管理対象マシンのネットワーク通信の情報を得るコマンドは数多く存在します。ここでは、サーバ環境でよく利用されるネットワーク資源管理の基本的な手法を紹介します。

12-6-1 ss コマンドによるネットワークトラフィック管理

　ss コマンドを使うと、管理対象マシン上で稼働するサービスが利用するネットワークポートの情報が得られます。ss コマンドは、iproute パッケージに含まれているので、dnf コマンドでインストールしておきます。

```
# dnf install -y iproute
```

　以下は、ss コマンドで、サービスが利用する IP アドレスとポートを確認する例です（図 12-4）。

```
# ss -a -n -t -p -4
```

　上記の ss コマンドで指定したオプションの意味は、表 12-8 のとおりです。

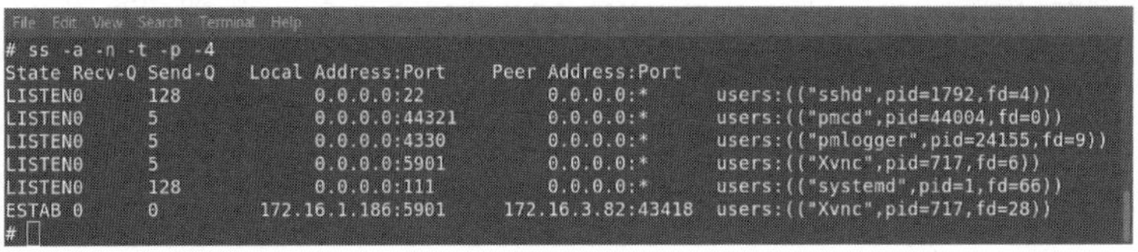

図 12-4　ss コマンドでサービスが利用する IP アドレスとポートの確認

---

　ss コマンドで指定しているオプション -a -n -t -p -4 は、-antp4 と指定することも可能です。

表 12-8　ss コマンドで指定したオプションの意味

オプション	意味
-a	リスニングソケットと非リスニングソケットの両方を表示。TCP では確立された接続を意味する
-n	サービス名ではなく、ポート番号を表示
-t	TCP を表示
-p	ソケットを使用するプロセスを表示
-4	IPv4 ソケットのみを表示

■ 接続が確立したプロセスの通信状況の確認

ss コマンドに-o state established オプションを付与すると、接続が確立したプロセスの通信状況を確認できます。以下は、接続元ポートおよび接続先ポートが SSH のもので、接続が確立したものをリストアップする例です。ss コマンドを実行するマシンへの SSH 接続と、ss コマンドを実行するマシンから外部への SSH 接続の両方が表示されます。

```
# ss -n -o state established "( sport = :ssh or dport = :ssh )"
Netid  Recv-Q  Send-Q  Local Address:Port      Peer Address:Port
tcp    0       0       172.16.1.186:22         172.16.31.8:60464    ...
tcp    0       0       172.16.1.186:22         172.16.3.82:49648    ...
tcp    0       0       172.16.1.186:50592      172.16.3.81:22 ...
tcp    0       0       172.16.1.186:22         172.16.31.8:60352    ...
tcp    0       0       172.16.1.186:22         172.16.31.8:60354    ...
```

■ UNIX ドメインソケットの利用状況の確認

ss コマンドに-x オプションを付与すると、UNIX ドメインソケットの利用状況も確認できます。以下は、X サーバに接続しているプロセスの状況を確認する例です。

```
# ss -antp4 -x src /tmp/.X11-unix/X1
Netid  State   Recv-Q  Send-Q  Local Address:Port   Peer Address:Port
u_str  LISTEN  0       128     /tmp/.X11-unix/X1 165981   * 0   users:(("Xvnc",pid=717,fd=5))
```

12-6-2 iftop によるネットワーク資源管理

iftop は、管理対象マシンのネットワークインターフェイスの通信状況を表示するツールです。管理対象のネットワークインターフェイスを指定すると、通信量を表示します。iftop は、特定のネットワークセグメントに出入りするパケットと、パケットの通信方向を表示できます。iftop は、EPEL リポジトリで提供されています。

iftop コマンドを引数なしで起動すると、仮想端末内にキャラクタベースの GUI が起動します。送信元と送信先のホスト名などが表示され、通信の向きもイコール記号と不等号を組み合わせた文字列（=>、あるいは、<=）で表示されます。また、画面右側には、通信データ量が表示されます。GUI を終了するには、GUI 画面内で Q キーを押します（図 12-5）。

図 12-5　iftop を引数なしで起動した場合のキャラクタベースの GUI 画面

■ iftop コマンドの出力制御

iftop は、引数なしで実行した場合、仮想端末内にキャラクタベースの GUI が起動するため、スクリプトでの自動化などには不向きです。スクリプト内で使用する場合は、iftop コマンドに-t -s 1 オプションを付与します。すると、標準出力に 1 回だけ表示し、コマンドプロンプトに自動的に戻ります。

```
# iftop -t -s 1
interface: eno1
Unable to get IP address for interface: eno1
ioctl(SIOCGIFADDR): Cannot assign requested address
MAC address is: 6c:3b:e5:50:3b:30
Listening on eno1
  # Host name (port/service if enabled)             last 2s   last 10s   last 40s cumulative
--------------------------------------------------------------------------------------------
   1 ml310g8.jpn.linux.hpe.com                =>      1.41Kb     1.41Kb     1.41Kb       360B
     ml350g8.jpn.linux.hpe.com                <=      1.56Kb     1.56Kb     1.56Kb       400B
--------------------------------------------------------------------------------------------
Total send rate:                                     1.41Kb     1.41Kb     1.41Kb
Total receive rate:                                  1.56Kb     1.56Kb     1.56Kb
Total send and receive rate:                         2.97Kb     2.97Kb     2.97Kb
--------------------------------------------------------------------------------------------
Peak rate (sent/received/total):                     1.41Kb     1.56Kb     2.97Kb
Cumulative (sent/received/total):                      360B       400B       760B
============================================================================================
```

■ 名前解決の抑制

iftop は、標準で、DNS による名前解決を試みます。環境によっては、DNS による名前解決を抑制したい場合があります。そのような場合は、iftop コマンドに-n オプションを付与します。

```
# iftop -t -s 1 -n
...
--------------------------------------------------------------------------------------------
   1 172.16.31.8                              =>      1.41Kb     1.41Kb     1.41Kb       360B
```

```
      172.16.31.9                        <=       1.56Kb     1.56Kb     1.56Kb       400B
--------------------------------------------------------------------------------
...
```

■ ポート番号の表示（iftop）

ポート番号を明示的に表示させるには、-N -P オプションを付与します。

```
# iftop -t -s 1 -n -N -P
...
--------------------------------------------------------------------------------
   1 172.16.31.8:50174                 =>       1.41Kb     1.41Kb     1.41Kb       360B
     172.16.31.9:22                    <=       1.56Kb     1.56Kb     1.56Kb       400B
   2 172.16.31.8                       =>         336b       336b       336b        84B
     172.16.31.9                       <=         336b       336b       336b        84B
--------------------------------------------------------------------------------
...
```

12-7 cgroup による資源管理

　1つのホスト上で複数の隔離空間として稼働する Docker コンテナや KVM の仮想マシンが稼働する環境において、限られたハードウェア資源を適切に分配することは非常に重要です。特定のユーザが使用するコンテナがホストマシンのハードウェア資源を食いつぶすようなことがあると、ほかのユーザの利用に支障をきたします。

　本節では、cgroup と呼ばれる RL 8/AL 8 の資源管理の仕組みを使い、ネットワーク帯域制御とディスク I/O 制御の手法を紹介します。

12-7-1 cgroup とは

　cgroup は、Linux のカーネルに実装されているリソース制御の仕組みです。CPU、メモリ、ネットワーク通信の帯域幅などのコンピュータ資源を組み合わせ、ユーザが定義したタスクのグループに割り当て、このグループに対して、リソースの利用の制限や開放の設定が可能です。

　この設定は、システムを稼働させたまま行うことができ、OS を再起動させることなく資源の割り当てを動的に行えます。マルチコアシステムで動作するマルチスレッド型のアプリケーションの性能劣化をできるだけ発生させないようにするために、cgroup によってコンピュータ資源を割り当てます。

　cgroup による資源の割り当ては、アプリケーションを改変することなく行えます。また、コンピュータ資源を分割する手段として知られている仮想化技術では、オーバーヘッドが生じるのに対し、cgroup

では、物理サーバ上の OS だけで実現するため、オーバーヘッドが生じません。

　cgroup は、ユーザが利用するコンピュータ資源の大小によって契約内容が異なるようなサービスプロバイダや通信事業者のように、ユーザのデータ通信量によって通信速度の制限を動的に提供しなければならない場合に有用です。

12-7-2 cgroup の初期設定

cgroup を利用するには、cgconfig サービスを起動します。

```
# dnf install -y libcgroup-tools
# systemctl restart cgconfig
# systemctl is-active cgconfig
active
# systemctl enable cgconfig
```

■ サブシステムの確認

　cgroup による資源管理は、/sys/fs/cgroup 配下の各種ディレクトリ配下に、ハードウェア資源に対応したサブシステムが存在します。

```
# ls -F /sys/fs/cgroup/
blkio/      cpu,cpuacct/  freezer/   net_cls@            perf_event/  systemd/
cpu@        cpuset/       hugetlb/   net_cls,net_prio/   pids/
cpuacct@    devices/      memory/    net_prio@           rdma/

# lssubsys -am
cpuset /sys/fs/cgroup/cpuset
cpu,cpuacct /sys/fs/cgroup/cpu,cpuacct
blkio /sys/fs/cgroup/blkio
memory /sys/fs/cgroup/memory
devices /sys/fs/cgroup/devices
freezer /sys/fs/cgroup/freezer
net_cls,net_prio /sys/fs/cgroup/net_cls,net_prio
perf_event /sys/fs/cgroup/perf_event
hugetlb /sys/fs/cgroup/hugetlb
pids /sys/fs/cgroup/pids
rdma /sys/fs/cgroup/rdma
```

12-7-3 cgroupによるネットワーク通信の帯域制御

ここでは、ネットワーク通信の帯域制御を行うため、net_clsサブシステムを使って、test01という名前のcgroupを作成します。

■ cgroupの作成

新しいcgroupは、cgcreateコマンドで作成します。cgcreateコマンドに-tオプションを付与することにより、定義したcgroupのタスクに関するファイルを所有するユーザとグループ名を定義します。ここで指定するユーザとグループに所属するメンバは、ファイルへの書き込みが許されます。-gオプションは、新しいcgroupを定義します。

cgroupは、「サブシステム：パス」の書式で表記します。以下の例では、サブシステムとしてnet_clsを指定しているため、cgroupが送信するパケットを識別するために、ネットワークパケットにタグ付けを行います。/test01は、cgroupへの相対パスです。ユーザkogaは事前に作成しておいてください。

```
# cgcreate -t koga:koga -g net_cls:/test01
# ls -lF /sys/fs/cgroup/net_cls/test01
total 0
-rw-rw-r-- 1 root root 0 Mar  7 00:21 cgroup.clone_children
-rw-rw-r-- 1 root root 0 Mar  7 00:21 cgroup.procs
-rw-rw-r-- 1 root root 0 Mar  7 00:21 net_cls.classid
-rw-rw-r-- 1 root root 0 Mar  7 00:21 net_prio.ifpriomap
-r--r--r-- 1 root root 0 Mar  7 00:21 net_prio.prioidx
-rw-rw-r-- 1 root root 0 Mar  7 00:21 notify_on_release
-rw-rw-r-- 1 koga koga 0 Mar  7 00:21 tasks
```

次に、作成したtest01というcgroupに対してパラメータを設定します。cgsetコマンドは、指定したcgroupにパラメータを付与します。-rオプションでパラメータに値をセットします。ここで指定しているnet_cls.classidは、トラフィック制御のための値を格納します。値は16進数で指定します。この例では、0x00010002なので、「16の4乗＋2×16の0乗=65538」が/sys/fs/cgroup/net_cls/test01/net_cls.classidに10進数の値で格納されます。

```
# cgset -r net_cls.classid=0x00010002 /test01
# cat /sys/fs/cgroup/net_cls/test01/net_cls.classid
65538
```

通信の帯域制御を行うためのネットワークインターフェイスを確認します。

```
# ip a s
...
```

```
2: eno1: <BROADCAST,MULTICAST,UP,LOWER_UP> mtu 1500 qdisc fq_codel state UP group default qlen 100
...
```

■ トラフィック量の調整

トラフィックの制御には、tc コマンドを使います。tc コマンドは、iproute-rc パッケージに含まれているので、dnf コマンドでインストールします。

```
# dnf install -y iproute-tc
```

以下の tc コマンドの実行例において、付与された qdisc（queueing discipline）は、キューイングに関する規則を表します。OS がデータをどのように送信するかは、どのようなキューイングを使うかに依存します。

```
# tc qdisc add dev eno1 root handle 1: htb
# tc class add dev eno1 parent 1: classid 1:2 htb rate 256kbps
# tc filter add dev eno1 parent 1: protocol ip prio 10 handle 1: cgroup
```

eno1 に対する通信性能を検証します。ここでは、転送速度の性能検証に用いるファイルを dd コマンドで用意します。性能検証用のファイル「testfile」のサイズは 30MB としました。

```
# cd
# dd if=/dev/zero of=/root/testfile bs=1024k count=30
```

転送前に testfile のチェックサムを確認しておきます。遠隔にあるサーバに転送されたファイルとチェックサムが一致しているかを確認するためです。

```
# md5sum ./testfile
281ed1d5ae50e8419f9b978aab16de83  ./testfile
```

testfile のファイル転送は、scp を使います。testfile を scp でコピーするスクリプト scp.sh を次に示します。転送先のマシンは、遠隔にある別の Linux サーバで構いません。今回、遠隔にある Linux サーバの IP アドレスは、172.16.31.8/16 とします。

```
# vi /root/scp.sh
scp /root/testfile 172.16.31.8:/root/

# chmod +x /root/scp.sh
```

パスワード入力なしで scp できるように、公開鍵を転送先にコピーしておきます。

```
# ssh-keygen -t rsa
Generating public/private rsa key pair.
Enter file in which to save the key (/root/.ssh/id_rsa):
Created directory '/root/.ssh'.
Enter passphrase (empty for no passphrase):
Enter same passphrase again:
...

# ssh-copy-id root@172.16.31.8
/usr/bin/ssh-copy-id: INFO: Source of key(s) to be installed: "/root/.ssh/id_rsa.pub"
...
Are you sure you want to continue connecting (yes/no/[fingerprint])? yes
...
root@172.16.31.8's password:
...
#
```

■ ネットワーク帯域のテスト

　帯域を制限できるかどうかを送信元のマシンでテストします。tc class change コマンドにより、クラス「1:2」に設定されているパラメータを変更できます。この例では、eno1 のパケット送受信の帯域幅を 100kbps に設定します。time コマンドでファイル転送にかかったおおよその時間を確認します。

```
# tc class change dev eno1 parent 1: classid 1:2 htb rate 100kbps
# time cgexec --sticky -g net_cls:test01 ./scp.sh
...
real 5m33.148s
user 0m0.156s
sys 0m0.272s
```

　上記より、30MB のファイルを scp で転送するのに 5 分半以上かかっており、帯域幅を制限できていることがわかります。

　また、ファイルを転送している最中に、別の仮想端末で、tc コマンドに -s オプションを付与して実行することで、送信パケットの統計情報をリアルタイムで確認できます。

```
# tc -s qdisc show dev eno1
qdisc htb 1: root refcnt 6 r2q 10 default 0 direct_packets_stat 12006 direct_qlen 1000
Sent 213581345 bytes 145310 pkt (dropped 0, overlimits 172391 requeues 1)
backlog 6056b 2p requeues 1
```

　ファイル転送が完了したら、次に、1Mbps に帯域を制限できるかどうかをテストします。ファイルの送信元マシンで以下を入力します。

```
# tc class change dev eno1 parent 1: classid 1:2 htb rate 1mbps
# time cgexec --sticky -g net_cls:test01 ./scp.sh
...
real 0m35.905s
user 0m0.135s
sys 0m0.264s
```

上記より、30MB のファイルを scp で転送するのに約 35 秒かかりました。最後に、10Mbps に帯域を制限できるかどうかをテストします。

```
# tc class change dev eno1 parent 1: classid 1:2 htb rate 10mbps
# time cgexec --sticky -g net_cls:test01 ./scp.sh
...
real 0m6.202s
user 0m0.125s
sys 0m0.190s
```

上記より、30MB のファイルを scp で転送するのに約 6 秒かかりました。帯域を広げたことで、転送時間が短くなっていることがわかります。ここでは、100kbps、1Mbps、10MbpS の 3 種類の帯域制限で検証を行いましたが、この値以外の転送速度を指定することも可能です。

注意　MD5 チェックサムの確認

　各帯域制限の検証において、ファイル転送完了後は、転送先に保管された testfile の MD5 チェックサムも確認してください。

コラム　tc コマンドの機能

　Linux マシンが 1GbE のネットワークカードを持っているにもかかわらず、接続先のスイッチが 100Mb/s にしか対応していない場合、Linux マシン側で、送信するデータ量の調整が必要です。この調整を行うには、データの送信の仕方を工夫する必要があり、その送信の仕方には、キューイングなどが使われます。カーネルは、パケットをインターフェイスに送信する際に、インターフェイスに対して設定した qdisc にキューイングされます。qdisc としては、FIFO 型のキューイングがあります。tc コマンドの例を以下に示します。

```
# tc class add dev eno1 parent 1: classid 1:2 htb rate 256kbps
```

tc class add は、qdisc を追加することを意味します。dev の後には、ネットワークインターフェイス名を指定します。さらに、指定したインターフェイスに出入り口を作る必要があります。この出入り口は、root qdisc と呼ばれます。qdisc には、ハンドル（handle）を割り当てます。このハンドルを使って qdisc を参照できます。ハンドルは、「メジャー番号:マイナー番号」の書式をとります。ただし、ルート qdisc については、上記のように、「:」の後のマイナー番号を省略し、「1:」と記述できます。これは「1:0」と同じ意味になります。さらに、作成したルート qdisc の「1:」に繋がるクラス「1:2」を作成します。このクラスを流れるパケットの帯域幅は、rate で指定します。htb（hierarchical token bucket）は、階層型トークンバケットと呼ばれ、キューイングの規則に取って代わる高速化の一手法です。

tc filter コマンドは、ネットワークインターフェイスに対してフィルタを作成します。以下に tc filter コマンドの例を示します。

```
# tc filter add dev eno1 parent 1: protocol ip prio 10 handle 1: cgroup
```

tc filter コマンドにおいて、protocol ip に IP プロトコルを指定しています。また、キューイングにおける複数のクラスに対して、prio に値を指定し、優先度を設定できます。

12-7-4 cgroup によるディスク I/O の帯域制御

次に、cgroup を使ったディスク I/O の帯域制御の手順を述べます。

■ cgroup の作成

ディスク I/O の帯域制御用に、test01 という cgroup を作成します。/sys/fs/cgroup/blkio/test01 ディレクトリ配下には、さまざまなファイルが用意されます。

```
# cgcreate -t koga:koga -g blkio:/test01
# ls -1F /sys/fs/cgroup/blkio/test01/
blkio.bfq.io_service_bytes
blkio.bfq.io_service_bytes_recursive
blkio.bfq.io_serviced
blkio.bfq.io_serviced_recursive
blkio.bfq.weight
blkio.reset_stats
blkio.throttle.io_service_bytes
blkio.throttle.io_service_bytes_recursive
blkio.throttle.io_serviced
blkio.throttle.io_serviced_recursive
blkio.throttle.read_bps_device
blkio.throttle.read_iops_device
```

```
blkio.throttle.write_bps_device
blkio.throttle.write_iops_device
cgroup.clone_children
cgroup.procs
notify_on_release
tasks
```

■ ストレージデバイスの情報確認

I/O 帯域制御を行いたいストレージデバイスのメジャー番号とマイナー番号を確認します。この値は、cgset コマンドで、ディスク I/O の IOPS の制限をかけるデバイスの指定に必要です。次のコマンドを実行すると、/dev/sda は、メジャー番号が 8、マイナー番号が 0 であることがわかります。

```
# ls -l /dev/sda
brw-rw---- 1 root disk 8, 0 Mar  6 12:59 /dev/sda
```

この値は、cgset コマンドで次のように利用します。

```
# cgset -r blkio.throttle.read_iops_device="8:0 10" /test01
```

■ テスト用スクリプトの作成

ディスク I/O を発生させるスクリプト io.sh を作成します。io.sh スクリプトは、/usr/share/doc 以下のすべてのファイルを/dev/null にアーカイブするスクリプトです。さらに、tar コマンドに--totals オプションを付与することで、書き出したバイト数を出力できます。

```
# vi /root/io.sh
echo 3 > /proc/sys/vm/drop_caches
time tar cvf /dev/null /usr/share/doc --totals
# chmod +x /root/io.sh
```

■ IOPS の制御

ディスク I/O を 10IOPS 以下に制限できるかを検証します。

```
# cgset -r blkio.throttle.read_iops_device="8:0 10" /test01
# cgexec --sticky -g blkio:test01 ./io.sh
tar: Removing leading '/' from member names
/usr/share/doc/
/usr/share/doc/google-noto-fonts-common/
...
```

```
Total bytes written: 63784960 (61MiB, 901KiB/s)

real    1m13.805s
user    0m0.037s
sys     0m0.131s
```

同様に、ディスク I/O を 50IOPS 以下に制限できるかを検証します。

```
# cgset -r blkio.throttle.read_iops_device="8:0 50" /test01
# cgexec --sticky -g blkio:test01 ./io.sh
...
Total bytes written: 63784960 (61MiB, 4.4MiB/s)

real    0m14.976s
user    0m0.031s
sys     0m0.152s
```

続けて、ディスク I/O を 500IOPS 以下に制限できるかを検証します。

```
# cgset -r blkio.throttle.read_iops_device="8:0 500" /test01
# cgexec --sticky -g blkio:test01 ./io.sh
...
Total bytes written: 63784960 (61MiB, 42MiB/s)

real    0m1.489s
user    0m0.021s
sys     0m0.147s
```

ディスク I/O を 10IOPS に設定した場合、io.sh スクリプトの実行に、約 1 分 13 秒かかっているのに対し、ディスク I/O を 50IOPS に設定した場合は、約 14 秒に短縮されていることがわかります。このことから、cgroup により、限られたディスクの性能をユーザのアプリケーションごとに制限することで、コンピュータシステム全体をより多くのユーザやアプリケーションで効率的に利用できることがわかります。最後に、cgroups を適用しない場合のディスク I/O 性能を計測しておきます。

```
# ./io.sh
...
Total bytes written: 63784960 (61MiB, 390MiB/s)

real    0m0.170s
user    0m0.017s
sys     0m0.088s
```

12-7-5 Systemd による資源管理

RL 8/AL 8 では、systemd を使って cgroups 配下の資源を管理できます。資源管理は、Systemd サービスのユニットファイルで設定します。Systemd の資源管理のためのパラメータは、cgroups コントローラと通信します。Systemd と cgroups の通信の仕組みにより、CPU、メモリ、ブロック IO、ユニットプロパティなどを細かく管理できます。

■ CPU の割り当て管理

サービスに対する CPU 資源の割り当て量（CPU 共有と呼ばれます）を管理するには、Systemd 配下のサービスごとのユニット設定ファイル内の [Service] セクションで CPUShares パラメータを設定します。CPUShares のデフォルト値は、1024 です。この値を大きくすると、ユニットに CPU 時間がより多く割り当てられます。

CPUShares パラメータは、cgroups のパラメータである cpu.shares を制御します。CPUShares に値を設定すると、systemd-cgtop コマンドを使用して、CPU 資源の使用状況を監視できます。以下では、httpd サービスを例に、systemd を使った資源管理の手順を紹介します。まず、httpd サービスをインストールします。

```
# dnf install -y httpd
```

httpd サービスの CPU 割り当ての設定ファイル cpu.conf を作成します。設定ファイル cpu.conf ファイルには、[Service] の直下の行に CPUShares=2000 を記述します。

```
# vi /usr/lib/systemd/system/httpd.service.d/cpu.conf
[Service]
CPUShares=2000
```

上記の設定ファイルを有効にするために、systemd に変更を通知し、httpd サービスを再起動します。

```
# systemctl daemon-reload
# systemctl restart httpd
```

CPUShares の値が反映されているかを cgroups 配下のファイルで確認します。CPUShares の値は、cgroups の cpu.shares パラメータの値で確認します。

```
# cat /sys/fs/cgroup/cpu/system.slice/httpd.service/cpu.shares
2000
```

設定ファイルではなく、`systemctl set-property` により、コマンドラインでも `CPUShares` パラメータを変更できます。

```
# systemctl set-property httpd.service CPUShares=500
# cat /sys/fs/cgroup/cpu/system.slice/httpd.service/cpu.shares
500
```

■ CPU クォータの設定

サービスが利用する CPU 時間にクォータを設定できます。具体的には、先述の `cpu.conf` ファイルに `CPUQuota` パラメータを追記します。

```
# vi /usr/lib/systemd/system/httpd.service.d/cpu.conf
[Service]
CPUShares=2000
CPUQuota=40%
```

上記の場合、1 つの CPU 上で CPU 時間の 40%以上を httpd サービスのプロセスが取得できないことを保証します。上記の設定を有効にするために、systemd に変更を通知し、httpd サービスを再起動します。

```
# systemctl daemon-reload
# systemctl restart httpd
```

`CPUQuota` の値が反映されているかを cgroups 配下のファイルで確認します。`CPUQuota` の値は、cgroups の `cpu.cfs_quota_us` パラメータの値で確認します。`CPUQuota` が 40%の場合、`cpu.cfs_quota_us` の値は 40000 です。

```
# cat /sys/fs/cgroup/cpu/system.slice/httpd.service/cpu.cfs_quota_us
40000
```

`systemctl set-property` により、コマンドラインでも `CPUQuota` パラメータを変更できます。

```
# systemctl set-property httpd.service CPUQuota=50%
# cat /sys/fs/cgroup/cpu/system.slice/httpd.service/cpu.cfs_quota_us
50000
```

■ メモリ資源管理

CPU と同様に、httpd サービスのメモリ資源も systemd 経由で割り当てが可能です。メモリ容量の割り当ての設定ファイル mem.conf を作成します。例えば、httpd サービスに対するメモリ割り当て容量を 1GB に制限するには、設定ファイル mem.conf ファイルを作成し、[Service] の直下の行に MemoryLimit=1G を記述します。

```
# vi /usr/lib/systemd/system/httpd.service.d/mem.conf
[Service]
MemoryLimit=1G
```

上記の設定ファイルを有効にするために、systemd に変更を通知し、httpd サービスを再起動します。

```
# systemctl daemon-reload
# systemctl restart httpd
```

MemoryLimit の値が反映されているかを cgroups 配下のファイルで確認します。MemoryLimit の値は、cgroups の memory.limit_in_bytes パラメータの値で確認します。

```
# cat /sys/fs/cgroup/memory/system.slice/httpd.service/memory.limit_in_bytes
1073741824
```

設定ファイルではなく、systemctl set-property により、コマンドラインでも MemoryLimit パラメータを変更できます。

```
# systemctl set-property httpd.service MemoryLimit=2G
# cat /sys/fs/cgroup/memory/system.slice/httpd.service/memory.limit_in_bytes
2147483648
```

12-8 PCP によるパフォーマンス監視

RL 8/AL 8 では、Performance Co-Pilot（通称、PCP）と呼ばれるシステムのパフォーマンス監視ソフトウェアが利用可能です。PCP は、RL 8/AL 8 がインストールされた物理マシンのパフォーマンス監視、過去のパフォーマンス情報の保存と再生、可視化などの機能を提供します。以下では、PCP の導入と基本的な使用法を紹介します。

12-8-1 PCP の機能

■ PCP のインストール

PCP は、pcp パッケージと pcp-gui パッケージで提供されます。dnf コマンドでインストールします。

```
# dnf install -y pcp pcp-gui
```

監視対象マシンでサービスを起動します。

```
# systemctl restart pmcd
# systemctl is-active pmcd
active
# systemctl enable pmcd
```

■ 設定ファイルの雛形を作成

PCP でパフォーマンス監視を行う準備として、設定ファイルの雛形を作成します。設定ファイルの雛形は、pmlogconf コマンドで作成します。

```
# pmlogconf -r /var/lib/pcp/config/pmlogger/config.default
Creating config file "/var/lib/pcp/config/pmlogger/config.default"  ...
```

■ 監視項目のカスタマイズ

PCP の設定ファイルには、さまざまなパラメータが設定されています。監視項目は膨大な数ですので、すべてを紹介できませんが、以下では、XFS のパフォーマンス情報を取得するパラメータを設定する例を紹介します。

まず、PCP の設定ファイル config.default を編集します。以下のように、デフォルトで含まれている xfs に関するパラメータの行頭に#記号を付与してコメントアウトし、代わりに新たにパラメータを記述します。

```
# vi /var/lib/pcp/config/pmlogger/config.default
...
#log advisory on default {
#    xfs.log.writes
#    xfs.log.blocks
#    xfs.log.noiclogs
#    xfs.read
#    xfs.write
```

```
#     xfs.read_bytes
#     xfs.write_bytes
#     xfs.buffer
#     xfs.quota.cachehits
#}
log mandatory on every 5 seconds {
    xfs.write
    xfs.write_bytes
    xfs.read
    xfs.read_bytes
}
log mandatory on every 7 seconds {
    xfs.allocs
    xfs.block_map
    xfs.transactions
    xfs.log
}
...
[access]
disallow .* : all;
disallow :* : all;
allow local:* : enquire;
allow localhost : enquire;
```

　上記ファイル内の log mandatory on every 5 seconds で始まる箇所は、XFS の読み書きをバイト単位で 5 秒ごとに監視する設定です。それに続く log mandatory on every 7 seconds の箇所は、XFS のブロック情報やトランザクションを 7 秒ごとに監視する設定です。ファイルの行末の [access] で始まる箇所は、アクセス制御情報です。アクセス制御情報では、allow localhost で始まる行を追加し、ローカルホストからのアクセスを許可します。

■ サービスの起動

　設定ファイルを記述したら、サービスを再起動します。

```
# systemctl restart pmcd
# systemctl restart pmlogger
# systemctl enable pmlogger
# systemctl is-active pmlogger
active
```

> pmlogger サービスの起動に失敗する場合、設定ファイルの記述ミスの可能性があります。

　取得した監視データは、/var/log/pcp/pmlogger ディレクトリの下にあるホスト名のディレクトリ

に保存されます。

```
# cd /var/log/pcp/pmlogger/$(hostname)/
# ls -lF
total 568
-rw-r--r-- 1 pcp pcp  84804 Mar  7 02:18 20220307.02.17.0
-rw-r--r-- 1 pcp pcp    212 Mar  7 02:17 20220307.02.17.index
-rw-r--r-- 1 pcp pcp 209946 Mar  7 02:17 20220307.02.17.meta
-rw-r--r-- 1 pcp pcp    261 Mar  7 02:17 Latest
-rw-r--r-- 1 pcp pcp  25600 Mar  7 02:17 pmlogger.log
```

■ 監視データの確認

PCP によって取得した監視対象の情報（**PCP ログアーカイブ**と呼ばれます）は、`pmdumptext` コマンドを使って確認できます。以下は、`/var/log/pcp/pmlogger/$(hostname)` ディレクトリに格納された監視データファイルをロードする例です。

```
# pmdumptext \
-t 5seconds \
-H \
-a /var/log/pcp/pmlogger/$(hostname)/20220307.02.17.0 \
xfs.write_bytes
...
Mon Mar  7 02:23:57      110.200
Mon Mar  7 02:24:02      110.400
Mon Mar  7 02:24:07     6832.400
```

> `pmdumptext` コマンドは、**pcp-gui RPM** パッケージに含まれています。

現在のパフォーマンスを確認するには、`pminfo` コマンドに`-f` オプションを付与して実行します。

```
# pminfo -f xfs.write_bytes xfs.read_bytes

xfs.write_bytes
    value 783140599

xfs.read_bytes
    value 5608463660
```

また、パフォーマンス情報のリセットも可能です。

```
# pmstore xfs.control.reset 1
xfs.control.reset old value=0 new value=1
```

```
# pminfo -f xfs.write_bytes xfs.read_bytes

xfs.write_bytes
    value 301

xfs.read_bytes
    value 62713
```

12-9 まとめ

　本章では、RL 8/AL 8 における資源管理の基礎を紹介しました。資源管理は、規模の大小を問わず、サーバ基盤の安定稼働に必要不可欠です。ハードウェア資源を効率良く管理する手法は、非常に多種多様ですが、まずは、RL 8/AL 8 の基本コマンドを利用して管理してみてください。また、cgroup については、トラフィックコントロールの知識が必要となり、非常に複雑ですが、実際のクラウドサービスなどでは、サービスメニューに応じてさまざまな帯域制限が設けられているのが普通です。

　RL 8/AL 8 における cgroup を使えば、クラウド基盤において、特定のユーザがネットワーク帯域を使い切らないように帯域を制限できます。利用できるネットワーク帯域幅による従量課金制のクラウド基盤システムを構築する場合にも有用です。トラフィックコントロールの理解を深めるためには、Linux JF (Japanese FAQ) プロジェクトが公開している「Linux Advanced Routing & Traffic Control HOWTO」を参照されることをお勧めします。

○ Linux Advanced Routing & Traffic Control HOWTO：

http://linuxjf.osdn.jp/JFdocs/Adv-Routing-HOWTO/lartc.qdisc.terminology.html

第13章

OS チューニング

近年は、ハードウェアの著しい性能向上に加え、ソフトウェア定義型ストレージなどのいわゆるスケールアウト基盤の登場により、ハードウェアのチューニングに関連するノウハウの習得も、ハードルが徐々に下がる傾向にあります。しかし、Linux やミドルウェアのチューニングポイントについては、Linux が使われ始めた 1990 年代から現在に至るまで、依然として存在し続けており、データベースシステム、スーパーコンピュータ、科学技術計算向けの HPC（High Performance Computing）クラスタ、Hadoopクラスタなどでは、パラメータのチューニングがそのシステムの性能を大きく左右しているという現実があります。本章では、RL 8/AL 8 で最低限知っておくべきチューニングの初歩的なノウハウやツールの基本的な使い方を紹介します。

13-1 カーネルパラメータチューニング

古くから、IT システムのチューニングは、大きな議論の対象になっていました。2000 年代初頭、UNIX ベースのスーパーコンピュータやデータベースサーバを使っていた一部のユーザが試験的に Linux サーバを使い始めた頃、OS レベルのチューニングの話題が頻繁に行われていました。しかし、議論を重ねると、Linux だけでなく、導入したハードウェア機器のチューニング不足に起因する問題も多数存在することがわかり、結局のところ、ハードウェアと OS の両方に秀でた熟練技術者の勘と経験が必要とされていました。例えば、データベースシステムでは、Linux のカーネルパラメータの変更だけでなく、共有ストレージのハードディスクドライブの適切な配置が性能に影響している場合も見られ、ハードウェアベンダの技術者のノウハウが必要とされていたのです。

Linux におけるチューニング項目の代表的なものとしては、CPU の動作周波数や省電力モードの設定、プロセスやスレッドの CPU への割り当て、メモリの有効利用、ディスク I/O の性能向上、ネットワークの送受信に関する調整などが挙げられます。これらのチューニング項目は、通常、カーネルパラメータの値を微調整することで行われます。

カーネルパラメータを変更するには、/proc ファイルシステムで提供されている各種 OS の機能に関して設定されたパラメータを変更します。/proc 以下のパラメータを直接 echo コマンドで流し込む方法もありますが、この方法では OS リブート後設定が元に戻ってしまうので、実際は sysctl コマンドでパラメータの変更を行い、設定情報は、/etc/sysctl.conf ファイルに記述します。以下にカーネルパラメータの設定の流れを示します。

○ カーネルパラメータ設定手順：

(1) 現在のカーネルパラメータを/proc 以下で閲覧

(2) カーネルパラメータを/etc/sysctl.conf ファイルで設定

(3) カーネルパラメータの設定変更の有効化（sysctl -p コマンド）

(4) sysctl コマンド、あるいは、/proc 以下の値で、カーネルパラメータの値を確認

カーネルパラメータの設定において上記手順の（1）を決して怠ってはいけません。カーネルパラメータを変更する前に、まず RL 8/AL 8 が提供する標準のパラメータを閲覧し、ログに残しておくことで、チューニング前のシステムの状態を正確に把握します。既存のパラメータに誤りがないか、不適切な部分がないか、注意深く確認します。現在のパラメータは、sysctl -a で確認します。

```
# sysctl -a
abi.vsyscall32 = 1
crypto.fips_enabled = 0
debug.exception-trace = 1
...
```

以下では、代表的なチューニング例を紹介します。

13-2 CPU チューニング

最近の SMP 型サーバの CPU は、NUMA アーキテクチャを採用しています。NUMA アーキテクチャの特徴は、各 CPU コアにメモリが接続され、CPU コアと直接データのやりとりができるメモリ（ローカルメモリ）の処理速度は高速ですが、ほかの CPU コアに接続されたメモリ（リモートメモリ）のデータの読み書きは、ローカルメモリに比べ高遅延になる特徴があります。

CPU コアとローカルメモリをまとめたものをノードと言います。Linux における NUMA アーキテクチャの CPU の管理では、このノードを単位として管理します。複数の CPU コアを接続している**インターコネクト**は、バスと呼ばれますが、このバスは、1 つのノード（物理 CPU コアとローカルメモリ）のバンド幅よりも大きい設計になっているのが一般的です。しかし、複数の CPU とメモリが、バスに接続されているため、**バスの競合**（共有資源へのアクセスにおける衝突）が発生します（図 13-1）。

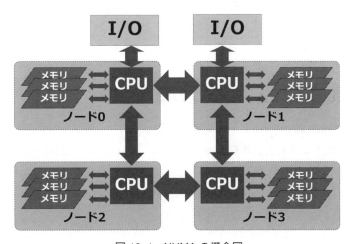

図 13-1　NUMA の概念図

NUMA 型アーキテクチャのサーバでは、複数の CPU とメモリの利用方法によって性能を引き出せるかどうかが決まります。特に仮想化基盤のような CPU とメモリの消費が比較的多いシステムやスー

パーコンピュータのような科学技術計算システムでは、NUMA アーキテクチャに特有の配慮が必要になる場合があります。例えば、マルチスレッド型のプログラムにおける各スレッドの CPU コアの割り当てや、できるだけメモリにロードされているデータを CPU が再利用することで、ディスクアクセスの頻度を減らし、高速化を図るといったことが挙げられます。

　NUMA のバランシングには、自動的に CPU コアを割り当てる方法と、手動で CPU コアを固定的に割り当てる方法があります。手動によるバランシングは、アプリケーションの特性を考慮しながら、できるだけ利用効率が良くなるように CPU コアを割り当てる方法を人間が見つける必要があるため、非常に工数のかかる作業になりますが、特定用途のシステムにおいては、手動で CPU コアを割り当てることが必須となっている場合もあります。逆に、自動バランシングは、次に示すような処理を人間が意識することなく行えるため、特に知識がなくても、システムの用途によっては、手間をかけずに性能を引き出せます。

- 同一ノード（CPU とメモリのセット）上の複数の CPU のタスクを、メモリに再スケジューリングする
- メモリ上の複数のページをタスクやスレッドとして同一ノード上の CPU に割り当てる

　仮想化を採用しない物理サーバ上でデータベースを稼働させる場合には、自動 NUMA バランシングによって、ある程度性能向上が期待できるとされています。また、仮想化基盤のシステムでも、手動による CPU の固定利用設定と自動 NUMA バランシングとの性能差はわずかであるという報告もあります。仮想化基盤で稼働させるアプリケーションの種類により、その特性は異なりますが、自動 NUMA バランシングを使えば、簡単な設定を行うだけで、性能をある程度確保できます。

13-2-1 NUMA バランシングの設定

　RL 8/AL 8 は、自動 NUMA バランシングの機能を備えており、標準で有効になっています。ここでは、手動で有効・無効を切り替える手順を述べます。RL 8/AL 8 上で、自動 NUMA バランシングが有効になっているかどうかを確認するには、/proc/sys/kernel/numa_balancing の値を確認します。

```
# cat /proc/sys/kernel/numa_balancing
0
```

　自動 NUMA バランシングが有効の場合は、1 と表示されます。もし 0 となっている場合は、自動 NUMA バランシングが無効になっています。自動 NUMA バランシングを明示的に 1 に設定するには、sysctl.conf ファイルを設定します。

```
# vi /etc/sysctl.conf
kernel.numa_balancing = 1
```

上記の設定を有効化します。

```
# sysctl -p
kernel.numa_balancing = 1
```

自動 NUMA バランシングが有効になっているかどうかを確認します。

```
# cat /proc/sys/kernel/numa_balancing
1
```

パラメータは、sysctl コマンドでも確認可能です。

```
# sysctl kernel.numa_balancing
kernel.numa_balancing = 1
```

JavaVM や KVM の仮想マシンの場合は、比較的サイズの大きいマルチスレッド型のプログラムが稼働します。複数のタスクが同一のメモリにアクセスすることが多いため、関連するタスクをいかにグルーピングできるかが重要になります（図 13-2）。

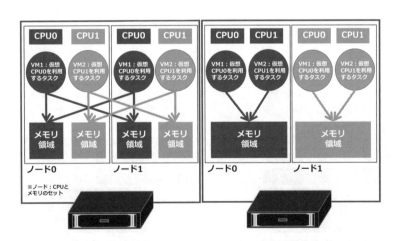

図 13-2　NUMA 環境におけるタスクのグルーピング例 – NUMA アーキテクチャでは、CPU とローカルメモリをセットにしたノードにタスクを効率良く割り振ることが重要である

13-2-2 NUMA バランシングの適性

　現在の仮想環境は、昔に比べると比較的低コストでハードウェア資源を潤沢に利用することができるようになったため、仮想マシンが利用するハードウェア資源が巨大化しています。小規模な仮想マシンで軽い業務を稼働させる場合は、あまり性能を意識する必要はありませんが、オーバーヘッドが無視できず、低遅延などの性能が要求されるソフトウェアを仮想マシンで稼働させる場合は、事前の調査と十分な調整が必要となります。例えば、NUMA アーキテクチャを活かせる資源の割り当て（一般には、Manual pinning と呼ばれ、手動での CPU 固定割り当てを意味します）や、libvirt、virsh を使った調整が必要になります。特に、ハードウェアの更改によって、新システムのサーバへのマイグレーションが発生する場合は、性能確保の理由から、以前の設定項目の見直しが必要となる場合もあります。しかし、これらの CPU を考慮した設定変更は、管理者にとって難解であり、いったん、その時点で妥当と思われる設定が固定化されると、なかなか変更できないというのが現実です。自動 NUMA バランシングは、これらのチューニングの手間を軽減する役目を担っていると言えます（図 13-3）。

CPU固定割り当て　　　　**自動NUMAバランシング**

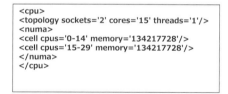

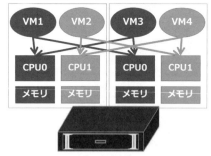　

　図 13-3　CPU 固定割り当てと自動 NUMA バランシング – 手動での CPU 固定割り当ては、高い処理性能を発揮するが、仮想化基盤におけるチューニングやシステム更改時の再設計を迫られる

　ただし、現時点での自動 NUMA バランシングは、稼働させるアプリケーションの特性によって、多少性能のばらつきがあります。物理サーバにおけるデータベースのベンチマークや、KVM 環境における SPECjbb2005 などのベンチマークでは、自動 NUMA バランシングによる性能向上が見られますが、複数の JavaVM や異なるワークロードを KVM 環境で稼働させた場合には、自動 NUMA バランシングよりも、CPU 固定割り当て設定のほうが、良い結果が得られているという報告もあります。アプリケーションの特性によって性能が変わる傾向が見られるため、性能の追及と管理の手間（システムの更改時の簡便性など）を天秤にかけつつ、自動 NUMA バランシングの採用を決めるのがよいと考えられます（図 13-4）。

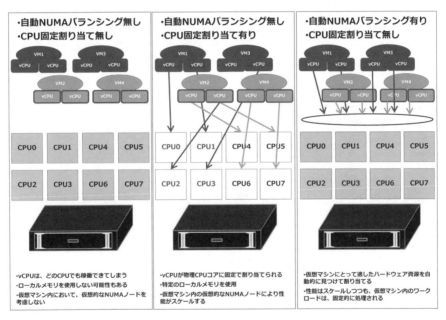

図 13-4　仮想マシンの割り当てと NUMA の関係

13-2-3 NUMA アーキテクチャと仮想マシンの性能向上

　次に、NUMA アーキテクチャのサーバシステムにおいて、仮想マシンの稼働性能を向上させる一手段として、仮想マシンに割り当てるホストマシンの CPU と NUMA ノード（CPU コアとメモリのセット）を固定する方法について述べます。

■ numactl のインストール

NUMA アーキテクチャの CPU は、numactl コマンドでチューニングを行います。numactl コマンドを含む numactl パッケージは、dnf コマンドでインストールします。

```
# dnf install -y numactl
```

■ NUMA ノードの固定

まず、ホストマシンに搭載されている物理 CPU を確認します。以下は、AMD 社製プロセッサを搭載したマシンでの実行例です。

```
# numactl -H
available: 4 nodes (0-3)
node 0 cpus: 0 1 2 3 4 5 6 7 32 33 34 35 36 37 38 39
node 0 size: 32011 MB
node 0 free: 23974 MB
node 1 cpus: 8 9 10 11 12 13 14 15 40 41 42 43 44 45 46 47
node 1 size: 32251 MB
node 1 free: 20002 MB
node 2 cpus: 16 17 18 19 20 21 22 23 48 49 50 51 52 53 54 55
node 2 size: 32251 MB
node 2 free: 24203 MB
node 3 cpus: 24 25 26 27 28 29 30 31 56 57 58 59 60 61 62 63
node 3 size: 32251 MB
node 3 free: 19380 MB
node distances:
node   0   1   2   3
  0:  10  16  16  16
  1:  16  10  16  16
  2:  16  16  10  16
  3:  16  16  16  10
```

NUMA アーキテクチャの CPU では、ノード（CPU とローカルメモリのセット）は 0 から 3 までの合計 4 つです。1 つのノードに CPU コアが 16 個搭載されているため、「16 コア×4 ノード＝ 64 コア CPU」のマシンであることがわかります。

■ コアと NUMA ノードの所属

NUMA ノードにどのコアが所属しているかは、lscpu コマンドでも確認できます。

```
# lscpu |grep NUMA
NUMA ノード数:                    4
```

```
NUMA  ノード 0 CPU:                    0-7,32-39
NUMA  ノード 1 CPU:                    8-15,40-47
NUMA  ノード 2 CPU:                    16-23,48-55
NUMA  ノード 3 CPU:                    24-31,56-63
```

■ 仮想マシンの設定ファイルの確認

この CPU コア数 64 の NUMA アーキテクチャのサーバには、RL 8/AL 8 がインストールされており、その KVM 環境の仮想マシンに RL 8/AL 8 をインストールすると仮定します。仮想マシンに OS をインストール後、ホストマシン上で、仮想マシンの設定ファイル（KVM で利用される XML ファイル）を確認します。

```
# less /etc/libvirt/qemu/vm01.xml
...
<vcpu placement='static'>4</vcpu>
...
```

■ CPU コアの固定割り当て

デフォルトの仮想 CPU のパラメータは、vcpu placement に指定されています。この状態では、割り当てる CPU とノードの対応関係が明示されていません。そこで、仮想マシンに割り当てる CPU とノードを記述してみます。先ほど実行した numactl -H の出力において、node0 の箇所に着目します。

```
# numactl -H | grep "node 0 cpus"
node 0 cpus: 0 1 2 3 4 5 6 7 32 33 34 35 36 37 38 39
```

ノード 0 は、CPU コアの 0、1、2、3、4、5、6、7、32、33、34、35、36、37、38、39 で構成されているので、割り当てるノードと CPU コアを仮想マシンの設定ファイルに記述します。次の例では、node0 の CPU コア 0 番、7 番、33 番、37 番の 4 コアを仮想マシンに固定的に割り当てます。

```
# virsh shutdown vm01
# virsh edit vm01
...
<vcpu placement='static'  cpuset='0,7,33,37'>4</vcpu>
...
```

設定後、仮想マシンを起動させ、node0 の CPU が割り当てられているかを確認します。

```
# virsh start vm01
```

```
# virsh vcpuinfo vm01
VCPU: 0
CPU: 37
...
VCPU: 1
CPU: 0
...
VCPU: 2
CPU: 7
...
VCPU: 3
CPU: 33
```

上記より、CPU コア 0 番、7 番、33 番、37 番の 4 コアが固定的に割り当てられていることがわかります。

13-3 メモリチューニング

近年は、サーバシステムのメモリの低価格化と容量の増大に伴い、SAP 社の HANA に代表される**インメモリデータベース**が注目を浴びています。インメモリデータベースは、検索対象のデータをディスクではなく、物理メモリ上に保持します。そのため、物理メモリ上のデータを OS が効率良く取り扱うために、カーネルパラメータのチューニングを行う必要があります。また、インメモリデータベースだけでなく、外部ストレージを使用する通常のデータベースシステムでもページサイズでのメモリチューニングが行われます。そのほか、メモリの使用率が高いシステムや、ページアウトおよびスワップがかなりの頻度で発生しているシステムにおいて、メモリチューニングを検討する必要があります。

メモリチューニングを実際に行うとなると、システムの状態やアプリケーションの種類によって複数の要因がからむため、単純ではありませんが、ここでは、基本的な設定方法のみを簡単に紹介します。

13-3-1 HugePage の設定

データベースシステムでは、ディスクの性能以外にも、メモリチューニングが欠かせません。メモリは、OS からページと呼ばれる単位で管理されますが、そのページのサイズによって性能が異なります。データベースシステムでは、比較的サイズが大きい HugePage が使われます。

■ パラメータ設定

HugePage の設定は、カーネルパラメータで行います。sysctl.conf ファイル内に、vm.nr_hugepages で設定します。以下は、HugePage のページ数を 1024 に設定する例です。

```
# vi /etc/sysctl.conf
...
vm.nr_hugepages=1024
...
```

パラメータを記述したら、設定を有効にします。

```
# sysctl -p
vm.nr_hugepages = 1024
```

パラメータが設定されているかを確認します。

```
# cat /proc/sys/vm/nr_hugepages
1024

# grep ^HugePages /proc/meminfo
HugePages_Total:    1024
HugePages_Free:     1024
...
```

13-3-2 キャッシュの設定

Linux ではメモリチューニング以外にも、メモリおよびディスク性能検証の事前準備として、未使用のキャッシュをクリアする場合があります。Linux のメモリにかかわるキャッシュには、ページキャッシュとスラブキャッシュがあります。

ページキャッシュは、ストレージシステム上に保持しているデータをメモリ上にページ単位でロードする機構で、ファイルの読み込みの高速化を担っています。スラブキャッシュは、Linux カーネルの内部的なメモリ資源ごとのキャッシュで、Linux システム全体のメモリの利用効率を高める役目を担っています。

■ ページキャッシュのクリア

性能試験の際、通常は、事前にページキャッシュやスラブキャッシュをクリアします。ページキャッシュのクリアは、カーネルパラメータ vm.drop_caches に 1 をセットします。

```
# vi /etc/sysctl.conf
...
vm.drop_caches=1
...

# sysctl -p
vm.drop_caches = 1
# cat /proc/sys/vm/drop_caches
1
```

■ スラブキャッシュのクリア

スラブキャッシュのクリアは、カーネルパラメータ vm.drop_caches に 2 をセットします。ページ
キャッシュとスラブキャッシュの両方をクリアする場合は、カーネルパラメータ vm.drop_caches に
3 をセットします。

13-3-3 swappiness の調整

Linux では、スワップの頻度を調整できます。通常、スワップは、メモリのページをディスクに書き
出す処理を指しますが、その書き出す頻度を調整します。Hadoop クラスタやスーパーコンピュータな
どでは、性能向上の観点から、頻度を調整する値を変更するのが一般的です。値は、0 から 100 まで
の間で設定が可能で、値が小さくなるほど、スワップを消極的に行います。例えば、Hadoop クラスタ
では、スワップを積極的に行わないようにするため、値として 10 以下の値が推奨されている場合があ
ります。

```
# vi /etc/sysctl.conf
...
vm.swappiness=1
...
# sysctl -p
vm.swappiness = 1
# cat /proc/sys/vm/swappiness
1
```

13-4 ストレージチューニング

ハードディスクドライブの性能向上に関するパラメータの一つとして、I/O スケジューラがありま
す。I/O スケジューラは、ブロックベースの I/O 処理の効率化を目指したもので、I/O の処理要求の優

先順位の決定などを行うことで、ディスク I/O 性能の向上を図ります。RL 8/AL 8 では、新たにマルチキュー I/O スケジューラが搭載されています。

13-4-1　マルチキュー I/O スケジューラ

RL 8/AL 8 で採用されているマルチキュー I/O スケジューラとしては、none、mp-deadline、kyber、bfq があり、それぞれ表 13-1 に示すような特徴があります。

表 13-1　マルチキュー I/O スケジューラ

種類	説明
none	FIFO (First-in First-out) のスケジューリングアルゴリズムを実装している。低遅延の高性能 SSD や高速半導体ディスクなど高速ランダム I/O を伴うデバイス、マルチキューホストバスアダプタを使う仮想化のゲスト OS で利用される
mq-deadline	deadline スケジューラをマルチスレッドに対応させたスケジューラである。書き込み処理よりも読み取り処理が頻発するケースに有用である。キューを待つ I/O 要求を読み込みバッチと書き込みバッチに分類し、スケジュール設定を行う。バッチを処理すると、プロセスは、書き込み動作が待機している長さを確認し、次の読み取りバッチまたは書き込みバッチをスケジュールする。SCSI インターフェイスを備えた従来の磁気ディスクの利用、仮想化のゲスト OS の利用に適している
kyber	読み込み、および、同期書き込み要求にターゲットレイテンシーを設定できる。遅延目標を達成するためにスケジューラ自身をチューニングする。低遅延の高性能 SSD や高速半導体ディスクなど高速ランダム I/O を伴うデバイスで利用される
bfq	スループットの最大化よりも遅延の最小化を目的としている。1 つのアプリケーションが全帯域幅を占有しないようにスケジュールを行う。ストレージデバイスがアイドル状態であるかのように常に応答できるように振る舞うため、例えば、サイズが巨大なファイルのコピー処理でも、システムが応答しなくなる現象を低減できる。比較的低速な SSD、磁気ディスクの利用、デスクトップ、インタラクティブなタスクの実行に適している

■ マルチキュー I/O スケジューラの設定

マルチキュー I/O スケジューラの設定は、/sys/block/sdX/queue/scheduler に、echo コマンドで直接パラメータを流し込むことで設定を変更できます。次に示す例では、サーバに装着されている内蔵ディスクの/dev/sda に設定されている mq-deadline スケジューラを bfq スケジューラに変更しています。

```
# cat /sys/block/sda/queue/scheduler
[mq-deadline] kyber bfq none

# echo bfq > /sys/block/sda/queue/scheduler
```

```
# cat /sys/block/sda/queue/scheduler
mq-deadline kyber [bfq] none
```

このように、/sys/block/sdX/queue/scheduler に値を流し込んでも構いませんが、RL 8/AL 8 で
は、udev ルールの記述、あるいは、後述の tuned でプロファイル化して管理することを推奨してい
ます。

13-4-2 SSD の I/O 性能劣化問題への対処

近年、SSD の低価格化に伴い、サーバの内蔵ディスクに SSD を利用することが増えてきました。
Ceph などのソフトウェア定義型の分散ストレージや Hadoop クラスタでは、磁気ディスクを利用する
のが一般的ですが、部門のファイルサーバシステムや小規模な Hadoop システムを軸として、SSD の
利用が増えています。しかし、SSD のハードウェア性能を引き出すためには、I/O スケジューリング
を適切に設定しなければならない場合があります。

Linux において、SSD の性能劣化問題の解決策がいくつか存在しますが、代表的な性能劣化の回避
策が、I/O スケジューラの設定です。SSD の性能劣化の例としては、継続的なディスク I/O が発生する
環境において、約数百秒の間に 1 回から数回程度の割合で I/O 性能の低下が発生するというものです。
SSD における性能劣化については、いくつかの原因が考えられますが、Linux 上でのディスクのキュー
イングに関する OS パラメータの設定が原因の場合があります。

■ BFQ（Budget Fair Queueing）の設定

SSD の環境において、I/O スケジューラに BFQ を設定し、性能劣化が見られる場合は、対処方法と
して、none に変更することにより改善される場合があります。

```
# echo none > /sys/block/sda/queue/scheduler
# cat /sys/block/sda/queue/scheduler
[none] mq-deadline kyber bfq
```

I/O スケジューラの変更だけで、すべてのディスクの性能劣化を回避できるわけではありませんが、
ストレージデバイスの特性と I/O スケジューラには密接な関係があります。none に変更するのは、内
蔵の SSD に対しての回避方法ですが、外部ストレージでは、別のチューニング方法が存在しますし、
アプリケーションによってもカーネルパラメータの設定はさまざまです。ストレージに対して高いス
ループットを要求するシステムでは、このようなカーネルパラメータのチューニングが必要になるた
め、事前の性能試験を怠らないようにしてください。

13-5 tuned を使ったチューニング

サーバのマルチコア／メニーコア化の進展とともに、NUMA アーキテクチャの CPU をユーザアプリケーションがいかに有効利用できるかが課題になってきています。このようなメニーコアの CPU で実行するプロセスの最適な配置などを設定するツールとして、tuned や tuna が存在します。

tuned は、システムのパラメータチューニングを比較的簡単に行えるツールです。OS を稼働したままチューニングが可能なため、パラメータを動的に変化させることで、単一のシステムを時間帯ごとに異なる用途で利用する場合にも有用です。

13-5-1 チューニング手順

tuned は、設定ファイル tuned.conf にパラメータを記述します。状況に応じたプロファイルをディレクトリ名に持ち、そのプロファイルに応じた tuned.conf ファイルをロードすることで、チューニングの手間を低減します。以下では、tuned を使ったチューニング手順を紹介します。

■ tuned のインストール

チューニング対象のマシンに tuned パッケージがインストールされていない場合は、dnf コマンドでインストールし、tuned サービスを起動します。

```
# dnf install -y tuned
# systemctl restart tuned
# systemctl is-active tuned
active
# systemctl enable tuned
```

■ グローバル設定ファイルの確認

tuned のグローバル設定ファイル /etc/tuned/tuned-main.conf のパラメータを表示してみます。

```
# grep -Ev "^#|^$" /etc/tuned/tuned-main.conf
daemon = 1
dynamic_tuning = 0
sleep_interval = 1
update_interval = 10
recommend_command = 1
reapply_sysctl = 1
default_instance_priority = 0
udev_buffer_size = 1MB
```

```
log_file_count = 2
log_file_max_size = 1MB
```

このコマンドの実行結果からわかるように、RL 8/AL 8 ではデフォルトで dynamic_tuning=0 となっており、動的にチューニングを行わないようになっています。

■ プロファイル一覧

次に、tuned のプロファイル一覧を見てみます。

```
# tuned-adm list
Available profiles:
- accelerator-performance   - Throughput performance based tuning with disabled higher latency
 STOP states
- balanced                  - General non-specialized tuned profile
- desktop                   - Optimize for the desktop use-case
- hpc-compute               - Optimize for HPC compute workloads
- intel-sst                 - Configure for Intel Speed Select Base Frequency
- latency-performance       - Optimize for deterministic performance at the cost of increased
 power consumption
- network-latency           - Optimize for deterministic performance at the cost of increased
 power consumption, focused on low latency network performance
- network-throughput        - Optimize for streaming network throughput, generally only necess
ary on older CPUs or 40G+ networks
- optimize-serial-console   - Optimize for serial console use.
- powersave                 - Optimize for low power consumption
- throughput-performance    - Broadly applicable tuning that provides excellent performance
across a variety of common server workloads
- virtual-guest             - Optimize for running inside a virtual guest
- virtual-host              - Optimize for running KVM guests
Current active profile: throughput-performance
```

現在適用されているプロファイルは、Current active profile が表示されています。

13-5-2 tuned プロファイルの特徴

システムの利用目的に応じて、選択すべき tuned プロファイルはおおむね決まっています。一般に、デスクトップやワークステーション用途では、balanced を設定し、サーバ用途、スーパーコンピュータ、科学技術計算クラスタなどの HPC（High Performance Computing）用途では、throughput-performance が推奨されています。各プロファイルの特徴を簡単にまとめると**表 13-2** のようになります。

表 13-2　tuned におけるプロファイルの種類と特徴

プロファイルの種類	特徴
balanced	省電力と性能のバランスをとる。tuned が提供する CPU とディスクのプラグインが有効になる
desktop	デスクトップ用途向け。balance プロファイルを含む。インタラクティブなデスクトップ向けアプリケーションの応答を改善する
latency-performance	低遅延が要求されるシステム向け。省電力のメカニズムは無効になる
network-latency	低遅延なネットワーク通信が要求されるシステム向け。latency-performance プロファイルを含む。Transparent Hugepage、NUMA バランシングなどは無効に設定される
network-throughput	throughput-performance がベースとなる。カーネルにおけるネットワークバッファが増加する
powersave	積極的に省電力機能を利用する。USB の自動サスペンド機能が有効になる。SATA ホストアダプタ搭載機において ALPM（Aggressive Link Power Management）による省電力モードが有効になる。Wi-Fi においても省電力設定になる
throughput-performance	一般的なサーバや HPC クラスタ向け。省電力に関する機能は OFF に設定される
virtual-guest	KVM の仮想マシン向け。throughput-performance プロファイルを含む。仮想メモリの Swappiness を低減させ、dirty_ratio が増加するように設定される
virtual-host	KVM ホストマシン、または、OpenStack のホストマシン向け。throughput-performance プロファイルを含む。ダーティページのアグレッシブなライトバックが有効に設定される

以下では、プロファイルの内容を確認し、実際に powersave プロファイルを適用してみます。

■ tuned サービスの起動とプロファイルの適用

最初に、tuned サービスが稼働しているかを確認します。

```
# systemctl is-active tuned
active
```

tuned-adm コマンドに profile を指定し、プロファイルを適用します。

```
# tuned-adm profile powersave
```

設定したプロファイルを確認します。

```
# tuned-adm active
Current active profile: powersave
```

■ プロファイル設定ファイルの内容

tuned で管理されるプロファイルは、/usr/lib/tuned 配下に保管されています。

```
# ls -1F /usr/lib/tuned/
accelerator-performance/
balanced/
desktop/
functions
hpc-compute/
intel-sst/
latency-performance/
network-latency/
network-throughput/
optimize-serial-console/
powersave/
recommend.d/
throughput-performance/
virtual-guest/
virtual-host/
```

プロファイルの設定ファイルの内容を見てみます。例として、低遅延を実現する latency-performance
プロファイルを確認してみます。

```
# cd /usr/lib/tuned/latency-performance
# grep -Ev "^#|^$" tuned.conf
[main]
summary=Optimize for deterministic performance at the cost of increased power consu
mption
[cpu]    ←①
force_latency=cstate.id:1|3   ←②
governor=performance    ←③
energy_perf_bias=performance    ←④
min_perf_pct=100   ←⑤
[sysctl]   ←⑥
vm.dirty_ratio=10   ←⑦
vm.dirty_background_ratio=3    ←⑧
vm.swappiness=10   ←⑨
[scheduler]
sched_min_granularity_ns = 3000000
sched_wakeup_granularity_ns = 4000000
sched_migration_cost_ns = 5000000

① CPU ガバナに関する設定
② PMQoS の CPU-DMA レイテンシーを固定設定
```

③ 周波数を最大に固定した状態で CPU を稼働させる

④ CPU を最大性能で稼働

⑤ P-State の最小値を制限

⑥ sysctl で設定可能なカーネルパラメータ

⑦ ページをディスクにフラッシュアウトする前段階で、ダーティページが占有できるメモリの割合

⑧ バックグラウンドでページをディスクにフラッシュアウトする前段階で、ダーティページによって占有できるメモリの割合

⑨ カーネルがスワップ処理を行う度合い。値を高くすると、積極的にスワップアウトを行う

tuned.conf ファイルには、[cpu] 以外にも、[sysctl] にいくつかのカーネルパラメータが設定されていることがわかります。tuned では、これらのパラメータを読み込むことで利用目的に応じた設定を行います。

■ カスタムプロファイルの作成

tuned を使えば、自分のシステムに適したプロファイルを作成できます。ここでは、ビッグデータ基盤で利用される Hadoop クラスタに適したパラメータを含むプロファイルを作ってみましょう。プロファイル名を myhadoop001 とします。

```
# mkdir -p /etc/tuned/myhadoop001
```

次の実行例は、性能を重視する「throughput-performance」を含む形で、独自のパラメータを記述したものです。

```
# vi /etc/tuned/myhadoop001/tuned.conf
[main]
include=throughput-performance  ←①
[sysfs]  ←②
/sys/block/sda/queue/scheduler=deadline  ←③
/sys/kernel/mm/transparent_hugepage/defrag=never ←④
[sysctl]
vm.swappiness=0 ←⑤
net.ipv4.tcp_rmem="4096 87380 16777216" ←⑥
net.ipv4.tcp_wmem="4096 16384 16777216" ←⑦
net.ipv4.udp_mem="3145728 4194304 16777216" ←⑧
```

① throughput-performance のパラメータを引き継ぐ

② sysfs で提供されるパラメータを設定

③ デッドラインスケジューラをブロックデバイスに設定

④ 透過的な hugepage のメモリコンパクション

⑤ カーネルがスワップ処理を行う度合い

⑥ IPv4 の TCP 受信バッファサイズ。左から最小値、デフォルト値、最大値

⑦ IPv4 の TCP 送信バッファサイズ。左から最小値、デフォルト値、最大値

⑧ IPv4 の UDP ソケットキューで使用可能なページ数。左から最小値、デフォルト値、最大値

■ カスタムプロファイルの適用

プロファイルを作成したら、設定をロードします。

```
# tuned-adm profile myhadoop001
# tuned-adm list | grep myhadoop001
- myhadoop001
Current active profile: myhadoop001
#
```

現在アクティブになっているプロファイルを確認します。

```
# tuned-adm active
Current active profile: myhadoop001
```

この例では、あくまで、Hadoop クラスタのためのカーネルパラメータの一部を tuned のカスタムプロファイルとして設定したに過ぎませんが、プロファイルによってシステムの特性を簡単に切り替えられるため、単一のシステムを時間や時期ごとに複数の用途に切り替えて利用する場合に便利です。tuned は、ロードしたプロファイルのログを/var/log/tuned ディレクトリに記録しているので、このログファイルを参照すれば、パラメータの設定状況を確認できます。

```
# tail -f /var/log/tuned/tuned.log
...
2022-03-09 14:11:25,283 INFO        tuned.plugins.plugin_sysctl: reapplying system sysctl
2022-03-09 14:11:25,400 INFO        tuned.daemon.daemon: static tuning from profile 'myhadoop001'
 applied
```

13-6 用途別のパラメータ設定例

ここでは、一般に広く知られた用途別の代表的なパラメータチューニングのサンプルを紹介します。

ただし、この設定だけであらゆる状況に完璧に対応できるというわけではありませんので、必ず本番と同様のテスト環境のハードウェアスペックのマシンを用意し、用途に応じた適切な BIOS 設定を行い、ミドルウェアやアプリケーションベンダから提供されているパラメータチューニングの設定を施してください。また、システム要件に合致するかどうか、十分な負荷試験を行ってください。

13-6-1 低遅延アプリケーション向けのパラメータ設定例

　以下は、応答速度を重視する低遅延アプリケーションを稼働させるシステム向けのチューニング例です。金融機関などでは、取引の応答性能に関するシステム要求により、LinuxベースのリアルタイムOSが利用される場合があります。リアルタイムOSは、通常のOSとは異なる専用カーネルで稼働させますが、カーネルパラメータも適宜調整が必要です。以下では、リアルタイムOSでも利用されるカーネルパラメータの調整例の一部を紹介します。

■ tuned によるカーネルパラメータの設定例

　低遅延アプリケーション向けのカーネルパラメータは、以下のように tuned の latency-performance プロファイルと network-latency プロファイルで提供されています。network-latency プロファイルは、上記の latency-performance プロファイルを含みます。

```
# grep -Ev "^#|^$" /usr/lib/tuned/latency-performance/tuned.conf
[main]
summary=Optimize for deterministic performance at the cost of increased power consumption
[cpu]
force_latency=cstate.id:1|3
governor=performance
energy_perf_bias=performance
min_perf_pct=100
[sysctl]
vm.dirty_ratio=10
vm.dirty_background_ratio=3
vm.swappiness=10
[scheduler]
sched_min_granularity_ns = 3000000
sched_wakeup_granularity_ns = 4000000
sched_migration_cost_ns = 5000000
```

　上記のように vm.swappiness を 10 に設定するとメモリ使用量が 90 ％に到達したときにスワップが発生します。対象マシンに大容量のメモリが搭載されている場合、vm.swappiness を小さくすると、パフォーマンスの改善が期待できます。

　network-latency プロファイルのパラメータを確認します。

```
# grep -Ev "^#|^$" /usr/lib/tuned/network-latency/tuned.conf
[main]
summary=Optimize for deterministic performance at the cost of increased power consumption,
focused on low latency network performance include=latency-performance
[vm]
```

```
transparent_hugepages=never
[sysctl]
net.core.busy_read=50
net.core.busy_poll=50
net.ipv4.tcp_fastopen=3
kernel.numa_balancing=0
[bootloader]
cmdline_network_latency=skew_tick=1
```

■ プロファイルの適用

低遅延アプリケーション向けのプロファイルを適用します。

```
# tuned-adm profile network-latency
# tuned-adm active
Current active profile: network-latency
```

13-6-2 追加のパラメータ設定

低遅延アプリケーションでは、以下のパラメータも設定される場合があります。

```
# vi /etc/sysctl.conf
kernel.watchdog=0
kernel.sched_rt_runtime_us = -1
vm.stat_interval = 1000

# sysctl -p
kernel.watchdog = 0
kernel.sched_rt_runtime_us = -1
vm.stat_interval = 1000
```

- kernel.watchdog

  ウォッチドッグによる監視や割り込みは、アプリケーションの動作に影響を及ぼす恐れがあるため、無効に設定します。

- kernel.sched_rt_runtime_us

  Linux OS では、リアルタイム優先度 (リアルタイムプライオリティ) によって、タスクに与えられる CPU 時間を制限するカーネルの機能があり、リアルタイムスロットリング (RTT) と呼ばれます。プロセスがリアルタイム優先度を使って実行される場合、CPU は、/proc/sys/kernel/sched_rt_ period_us で指定された値の間隔で割り込みを受けます。これを避けるため、kernel.sched_rt_runtime_us に-1 を設定し、この機能を無効にします。

- vm.stat_interval

    vm.stat_interval は、仮想メモリの統計情報が更新される秒単位の間隔です。デフォルトは、1 秒に設定されており、統計情報の収集に毎秒割り込みが発生することになるため、値を 1000 に変更し、割り込みが 16 分間発生しないように設定します。

■ サービスの停止

低遅延アプリケーションを稼働させる場合は、性能の観点から以下のサービスを停止させることがあります。ただし、システム要件によっては、一部のサービスを起動させることもあるため、性能試験結果を踏まえてサービスの停止を検討してください。

```
# systemctl stop packagekit
# systemctl stop packagekit-offline-update
# systemctl mask packagekit
# systemctl mask packagekit-offline-update
# systemctl stop irqbalance
# systemctl stop avahi-daemon.socket
# systemctl stop avahi-daemon
# systemctl stop crond
# systemctl stop dnsmasq
# systemctl stop firewalld
# systemctl stop lvm2-monitor
# systemctl stop postfix
# systemctl stop rpcgssd
# systemctl stop rpcidmapd
# systemctl stop wpa_supplicant
```

13-6-3 データベース向けのパラメータ設定例

RL 8/AL 8 には、データベースエンジンの Microsoft SQL Server と Oracle 用の tuned プロファイルが用意されています。プロファイルの中身と、追加のパラメータを簡単に紹介します。

■ Microsoft SQL Server 用プロファイルのインストール

Microsoft SQL Server 用のプロファイルを dnf コマンドでインストールします。

```
# dnf install -y tuned-profiles-mssql.noarch
```

Microsoft SQL Server 用のプロファイル mssql は、/usr/lib/tuned/mssql/tuned.conf ファイルで提供されます。

```
# grep -Ev "^$|^\#" /usr/lib/tuned/mssql/tuned.conf
[main]
summary=Optimize for Microsoft SQL Server
include=throughput-performance
[cpu]
force_latency=5
[vm]
transparent_hugepages=always
[sysctl]
vm.swappiness=1
vm.dirty_background_ratio=3
vm.dirty_ratio=80
vm.dirty_expire_centisecs=500
vm.dirty_writeback_centisecs=100
vm.max_map_count=1600000
net.core.rmem_default=262144
net.core.rmem_max=4194304
net.core.wmem_default=262144
net.core.wmem_max=1048576
kernel.numa_balancing=0
[scheduler]
sched_latency_ns=60000000
sched_migration_cost_ns=500000
sched_min_granularity_ns=15000000
sched_wakeup_granularity_ns=2000000
```

■ Microsoft SQL Server 用プロファイルの適用

プロファイル mssql を tuned-adm コマンドで適用します。

```
# tuned-adm profile mssql
# tuned-adm active
Current active profile: mssq
```

■ 追加のパラメータ設定

Microsoft SQL Server 2019 では、以下のパラメータも推奨されています。

```
# vi /etc/sysctl.conf
kernel.sched_min_granularity_ns = 15000000
kernel.sched_wakeup_granularity_ns = 2000000
vm.dirty_ratio = 80
vm.dirty_background_ratio = 3
vm.swappiness = 10
vm.max_map_count=262144
```

カーネルパラメータをロードします。

```
# sysctl -p
```

■ Oracle 用プロファイルのインストール

Oracle 用のプロファイルを dnf コマンドでインストールします。

```
# dnf install -y tuned-profiles-oracle.noarch
```

Oracle 用のプロファイル oracle は、/usr/lib/tuned/oracle/tuned.conf ファイルで提供されています。

```
# grep -Ev "^$|^\#" /usr/lib/tuned/oracle/tuned.conf
[main]
summary=Optimize for Oracle RDBMS
include=throughput-performance
[sysctl]
vm.swappiness = 10
vm.dirty_background_ratio = 3
vm.dirty_ratio = 40
vm.dirty_expire_centisecs = 500
vm.dirty_writeback_centisecs = 100
kernel.shmmax = 4398046511104
kernel.shmall = 1073741824
kernel.shmmni = 4096
kernel.sem = 250 32000 100 128
fs.file-max = 6815744
fs.aio-max-nr = 1048576
net.ipv4.ip_local_port_range = 9000 65499
net.core.rmem_default = 262144
net.core.rmem_max = 4194304
```

```
net.core.wmem_default = 262144
net.core.wmem_max = 1048576
kernel.panic_on_oops = 1
kernel.numa_balancing = 0
[vm]
transparent_hugepages=never
```

■ Oracle 用プロファイルの適用

プロファイル oracle を tuned-adm コマンドで適用します。

```
# tuned-adm profile oracle
# tuned-adm active
Current active profile: oracle
```

13-6-4 ビッグデータ分析基盤向けのパラメータ設定例

昨今の人工知能ブームにより、大量に発生する学習データの保管と活用のために、MapR などに代表される Hadoop を使ったスケールアウト型のビッグデータ分析基盤を導入する企業が増えています。スケールアウト型のビッグデータ分析基盤では、分析を行う大量の計算ノードが 1 つのクラスタ（Hadoop クラスタ）を形成し、台数を増やすことでリニアに性能向上しますが、各計算ノード自体の Linux OS に関するパラメータや Hadoop 自体のパラメータの調整が不可欠です。以下は、MapR などの Hadoop 基盤向けの OS パラメータの設定例を紹介します。

■ メモリチューニング（THP の設定）

データ集約型のワークロードの場合、メモリ管理システムの Transparent Huge Pages（THP）機能を無効に設定します。

```
# vi /etc/rc.d/rc.local
echo never > /sys/kernel/mm/transparent_hugepage/defrag
echo never > /sys/kernel/mm/transparent_hugepage/enabled

# chmod +x /etc/rc.d/rc.local
# reboot
```

■ メモリ割り当てとスワップの設定

メモリ割り当てとスワップの動作は、主に以下のパラメータを調整します。

```
# vi /etc/sysctl.conf
vm.dirty_ratio = 20
vm.dirty_background_ratio = 1
vm.swappiness = 1
vm.overcommit_memory = 0
vm.overcommit_ratio = 50
```

- vm.dirty_ratio

  vm.dirty_ratio で指定した値（パーセント）の割合の合計メモリが変更されると、その変更をディスクへ書き込みます。

- vm.dirty_background_ratio

  vm.dirty_background_ratio で指定した値（パーセント）の割合の合計メモリが変更されると、バックグラウンドでその変更をディスクへ書き込みます。

- vm.swappiness

  vm.swappiness=1 で、OS によるスワップ処理ができるだけ発生しないように設定します。

- vm.overcommit_memory

  実際の実メモリ容量を超える大容量の仮想メモリ空間をプロセスに割り当てるかどうかを決定するフラグです。実メモリ総量を超過したメモリ空間の利用要求を許可する動作は、**オーバーコミット**と呼ばれます。

  　0 が設定されると、オーバーコミットは有効ですが、その時点で利用可能なメモリの総量を超過するメモリの割り当て要求は拒否されます。

  　1 が設定されると、メモリの割り当て要求自体は常に許可されますが、メモリ不足でプロセスが強制的に kill される可能性があります。

  　2 が設定されると、割り当て要求のメモリ総量が以下の式で表される値を超過する場合、メモリの割り当て要求が拒否されます。

（スワップの総量）＋（物理メモリ総量× vm.overcommit_ratioの値/100）

- vm.overcommit_ratio

  vm.overcommit_memory の値が 2 の場合に、メモリ割り当て要求の可否を判断する際の計算式に利用されます。

■ プロセスチューニング

1 つのプロセスで同時にオープンできるファイルディスクリプタの数を変更するには、limits.conf ファイルに nofile を記述します。また、ユーザのプロセス数の最大値は、noproc を記述し、OS を再起動します。

```
# vi /etc/security/limits.conf
...

* - nofile 64000
* - nproc 64000
# reboot
```

オープンできるファイルディスクリプタの数を確認します。

```
# ulimit -n
64000
```

ユーザのプロセス数の最大値を確認します。

```
# ulimit -u
64000
```

■ I/O チューニング（/etc/sdb の場合）

ブロックデバイスの I/O スケジューリングの設定を mq-deadline にします。

```
# echo mq-deadline > /sys/block/sdb/queue/scheduler
# cat /sys/block/sdb/queue/scheduler
[mq-deadline] kyber bfq none
```

先読みのサイズを設定します。単位はセクタです。

```
# blockdev --setra 8192 /dev/sdb
```

■ ファイルシステムチューニング（/dev/sdb1 の場合）

パーティションのマウントオプションに、nodiratime と noatime オプションを付与します。この
パラメータにより、パーティションへのアクセス時にファイルシステムがディスク i ノードを更新す
る時間を短縮します。当然、パーティション（/dev/sdb1）が作成されており、OS が再起動しても、
正常にマウントできることが前提条件です。

```
# vi /etc/fstab
...
/dev/sdb1    /data    xfs    defaults,nodiratime,noatime         0 0
```

■ ネットワークチューニング

MapR などの複数のマシンで 1 つの Hadoop クラスタを構成する場合、Hadoop の計算ノードがより
短い遅延で到達不能ノードを検出できるようにパラメータ net.ipv4.tcp_retries2 を設定します。ま
た、障害が発生したノードへの接続の再試行回数をパラメータ net.ipv4.tcp_syn_retries に設定し
ます。

一般に、稼働中の Hadoop クラスタでは、未使用の TIME_WAIT 接続が多い可能性があります。タイ
ムアウトパラメータの net.ipv4.tcp_fin_timeout を 60（単位は秒数）から 30 に変更します。これに
より、未使用リソースが減り、計算ノードのパフォーマンスの向上が期待できます。また、TIME_WAIT
ソケットのパラメータ net.ipv4.tcp_tw_reuse を設定し、再利用時間を短縮します。

```
# vi /etc/sysctl.conf
net.ipv4.tcp_retries2 = 5
net.ipv4.tcp_syn_retries = 4
net.ipv4.tcp_fin_timeout = 30
net.ipv4.tcp_tw_reuse = 1
net.core.rmem_default = 524288
net.core.rmem_max = 524288
net.ipv4.tcp_rmem = 8192 262144 524288
net.ipv4.tcp_wmem = 8192 262144 524288
```

■ サービスの停止

NUMA トポロジとリソース使用量を監視する numad は、高負荷時にパフォーマンスが低下する、あ
るいは、一部のサービスがハングする恐れがあり、MapR クラスタでは、無効にすることが推奨され
ています。

```
# systemctl stop numad
# systemctl disable numad
# systemctl is-active numad
inactive
```

13-6-5 tuna を使ったチューニング

汎用サーバで利用される一般的な Linux OS は、製造業や Web システム、官公庁などの幅広い用途で利用される一方で、インターネット経由でのオンライントレードなどを行う金融システムでは、リアルタイム OS が採用されています。リアルタイム OS を採用するこれらの金融システムでは、非常に素早い応答速度が求められており、応答の遅延がビジネスを大きく左右すると言っても過言ではありません。そこで、この遅延を小さくするためにリアルタイム OS を導入し、割り込み要求（一般的には IRQ と呼ばれます）を行うプロセッサとアプリケーションのプロセスに割り当てるプロセッサを分離して、チューニングが施される場合があります。

RL 8/AL 8 に標準で搭載されているカーネルは、リアルタイム OS のものではありませんが、スケジューリングポリシー、優先度などのスレッドの属性や**プロセッサアフィニティ**（アプリケーションを特定の CPU に関連付けること）を変更するための tuna と呼ばれるチューニングツールが搭載されています。tuna を使うことで、RL 8/AL 8 が管理するアプリケーションを特定の CPU にリアルタイムに固定的に割り当てることができます。以下では、RL 8/AL 8 における tuna コマンドの基本的な使い方を紹介します。

■ tuna コマンドによるアフィニティ設定

tuna コマンドでは、主に、OS が管理するさまざまなデバイスやプロセス（デーモンやアプリケーション）に対して、CPU アフィニティを設定できます。また、CPU アフィニティの設定に必要な情報として、OS が管理するさまざまなデバイスに対する**割り込み要求**（IRQ）を確認します。まずは、管理対象マシンに tuna を dnf コマンドでインストールします。

```
# dnf install -y tuna
```

これで、tuna コマンドが利用できます。

■ IRQ リストの確認

IRQ のリストを確認するには、tuna コマンドに-Q オプションを付与します。

```
# tuna -Q
   # users           affinity
...
 288 eno1-tx-0            29  tg3
 289 eno1-rx-1            32  tg3
 290 eno1-rx-2            40  tg3
 291 eno1-rx-3            57  tg3
 292 eno1-rx-4            59  tg3
 293 eno2-tx-0             9  tg3
 294 eno2-rx-1            31  tg3
 295 eno2-rx-2            58  tg3
 296 eno2-rx-3            11  tg3
 297 eno2-rx-4             7  tg3
 298 eno3-tx-0            43  tg3
 299 eno3-rx-1            47  tg3
 300 eno3-rx-2            45  tg3
 301 eno3-rx-3            41  tg3
 302 eno3-rx-4            63  tg3
 303 eno4-tx-0            32  tg3
 304 eno4-rx-1            42  tg3
 305 eno4-rx-2            40  tg3
 306 eno4-rx-3             1  tg3
 307 eno4-rx-4            62  tg3
...
```

　上記は、オンボードに複数の NIC を搭載する x86 サーバにおいて、tuna コマンドにより、4 ポート NIC の eno1 から eno4 までが OS から認識されていることがわかります。割り当てられている CPU コアは、affinity 列を見ます。affinity 列に示されている数値は、CPU コア番号であり、これが 4 ポート NIC にそれぞれ割り当てられており、NIC の eno1 から eno4 まで 20 個の CPU コアが割り当てられていることがわかります。

■ CPU コアが所属する CPU ソケット

numactl コマンドで CPU コアを確認します。

```
# dnf install -y numactl
# numactl -H
available: 4 nodes (0-3)
node 0 cpus: 0 1 2 3 4 5 6 7 32 33 34 35 36 37 38 39
node 0 size: 32011 MB
node 0 free: 20040 MB
node 1 cpus: 8 9 10 11 12 13 14 15 40 41 42 43 44 45 46 47
node 1 size: 32251 MB
```

```
node 1 free: 19766 MB
node 2 cpus: 16 17 18 19 20 21 22 23 48 49 50 51 52 53 54 55
node 2 size: 32251 MB
node 2 free: 23196 MB
node 3 cpus: 24 25 26 27 28 29 30 31 56 57 58 59 60 61 62 63
node 3 size: 32251 MB
node 3 free: 27086 MB
node distances:
node   0   1   2   3
  0:  10  16  16  16
  1:  16  10  16  16
  2:  16  16  10  16
  3:  16  16  16  10
```

numactl -Hの実行により、CPU コアは、0 番から 63 番までの数値で割り当てられており、CPU は 64 コアであることがわかります。

■ CPU コアの割り当て変更

この状態で、tuna コマンドを使って、4 ポートの NIC の割り込みを担当する CPU を、CPU コアの 0 番から 19 番に割り当ててみましょう。tuna コマンドに-c オプションで CPU コア番号を指定します。IRQ リストから NIC のインターフェイス名である enoX を指定するには、-q オプションを付与します。-x オプションによって、CPU のコアが割り当てられます。

```
# tuna -c 0-19 -q 'eno*' -x
# tuna -Q | grep eno
 288 eno1-tx-0                  0    tg3
 289 eno1-rx-1                  1    tg3
 290 eno1-rx-2                  2    tg3
...
 305 eno4-rx-2                 17    tg3
 306 eno4-rx-3                 18    tg3
 307 eno4-rx-4                 19    tg3
```

上記より、CPU コア 0 番から 19 番が割り当てられました。同様に、割り当てを CPU コア 20 番から 39 番に変更してみます。

```
# tuna -c 20-39 -q 'eno*' -x
# tuna -Q |grep eno
 288 eno1-tx-0                 32    tg3
 289 eno1-rx-1                 33    tg3
 290 eno1-rx-2                 34    tg3
```

```
291 eno1-rx-3          35  tg3
292 eno1-rx-4          36  tg3
293 eno2-tx-0          37  tg3
294 eno2-rx-1          38  tg3
295 eno2-rx-2          39  tg3
296 eno2-rx-3          20  tg3
297 eno2-rx-4          21  tg3
298 eno3-tx-0          22  tg3
299 eno3-rx-1          23  tg3
300 eno3-rx-2          24  tg3
301 eno3-rx-3          25  tg3
302 eno3-rx-4          26  tg3
303 eno4-tx-0          27  tg3
304 eno4-rx-1          28  tg3
305 eno4-rx-2          29  tg3
306 eno4-rx-3          30  tg3
307 eno4-rx-4          31  tg3
```

■ プロセスに対するアフィニティ設定

　tuna コマンドを使えば、現在稼働中の特定のプロセス（デーモンやアプリケーション）に対して、指定した CPU を固定できます。次の例は、tuna コマンドを使って RL 8/AL 8 上で稼働中の rsyslogd デーモンを 12 番の CPU コアに割り当てる例です。-c オプションで CPU コア番号を指定し、-t オプションで、スレッドを指定します。また、-m オプションは、CPU コアのリストから、指定したエンティティ（この場合は、rsyslogd）を-c で指定した CPU コアに移動させる意味になります。

```
# dnf install -y rsyslog
# systemctl restart rsyslog
# tuna -c 12 -t rsyslogd -m -q -x
```

　12 番の CPU コアに rsyslogd が割り当てられているかを確認します。-P オプションでスレッドのリストを表示します。

```
# tuna -t rsyslogd -P
                    thread        ctxt_switches
   pid SCHED_ rtpri affinity voluntary nonvoluntary          cmd
 15385  OTHER    0      12     1400            1       rsyslogd
```

　実行結果の affinity 列を見ると、12 番の CPU コアに割り当てられていることがわかります。念のため、/proc 配下の rsyslogd のプロセス番号から状況を確認しておきます。/proc 配下で、プロセスに割り当てられた CPU コアを確認するには、/proc/プロセス ID/status の出力から cpus_allowed_list

を grep コマンドで抜き出します。

```
# grep Cpus_allowed_list /proc/'pgrep rsyslogd'/status
Cpus_allowed_list:       12
```

13-7 まとめ

　本章では、RL 8/AL 8 におけるチューニング手法をいくつかご紹介しました。チューニングは、試行錯誤が多いため、工数がかかる作業です。しかし、応答性能を要求される低遅延システム、高い I/O 負荷がかかるデータベースシステム、高性能な CPU と大容量のメモリが要求されるビッグデータ分析基盤や HPC システムなどでは、チューニングを避けて通ることができません。まずは、本章で紹介した tuned などの基本的なチューニング手法を習得してください。また、ベンダがインターネットで公開しているパラメータ調整例も参考になるので、採用してみるとよいでしょう。ただし、パラメータ調整は、OS の挙動を大きく変えることになるため、事前の十分なテストを怠らないようにしてください。また、パラメータを変更した場合は、変更後の影響を明確化するためにも、適宜、変更履歴を残すようにしましょう。

第14章

セキュリティ管理

　OSにおけるセキュリティ機能は非常に多彩ですが、その中の一つにファイアウォールがあります。RL 8/AL 8では、新たなパケットフィルタリングの機能として、nftablesが搭載されています。さらに、RL 8/AL 8では、nftables以外にも、firewalldも利用可能です。

　本章では、firewalldとnftablesによるセキュリティ設定、IPアドレスの変換を実現するIPマスカレード（NAT）の設定例を紹介します、また、GRUB2のセキュリティ設定、PAMによるユーザレベルのセキュリティ設定、ファイルシステムの暗号化手順なども併せて紹介します。

14-1 複雑化するセキュリティ

エンタープライズ向けのサーバシステムでは、セキュリティの設計、構築が複雑になることも多く、セキュリティに詳しい技術者でも、ファイアウォールやユーザ認証、アクセス制御の設計に苦労することが少なくありません。近年のクラウド環境におけるソフトウェア定義ネットワークにおいては、仮想スイッチや仮想ブリッジの設定が必要になっており、ファイアウォールの設計もより複雑さを増しています。RL 8/AL 8 では、こうしたセキュリティ設計の複雑さへの対応が図られており、従来のiptables よりもファイアウォールの設定が簡単に行えるようになっています。

14-2 firewalld のセキュリティ機能

RL 8/AL 8 のセキュリティ機能に関するコンポーネントの一つとして、firewalld があります。firewalldは、パケットベースのセキュリティを提供し、サーバへの不要な接続要求をフィルタリングする機能や、IP アドレスおよびポート番号を変換し、異なるネットワークセグメント間での透過的なアクセスを可能にします。firewalld は、CentOS 7 から搭載されたファイアウォール機能であり、従来の iptablesに比べ、機能強化が図られており、次に示すような特徴があります。

- ゾーンという概念を持つ
- D-BUS インターフェイスを持つ
- 動的にルールを変更することが可能
- 永続的な設定が可能
- GUI が用意されている

14-2-1 ゾーンとサービス

firewalld には、ゾーンという概念が存在します。firewalld で管理するゾーンを定義し、そのゾーンに対して許可・拒否などの制御を施したい各種サービスを割り当てます。その管理者が定義したゾーンとサービスに対して、ネットワークインターフェイスを関連付けます。RL 8/AL 8 の firewalld のデフォルトのゾーンを表 14-1 に示します。

表 14-1　firewalld のゾーン情報

ゾーン名	説明
block	内部に入ってくるパケットは拒否される。標準で許可されているサービスはない
dmz	内部ネットワークへ流れようとするパケットは制限される。デフォルトで ssh サービスのみ許可されている
drop	内部に入ってくるすべてのパケット破棄し、応答もない。外部へ出ていくパケットのみ許可する
external	IP マスカレード接続を伴う外部ネットワークで利用される。デフォルトで ssh サービスのみ許可されている
home	家庭用ネットワークで利用される。ネットワーク上にあるその他のマシンを信頼する前提で利用する
internal	内部ネットワークで利用される。内部に入ってくるパケットのうち、明示的に指定したものだけを許可する
libvirt	ハイパーバイザー型の仮想化ソフトウェア上で稼働する仮想マシンが利用する仮想ブリッジに繋がるネットワーク
public	デフォルトのゾーン。一般的にパブリック LAN で利用される。ネットワーク上にあるほかのマシンは信頼できない前提で利用する。内部に入ってくるパケットのみ許可される
trusted	すべてのパケットが許可される
work	ワークエリアで使われる。ネットワーク上にあるほかのマシンは信頼できる前提で利用する。内部に入ってくるパケットのみ許可される

RL 8/AL 8 に搭載されている firewalld は、D-BUS インターフェイスを持っていることから、D-BUS の API を利用できるアプリケーションから、firewalld の設定が可能です。具体的な例としては、アプリケーション側から、firewalld が提供するプロトコルとポート番号を組み合わせたパケットの転送や、特定プロトコルの遮断などの機能を利用できます。現在、さまざまなアプリケーションが、firewalld に対応しています。

14-2-2 firewall-cmd コマンドのオプション

ゾーンごとの設定状況は、firewall-cmd コマンドに--list-all-zones オプションを付与することで表示できます。firewalld 関連のコマンドを利用する場合は、事前に firewalld サービスを起動します。

```
# systemctl restart firewalld
# systemctl is-active firewalld
active
# systemctl enable firewalld
# firewall-cmd --list-all-zones
...
```

```
public (active)
  target: default
  icmp-block-inversion: no
  interfaces: eno1   ←public ゾーンに所属する NIC デバイス名
  sources:
  services: cockpit dhcpv6-client ssh   ←サービス
  ports:
  protocols:
  forward: no
  masquerade: no   ←IP マスカレード設定の有無
  forward-ports:   ←フォワードされるポート番号
  source-ports:
  icmp-blocks:
  rich rules:
...
```

■ firewalld の状態確認

firewalld は、systemd によって管理されているため、systemctl コマンドで状態を確認できますが、次に示すように、firewall-cmd コマンドに--state オプションを付与することで、firewalld サービスが起動しているかを確認できます。

```
# firewall-cmd --state
running
```

■ すべてのゾーンの表示

firewalld で現在管理対象とするすべてのゾーン名を表示するには、--get-zones オプションを指定します。

```
# firewall-cmd --get-zones
block dmz drop external home internal libvirt nm-shared public trusted work
```

■ アクティブゾーンの表示

firewalld が管理するゾーンにおいて、その中でアクティブになっているゾーンを表示するには、--get-active-zones オプションを付与します。

```
# firewall-cmd --get-active-zones
libvirt
  interfaces: virbr0
```

```
public
  interfaces: eno3 eno1 eno2
trusted
  interfaces: team0
```

このコマンドの実行結果から、現時点では、NIC のインターフェイス名 eno1、eno2、eno3 が所属する public ゾーンがアクティブであることがわかります。

■ NIC のゾーン変更

以下では、eno1 と eno2 から構成されるチーミングインターフェイス team0 を public ゾーンに、eno3 を trusted ゾーンに変更します。NIC のゾーン変更は firewall-cmd に--zone でゾーンを、--change-interface で NIC を指定します。

```
# firewall-cmd --permanent --zone=public --change-interface=eno1
success
# firewall-cmd --permanent --zone=public --change-interface=eno2
success
# firewall-cmd --permanent --zone=public --change-interface=team0
success
# firewall-cmd --permanent --zone=trusted --change-interface=eno3
success
```

firewall-cmd コマンドに--reload オプションを付与し、設定を反映します。

```
# firewall-cmd --reload
success
```

ゾーンと NIC の対応を確認します。

```
# firewall-cmd --get-active-zones
libvirt
  interfaces: virbr0
public
  interfaces: eno2 eno1 team0
trusted
  interfaces: eno3
```

14-3 firewalld を使ったサービスの設定

近年、クラウドコンピューティングの導入が進むにつれ、単一の物理サーバ上にマルチテナントの
システムを稼働させることが徐々に増えてきました。マルチテナントを意識したシステムでサービス
を稼働させる場合、情報セキュリティの設定を厳密に行う必要があります。特に、サービスをマルチ
テナント化したシステムにおいて、パブリッククラウド環境を構築し、外部ネットワークにサービス
を提供する場合、ファイアウォールの設定は避けて通れません。ここでは、RL 8/AL 8 環境でサービ
スを公開する際に必要となるファイアウォールの基本的な設定について紹介します。

14-3-1 NFS サーバのファイアウォール

firewalld を使用したサービスの設定例として、NFS サーバを構築し、NFS サービスを trusted ゾーン
のみに許可するファイアウォールの設定手順を述べます。

■ NFS の設定

最初に、NFS サービスを起動し、クライアントに提供するディレクトリを設定します。

```
# dnf install -y nfs-utils
# systemctl restart nfs-server
# systemctl is-active nfs-server
active
```

次に、NFS サービスで提供するディレクトリを指定するための/etc/exports ファイルを記述しま
す。例として、/home ディレクトリを NFS クライアントに提供するように設定します。

```
# vi /etc/exports
/home *(rw,no_root_squash)

# systemctl restart nfs-server
# exportfs -av
exporting *:/home
```

/home が NFS クライアントに提供されているかどうかを確認します。

```
# showmount -e localhost
Export list for localhost:
/home *
```

NFS サービスが OS 起動時に自動的に起動するように設定します。

```
# systemctl enable nfs-server
```

■ firewalld の設定

firewalld で NFS を管理する場合、サービス名の nfs を指定します。firewalld が管理するインターフェイスのゾーンを--zone で明示的に指定し、次に示すようにゾーンとサービスを関連付けます。以下では、trusted ゾーンに対して、nfs サービスを提供する例です。

```
# firewall-cmd --permanent --zone=trusted --add-service=nfs
success
# firewall-cmd --permanent --zone=public --remove-service=nfs
success
```

注意　firewall-cmd コマンドの--permanent オプション

　ポートやサービスなどを追加して新しいルールを作成する場合は、firewall-cmd コマンドに--permanent オプションが必要です。--permanent オプションを追加しないと、OS の再起動後や firewalld のポリシの再ロード後に設定が失われるので注意してください。

また、trusted ゾーンと NIC を関連付けます。今回は、NFS サーバの eno3 に 192.168.1.181/24 が割り当てられ、eno3 が所属するネットワークを trusted ゾーンにします。

```
# firewall-cmd --add-interface=eno3 --zone=trusted --permanent
The interface is under control of NetworkManager, setting zone to 'trusted'.
success
```

firewall-cmd コマンドに--reload オプションを付与し、設定を反映します。

```
# firewall-cmd --reload
success
```

--list-services オプションを付けて、ゾーンと NFS サービスの関連付けを確認します。

```
# firewall-cmd --zone=trusted --list-services
nfs
# firewall-cmd --zone=public --list-services
cockpit dhcpv6-client ssh
```

この例では、trusted ゾーンのサービスとして、nfs サービスが登録されていることがわかります。また、public ゾーンでは nfs サービスは提供されていないことがわかります。

さらに、NFS サーバの trusted ゾーンに所属している NIC を確認します。

```
# firewall-cmd --zone=trusted --list-interfaces
eno3
```

■ ファイアウォールの確認

念のため、NFS サーバ側のファイアウォールの設定ファイルを確認します。設定ファイルは、/etc/firewalld/zones ディレクトリに XML ファイルとして保存されています。trusted ゾーンの設定ファイルは、trusted.xml です。

```
# cat /etc/firewalld/zones/trusted.xml
<?xml version="1.0" encoding="utf-8"?>
<zone target="ACCEPT">
  <short>Trusted</short>
  <description>All network connections are accepted.</description>
  <service name="nfs"/>
</zone>
```

■ NFS マウントの確認

NFS クライアント側から、RL 8/AL 8 の NFS サーバに NFS マウントができるかどうかを確認します。クライアントのコマンドプロンプトを「client #」で表します。

```
client # mount -t nfs 192.168.1.181:/home /mnt/
client # echo "Hello firewalld" > /mnt/test.html
client # cat /mnt/test.html
Hello firewalld
client # umount /mnt
```

もし、クライアントマシンの NIC が public ゾーンにも接続されている場合は、public ゾーンの IP アドレス経由で NFS マウントができないことも確認してみるとよいでしょう。

```
client # mount -t nfs 16.X.X.X:/home /mnt
mount.nfs: No route to host   ← NFS マウントができないことを確認
```

14-3-2 firewalld における IP マスカレード（NAT）の設定

プライベート IP アドレスを持つ LAN に所属する複数のマシンから、グローバル IP アドレスを持つインターネットに接続する場合などに、しばしば IP マスカレードが利用されます。IP マスカレードは、従来、iptables を用いて実現していましたが、RL 8/AL 8 においては、firewalld で IP マスカレードを実現できます。

IP マスカレードを設定するマシンには、最低 2 つのネットワークポートが必要です、2 つのネットワークポートのうち、1 つはグローバル IP アドレスを持ち、もう 1 つは、プライベート IP アドレスを持つように設定します。以降の実行例では、firewalld を使って IP マスカレードの設定手順を紹介します。

ここでは、ネットワークデバイスのインターフェイス eno1 と eno2 と eno3 を持つマシンにおいて、eno1 と eno2 でチーミングを構成した team0 がグローバル IP アドレスを持ち、eno3 がプライベート IP アドレスを持つと仮定します (図 14-1)。

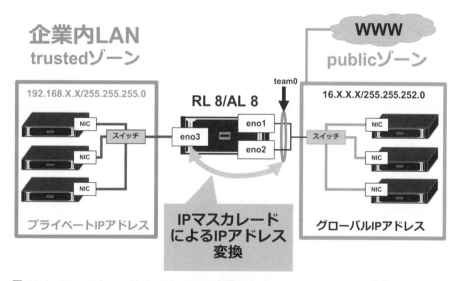

図 14-1　IP マスカレードは、firewalld で実現できる。IP マスカレードを設定するマシンには、プライベート IP アドレスを持つ NIC とグローバル IP アドレスを持つ NIC が必要

注意　遠隔接続時のアクセス

　図 14-1 の中央の IP マスカレード用サーバの eno1 と eno2 を使った team0 は、以下のコマンドで
設定しました。以下の team0 の設定では、現時点で eno1 と eno2 に付与されているコネクションを
すべて削除するため、eno1 や eno2 経由で遠隔から接続している場合、作業が継続できなくなりま
す。そのため、別途、管理用 LAN の eno3 からアクセスして作業するか、ローカル接続のディスプ
レイとキーボードを使って入力作業が継続できるように、環境を事前に整えておいてください。

```
# for i in ‘nmcli c s | grep eno1 | awk ’{print $2}’‘; do nmcli c delete $i; done
# for i in ‘nmcli c s | grep eno2 | awk ’{print $2}’‘; do nmcli c delete $i; done
# dnf install -y teamd NetworkManager-team
# nmcli con delete team0
# nmcli con delete eno1
# nmcli con delete eno2
# nmcli con add type team con-name team0 ifname team0 \
config ’{ "runner": {"name": "loadbalance"}, "link_watch": {"name": "ethtool"}}’
# nmcli con add type team-slave con-name team0-eno1 ifname eno1 master team0
# nmcli con add type team-slave con-name team0-eno2 ifname eno2 master team0
# nmcli con modify team0 \
connection.autoconnect yes \
ipv4.method manual \
ipv4.addresses 172.16.1.185/16 \
ipv4.gateway 172.16.31.8 \
ipv4.dns "172.16.1.254 16.110.135.51" \
ipv4.dns-search "jpn.linux.hpe.com"
# nmcli con modify team0-eno1 autoconnect yes
# nmcli con modify team0-eno2 autoconnect yes
# nmcli con down team0
# nmcli con up team0


# vi /etc/sysconfig/network-scripts/ifcfg-eno1
IPADDR=   ← IP アドレスの値は記述しない
NETMASK=   ← ネットマスクの値は記述しない
DEVICE=eno1
NAME=eno1
TYPE=Ethernet
HWADDR=52:54:00:1d:c4:ec   ← MAC アドレスを記述
ONBOOT=yes
BOOTPROTO=none

# vi /etc/sysconfig/network-scripts/ifcfg-eno1
IPADDR=   ← IP アドレスの値は記述しない
NETMASK=   ← ネットマスクの値は記述しない
```

```
DEVICE=eno2
NAME=eno2
TYPE=Ethernet
HWADDR=52:54:00:df:c1:3d    ← MAC アドレスを記述
ONBOOT=yes
BOOTPROTO=none

# reboot
# teamdctl team0 state
```

 注意　team0 に使用する NIC のデバイス名

　上記では、ifcfg-enoX ファイルにおいて、HWADDR、DEVICE、および、NAME を指定し、強制的に enoX を使用する例ですが、enoX ではなく、ethX を使用する、あるいは、別の NIC デバイス名を使用して、team0 を作成する際は、適宜、/etc/sysconfig/network-scripts ディレクトリに配置するファイルの HWADDR、DEVICE、NAME に不整合がないか注意してください。また、/etc/default/grub ファイル内の GRUB_CMDLINE_LINUX 行で、biosdevname=0 net.ifnames=0 が設定されている場合、ethX を利用するようになるため、enoX などのデバイス名を使用する場合は、GRUB_CMDLINE_LINUX のパラメータの編集と grub2-mkconfig の実行も必要なので、注意してください。

NAT サーバのネットワーク構成は、表 14-2 のとおりです。

表 14-2　NAT サーバの NIC 構成

項目	グローバルネットワーク	企業内 LAN
NIC	team0 (eno1 と eno2 で構成)	eno3
IP アドレス	16.X.X.X/255.255.252.0	192.168.1.181/24
firewalld のゾーン	public	private

■ カーネルパラメータの記述

　IP マスカレードの機能を提供するマシンでは、IPv4 のフォワーディングを有効にします。以下のように、RL 8/AL 8 におけるカーネルパラメータは、/etc/sysctl.conf ファイルに記述できます。

```
# vi /etc/sysctl.conf
...
```

```
net.ipv4.ip_forward=1
...
```

/etc/sysctl.conf ファイルにパラメータを記述したら、カーネルパラメータを有効にします。

```
# sysctl -p
net.ipv4.ip_forward = 1
```

■ IPv4 フォワーディングとゾーンの設定

IPv4 のフォワーディングが有効になっているかどうかは、/proc/sys/net/ipv4/ip_forward の値を確認します。

```
# cat /proc/sys/net/ipv4/ip_forward
1
```

IP マスカレードを設定するマシンに搭載されている、ネットワークデバイスのインターフェイスのゾーンを設定します。

```
# firewall-cmd --permanent --zone=public --change-interface=eno1
# firewall-cmd --permanent --zone=public --change-interface=eno2
# firewall-cmd --permanent --zone=public --change-interface=team0
# firewall-cmd --permanent --zone=trusted --change-interface=eno3
```

ゾーンを確認します。

```
# firewall-cmd --get-active-zones
public
  interfaces: eno1 eno2 team0
trusted
  interfaces: eno3
```

■ IP マスカレードの有効化

グローバル IP アドレスを持つ public ゾーンに対して IP マスカレードを有効にします。IP マスカレードを有効にするには、firewall-cmd コマンドに--add-masquerade オプションを付与します。

```
# firewall-cmd --permanent --zone=public --add-masquerade
success
```

IP マスカレードの設定の追加を再読み込みします。

```
# firewall-cmd --reload
success
```

以上で IP マスカレードの設定は完了です。trusted ゾーンに所属しているマシンは、IP マスカレードを設定したマシンを経由して、グローバル IP アドレスのマシンと通信できます。

■ ゾーンの設定状況の確認

最後に、念のため public ゾーンと trusted ゾーンの設定を確認しておきます。team0 のインターフェイスが所属する public ゾーンは、masquerade が yes になっていることを確認します。

```
# firewall-cmd --list-all \
  --zone=public | grep -E "interfaces|masquerade"
  interfaces: eno1 eno2 team0
  masquerade: yes
# firewall-cmd --list-all \
  --zone=trusted | grep -E "interfaces|masquerade"
  interfaces: eno3
  masquerade: no
```

クライアントマシン側のデフォルトゲートウェイを NAT サーバの eno3 に与えられた IP アドレスに設定します。以下では、クライアントマシンのコマンドプロンプトを「client #」で表します。

```
client # nmcli c modify eth0 ipv4.gateway 192.168.1.181
client # nmcli c modify eth0 ipv4.dns "172.16.1.254 16.X.Y.Z"
client # nmcli c up eth0

client # ip route
default via 192.168.1.181 dev eno1 proto static metric 100

client # cat /etc/resolv.conf
...
nameserver 172.16.1.254
nameserver 16.X.Y.Z

client # nslookup www.hpe.com
...
```

注意　IP マスカレードの設定上の注意

　IP マスカレードにおいては、trusted ゾーンに所属しているマシンから、public ゾーンに所属するその他のマシンへの通信が正常に行われるかどうかを確認してください。特に、trusted ゾーンに所属するクライアントマシンにおいて、デフォルトゲートウェイの IP アドレスや名前解決の設定が正しいかどうか、public ゾーンのマシンと直接通信できるネットワークインターフェイスが存在しないかなどを十分に確認してください。また、本節の設定例は、あくまで IP マスカレードの設定に絞った内容であり、特定サービスの遮断やポートフォワーディングの設定は含まれていません。したがって、本番環境では、実際のセキュリティ要件に沿って設定を行うようにしてください。

14-4 nftables によるパケットフィルタリング

　RL 8/AL 8 では、firewalld 以外に、nftables と呼ばれるパケットフィルタリングのフレームワークが搭載されています。nftables によって、firewalld と同様のファイアウォール設定やパケットの分類が可能です。nftables は、iptables、arptables、ebtables などの後継ツールに相当し、以前のパケットフィルタリングツールと比べて、機能面、性能面、利便性などにおいて優れています。

14-4-1 nftables の仕組み

　nftables では、いくつかの用語が登場します。これらの用語を正しく理解できていると、一見複雑に見えるパケットフィルタリングの仕組みの理解が進みます。以下では、用語を明確にし、nftables の全体像を示します。

　nftables では、フィルタリングのルール設定全体をルールセットと言います。ルールセットは、その名前のとおり、パケットフィルタリングのためのルール（管理者が定義した規則）の集合体です。このルールセットには、テーブルが含まれます。テーブルには、ルールを管理するためのチェインが含まれ、チェインは、フィルタリングの方法を示す複数のルールで構成されます（図 14-2）。

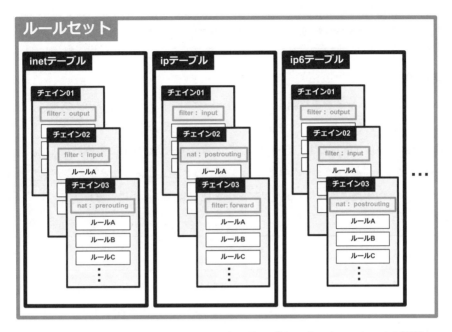

図 14-2　nftables におけるルールセット、テーブル、チェイン、ルールの関係

14-4-2 ルールセット

先に述べたように、ルールセットには、テーブル、チェイン、ルールが含まれます。`nft list ruleset`
コマンドを実行すると、現在定義されているルールセットが表示されます。

```
# nft list ruleset
table ip filter {
        chain INPUT {
                type filter hook input priority filter; policy accept;
        }

        chain FORWARD {
                type filter hook forward priority filter; policy accept;
        }

        chain OUTPUT {
                type filter hook output priority filter; policy accept;
        }
}
...
```

> nft コマンドは、nftables パッケージに含まれています。

■ テーブルの作成

nftables では、まず、チェインを格納するためのテーブルを作成します。テーブルは、複数のチェインを保持します。nftables では、従来の iptables のテーブルと異なり、組み込みのテーブルは存在しないため、管理者が一から作成します。テーブル名などは、ユーザが自由に決められます。テーブルに含まれるチェインには、実際のパケットフィルタリングのアクションとなるルールが含まれます。テーブル、チェインなどの一連の操作は、nft コマンドを使います。以下は、nft コマンドで、テーブルを追加する書式です。

```
nft add table アドレスファミリ名 テーブル名
```

上記において、プロトコルをアドレスファミリと呼びます。各テーブルには、アドレスファミリの定義が必要です。アドレスファミリは、表 14-3 に示す種類が指定可能です。

表 14-3 nftables におけるアドレスファミリ

アドレスファミリの種類	説明
arp	IPv4 のアドレス解決プロトコル（ARP）パケット
bridge	ブリッジデバイスを通過するパケット
netdev	ingress からのパケット
inet	IPv4 パケットと IPv6 パケットの両方
ip	IPv4 パケットのみ（nft コマンドでアドレスファミリを明示的に指定しない場合は、これがデフォルトになる）
ip6	IPv6 パケットのみ

■ テーブルの確認

現在定義されているテーブルは、nft list tables コマンドで確認できます。

```
# nft list tables | sort
table bridge filter
table bridge nat
table inet firewalld
table ip6 filter
table ip6 firewalld
table ip6 mangle
table ip6 nat
```

```
table ip6 raw
table ip6 security
table ip filter
table ip firewalld
table ip mangle
table ip nat
table ip raw
table ip security
```

上のコマンドの実行結果から、アドレスファミリの ip や ip6 には、filter、mangle、nat、raw、security、firewalld が定義されています。firewalld サービスが稼働していない場合は、firewalld は表示されません。

では、ip アドレスファミリにテーブル table01 を追加してみます。テーブルの追加は、nft add table にアドレスファミリを指定し、その後にテーブル名を付与します。nftables は、firewalld と共存できますが、今回は、nftables 単体の挙動を理解するために、firewalld サービスは、事前に停止させておきます。

```
# systemctl stop firewalld
# systemctl is-active firewalld
inactive

# nft add table ip table01
```

ip アドレスファミリの table01 を作成しました。これは、IPv4 のみに対応するテーブルを作成したことを意味します。IPv4 と IPv6 の両方を対象にしたテーブルを作成するには、inet アドレスファミリを指定します。

```
# nft add table inet table01_ipv4v6
```

ip アドレスファミリのテーブル table01 の状態は、nft list table ip にテーブル名を付与します。

```
# nft list table ip table01
table ip table01 {
}
```

同様に、IPv4 と IPv6 の両方に対応した inet アドレスファミリのテーブル table01_ipv4v6 の状態を確認してみます。

```
# nft list table inet table01_ipv4v6
```

```
table inet table01_ipv4v6 {
}
```

　上記より、テーブル table01、および、table01_ipv4v6 には、まだチェインもルールも入っていないことがわかります。

■ チェインの作成

　ルーティングやファイアウォールの機能を提供する Linux サーバは、通常、複数のネットワークインターフェイスを備えており、ある一方の NIC（例えば、eno1）からデータが入り、他方の NIC（eno2）からデータが出ていく構成をとります。パケットフィルタリングを行うサーバを通過する際のチェインの種類によって、IP データをどのように処理するかが異なります。例えば、サーバ宛のパケットの処理は、INPUT チェインを通過し、サーバで稼働するプロセスから外へ出ていくパケットは、OUTPUT チェインを通過します。また、入ってきたパケットを中継する場合は、FORWARD チェインを通過します。IP アドレスを変換する NAT サーバでは、パケットの宛先情報を変更する処理は、PREROUTING チェインを通過し、逆にパケットの送信元情報を変更する処理は、POSTROUTING チェインを通過するように設定します（図 14-3）。

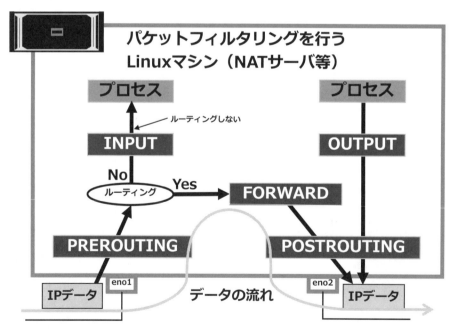

図 14-3　チェインの概念図

チェインは、ルールを保持するために必要です。従来の iptables におけるチェインと異なり、nftables には、最初から組み込まれているチェインが存在しません。また、チェインを作成するには、テーブルが存在していることが前提条件です。チェインは、`nft add chain` コマンドで作成します。以下は、ip アドレスファミリの table01 テーブルに chain01 という名前のチェインを追加する例です。

```
# nft add chain ip table01 chain01
```

■ チェインの確認

table01 にチェイン chain01 が作成できているかを確認します。チェインを確認するには、`nft list table` にチェインが所属するテーブル名を指定します。すると、指定したテーブルに含まれるチェインが表示されます。

```
# nft list table table01
table ip table01 {
        chain chain01 {
        }
}
```

■ ルールの作成

チェインには、複数のルールを定義できます。ルールを作成するには、当然、チェインが作成されていることが前提条件です。ルールは、`nft add rule ip` にテーブル名とチェイン名を指定し、その後にルールの内容を記述します。

以下は、table01 テーブルに含まれる chain01 チェインにおいて、80 番ポートの TCP アクセスを遮断するルールを定義する例です。

```
# nft add rule ip table01 chain01 tcp dport 80 drop
```

作成したルールを表示します。ルールの表示は、`nft list chain ip` の後にテーブル名とチェイン名を付与します。すると、チェインに含まれるルールが表示されます。

```
# nft list chain ip table01 chain01
table ip table01 {
        chain chain01 {
                tcp dport 80 drop
        }
}
```

さらに、設定例として、送信元のアドレスが、10.0.0.0/24 に所属するパケットを遮断するルールを追加してみます。

```
# nft add rule ip table01 chain01 ip daddr 10.0.0.0/24 drop
```

上記のように、chain01 内に複数のルールが定義できました。

■ ルールの削除

ルールを削除するには、ハンドルと呼ばれる番号（本書では、ハンドル番号と呼びます）で削除します。まず、作成したルールのハンドル番号を表示します。ハンドル番号の表示は、nft コマンドに--handle --numeric オプションを付与します。

```
# nft --handle --numeric list chain table01 chain01
table ip table01 {
        chain chain01 { # handle 1
                tcp dport 80 drop # handle 2
                ip daddr 10.0.0.0/24 drop # handle 3
        }
}
```

すると、chain01 チェインにハンドル番号の 1 番、tcp dport 80 drop というルールにハンドル番号の 2 番、そして ip daddr 10.0.0.0/24 drop というルールにハンドル番号の 3 番が付与されていることがわかります。この番号をもとに、ルールを削除します。以下は、ハンドル番号が 3 番のルールを削除する例です。

```
# nft delete rule table01 chain01 handle 3
```

ハンドル番号が 3 番のルールを削除できているかを確認します。

```
# nft --handle --numeric list chain table01 chain01
table ip table01 {
        chain chain01 { # handle 1
                tcp dport 80 drop # handle 2
        }
}
```

上記より、ハンドル番号が 3 番のルールが削除できていることがわかります。さらに、チェインで定義されたすべてのルールを一括削除することも可能です。

```
# nft flush chain table01 chain01
```

```
# nft --handle --numeric list chain table01 chain01
table ip table01 {
        chain chain01 { # handle 1
        }
}
```

14-4-3 nftables による IP マスカレード（NAT）

firewalld と同様に、nftables でも IP アドレスの変換を行う IP マスカレード（NAT）の設定が可能です。以下では、firewalld を使わずに、nftables のみで NAT サーバを構築する手順を紹介します。想定する NAT 環境は、以下のとおりです（表 14-4、表 14-5）。

表 14-4　NAT サーバのネットワーク構成

項目	設定値	
NIC	team0 (eno1 と eno2 でチーミング)	eno3
所属する LAN	パブリック LAN	プライベート LAN
ネットワーク	16.X.X.X/252	192.168.1.181/24
デフォルトゲートウェイ	16.X.X.X/252	–

表 14-5　NAT サーバにアクセスするクライアントマシンのネットワーク構成

項目	設定値
NIC	eno1
所属する LAN	プライベート LAN
ネットワーク	192.168.1.182/24
デフォルトゲートウェイ	192.168.1.181

■ firewalld の停止

以下では、NAT サーバのコマンドプロンプトを「#」、クライアントのコマンドプロンプトを「client #」で表します。今回は、nftables のみの機能を確認するため、firewalld が稼働している場合は、停止させます。

```
# systemctl stop firewalld
# systemctl disable firewalld
```

■ ルールセットの削除

NAT サーバでルールセットを削除します。

```
# nft flush ruleset
```

ルールセットを削除したため、テーブルも削除されているかを確認します。nft list tables を実行し、何も表示されないことを確認します。

```
# nft list ruleset
# nft list tables
```

■ テーブルの作成

NAT 用のテーブルを作成します。今回は、テーブル名を nat としました。

```
# nft add table ip nat
```

■ チェインの作成

テーブル nat に対して、POSTROUTING チェインを作成します。nftables において、POSTROUTING チェインは、中括弧を付与し、以下のパラメータを伴います。

表 14-6　チェインの中括弧内で指定するパラメータ

パラメータ	説明
type	filter、route、nat のいずれかをとる
hook	prerouting、input、forward、output、postrouting のいずれかをとる
priority	チェインの優先度を整数値で設定。値が小さいほど、優先度が高い

チェインのタイプは、NAT であるため、type に nat を指定します。また、NAT サーバから出ていくパケットを処理する必要があるため、hook には、postrouting を指定します。今回、priority は、100 に設定します。さらに、コマンドラインから、nft コマンドで設定する場合、セミコロンの直前に\記号を付与します。

```
# nft add chain ip nat POSTROUTING \
  { type nat hook postrouting priority 100 \; policy accept \; }
```

■ ルールの作成

さらに、NAT サーバに到着するパケットのルールを作成します。NAT サーバに到着するパケットの送信元を saddr で指定します。今回は、プライベート LAN に所属するマシンが送信元になるため、saddr にプライベート LAN の 192.168.1.0/24 を指定します。到着したパケットは、NAT サーバの NIC の team0 から出るため、パケットを送出する team0 を oifname に指定します。最後に、このパケットの処理は、IP アドレスの変換が伴うため、masquerade を指定します。

```
# nft add rule ip nat POSTROUTING \
oifname "team0" ip saddr 192.168.1.0/24 masquerade
```

以上で、NAT サーバの設定は完了です。

■ テーブルとルールの確認

テーブル nat のチェインとルールを確認します。

```
# nft list table ip nat
table ip nat {
        chain POSTROUTING {
                type nat hook postrouting priority srcnat; policy accept;
                oifname "team0" ip saddr 192.168.1.0/24 masquerade
        }
}
```

■ クライアントからの接続テスト

プライベート LAN に所属するクライアントは、デフォルトゲートウェイを NAT サーバのプライベート LAN 側の NIC（今回の場合は、192.168.1.181）に設定しておく必要があります。

```
client # nmcli c modify eth0 ipv4.gateway 192.168.1.181
client # nmcli c modify eth0 ipv4.dns "172.16.1.254 16.X.Y.Z"
client # nmcli c up eth0

client # ip route
default via 192.168.1.181 dev eno1 proto static metric 100

client # cat /etc/resolv.conf
...
nameserver 172.16.1.254
nameserver 16.X.Y.Z
```

クライアントから、NAT サーバ経由でパブリック LAN に所属するマシンなどにアクセスできるか

確認してください。

```
client # ping 16.X.Y.Z
client # nslookup www.hpe.com
...
```

14-4-4 設定の永続化

nftables で作成した NAT の設定を OS 起動後に自動的にロードするには、テーブル、チェイン、ルールの作成手順を記載した nftables 専用の設定ファイルを作成します。以下は、先ほど作成した NAT サーバの設定ファイルを生成する例です。

■ 設定ファイルの作成

nftables 専用の設定ファイルは、nft list ruleset コマンドをリダイレクトします。設定ファイルの名前は、ip-nat.nft としました。

```
# nft list ruleset > /etc/nftables/ip-nat.nft
```

ip-nat.nft ファイルの中身を確認します。

```
# cat /etc/nftables/ip-nat.nft
table ip nat {
        chain POSTROUTING {
                type nat hook postrouting priority srcnat; policy accept;
                oifname "team0" ip saddr 192.168.1.0/24 masquerade
        }
}
```

■ 設定ファイルの編集

ファイルの先頭行に、#!/bin/sbin/nft -f を付与します。

```
# vi /etc/nftables/ip-nat.nft
#!/bin/sbin/nft -f
table ip nat {
        chain POSTROUTING {
                type nat hook postrouting priority srcnat; policy accept;
                oifname "team0" ip saddr 192.168.1.0/24 masquerade
        }
}
```

■ 設定ファイルの登録

OS 起動後の nftables サービス開始時に、ip-nat.nft ファイルが自動的にロードされるように /etc/sysconfig/nftables.conf ファイル内に、ip-nat.nft ファイルのパスを記述します。

```
# vi /etc/sysconfig/nftables.conf
...
include "/etc/nftables/ip-nat.nft"
```

■ 動作確認

いったん、nftables で作成したルールセットを削除します。

```
# nft flush ruleset
# nft list tables
#
```

systemd 経由で nftables を起動し、NAT のテーブル、チェイン、ルールが自動的に生成されているかを確認します。

```
# systemctl restart nftables
# systemctl is-active nftables
active
# systemctl enable nftables
# nft list table ip nat
table ip nat {
        chain POSTROUTING {
                type nat hook postrouting priority srcnat; policy accept;
                oifname "team0" ip saddr 192.168.1.0/24 masquerade
        }
}
```

以上で、nftables サービス起動時に、自動的に NAT サーバの設定がロードされるようになりました。systemd 経由で、nftables を停止させると、自動的にテーブルも削除されていることを確認してください。

```
# systemctl stop nftables
# nft list tables
#
```

14-5 GRUB2 のセキュリティ

GRUB2 では、OS の起動に関するセキュリティ設定が行えます。GRUB2 における主なセキュリティ対策としては、ブートパラメータの編集を行う際のユーザ認証が挙げられます。RL 8/AL 8 のブート時に表示される GRUB2 のメニュー画面では、ブートパラメータなどを編集できますが、セキュリティの観点から、GRUB2 の編集モードに移る際にパスワードを設定したい場合があります。ここでは、ブートパラメータの編集モードに移る際にパスワードを設定する例を示します。

14-5-1 GRUB2 のパスワード設定

■ パッケージのインストール

RL 8/AL 8 における GRUB2 の編集モードのパスワードは、grub2-setpassword コマンドで設定します。grub2-setpassword コマンドは、grub2-tools-minimal RPM パッケージに含まれているので、インストールされていない場合は、dnf コマンドでインストールします。

```
# dnf install -y grub2-tools-minimal
```

■ パスワードの入力

grub2-setpassword コマンドを入力すると、Enter password:のプロンプトが表示されるので、パスワードを入力します。

```
# grub2-setpassword
Enter password:
Confirm password:
```

パスワード情報は、ハードウェア設定が BIOS モードの場合、/boot/grub2/user.cfg ファイルに、UEF モードの RL 8 の場合、/boot/efi/EFI/rocky/user.cfg ファイルに、UEFI モードの AL 8 の場合、/boot/efi/EFI/almalinux/user.cfg ファイルに記録されます。

○ BIOS モードの場合：

```
# cat /boot/grub2/user.cfg
GRUB2_PASSWORD=grub.pbkdf2.sha512.10000.08F6305E59A9596100370712D222E67...
```

○ **UEFI モードの RL 8 の場合：**

```
# cat /boot/efi/EFI/rocky/user.cfg
GRUB2_PASSWORD=grub.pbkdf2.sha512.10000.99C79BCB7770B5FC8B81CD1DF24B95A...
```

○ **UEFI モードの AL 8 の場合：**

```
# cat /boot/efi/EFI/almalinux/user.cfg
GRUB2_PASSWORD=grub.pbkdf2.sha512.10000.6FF04A7E5248A09550D98937E262569...
```

■ リブート

OS を再起動し、GRUB2 のブートメニューで E キーを押し、ユーザ名を入力するプロンプトが表示されたら、root を入力し、パスワードが問われるかを確認してください。

```
# reboot
```

リブート後、GRUB2 のパラメータ編集画面に移る際のユーザ名とパスワードを入力する画面が表示されます。

```
  Enter username :
root
Enter password :
```

grub2-password コマンドで設定したパスワードを入力すると、GRUB2 のブートエントリのパラメータ編集画面が表示されます。

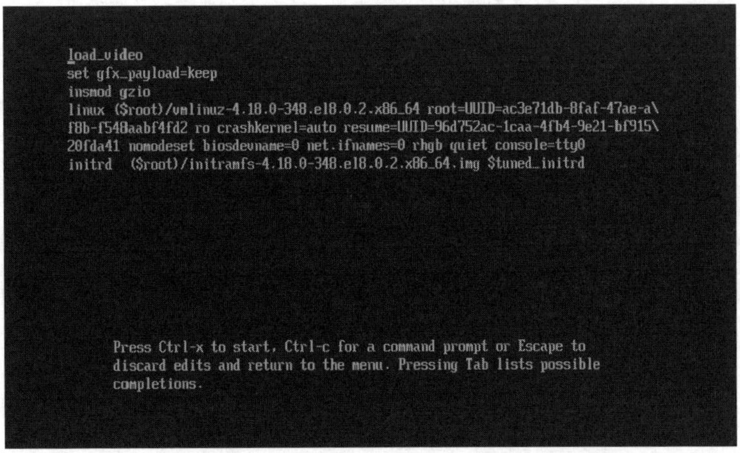

```
load_video
set gfx_payload=keep
insmod gzio
linux ($root)/vmlinuz-4.18.0-348.el8.0.2.x86_64 root=UUID=ac3e71db-8faf-47ae-a\
f8b-f548aabf4fd2 ro crashkernel=auto resume=UUID=96d752ac-1caa-4fb4-9e21-bf915\
20fda41 nomodeset biosdevname=0 net.ifnames=0 rhgb quiet console=tty0
initrd  ($root)/initramfs-4.18.0-348.el8.0.2.x86_64.img $tuned_initrd




        Press Ctrl-x to start, Ctrl-c for a command prompt or Escape to
        discard edits and return to the menu. Pressing Tab lists possible
        completions.
```

図 14-4　GRUB2 のブートエントリのパラメータ編集画面

> grub2-setpassword による GRUB2 のブートパラメータの編集モードのパスワード設定では、grub2-mkconfig
> コマンドによる grub.cfg ファイルの更新は不要です。

14-6 PAM によるアクセス制御

Linux では、システムのリソースへのアクセスを制限するための機構として PAM が存在します。nftables がパケットペースのセキュリティを設定するものであるのに対して、PAM はユーザベースのセキュリティ設定であると言えます。

PAM は、認証に関するフレームワークを提供します。さまざまなアプリケーションに対して、共通の認証機構を提供するため、アプリケーションごとに独自の認証スキームを作る必要がなくなります。

PAM の設定ファイルは、/etc/pam.d ディレクトリ以下に収められています。設定ファイルでは、PAM が呼び出すモジュールファイルが指定されています。多種多様な設定が可能なので、すべての機能を紹介することはできませんが、本書では、PAM でよく利用されるアクセス制御として、「SSH 接続の際のパスワード入力ミスを一定回数以上繰り返した一般ユーザ（非特権ユーザ）のアカウントをロックする」アクセス制御の設定例を紹介します。

  注意　PAM の設定ファイル

/etc/pam.d ディレクトリ配下の設定ファイルは、記述を誤ると、OS 全体に影響を及ぼすため、設定ファイルの編集は、細心の注意を払う必要があります。設定ファイルの記述を誤ると、OS にログインできない状況に陥る場合もあります。そのような場合は、OS をシングルユーザモードで起動し、pam RPM パッケージからファイルを抽出して置き換えるなどの処置が必要です。そのため、PAM の設定ファイルは、オリジナルをバックアップしておくことをお勧めします。

14-6-1 SSH 接続のユーザアカウントのロック手順

SSH 接続は、/etc/ssh/sshd_config ファイルに PAM を使用する設定が記述されています。SSH 接続に関するアクセス制御を PAM で行うには、この/etc/ssh/sshd_config ファイル内に、UsePAM yes の設定があることが前提です。

```
# grep ^UsePAM /etc/ssh/sshd_config
UsePAM yes
```

また、クライアントマシンから ssh コマンドで接続する際に、デフォルトでは、クライアントから
の ssh 接続を 5 回試行すると、ログインを諦める設定になっているため、ssh ログインの試行回数を増
やします。クライアントからの ssh ログインの試行回数の最大値を増やすには、ssh によるログイン先
の sshd デーモンが稼働するマシン（今回の PAM の設定を行うマシン）の /etc/ssh/sshd_config ファ
イル内の MaxAuthTries 行の行頭のコメントアウト記号の#を削除し、値を設定します。今回は、最大
試行回数を 10 に設定しておきます。

```
# vi /etc/ssh/sshd_config
...
MaxAuthTries 10
...
```

設定ファイルを編集したら、sshd サービスを再起動します。

```
# systemctl restart sshd
```

■ PAM の設定

CentOS 7 までの PAM では、ユーザがある一定回数以上パスワード入力ミスを犯すと、一定時間ロ
グインできないようにする設定を pam_tally.so モジュールが担っていました。しかし、RL 8/AL 8 で
は、pam_tally.so が廃止され、pam_faillock.so モジュールが担うようになりました。そのため、ファイ
ルの記述も CentOS 7 までの設定と異なるため、注意が必要です。一般ユーザが SSH 接続の際に、一
定回数以上パスワード入力ミスを犯した場合、ユーザアカウントを一定の時間でロックさせるには、
/etc/pam.d/password-auth ファイルを編集します。

■ 設定ファイルの確認

まずは、ファイルの中身を確認します。

```
# grep -vE "^#|^$" /etc/pam.d/password-auth
auth        required      pam_env.so
auth        sufficient    pam_unix.so try_first_pass nullok
auth        required      pam_deny.so
account     required      pam_unix.so
password    requisite     pam_pwquality.so try_first_pass local_users_only retry=3 authtok_type=
password    sufficient    pam_unix.so try_first_pass use_authtok nullok sha512 shadow
password    required      pam_deny.so
session     optional      pam_keyinit.so revoke
session     required      pam_limits.so
-session     optional       pam_systemd.so
```

```
session      [success=1 default=ignore] pam_succeed_if.so service in crond quiet use_uid
session      required      pam_unix.so
```

■ 設定ファイルのバックアップ

設定ファイルのバックアップをとっておきます。

```
# cp -a /etc/pam.d/password-auth /root/
```

■ 設定ファイルの編集

/etc/pam.d/password-auth の auth セクションと account セクションに pam_faillock モジュール
の設定を記述します。以下のように、auth セクションの pam_unix.so が記述されている直前の行と
直後の行、さらに、account セクションにも pam_faillock.so の記述を追加します。

```
# vi /etc/pam.d/password-auth
...
auth         required      pam_faillock.so preauth silent audit deny=7 unlock_time=120
auth         sufficient    pam_unix.so try_first_pass nullok
auth         [default=die] pam_faillock.so authfail audit deny=7 unlock_time=120
...
account      required      pam_faillock.so
account      required      pam_unix.so
...
```

上記設定ファイルの 3 行の意味は、ssh 接続でパスワード入力ミスが連続 6 回までならばログイン可
能となり、パスワード入力ミスが連続 7 回続くと、120 秒間ログイン不可能になることを意味します。

> パスワード入力ミスの一定回数を超えると ssh ログインを一定時間できないようにロックする設定は、
> /etc/pam.d/password-auth ファイルに記述しましたが、ローカルの端末のログインプロンプトでパスワー
> ドロックを行いたい場合は、/etc/pam.d/system-auth ファイルに記述します。/etc/pam.d/password-auth
> ファイルに記述した pam_faillock.so に関する 3 行を/etc/pam.d/system-auth ファイルにまったく同
> じ内容で記述します。

■ 動作確認

まずは、/etc/pam.d/password-auth ファイルに pam_faillock.so の設定を施したマシンに一般
ユーザで ssh 接続を行い、誤ったパスワードを 6 回入力し、7 回目のパスワード入力プロンプトで正し
いパスワードを入力し、ユーザアカウントがロックされないことを確認します。ここでは、ssh 接続を
行うクライアント側のコマンドプロンプトを「client #」で表します。以下は、PAM の設定を施した

マシンの IP アドレスが 172.16.1.182 の場合の接続例です。

```
client # ssh -l koga 172.16.1.182 -o "NumberOfPasswordPrompts 10"
koga@172.16.1.182's password:
Permission denied, please try again.
koga@172.16.1.182's password:
...
Permission denied, please try again.
koga@172.16.1.182's password:    ←7回目のプロンプトで正しいパスワードを入力
Last failed login: Sun Dec 1 07:22:15 JST 2019 from 172.16.1.181 on ssh:notty
There were 6 failed login attempts since the last successful login.
Last login: Sun Dec 1 07:05:02 2019 from 172.16.1.181
[koga@n0182 ~]$
```

次に、再度クライアントマシンから、SSH 接続を試みます。7 回目のパスワード入力プロンプトで誤ったパスワードを故意に入力し、すぐに CTRL キーと C キーを押して、再びコマンドプロンプトに戻るか、別の仮想端末等で ssh 接続時に正しいパスワードを入力しても、120 秒間ログインができないことを確認してください。

```
client # ssh -l koga 172.16.1.182 -o "NumberOfPasswordPrompts 10"
koga@172.16.1.182's password:
Permission denied, please try again.
koga@172.16.1.182's password:
...
```

■ SSH ログインのログイン失敗回数のカウント

ユーザが SSH 接続でログインに失敗した回数は、faillock コマンドで確認できます。

SSH 接続元のクラアイアンとマシン上で、SSH 接続先に ssh コマンドを使って、一般ユーザ koga でログインを試みる際に、故意に誤ったパスワードを何回か入力し、ログインが失敗することを確認します。

```
client # ssh koga@172.16.1.182
```

ssh 接続先（PAM を設定したマシン側）で faillock コマンドに--user オプションとユーザ名を付与して実行します。

```
# faillock --user koga
koga:
When                 Type  Source                              Valid
2022-03-12 08:52:56 RHOST 172.16.1.181                           V
```

```
2022-03-12 08:53:00 RHOST 172.16.1.181                              V
```

上記は、ユーザ koga が、2 回パスワード入力ミスによりログインに失敗していることがわかります。ssh 接続に失敗した回数をリセットするには、先述の faillock コマンドに--reset オプションを付加します。

```
# faillock --user koga --reset
# faillock --user koga
```

上記より、ユーザ koga のパスワード入力ミスによるログインに失敗回数が 0 回にリセットされていることがわかります。これにより、ユーザ koga は、一定時間 ssh ログインできない状態が解除され、すぐに ssh コマンドでログインできます。

14-7 ファイルシステムのセキュリティ向上

Linux におけるセキュリティ向上対策として近年注目を浴びているのが、ファイルシステムの暗号化です。ファイルシステムのセキュリティに関心が集まる背景としては、クラウドコンピューティングにおけるマルチテナント化やビッグデータ基盤の分析結果の機密性向上のニーズが挙げられます。RL 8/AL 8 では、XFS が標準的なファイルシステムとして利用されますが、LVM の暗号化を組み合わせることで、ファイルシステムにおける暗号化を実現できます。

分散ストレージ基盤ソフトウェアにおいても、ファイルシステムの暗号化機能が利用可能となっており、ビッグデータ基盤においては、ファイルサイズだけでなくデータの機密性にも注目が集まっています。本節では、RL 8/AL 8 における非常に基本的なファイルシステムの暗号化の手順を紹介します。

14-7-1 System Storage Manager を使った暗号化

RL 8/AL 8 では、LVM 論理ボリュームの暗号化を簡単に管理できる System Storage Manager（以下 SSM）を利用できます。SSM は、LVM やファイルシステムの管理を簡素化することを目的に開発されたもので、暗号化に限らずストレージ管理者の負担を大幅に軽減できます。

■ SSM のインストール

SSM は、system-storage-manager RPM パッケージで提供されており、管理対象マシンに dnf コマンドでインストールします。

```
# dnf install -y system-storage-manager
```

SSM は、ssm コマンドを使ってボリュームやファイルシステムを管理します。現在のストレージデバイスの設定状況を確認する場合は、ssm コマンドに list サブコマンドを付与します。

```
# ssm list
--------------------------------------
Device       Free    Used
--------------------------------------
/dev/sda     2.93 TB  PARTITIONED
/dev/sda1    1.00 MB
/dev/sda2    2.00 GB  /boot
/dev/sda3    7.90 GB  SWAP
/dev/sda4    2.92 TB  /
/dev/sdb     2.93 TB
/dev/sdc     2.93 TB
--------------------------------------

------------------------------------------------------------------
Volume          Pool   Volume size        FS  FS size   Free  Type
------------------------------------------------------------------
/dev/sda2       2.00 GB  xfs  1.99 GB  1.74 GB  part  /boot
/dev/sda4       2.92 TB  xfs  2.92 TB  2.89 TB  part  /
------------------------------------------------------------------
```

■ LVM 論理ボリュームの暗号化

ssm コマンドでは、create オプションを付与することでボリュームを作成し、--fstype オプションに指定したファイルシステムでマウントします。ここで、-e luks オプションを付与すると、暗号化された LVM 論理ボリュームを作成します。暗号化する場合は、パスフレーズの入力が促されるので、推測されにくいパスフレーズを適切に入力します。

SSM では、ボリューム作成時に、ストレージプールの名前を-p オプションで指定します。この例では、外部ストレージ/dev/sdb にストレージプールを作成し、XFS でフォーマットされたパーティション/dev/sdb1 を作成します。ストレージプール名は、pool001 とし、マウントポイントは、/mnt ディレクトリとしました。

```
# sgdisk -Z /dev/sdb
# sgdisk -n 1: /dev/sdb
# sgdisk -p /dev/sdb | grep -A1 Number
Number  Start (sector)    End (sector)  Size      Code  Name
   1      2048            6291455966    2.9 TiB   8300
```

```
# ssm create --fstype xfs -p pool001 -e luks /dev/sdb1 /mnt
Enter passphrase:
Verify passphrase:
```

パスフレーズを正しく入力できたら、暗号化された LVM 論理ボリュームが正常に/mnt ディレクトリにマウントされているかを確認します。

```
# ssm list
...
-----------------------------------------------------
Pool     Type  Devices    Free      Used    Total
-----------------------------------------------------
pool001  lvm   1          0.00 KB   2.93 TB  2.93 TB
-----------------------------------------------------

---------------------------------------------------------------
Volume                      Pool         ...  Type    Mount point
---------------------------------------------------------------
/dev/pool001/lvol001        pool001      ...  linear
/dev/mapper/encrypted001    crypt_pool   ...  crypt   /mnt
/dev/sda2                                ...  part    /boot
/dev/sda4                                ...  part    /
---------------------------------------------------------------
```

SSM により、LVM の論理ボリューム/dev/pool001/lvol001 が作成されていますが、暗号化されているため、ユーザが直接マウントしてアクセスできないようになっています。暗号化された LVM ボリュームは、上記の出力において、Type が crypt になっている/dev/mapper/encrypted001 が/mnt にマウントされています。df コマンドでもファイルシステムのマウントの状況を確認しておきます。

```
# df -HT
Filesystem                  Type    Size  Used  Avail Use% Mounted on
...
/dev/mapper/encrypted001 xfs        3.3T  23G   3.2T   1% /mnt
```

暗号化されている LVM ボリュームにテスト用のファイルを格納しておきます。

```
# echo "Hello encrypted LVM" > /mnt/testfile
```

14-7-2 暗号化された LVM 論理ボリュームの管理

先述の方法で、SSM により作成した LVM 論理ボリュームは、パスフレーズが付与されているため、パスフレーズを知っている管理者だけがマウントして中身のファイルを見ることができます。譬えると、論理ボリュームという金庫に鍵をかけるような管理が可能となります。それでは、先ほど作成したばかりの LVM 論理ボリュームに"鍵をかけて"みましょう。

■ LVM 論理ボリュームのロック

まず、LVM 論理ボリュームである /dev/mapper/encrypted001 が割り当てられているファイルシステムのマウントポイント /mnt をアンマウントします。

```
# umount /mnt
```

次に、LVM 論理ボリュームの"金庫に鍵をかける"操作を施します。これは cryptsetup コマンドを使います。cryptsetup コマンドに luksClose オプションを指定します。

```
# cryptsetup luksClose /dev/mapper/encrypted001
```

"金庫の扉を再び開く操作"、すなわち、暗号化された LVM 論理ボリュームを再びマウントするには、パスフレーズの入力が必要になるため、パスフレーズを知らない他人が勝手にマウントして 中にあるファイルを取り出すことはできません。

■ ボリュームの状態を確認

この状態で、ボリュームの一覧を ssm コマンドで確認してみます。

```
# ssm list volumes
------------------------------------------------------------
Volume                 Pool       ...  Type    Mount point
------------------------------------------------------------
/dev/pool001/lvol001   pool001    ...  linear
/dev/sda2                         ...  part    /boot
/dev/sda4                         ...  part    /
------------------------------------------------------------
```

論理ボリューム /dev/mapper/encrypted001 が表示されていないことがわかります。LVM 論理ボリュームの"鍵を開ける"操作は、次に示すように cryptsetup コマンドに luksOpen オプションを付与し、対象となる LVM 論理ボリューム /dev/pool001/lvol001 を指定します。マウントに利用するデバイス名を /dev/mapper/encrypted001 にするには、/dev/mapper を除いた encrypted001 を続けて

指定します。

```
# cryptsetup luksOpen /dev/pool001/lvol001 encrypted001
Enter passphrase for /dev/pool001/lvol001:
```

パスフレーズが正しい場合は、/dev/mapper/encrypted001 が生成されるので、SSM でボリューム
を確認します。

```
# ssm list volumes
----------------------------------------------------------------
Volume                     Pool          ...  Type   Mount point
----------------------------------------------------------------
/dev/pool001/lvol001       pool001       ...  linear
/dev/mapper/encrypted001   crypt_pool    ...  crypt
/dev/sda2                                ...  part   /boot
/dev/sda4                                ...  part   /
----------------------------------------------------------------
```

LVM 論理ボリュームをマウントできるかどうかを確認します。

```
# mount /dev/mapper/encrypted001 /mnt
# cat /mnt/testfile
Hello encrypted LVM
```

14-8 まとめ

　本章では、RL 8/AL 8 におけるセキュリティについていくつか紹介しました。ここで取り上げた
firewalld、nftables、GRUB2、PAM、LVM の暗号化以外にも、ネットワーク通信プロトコルの暗号化や
SELinux など、さまざまなものが存在します。本書では、特に近年のクラウド基盤やビッグデータ基
盤でニーズとして挙がっている、初歩的なものを取り上げました。

　Linux におけるセキュリティ設定のノウハウやベストプラクティスは、挙げるときりがありません。
また、セキュリティの向上と利便性は、どうしても相反する部分があるのも否めません。最初からす
べてのセキュリティ要件を満たそうとすると、著しく利便性を損なう恐れもありますし、逆に、利便性
を追求すると、外部からの攻撃に非常に脆弱なシステムになりかねません。セキュリティ設定は、熟
練技術者の勘と経験に左右されることが多く、あやふやな知識でのセキュリティ設定は、情報漏洩や
クラッカーの攻撃の的になり、非常に危険です。本番システムでは、セキュリティに熟達したベンダ
の技術コンサルタントとよく議論し、セキュリティ要件の決定や具体的な設定項目も洗い出しを行っ
てください。

第15章

バックアップ／リストア、障害復旧

OS 関連の障害には、さまざまな種類のものが存在します。コミュニティで話題にのぼる障害復旧の FAQ を見ると、OS が稼働中のサービス設定ファイルを修正するだけで済むような、比較的簡単に対応できるものが多いようです。しかし現実には、サーバの物理的な障害によって OS が正常に起動できないといった重大な障害もあります。また、物理的な障害が発生していなくても、オペレーションや設定ミス、致命的なバグなどによって OS が起動不能に陥る場合もあります。

Linux の障害復旧手順は、そのトラブルの種類や難易度によって千差万別ですが、本書では、管理者が知っておくべき非常に基本的な障害復旧手順であるバックアップ／リストア手順、RL 8/AL 8 で提供されるバックアップツール、レスキューモードを使った復旧手順について解説します。

15-1 バックアップ運用管理

　サーバシステムの業務を継続するには、主に HA クラスタによるサービスの冗長化、サーバ機器の冗長化などの手法によって実現できますが、バックアップ運用管理の一貫として、サーバのハードウェア設定や OS の設定ファイル、ユーザデータは複製を作成しておく必要があります。データの複製を作ることにより、本番環境のデータが失われた場合でも、作成しておいた複製から素早くデータを復旧するためです。システムの可用性を高めるには、サービスの継続以外に、データのバックアップ体制を整えておくことは必須です。

15-2 基本的なバックアップのシステム構成

　サーバの OS 情報は、内蔵のハードディスクドライブに保存されますが、ハードディスクの障害が発生した場合、サーバのハードディスクを交換し、RAID を構成した後に、OS の再インストールとユーザデータの復旧を行います。復旧に利用されるのは、正常な状態のサーバで作成したバックアップデータです。サーバシステムにおいてシステムの正常な状態を取得して複製を行うことを「バックアップ」と呼びますが、バックアップの取得方法としては、大きく分けてテープへのバックアップ（D2T：Disk to Tape）とディスクへのバックアップ（D2D：Disk to Disk）が存在します（図 15-1）。

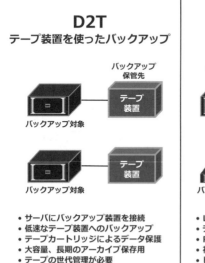

図 15-1　テープへのバックアップ（D2T）やディスクへのバックアップ（D2D）の例

　現在の UNIX システムや Linux システムで見られる D2T バックアップのメリットは、テープカートリッジが大容量で、かつ、長期保存に向いているという点です。一方、D2D バックアップは、高速バックアップが可能です。安価で安定したテープ装置へのバックアップも多く見られますが、昨今のビッグデータ分析基盤の利用を見据え、バックアップだけでなくデータ活用という観点で、最近は大容量ディスクへの D2D の採用も増えています。

15-3 tar によるバックアップ／リストア

　UNIX システムでのバックアップは、tar コマンドや商用のバックアップソフトウェアを使った方法がとられるのが一般的です。ユーザデータのテープへのバックアップは、UNIX システムで利用されている手法と同様に tar コマンドが利用されています。tar コマンドは、前世紀からフロッピーディスクやテープ装置をサポートしてきた経緯から、現在でも幅広く利用されているコマンドです。

　tar コマンドは、テープへのバックアップだけでなく、データのアーカイブ機能があるため、データの可搬性を高めることができます。テープ装置を使った D2T や、外部ストレージへのバックアップを行う D2D でも tar コマンドが利用されます。そして、最近では、災害対策として、D2D と D2T を組み合わせた D2DT 方式を利用する際も、tar コマンドや商用のバックアップツールが利用されています（図 15-2）。

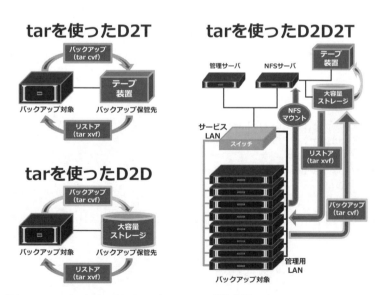

図 15-2　tar コマンドによるバックアップ構成例。D2D、D2T だけでなく、D2D2T も利用される

D2T、D2D、D2D2T のいずれにおいても、圧縮済みの tar アーカイブ形式のファイルをバックアップする場合が少なくありません。また、管理サーバから複数のバックアップ対象に tar コマンドを発行し、スケジュールにのっとってバックアップを自動化する運用も見られます。

tar コマンドによるバックアップは、主に gzip 圧縮、bzip2 圧縮、xz 圧縮の併用が多く見られます。tar コマンドは、UNIX OS に搭載されているものと、Linux に搭載されている GNU tar コマンドで仕様の違いがあるため、注意が必要ですが、商用 UNIX 用の GNU tar が提供されている場合もあるので、両システムで GNU tar コマンドを利用することで、UNIX と Linux の混在したヘテロ環境におけるバックアップ運用の違いを低減することも可能です。RL 8/AL 8 に搭載されている tar コマンドは GNU tar なので、gzip、bzip2、xz との併用を可能とするオプションが用意されています。

15-3-1 バックアップ

通常、tar コマンドは、アーカイブに対する操作のオプションに作成したい圧縮済みアーカイブファイル名とバックアップ対象となるファイルやディレクトリを指定します。指定したディレクトリ以下を tar アーカイブにバックアップするには、tar コマンドに c オプションを付与します。また、tar コマンドは、a オプションにより、ファイルの拡張子を判別して、自動的に圧縮を行います。

■ tar と gzip 圧縮を併用するバックアップ

tar と gzip 圧縮を併用し、/usr/share/doc ディレクトリ以下すべてを圧縮済みアーカイブファイルにバックアップする例を示します。

```
# cd
# pwd
/root
# tar cavpf doc01.tar.gz /usr/share/doc
tar: Removing leading '/' from member names
/usr/share/doc/
/usr/share/doc/google-noto-fonts-common/
...
```

gzip 圧縮の tar アーカイブファイルの拡張子は、tar.gz で表されますが、末尾を短縮形の tgz にする場合もあります。

```
# tar cavpf doc01.tgz /usr/share/doc
...

# ls -lh doc0*
```

```
-rw-r--r-- 1 root root 21M Mar 12 14:15 doc01.tar.gz
-rw-r--r-- 1 root root 21M Mar 12 14:15 doc01.tgz
```

■ tar と bzip2 圧縮を併用するバックアップ

bzip2 圧縮を併用した場合、gzip よりも圧縮率が若干高くなります。

```
# tar cavpf doc02.tar.bz2 /usr/share/doc/
# ls -lh doc0*
-rw-r--r-- 1 root root 21M Mar 12 14:15 doc01.tar.gz
-rw-r--r-- 1 root root 21M Mar 12 14:15 doc01.tgz
-rw-r--r-- 1 root root 18M Mar 12 14:16 doc02.tar.bz2
```

■ tar と xz 圧縮を併用するバックアップ

xz 圧縮を併用した場合、bzip2 よりも圧縮率が若干高くなります。

```
# tar cavpf doc02.tar.xz /usr/share/doc/
# ls -lh doc0*
-rw-r--r-- 1 root root 21M Mar 12 14:15 doc01.tar.gz
-rw-r--r-- 1 root root 21M Mar 12 14:15 doc01.tgz
-rw-r--r-- 1 root root 18M Mar 12 14:16 doc02.tar.bz2
-rw-r--r-- 1 root root 16M Mar 12 14:18 doc02.tar.xz
```

15-3-2 バックアップデータの確認

tar アーカイブの中身を確認するには、tar コマンドに t オプションを付与するか、less ページャで圧縮済み tar アーカイブファイルを指定します。

```
# tar tvf doc01.tar.gz
drwxr-xr-x root/root        0 2022-03-12 09:09 usr/share/doc/
drwxr-xr-x root/root        0 2022-01-14 01:58 usr/share/doc/google-noto-fonts-common/
...
```

tgz 形式、tar.bz2 形式、tar.xz 形式も tar コマンドに tvf オプションでアーカイブの中身を確認できます。

```
# tar tvf doc01.tgz
# tar tvf doc02.tar.bz2
# tar tvf doc02.tar.xz
```

15-3-3 バックアップデータの展開

tar アーカイブを展開するには、tar コマンドに x オプションを付与します。また、tar アーカイブの展開先を-C オプションで明示的に付与します、-C オプションを付与しない場合は、tar アーカイブがカレントディレクトリに展開されます。

```
# tar xvpf doc01.tar.gz -C /
usr/share/doc/
usr/share/doc/google-noto-fonts-common/
...
```

上記の場合、/ディレクトリに展開されるため、tar アーカイブ内の usr/share/doc は、/usr/share/doc として展開されます。/root ディレクトリ以下に展開する場合は、-C /root を指定します。すると、/root ディレクトリ以下に、usr/share/doc のディレクトリ階層が展開されます。

```
# tar xvpf doc01.tgz -C /root/
...

# ls -F /root/usr/share/doc/
abattis-cantarell-fonts/        libatasmart/              ostree/
accountsservice/                libavc1394/               p11-kit/
...
```

tgz 形式、tar.bz2 形式、ttar.xz 形式も tar コマンドに xvpf オプションでアーカイブを展開できます。

```
# tar xvpf doc02.tar.bz2 -C /root/
...

# tar xvpf doc02.tar.xz -C /root/
...
```

15-4 XFS パーティションのバックアップ／リストア

XFS でフォーマットされたファイルシステムは、バックアップ／リストアを行うツールが提供されています。XFS のバックアップ、リストアで広く知られているツールとしては、xfsdump と xfsrestore があります。

15-4-1 xfsdump によるバックアップ

xfsdump コマンドと xfsrestore コマンドは、XFS の管理ツールである xfsdump パッケージで提供されます。まず、XFS を操作する管理対象マシンにパッケージをインストールします。

■ xfsdump パッケージのインストール

```
# dnf install -y xfsdump
```

xfsdump によりバックアップを取得するには、対象となるファイルシステムを事前にマウントしておきます。今回は、バックアップ対象のパーティション/dev/sdb1 をフォーマットし、/data ディレクトリにマウントします。

```
# sgdisk -Z /dev/sdb
# sgdisk -n 1: /dev/sdb
# mkfs.xfs -f /dev/sdb1
# mkdir /data
# mount /dev/sdb1 /data
```

> /dev/sdb に LVM ボリュームなどが存在する場合は、事前に削除しておいてください。

■ テスト用データの格納

/data ディレクトリ以下にテスト用のデータを格納しておきます。

```
# echo "Hello Linux." > /data/test.txt
# dd if=/dev/zero of=/data/bigdata bs=1024M count=5
```

テスト用のデータの SHA256 チェックサムの値を記録しておきます。

```
# sha256sum /data/test.txt > /data/checksum.txt
# sha256sum /data/bigdata >> /data/checksum.txt
# cat /data/checksum.txt
b4029db6284569a0f8ee9a96a3f289b47beb44cd0c8e9bcef069c745cadc8ffd  /data/test.txt
7f06c62352aebd8125b2a1841e2b9e1ffcbed602f381c3dcb3200200e383d1d5  /data/bigdata
```

■ バックアップの実行

マウントされたファイルシステムを xfsdump コマンドでバックアップします。以下は、/dev/sdb1 をリモートのファイルサーバ（IP アドレスは、172.16.31.8/16）の /root ディレクトリにバックアップする例です。

```
# xfsdump -l 0 - /data | gzip -c | ssh 172.16.31.8 "cat > /root/backup.img.gz"
...
Are you sure you want to continue connecting (yes/no/[fingerprint])? yes
...
root@172.16.31.8's password:
...
xfsdump: Dump Status: SUCCESS
```

15-4-2 xfsrestore によるリストア

xfsdump コマンドで取得したデータは、xfsrestore コマンドでリストアします。今回は、リストアのテストとして、バックアップした /dev/sdb1 を再フォーマットして使用します。

■ アンマウントとフォーマット

/dev/sdb1 をアンマウントし、新たに GPT ラベルを付与し、/dev/sdb1 パーティションを作成し、XFS でフォーマットします。

```
# umount /data
# sgdisk -Z /dev/sdb
# sgdisk -n 1: /dev/sdb
# mkfs.xfs -f /dev/sdb1
```

■ パーティションのマウント

リストア先のパーティション /dev/sdb1 を /data ディレクトリにマウントします。

```
# mount /dev/sdb1 /data
# ls -laF /data
total 4
drwxr-xr-x   2 root root    6 Mar 13 04:49 ./
dr-xr-xr-x. 18 root root 4096 Mar 13 04:18 ../
```

■ リストアの実行

リモートのファイルサーバ（IP アドレスは、172.16.31.8/16）の/root ディレクトリに保存されたバックアップデータ backup.img.gz を/data ディレクトリにリストアします。コマンドは、/data をマウントしているリストア先マシンで実行します。

```
# ssh 172.16.31.8 \
"dd if=/root/backup.img.gz" \
|gzip -dc | xfsrestore - /data
xfsrestore: using file dump (drive_simple) strategy
...
root@172.16.31.8's password:
...
xfsrestore: Restore Status: SUCCESS
```

■ リストアの確認

リストアされたファイルの SHA256 チェックサムの値を確認します。

```
# ls -lhaF /data
total 5.1G
drwxr-xr-x   2 root root   57 Mar 13 05:01 ./
dr-xr-xr-x. 18 root root 4.0K Mar 13 04:18 ../
-rw-r--r--   1 root root 5.0G Mar 13 04:35 bigdata
-rw-r--r--   1 root root  161 Mar 13 04:40 checksum.txt
-rw-r--r--   1 root root   13 Mar 13 04:34 test.txt

# sha256sum /data/test.txt
b4029db6284569a0f8ee9a96a3f289b47beb44cd0c8e9bcef069c745cadc8ffd  /data/test.txt
# sha256sum /data/bigdata
7f06c62352aebd8125b2a1841e2b9e1ffcbed602f381c3dcb3200200e383d1d5  /data/bigdata

# cat /data/checksum.txt
b4029db6284569a0f8ee9a96a3f289b47beb44cd0c8e9bcef069c745cadc8ffd  /data/test.txt
7f06c62352aebd8125b2a1841e2b9e1ffcbed602f381c3dcb3200200e383d1d5  /data/bigdata
```

以上で、xfsdump と xfsrestore を使ったデータのバックアップ、リストア処理が完了しました。

15-5 Relax and Recover を使ったバックアップ／リストア

RL 8/AL 8 では、システム復旧ツールの Relax and Recover（通称、ReaR）が AppStream で提供されています。ReaR を使えば、簡単に起動可能な OS の iso イメージを生成できます。この iso イメージから起動すると、システムを復元できます。また、条件が整えば、別のハードウェアにも復元でき

るため、システムの移行ツールとしても使用できます。以下では、ReaR による NFS サーバを使った
Linux OS のバックアップおよびリカバリ方法について説明します。

15-5-1 バックアップ計画

ReaR をインストール、設定する前に、バックアップ計画を作成する必要があります。本書では、以
下の手順でバックアップ、リストアを行います。NFS サーバとブート CD を使って簡単にシステムディ
スクのリカバリが可能です。

1. バックアップ対象のファイル群を保管するための NFS サーバを構築
2. NFS サーバにバックアップ対象のファイル群を取得し、iso イメージを生成
3. iso イメージで復旧対象のサーバを起動

ReaR を使ったバックアップのシステム構成は、以下のとおりです（表 15-1）。

表 15-1　バックアップのシステム構成

	バックアップサーバ	バックアップ対象マシン
OS	RL 8/AL 8	RL 8/AL 8
ホスト名	n0160.jpn.linux.hpe.com	n0183.jpn.linux.hpe.com
IP アドレス	172.16.1.160/16	172.16.1.183/16
サービス	NFS	–
バックアップソフトウェア	–	ReaR
バックアップ先	/work	–
バックアップ対象	–	すべてのファイルシステム

> NFS サーバとバックアップ対象マシンの OS のバージョンをそろえる必要はありません。

■ NFS サーバの設定

NFS サーバは、ReaR で取得した tar アーカイブとリカバリ用のブート CD の iso イメージの両方を保
管するファイルサーバです。NFS サーバ側では、データ保管用のディレクトリ/work を作成し、バッ
クアップ対象マシンが NFS サーバの/work にアクセスできるように NFS サーバを設定します。/work
には、バックアップ対象マシンの tar アーカイブや iso イメージが保管されるため、十分な空き容量が
必要です。以下では、NFS サーバのコマンドプロンプトを「nfs #」、バックアップ対象マシンのコマン
ドプロンプトを「client #」で表します。

```
nfs # dnf install -y nfs-utils
nfs # mkdir /work
nfs # vi /etc/exports
/work *(rw,no_root_squash)

nfs # systemctl restart nfs-server
nfs # systemctl is-active nfs-server
active

nfs # systemctl enable nfs-server
nfs # firewall-cmd --add-service=nfs --zone=public --permanent
success
nfs # firewall-cmd --reload
success
nfs # showmount -e localhost
Export list for localhost:
/work *
```

■ ReaR のインストール

バックアップ対象マシン（復旧対象となるマシン）に ReaR をインストールします。

```
client # dnf install -y rear
```

/etc/rear/local.conf ファイルに以下を記述します。

```
client # vi /etc/rear/local.conf
OUTPUT=ISO
BACKUP=NETFS
NETFS_URL=nfs://172.16.1.160/work
```

■ NFS マウントのテスト

バックアップ対象マシンから NFS サーバに NFS マウントし、テスト用のテキストファイルが書き込めるかどうかをテストします。

```
client # mount -t nfs 172.16.1.160:/work /mnt
client # echo "Hello ReaR" > /mnt/test.txt
client # cat /mnt/test.txt
Hello ReaR
```

NFS マウントができたので、テスト用のテキストファイルを削除し、アンマウントしておきます。

```
client # rm -rf /mnt/test.txt
client # umount /mnt
```

■ バックアップの実行

ReaR がインストールされたバックアップ対象マシン側で、rear コマンドを使ってバックアップを行います。コマンドラインには、rear -v -d mkbackup を入力します。

rear コマンドの-v オプションは、verbose モードで、実行時にメッセージを出力します。-d オプションは、デバッグメッセージをログに書き込みます。

rear -v -d mkbackup を実行すると、自身のシステム状況を自動的に調査し、パーティションのレイアウト、ブートローダなどの情報を収集します。その後、NFS サーバへのバックアップが始まると、NFS サーバの/work 以下に、バックアップ対象マシンのホスト名のディレクトリが作成され、バックアップ対象マシンのシステムディスクをアーカイブした tar アーカイブ（backup.tar.gz）と、リカバリ用のブート CD の iso イメージファイルが生成されます。

```
client # rear -v -d mkbackup
...
Making ISO image
Wrote ISO image: /var/lib/rear/output/rear-n0183.iso (429M)
...
Creating tar archive '/tmp/rear.uVLAEZn4ssLI3EL/outputfs/n0183/backup.tar.gz'
Archived 2251 MiB [avg 3238 KiB/sec] OK
...
Running exit tasks
You should also rm -Rf --one-file-system /tmp/rear.uVLAEZn4ssLI3EL
#
```

NFS サーバ側で生成されたファイルを確認してみます。

```
nfs # cd /work/n0183/
nfs # ls -lhF
total 2.7G
-rw------- 1 root root 8.2M Mar 14 16:30 backup.log
-rw------- 1 root root 2.2G Mar 14 16:30 backup.tar.gz
-rw------- 1 root root  202 Mar 14 16:27 README
-rw------- 1 root root 429M Mar 14 16:27 rear-n0183.iso
-rw------- 1 root root 143K Mar 14 16:27 rear-n0183.log
-rw------- 1 root root  269 Mar 14 16:27 VERSION
```

■ iso イメージによるリストア

リストアを行う場合は、iso イメージを DVD-R などのメディアに記録し、リストア用の DVD メディアを作成します。次に、リストア対象マシンの DVD-ROM ドライブなどにリストア用 DVD メディアを挿入して DVD ブートします。リストア対象マシンを DVD ブート後、ReaR のリストア方法に関するメニュー画面が表示されるので、矢印キーを押して、「**Automatic Recover**」のエントリを選択し、キーを押します。すると、NFS サーバからバックアップデータを使って、リストア対象マシンにデータがリストアされます（図 15-3）。

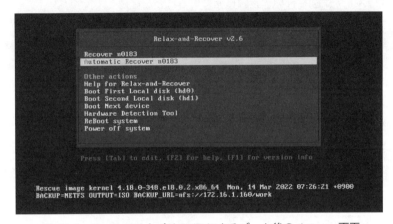

図 15-3　ReaR のリカバリ DVD によるブート後のメニュー画面

リストアが終了したら、画面上に 'rear recover' finished successfully のメッセージが表示されます。リストアが終了すると、以下の 3 つの選択肢が表示されます。

1) **View Relax-and-Recover log file(s)**（ログファイルの確認）

2) **Go to Relax-and-Recover shell**（ReaR のシェルの起動）

3) **Reboot**（再起動）

今回は、③ キーを押して、続けて、(ENTER) キーを押し、再起動します（図 15-4）。

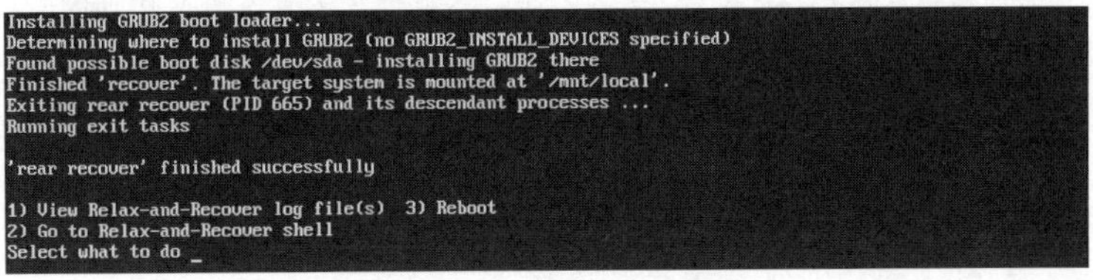

```
Installing GRUB2 boot loader...
Determining where to install GRUB2 (no GRUB2_INSTALL_DEVICES specified)
Found possible boot disk /dev/sda - installing GRUB2 there
Finished 'recover'. The target system is mounted at '/mnt/local'.
Exiting rear recover (PID 665) and its descendant processes ...
Running exit tasks

'rear recover' finished successfully

1) View Relax-and-Recover log file(s)  3) Reboot
2) Go to Relax-and-Recover shell
Select what to do _
```

図 15-4　ReaR によるリカバリ完了後の選択肢

　再起動後に、リストアされた OS にログインし、バックアップした環境が正常にリストアされているかを確認してください。

　ReaR は、バックアップ対象マシンのバックアップ容量が巨大な場合でも、NFS サーバに圧縮してアーカイブ保管できるため、dd コマンドなどのディスク全体をイメージで取得する場合よりも、NFSサーバ側のディスク容量を節約できるメリットがあります。ただし、ネットワーク経由でのリカバリ運用で注意すべき点は、リカバリ用のブート DVD が、リカバリ対象となるサーバの RAID コントローラ配下の論理ボリュームと NIC を正常に認識できる必要があります。ReaR に限らず、バックアップデータは、必ずリストア試験を行い、正常に元に戻ることを確認してください。

15-6 レスキューモードを使った復旧手順

　RL 8/AL 8 では、レスキューモードが用意されています。このレスキューモードは、ローカルマシンにインストールされた RL 8/AL 8 が起動不能に陥った際に、それを復旧する役目を担います。また、レスキューモードを使えば、起動不能に陥った RL 8/AL 8 からユーザデータを取り出すことも可能です。

15-6-1 パッケージの上書きインストールによる復旧手順

　OS が起動しなくなる原因には、施設の停電による突然の電源断や、管理者のオペレーションミス、ディスク障害などさまざまなものがあります。通常、ディスク障害や停電による電源断により、ハードウェアや OS の設定状況に深刻なダメージがある場合は、ハードウェアの交換を行い、OS の再インストールを行うことが少なくありません。

　ハードウェアの障害ではなく、管理者のオペレーションミスによって OS の起動にかかわるプログラムを誤って削除する、あるいは、起動スクリプトの動作テストが不十分なことに起因して、OS が起動障害に陥るといった場合は、RL 8/AL 8 のインストーラが持つレスキューモードによって復旧できます。

■ レスキューモードへの移行

　レスキューモードに移行するには、RL 8/AL 8 のインストールメディアで起動後、**Troubleshooting** を選択します（**図 15-5**）。**Troubleshooting** を選択後、RL 8 の場合は、**Rescue a Rocky Linux system** を選択します。一方、AL 8 の場合は、**Rescue a AlmaLinux system** を選択します。続けて、(ENTER) キーを押すとレスキューモードに移行します。

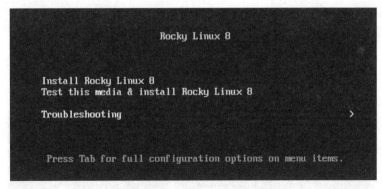

図 15-5　レスキューモードに移行するには、OS のインストールメディアで
　　　　　起動後、Troubleshooting を選択する

　RL 8 の場合は、Rescue a Rocky Linux system、AL 8 の場合は、**Rescue a AlmaLinux system** に
カーソルを合わせて選択した状態で、ENTER キーを押さずに TAB キーを押すと、ブートパラメー
タを入力できます。画面下部を見ると、ブートパラメータに rescue が付与されており、レスキュー
モードに移行することが読み取れます。標準では、レスキューモードにおいても、画面解像度が高く
設定されるため、文字が小さくなりますが、これを抑制するには、図 15-6 のように、rescue の後の
quiet を削除し、nomodeset を付与します。

図 15-6　レスキューモードに移行し、TAB キーを押すと、ブートパラメー
　　　　　タを設定できる

ブートパラメータの quiet を削除することで、OS 起動時のブートメッセージを画面に表示します。

　レスキューモードに入ったら、1 キーを押し、**Continue** を選択します。レスキューモードでは、

489

通常、ローカルディスクにインストールされている既存の RL 8/AL 8 を認識します。レスキューモードにおける/mnt/sysroot ディレクトリ配下に対して、ローカルディスクにインストールされている既存の RL 8/AL 8 を読み書き可能な状態でマウントすることにより、ローカルディスクにインストールされている既存の RL 8/AL 8 に対して操作が可能になります（図 15-7）。

```
* installation log files are stored in /tmp during the installation
* shell is available on TTY2
* when reporting a bug add logs from /tmp as separate text/plain attachments
==============================================================================
==============================================================================
Rescue

The rescue environment will now attempt to find your Linux installation and
mount it under the directory : /mnt/sysroot.  You can then make any changes
required to your system. Choose '1' to proceed with this step.
You can choose to mount your file systems read-only instead of read-write by
choosing '2'.
If for some reason this process does not work choose '3' to skip directly to a
shell.

1) Continue
2) Read-only mount
3) Skip to shell
4) Quit (Reboot)

Please make a selection from the above:

[anaconda]1:main* 2:shell  3:log   4:storage-log >Switch tab: Alt+Tab | Help: F1
```

図 15-7　レスキューモードにおいて Continue を選択すると、ローカルディスクにインストールされた既存の OS を sysroot ディレクトリに読み書き可能でマウントする。書き込み不可の状態でマウントする場合は、Read-Only を選択する

　レスキューモードで、どのようにローカルディスクが見えているかを df コマンドで確認します。すると、/mnt/sysroot ディレクトリに、ローカルディスクにインストールされた既存の RL 8/AL 8 環境が見えます。また、RL 8/AL 8 のインストールメディアは、/run/install/repo ディレクトリにマウントされます（図 15-8）。

　レスキューモードでは、/mnt/sysroot ディレクトリ配下にマウントされた既存の RL 8/AL 8 に対して、RL 8/AL 8 のメディアを使って、RPM パッケージなどを上書きインストールが可能です。例えば、何らかの理由で mount コマンド自体が機能不全に陥ったと仮定します。mount コマンドが機能しない場合、システムはパーティションのマウントに失敗するため、OS の起動に失敗します。そこで、mount コマンドが含まれる util-linux RPM パッケージをレスキューモードで再インストールします。指定するメディア内のディレクトリパスは、/run/install/repo 以下にマウントされています。RL 8 の場合、util-linux RPM パッケージは、/run/install/repo/BaseOS/Packages/u ディレクトリに存在します。パッケージ名の頭文字のアルファベットのディレクトリに RPM パッケージが保存されています。一方、AL 8 の util-linux RPM パッケージは、/run/install/repo/BaseOS/Packages ディレクトリに存在します。RL 8 と AL 8 で指定するディレクトリが異なるので注意してください。

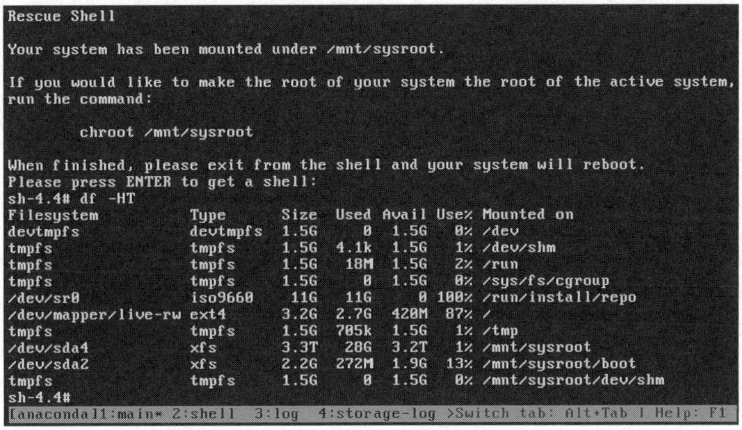

```
Rescue Shell

Your system has been mounted under /mnt/sysroot.

If you would like to make the root of your system the root of the active system,
run the command:

        chroot /mnt/sysroot

When finished, please exit from the shell and your system will reboot.
Please press ENTER to get a shell:
sh-4.4# df -HT
Filesystem            Type      Size  Used Avail Use% Mounted on
devtmpfs              devtmpfs  1.5G     0  1.5G   0% /dev
tmpfs                 tmpfs     1.5G  4.1k  1.5G   1% /dev/shm
tmpfs                 tmpfs     1.5G   18M  1.5G   2% /run
tmpfs                 tmpfs     1.5G     0  1.5G   0% /sys/fs/cgroup
/dev/sr0              iso9660    11G   11G     0 100% /run/install/repo
/dev/mapper/live-rw   ext4      3.2G  2.7G  420M  87% /
tmpfs                 tmpfs     1.5G  705k  1.5G   1% /tmp
/dev/sda4             xfs       3.3T   28G  3.2T   1% /mnt/sysroot
/dev/sda2             xfs       2.2G  272M  1.9G  13% /mnt/sysroot/boot
tmpfs                 tmpfs     1.5G     0  1.5G   0% /mnt/sysroot/dev/shm
sh-4.4#
[anaconda]1:main* 2:shell  3:log  4:storage-log  >Switch tab: Alt+Tab | Help: F1
```

図 15-8　sysroot ディレクトリ以下にローカルディスクにインストールされ
た OS の既存のパーティションが見える

○ RL 8 の場合：

```
# rpm -vhi --force --root /mnt/sysroot \
/run/install/repo/BaseOS/Packages/u/util-linux-2.*.x86_64.rpm
```

○ AL 8 の場合：

```
# rpm -vhi --force --root /mnt/sysroot \
/run/install/repo/BaseOS/Packages/util-linux-2.*.x86_64.rpm
```

これにより、/mnt/sysroot 配下をルートパーティションとみなして既存の RL 8/AL 8 にパッケージ
を強制的にインストールできます。mount コマンドが含まれる util-linux パッケージがインストールさ
れれば、mount コマンドの復旧が実現できます（図 15-9）。

```
sh-4.4# ls /run/install/repo/BaseOS/Packages/u/util-linux-2.32.1-28.el8.x86_64.r
pm
/run/install/repo/BaseOS/Packages/u/util-linux-2.32.1-28.el8.x86_64.rpm
sh-4.4# rpm -vhi --force --root /mnt/sysroot \
> /run/install/repo/BaseOS/Packages/u/util-linux-2.32.1-28.el8.x86_64.rpm
Verifying...                          ################################# [100%]
Preparing...                          ################################# [100%]
Updating / installing...
   1:util-linux-2.32.1-28.el8         ################################# [100%]
Running in chroot, ignoring request: daemon-reload
sh-4.4#
```

図 15-9　レスキューモードで util-linux パッケージを強制的にインストール
している様子

　レスキューモードを終了するには、reboot コマンドを入力します。reboot コマンドでレスキュー
モードを離脱すると、システムが再起動します。

15-6-2 レスキューモードでのユーザデータの救出

RL 8/AL 8 の OS 本体に致命的なダメージがあり、OS の起動が困難な場合でも、ユーザデータのみを救出できる場合があります。ユーザデータの救出も、レスキューモードを使います。ユーザデータが USB メモリなどに入る場合は、レスキューモードの状態で、メディアをマウントし、ユーザデータをメディアに退避できます。しかし、ユーザデータがテラバイト級になる場合、テープ装置の利用や、ネットワーク経由で別のファイルサーバなどにユーザデータを転送します。以下では、レスキューモードにおいて、ネットワーク経由で別のファイルサーバにユーザデータを転送する例を示します。

■ NIC の確認

まず、レスキューモードで起動し、コマンドプロンプトの画面まで進めます。ネットワーク通信ができるように、NIC に IP アドレスを付与するため、IP アドレスの付与が可能な NIC 一覧を ip コマンドで表示します（図 15-10）。

```
sh-4.4# ip a
1: lo: <LOOPBACK,UP,LOWER_UP> mtu 65536 qdisc noqueue state UNKNOWN group defaul
t qlen 1000
    link/loopback 00:00:00:00:00:00 brd 00:00:00:00:00:00
    inet 127.0.0.1/8 scope host lo
       valid_lft forever preferred_lft forever
    inet6 ::1/128 scope host
       valid_lft forever preferred_lft forever
2: enp1s0: <BROADCAST,MULTICAST,UP,LOWER_UP> mtu 1500 qdisc fq_codel state UP gr
oup default qlen 1000
    link/ether 52:54:00:4c:d8:fd brd ff:ff:ff:ff:ff:ff
sh-4.4#
```

図 15-10　レスキューモードで ip コマンドを使って利用可能な NIC を確認する

■ IP アドレスの付与

ip コマンドで利用可能な NIC が確認できたら、IP アドレスを付与します。今回は、IP アドレスとして、172.16.1.253/16 を付与しました。この IP アドレスの付与は、メモリ上で行われるため、設定は恒久的なものではなく、既存のローカルディスクにインストールされた RL 8/AL 8 の NIC の設定に影響を与えません（図 15-11）。

```
# ip addr add 172.16.1.253/16 dev enp1s0
# ip addr show dev enp1s0
```

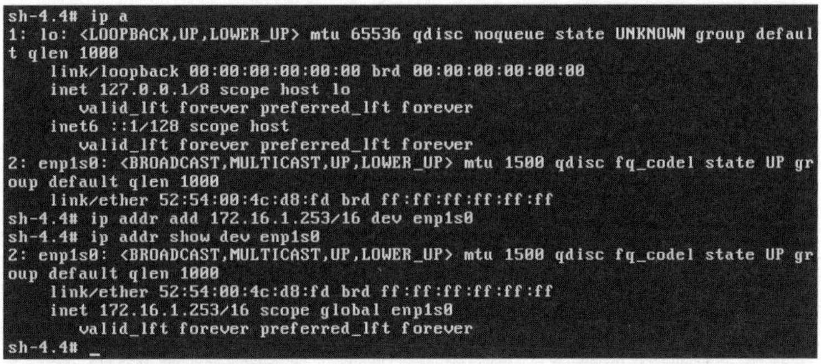

図 15-11　レスキューモードで ip コマンドを使って NIC に IP アドレスを付与する

■ データのバックアップ

　RL 8/AL 8 のレスキューモードでは、scp コマンドが利用可能なので、遠隔にあるファイルサーバなどに scp コマンドを使ってユーザデータをコピーできます。これにより、起動不可の RL 8/AL 8 のシステムからユーザデータを救出できます。（図 15-12）。

```
# scp -r /mnt/sysroot/home 172.16.31.8:/data/
```

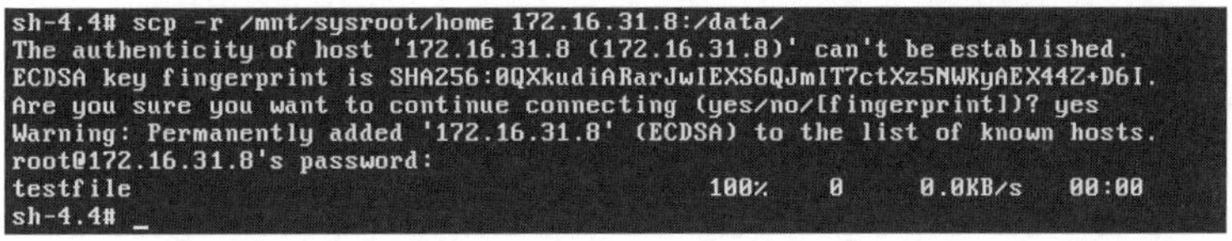

図 15-12　レスキューモードで scp コマンドを使ってユーザデータを救出している様子

15-6-3 ディスクイメージ全体の遠隔地への転送

　災害時の迅速なシステムの復旧を目的として、マスタブートレコードを含む OS 全体とユーザデータすべてをイメージファイルとして遠隔のファイルサーバに保管したい場合があります。RL 8/AL 8 のレスキューモードを使えば、ローカルディスクにインストールされた OS 全体をイメージファイルとして保管できます。具体的な手段としては、dd コマンド、ssh コマンド、cat コマンドを組み合わせます。

■ バックアップ対象のディスクの確認

まず、レスキューモードに移行し、バックアップ対象のパーティションが含まれるディスクが認識されているかどうかを確認します（図 15-13）。

```
sh-4.4# parted -s /dev/sda print
Model: ATA QEMU HARDDISK (scsi)
Disk /dev/sda: 3299GB
Sector size (logical/physical): 512B/512B
Partition Table: gpt
Disk Flags:

Number  Start    End      Size     File system   Name  Flags
1       1049kB   2097kB   1049kB                 sda1  bios_grub
2       2097kB   2150MB   2147MB   xfs           sda2
3       2150MB   10.6GB   8485MB   linux-swap(v1) sda3  swap
4       10.6GB   3221GB   3211GB   xfs           sda4

sh-4.4# _
```

図 15-13 レスキューモードで parted コマンドを使ってバックアップ対象のディスクを確認する

レスキューモードの parted コマンドで 3TB の内蔵ディスクが認識できていることがわかります。

■ IP アドレスの付与、scp によるデータコピーの確認

NIC に IP アドレスを付与し、遠隔のファイルサーバと scp や ssh コマンドによるネットワーク通信が可能な状態にしておきます。インストーラに含まれるファイルなどをリモートのファイルサーバなどに scp でコピーできるかも確認しておきます（図 15-14）。

```
# ip addr add 172.16.1.253/16 dev enp1s0
# scp /tmp/lvm.log 172.16.31.8:/data/
```

```
sh-4.4# ip -4 a
1: lo: <LOOPBACK,UP,LOWER_UP> mtu 65536 qdisc noqueue state UNKNOWN group defaul
t qlen 1000
    inet 127.0.0.1/8 scope host lo
       valid_lft forever preferred_lft forever
sh-4.4# ip addr add 172.16.1.253/16 dev enp1s0
sh-4.4# ip -4 a
1: lo: <LOOPBACK,UP,LOWER_UP> mtu 65536 qdisc noqueue state UNKNOWN group defaul
t qlen 1000
    inet 127.0.0.1/8 scope host lo
       valid_lft forever preferred_lft forever
2: enp1s0: <BROADCAST,MULTICAST,UP,LOWER_UP> mtu 1500 qdisc fq_codel state UP gr
oup default qlen 1000
    inet 172.16.1.253/16 scope global enp1s0
       valid_lft forever preferred_lft forever
sh-4.4# scp /tmp/lvm.log 172.16.31.8:/data/
root@172.16.31.8's password:
lvm.log                               100%   29KB   3.6MB/s   00:00
sh-4.4# _
```

図 15-14 レスキューモードで IP アドレスを付与し、scp コマンドによるデータのコピーができるかどうかを確認する

■ ディスクイメージの転送

/dev/sda 全体をリモートのファイルサーバ（IP アドレスは、172.16.31.8/16 とします）にイメージファイルとして圧縮して転送します。/dev/sda 全体をイメージ化するには、dd コマンドを使います。転送を行うには、ssh コマンドを使用しますが、イメージファイルが巨大な場合は、gzip コマンドを組み合わせて圧縮するとよいでしょう。

通常、巨大ファイルの転送は、膨大な時間がかかるので、同様のイメージファイルの取得作業のスケジュール管理のためにも、time コマンドを付与し、実行時間を計測しておくとよいでしょう。以下は、レスキューモードにおいて、dd コマンド、gzip コマンド、ssh コマンドを使って、サーバの内蔵ディスクにインストールされた RL 8/AL 8 のディスク全体をイメージファイルとしてリモートのファイルサーバの/data ディレクトリ以下に、backup.img.gz というファイル名で保存する例です（図 15-15）。

```
# time dd if=/dev/sda | gzip -c | ssh 172.16.31.8 \
"cat > /data/backup.img.gz"
```

```
sh-4.4# time dd if=/dev/sda |gzip -c | ssh 172.16.31.8 \
> "cat > /data/backup.img.gz"
root@172.16.31.8's password:
6442450944+0 records in
6442450944+0 records out
3298534883328 bytes (3.3 TB, 3.0 TiB) copied, 19887 s, 166 MB/s

real    331m26.994s
user    354m10.189s
sys     220m14.778s
sh-4.4#
```

図 15-15 レスキューモードでローカルディスクのイメージファイルを転送している様子。リモートのファイルサーバに ssh を使って転送している。ディスクサイズが大きいため、gzip により圧縮を行っている

■ ディスクイメージの確認

ファイルサーバ側で取得した圧縮済みのディスクイメージを確認します。以下では、ファイルサーバ側のコマンドプロンプトを「svr #」で表します。保管されているデータに強く依存しますが、今回、3TB のディスクイメージは、5.3GB に圧縮されていることがわかります。今回、筆者の環境では、ファイルの転送と圧縮が完了するまでに、約 5 時間半かかりました。

```
svr # ls -lh /data/backup.img.gz
-rw-r--r--. 1 root root 5.3G Mar 15 21:09 /data/backup.img.gz
```

以上で、レスキューモードを使ったディスクイメージ全体の遠隔地への転送が実現できました。

15-6-4 GRUB2 ブートローダの再インストール

OS がインストールされた内蔵ディスクのマスタブートレコード（MBR）が破損している場合、OS が起動できなくなるため、レスキューモードに移行し、修復しなければなりません。MBR にブートローダをインストールする準備としては、レスキューモードのコマンドラインから、内蔵ディスクにインストールされた RL 8/AL 8 の grub2-install コマンドを実行し、ブートローダを上書きインストールします。

■ ルートディレクトリの変更

まず、内蔵ディスクにインストールされた RL 8/AL 8 の OS 領域が、/mnt/sysroot ディレクトリにマウントされているので、chroot コマンドで/mnt/sysroot をルートディレクトリとみなすように設定します。

```
# chroot /mnt/sysroot
# df -HT
```

これで、/mnt/sysroot ディレクトリがルートディレクトリとみなされ、内蔵ディスクにインストールされた RL 8/AL 8 のコマンド類が使えるようになりました（図 15-16）。

```
sh-4.4# df -HT
Filesystem            Type      Size  Used Avail Use% Mounted on
devtmpfs              devtmpfs  1.5G     0  1.5G   0% /dev
tmpfs                 tmpfs     1.5G  4.1k  1.5G   1% /dev/shm
tmpfs                 tmpfs     1.5G   18M  1.5G   2% /run
tmpfs                 tmpfs     1.5G     0  1.5G   0% /sys/fs/cgroup
/dev/sr0              iso9660    11G   11G     0 100% /run/install/repo
/dev/mapper/live-rw   ext4      3.2G  2.7G  420M  87% /
tmpfs                 tmpfs     1.5G  738k  1.5G   1% /tmp
/dev/sda4             xfs       3.3T   28G  3.2T   1% /mnt/sysroot
/dev/sda2             xfs       2.2G  272M  1.9G  13% /mnt/sysroot/boot
tmpfs                 tmpfs     1.5G     0  1.5G   0% /mnt/sysroot/dev/shm
sh-4.4# chroot /mnt/sysroot/
bash-4.4# df -HT
Filesystem            Type      Size  Used Avail Use% Mounted on
/dev/sda4             xfs       3.3T   28G  3.2T   1% /
/dev/sda2             xfs       2.2G  272M  1.9G  13% /boot
devtmpfs              devtmpfs  1.5G     0  1.5G   0% /dev
tmpfs                 tmpfs     1.5G     0  1.5G   0% /dev/shm
tmpfs                 tmpfs     1.5G   18M  1.5G   2% /run
bash-4.4# _
```

図 15-16　sysroot ディレクトリにマウントされた内蔵ディスクの OS のルートディレクトリを chroot コマンドで変更した状態。これにより、内蔵ディスクにインストールされている OS のコマンド類が利用可能になる

■ ブートローダのインストール

　レスキューモードで chroot コマンドにより、内蔵ディスクにインストールされた RL 8/AL 8 のコマンド類が使えるようになったので、grub2-install コマンドで GRUB2 ブートローダをインストールします。今回、修復する OS 領域は、/dev/sda と想定します。

```
# grub2-install /dev/sda
```

　これで、内蔵ディスク/dev/sda にブートローダがインストールできました。レスキューモードの chroot でルートディレクトリを変更していた状況から離脱するため、exit を入力します（図 15-17）。

```
# exit
```

レスキューモードを終了します。

```
# reboot -f
```

```
bash-4.4# grub2-install /dev/sda
Installing for i386-pc platform.
Installation finished. No error reported.
bash-4.4# exit
exit
sh-4.4# reboot -f
```

図 15-17　grub2-install コマンドでブートローダをインストールする。grub2-install が正常終了したら、exit を入力し、chroot でルートディレクトリを変更していた状態から離脱する

　再起動後、GRUB2 のメニュー画面が表示されて、OS が正常に起動できれば、GRUB2 ブートローダの修復は完了です。

15-7 OS の起動処理とトラブルシューティング

　OS 起動時に問題が発生した場合、OS の起動処理のどの段階なのかを判断し、その段階に応じて、妥当と思われる解決の手段を選ぶことが重要です。そのためには、OS の起動処理手順をよく理解しておくことが不可欠です。表 15-2 は、RL 8/AL 8 をインストールした物理サーバの電源投入直後の障害フェーズ、障害を引き起こす恐れのある運用管理上の設定、考えられるトラブルシューティングを示したものです。OS の障害発生時にどのフェーズでの障害なのかを見極めるために参考にしてください。

表 15-2　OS 起動フェーズの設定とトラブルシューティング

	OS の起動フェーズ	障害因子となる設定	トラブルシューティングの例
1	物理サーバの POST 画面	ハードウェア構成	障害ハードウェアの交換
2	起動デバイスの選択	BIOS 設定画面あるいは、UEFI 設定画面	ハードウェアの着脱、交換、ブート順序変更、レスキューモードの起動
3	ブートローダの読み込み	grub2-install コマンドの実行と、/etc/defaults/grub ファイルの編集	GRUB2 プロンプトでのパラメータ入力、/etc/defaults/grub ファイルの編集と grub2-mkconfig コマンドの実行
4	カーネルの読み込み	GRUB2、dracut の設定	GRUB2 プロンプトでのパラメータ入力、/etc/defaults/grub の編集と grub2-mkconfig の実行
5	systemd の起動	initramfs の作成	カーネルのブートパラメータの見直し
6	initrd.target の処理	initramfs の作成	initramfs の再作成
7	root ファイルシステムのマウント	/etc/fstab ファイルの設定	/etc/fstab ファイルの見直し
8	デフォルトで設定したターゲットでのサービス起動	/etc/systemd/system/default.target	rescue.target への移行

15-8　まとめ

　本章では、RL 8/AL 8 に関するインストールの新機能や復旧のノウハウについて解説しました。OS が起動できなくなった場合は、レスキューモードが役に立ちますが、障害によって対応方法も大きく異なります。本書で解説した方法だけでは対応できないものも存在しますが、まずは、さまざまな擬似障害を発生させて、レスキューモードによる復旧作業に慣れておくとよいでしょう。

コラム　2020 年代の Linux サーバ構築

　2000 年代前半の企業システムの IT 基盤といえば、非常に高価でプロプラエタリなミドルウェアやアプリケーションと UNIX サーバを採用するのが当たり前だった時代です。例えば、Web サーバ、Web アプリケーションサーバ、インフラ監視ソフトウェア、社内検索エンジン、社内情報共有システムといった頑健な UNIX サーバとプロプラエタリソフトウェアが、規模の大小を問わず、日常の定型業務を処理するシステムにおいても、当たり前のように導入されていました。

　しかし、その後、x86 サーバの急激な進化とともに、無償版 Linux やオープンソースソフトウェアが目覚ましい発展を遂げます。非常に高額で高機能なプロプラエタリなミドルウェアやアプリケーションと同等、あるいは、それ以上の機能を持ったオープンソースソフトウェアが次々と登場し、オープンソースソフトウェアが稼働する x86 サーバが大規模な本番システムでも採用されるようになります。

　そして、2010 年代以降、ビッグデータ分析基盤ソフトウェアである Hadoop の活用や、GPU の性能向上、深層学習（ディープラーニング）などの新しい AI アルゴリズムが次々と開発され、比較的安価な x86 サーバとオープンソースの機械学習や深層学習のソフトウェア、ビッグデータを駆使した知的情報処理基盤が次々と誕生し、現在に至っています。

　2020 年代に入り、オープンソースの機械学習ソフトウェアを駆使する製造業では、すでにペタバイト級のデータを取り扱うようになってきており、特に、自動車メーカーの自動運転開発基盤では、エクサバイト級も見えてきています。エクサバイト級の AI 時代には、ビッグデータ活用のためのオープンソースソフトウェアが稼働する分散型の巨大サーバ基盤が欠かせないものになっています。

　また、従来型の定型業務を行うシステムに加え、AI、ビッグデータ、IoT（Internet of Things：モノのインターネット）の世界で、コンテナ技術や自動化の仕組みが導入されるようになっており、生成される膨大なデータを高速処理し、AI が業務を支援するサーバ基盤が、5G などの通信技術の発達とともに、国内外問わず、次々と導入されています。

　大規模な基幹業務システム、高速通信インフラ、24 時間 365 日止まらない ATM システム、巨大工場などに採用されている IT 基盤は、私達の生活を支える上で、絶対に必要なものであり、決してなくなることはありません。そして、これらの従来の定型業務用の Web サーバ、基幹業務用のデータベース、部門用ファイルサーバなどの構築だけでなく、エクサバイト級の分散型ビッグデータ基盤、GPU を駆使した機械学習基盤、ストリーミング技術を駆使したログ収集・検索サーバなど、規模の大小を問わず、非常に複雑なシステム要件が増えています。クラウドネイティブな Web アプリケーション向けのインフラの構築、その自動化と標準化、コードを使った開発環境の属人化の排除、HPC システムでのコンテナ技術の適用は、従来の個別システム化構想で導入される UNIX や Linux サーバで行われてきた定型業務のサーバ構築手順だけでは、達成が困難なことは明らかです。

　このような斬新な IT 基盤が必要に迫られている背景には、AI のビジネス活用の本格化が挙げられます。例えば、広告業界では、AI による顧客行動分析のサービス事業化や外販化などが行われています。企業経営においては、経営者の意思決定支援でビッグデータの可視化基盤が検討されます。

また、製造業では、大規模プラントにおいて、拡張現実と呼ばれる AR（Augmented Reality）技術を駆使した予知保全の高度化や、AI を使った不良品原因分析、歩留まり改善を目的としたビッグデータ基盤などが導入されます。自動車製造業では、自動運転技術と自動駐車技術を駆使した次世代型の駐車場建設や街作りも検討されています。家電の世界では、群学習と呼ばれる AI 家電同士による学習と推論の研究、医療や生命科学分野では、ビッグデータを活用した医療診断支援 AI 基盤など、総じて、数年前には考えられなかったようなシステム化構想が次々と登場し、ビッグデータや AI を駆使した事業競争が激化しているのです。

このように、あらゆる身の回りの機器や街全体が知的情報処理を行っていく世界を実現するには、社内外の急速な変化や未踏領域に素早く対応し、俊敏性を持った新規事業の立ち上げと方向転換を行える体制や仕組みが必要です。そのためには、従来型の時間をかけて構築する固定的な個別システム化構想だけでは立ち行かず、全社業務改革や部門の事業改革を素早く行い、変化に強く、かつ、誰もが使いやすい柔軟性のある IT システムが必要です。

このような柔軟性のある IT システムを実装するには、ビッグデータ、AI、IoT 技術を活用したクラウドネイティブ型のオープンソースソフトウェアのサーバ構築の実践ノウハウが絶対に不可欠です。

クラウドネイティブなサーバ環境は、金融、製造、流通、通信、医療、教育などのあらゆる分野に浸透しており、先進的なサーバ基盤やビッグデータ基盤が使いやすい形でユーザに提供されています。当然、実装を担当する技術者には、これらの先進的なオープンソースソフトウェアを駆使した Linux サーバの幅広い高度な構築スキルと運用実績も求められます。

2020 年代以降は、高度に AI 化された時代が到来する可能性があります。そのような世界で通用する人材になる第一歩として、従来型の定型業務に利用される基本的なサーバ構築スキルと、クラウドネイティブな次世代型のサーバ構築スキルの両方を身に付ける必要があります。

本書では Linux OS（RHEL クローン OS）のシステム管理手法を解説しましたが、最新のサーバ構築の具体的な方法については、『CentOS8 実践ガイド [サーバ構築編]』において、従来型のサーバシステムの構築からクラウドネイティブ型サーバの構築までを解説しています。最新のサーバ構築に興味のある方は、ぜひ一度、手に取っていただければ幸いです。

索引

ひ

ふ

へ

ほ

ま

め

も

ゆ

● 著者プロフィール

古賀 政純

> 兵庫県伊丹市出身。1996 年頃からオープンソースに携わる。2000 年入社後、UNIX サーバの SE 及び
> スーパーコンピュータの並列計算プログラミング講師を担当。科学技術計算サーバの SI の経験も持つ。
> 2005 年、大手企業の Linux サーバ提案で社長賞受賞。2006 年、米国ヒューレット・パッカードから
> Linux 技術の伝道師として「OpenSource and Linux Ambassador Hall of Fame」を 2 年連続受賞。オー
> プンソースを活用したサーバの SE としてプリセールス MVP を 4 度受賞。現在は、人工知能（AI）と
> Hadoop を軸にオープンソースを駆使する大規模サーバのプリセールス SE として、技術検証及び執筆に
> 従事。Red Hat Certified Engineer、Novell Certified Linux Professional、Red Hat Certified Virtualization
> Administrator、EXIN Cloud、Red Hat OpenStack、HPE ASE、Hadoop（CCAH）などの技術者認定資格
> を保有。著書に「Hadoop クラスター構築実践ガイド」「Docker 実践ガイド」「OpenStack 実践ガイド」
> 「CentOS 7 実践ガイド」「CentOS 8 実践ガイド［サーバ構築編］」などがある。趣味はレーシングカー
> トとビリヤード。

● お断り

　本書に記載されている内容は、2022 年 5 月時点のものですが、サービスの改善や新機能の追加は、日々行われているため、本書の内容と異なる場合があることは、ご了承ください。また、本書の実行手順や結果については、筆者の使用するハードウェアとソフトウェア環境において検証した結果ですが、ハードウェア環境やソフトウェアの事前のセットアップ状況によって、本書の内容と異なる場合があります。この点についても、ご了解いただきますよう、お願いいたします。

● 正誤表

　インプレスの書籍紹介ページ https://book.impress.co.jp/books/1121101105 からたどれる「正誤表」をご確認ください。これまでに判明した正誤があれば「お問い合わせ／正誤表」タブのページに正誤表が表示されます。

● スタッフ

AD ／装丁：岡田 章志＋ GY
本文デザイン／制作／編集：TSUC LLC

■商品に関する問い合わせ先

このたびは弊社商品をご購入いただきありがとうございます。本書の内容などに関するお問い
合わせは、下記のURLまたはQRコードにある問い合わせフォームからお送りください。

https://book.impress.co.jp/info/

上記フォームがご利用頂けない場合のメールでの問い合わせ先
info@impress.co.jp

※お問い合わせの際は、書名、ISBN、お名前、お電話番号、メールアドレス に加えて、「該当する
ページ」と「具体的なご質問内容」「お使いの動作環境」を必ずご明記ください。なお、本書の範囲
を超えるご質問にはお答えできないのでご了承ください。

●電話やFAX でのご質問には対応しておりません。また、封書でのお問い合わせは回答までに日数をい
ただく場合があります。あらかじめご了承ください。
●インプレスブックスの本書情報ページ https://book.impress.co.jp/books/1121101105 では、本書
のサポート情報や正誤表・訂正情報などを提供しています。あわせてご確認ください。
●本書の奥付に記載されている初版発行日から3 年が経過した場合、もしくは本書で紹介している製品や
サービスについて提供会社によるサポートが終了した場合はご質問にお答えできない場合があります。

■落丁・乱丁本などの問い合わせ先
FAX　03-6837-5023
service@impress.co.jp
※古書店で購入された商品はお取り替えできません

。

Rocky Linux & AlmaLinux 実践ガイド

2022年 6月21日　　初版第1刷発行

著　者　古賀 政純

発行人　小川 亨

編集人　高橋隆志

発行所　株式会社インプレス
　　　　〒101-0051 東京都千代田区神田神保町一丁目105番地
　　　　ホームページ https://book.impress.co.jp/

印刷所　大日本印刷株式会社

ISBN978-4-295-01419-5　C3055

Printed in Japan